U0946925

九型人格

完整版

[美] 碧特莱斯・彻斯纳特 著
彭淦 译　王颖 王丁 校译
高源 钻石九型导师班 校审

哈尔滨出版社
HARBIN PUBLISHING HOUSE

黑版贸审字 08-2021-075 号

图书在版编目（CIP）数据

九型人格完整版 /（美）碧特莱斯・彻斯纳特（Beatrice Chestnut）著；彭淦译. — 哈尔滨：哈尔滨出版社，2022.3

ISBN 978-7-5484-6142-5

Ⅰ.①九… Ⅱ.①碧… ②彭… Ⅲ.①人格心理学 - 通俗读物 Ⅳ.①B848-49

中国版本图书馆CIP数据核字（2021）第248577号

书　　名：**九型人格完整版**
JIUXING RENGE WANZHENG BAN

作　　者：[美] 碧特莱斯・彻斯纳特 著　彭淦 译　王颖 王丁 校译
高源 钻石九型导师班 校审
责任编辑：刘　丹
责任审校：李　战
封面设计：沐希设计

出版发行：哈尔滨出版社（Harbin Publishing House）
社　　址：哈尔滨市香坊区泰山路82-9号　**邮编：**150090
经　　销：全国新华书店
印　　刷：天津行知印刷有限公司
网　　址：www.hrbcbs.com　www.mifengniao.com
E-mail：hrbcbs@yeah.net
编辑版权热线：（0451）87900271　87900272

开　　本：710mm × 1000mm　1/16　**印张：**28.5　**字数：**449千字
版　　次：2022年3月第1版
印　　次：2022年3月第1次印刷
书　　号：ISBN 978-7-5484-6142-5
定　　价：78.00元

凡购本社图书发现印装错误，请与本社印制部联系调换。
服务热线：（0451）87900279

谨以此书献给大卫与夏洛特

愿他们能在一个更有意识觉知的世界里成长

你无须教导，事实上也无法教导橡子长成橡树；而一有机会，它的内在潜力就会发展。同样地，人类个体只要能获得机会，往往就会发展其特定的人类潜能……简言之，他将几乎不偏不倚地朝着自我实现的方向成长。

但是，和其他任何生物一样，人类个体需要有利的条件来“从橡子成长为橡树”：需要一种温暖的氛围，来给他内心安全感和自由度，从而能够有自己的感受与思想，并表达自己；需要他人的善意，来满足其诸多需求，并引导和鼓励他成为一个成熟而充实的人；此外还需要与他人的愿望和意志之间有健康的冲突。如果他能这样在爱与冲突中与他人共同成长，那么他也会按照自己真实的自我去成长。

——卡伦·霍妮《神经症与人的成长》

推荐序一

一本真正的完整版九型人格教科书

第一次遇见碧特莱斯老师，是在2019年钻石九型导师班的课堂上。那时我讲授九型人格已经十年，线下学员数万，线上收听量上千万，却没想到会在这堂课里遇到我从教生涯最大的震撼——我找到了自己真正的副型。

在我学习和教授九型人格的年代，对于主型的研究处于统治地位，人们但凡说起九型人格，基本就是在说九个型号，而关于副型的研究则粗浅而模糊。我最初探索自己的副型时，因为我人缘好，同学们一致认定我是社交型，我也如此认为。过了一年，我发现我的社交是服务于我的自保，这样看，我应该属于自保型。又过了若干年，2016年我开始在线上讲解九型人格微课，有时一晚上能有几十万的收听量，那种大场面带给我巨大的兴奋感，让我重新思考自己是不是社交型的，于是我又在社交型里面待了三年。直到我听了碧特莱斯老师那堂课。

在课上，老师讲解了四个观点：

一、传统上的自保、社交、一对一三种副型，其实不应该称之为副型，而应称之为本能。九大主型和三大本能叠加在一起，就是二十七种副型。

二、对三大本能的理解，有行为、心理、身体、灵性、历史/集体五个维度，而传统上人们仅从行为这一个维度去理解。

三、传统上，人们把主型和本能分开去探索，先发现自己是一到九号中的哪一号，再寻找自己是三大本能中的哪一个。但这种做法是有问题的，因为主型与本能会发生化学反应，本能对于主型的影响，导致三分之一的人根本找不到自己的主型；而同一主型的不同副型之间的差异，也远非本能之间的差异所能解释。所以，我们需要精准地了解二十七种副型的具体样子，这样才能更深刻地认知自己，而决不能仅凭关于九大主型和三大本能的描述，进行简单推导。

四、传统上，人们只知道六号有正六、反六，正六是恐惧和退缩的，反六是反恐惧和进攻的。实际上，完整的二十七种副型里面，每个型号都有一个反型，理解了反型，才能全面理解这个型号。所谓反型，即主型和本能的能量相互制约，以至于个体的表现形式并不完全符合这个型号的经典描述，但他的内在动机却完全匹配型号的基本特点。

这几个观点，让我觉得十分新颖，又有些将信将疑。对于自己的型号，我仍坚信自己是社交三号。但接下来，碧特莱斯老师介绍了社交三号与自保三号的区别：

一、社交三号喜欢自我展现，是正三；自保三号自我展现时比较隐晦，是反三。

二、社交三号会被“干大事”的动机所驱动；自保三号会被“干大事”和“想从小事干起”双重动机所驱动。

三、社交三号享受被人认可；自保三号喜欢被人认可，却表现得谦虚。

四、社交三号以成就为荣；自保三号既想要成就，又要低调。

五、社交三号想要做一个有名声、有威望的人；自保三号则更想要做一个好人。

六、社交三号更有格局，善于带领团队；自保三号则更关注让自己处在领先位置。

七、社交三号像八号或七号一样有号召力；自保三号像一号或六号一样踏实认真。

我逐一对照了这七条，吓坏了：每一条，我都符合自保三号的定义，和社交三号完全不一样！碧特莱斯老师完全讲出了我一直没有得到清晰解释的那些特质！这一刻，我被老师对于副型的深刻理解和精准描述所彻底折服！

为了搞清楚这二十七种副型，在这次课程结束以后，我又特地邀请碧特莱斯老师给我们讲解了四天，总算对副型理论有了更加完整的理解和吸收。

正因为这一段难以忘怀的经历，我成了碧特莱斯老师二十七种副型理论的最热情的探索者和传播者。当老师告诉我她有这样一部英文著作的时候，我毫不犹豫地告诉她，我要让这本书变成中文版，并把它推荐给中国所有的九型人格爱好者。

这本书英文名叫 *The Complete Enneagram*，我们翻译过来叫《九型人格完整版》，这个书名实在再贴切不过了。只有主型的九型人格书，是不完整的；而这部涵盖了二十七种副型的作品，才是一本真正的完整版九型人格教科书。

除了完整以外，这本书还有三个重要的特点：

一、深入阐述了“自我觉察”对于自我成长的重要性；

二、精准描述了九种主型和二十七种副型的成长之路；

三、对于任何两种主型的区分，给予了详细解读。

为了让这本在国际九型人格界极具影响力的书早日落地中国，大量资深九型人格爱好者和专家投身其中，做出了巨大贡献，在此表示感谢。本书的译者彭淦，校译者王颖、王丁，都是多年的资深九型人格爱好者，英文九型人格课程的翻译。他们对于九型人格这门学问的热爱，保证了译文的专业、精湛、流畅。为保证本书在专业描述上符合中国九型人格学习者的习惯，钻石九型导师班的多位成员协助我对译文进行了校审，包括：胡俊莲、倪誉轩、张链、王振宁、王昱朝、李琎、申希娟、黄艳红、陆非、周玉梅、王彬、江西早、雨林、王来友、高丹娜、陈月香、高玉萍等人。此外，还要特别感谢热情推动九型人格图书出版事业的刘峰老师和他的团队。

愿中国所有的九型人格爱好者都能够受益于这本意义非凡的著作。

高源（钻石九型创始人）
2021 年 8 月 8 日

推荐序二

心理学意义上的学生自我成长手册

人格是个体在遗传素质基础上，通过与后天环境相互作用而形成的相对稳定和独特的思维心理行为模式。九型人格是在个体先天特质基础上，按深层次恐惧和渴望、基本信念、思维模式、情绪习性、防御机制等内在动力，将人分为九种类型的人格分析类型学。它不仅是建立在科学基础上的、被无数研习者实证了的心理学知识和关怀人性的学问，而且是腹心脑平衡的智慧、身心灵打通的桥梁，还是我们探索物质宇宙和心灵世界规律的方法论，为每个人的自我发展指明了方向和路径。九型人格也研究人的外在特征，通过外在特点分析内在特质，但不是用表面特征和外在行为对人进行分类。

我的团队在武汉大学开设“九型人格”课程 6 年了，目前这门课作为通识精品课程，得到了持续的重点支持。九型人格在大学生和研究生中受追捧，根本原因是九型人格有助于深刻认知自我（我是谁？我从哪里来？要到哪里去？我为什么长成了今天的我？），全面发掘天赋，清晰地完善人格，务实地规划人生。此外，还因为课程展现了逻辑系统性、前沿学术性、热烈研讨性和生动趣味性的特色，每个学生都可以根据自己的切身感受验证、推演和质疑。我们在教学实践中还发现：一些问题的论述欠缺学理性，很多名词俗语需要本土化。中国大学的九型人格课程体系，亟须根据中国国情和中华文化予以建立和规范。

2021 年 7 月 7 日，国家教育部下发了《关于加强学生心理健康管理工作的通知》，要求加强心理健康课程建设，“高校要面向本专科生开设心理健康公共必修课，原则上应设置 2 个学分（32−36 学时），有条件的高校可开设更具针对性的心理健康选修课。中小学要将心理健康教育课纳入校本课程，同时注重安排形式多样的生命教育、挫折教育等。” 立德树人，人格教育是根本。人格的健康健全，内在地包含了科学的世界观、正确的人生观和积极的价值观，而心理健康教育，就是为了促进学生人格的不断健全和完善。

碧特莱斯老师的《九型人格完整版》，深刻论述了九个型号的激情如何透过生命的不同驱动力来形成副型，详细分析了“我之所以是我”的必然性和偶然性，生动阐释了九型人格不同于其他学问的动态性，完整指出了 27 种副型的个人成长道路，使得内在观察者（我参照弗洛伊德人格学说，称之为“客我”）对自己思维、情绪和行动的觉知更容易、更客观、更精准，因此成为心理学意义上的学生自我成长手册：深化自我认知，促进积极改变，享受生命过程，实现美好生活。由于译者、校者的专业和用心，译著流畅优美，读来舒服。

这本书顺应了我们党和国家对青年一代健康成长的殷切期望，符合中国学生心理健康教育的实际和规律，及时澄清了我们的诸多教学困惑。我相信：它一定会受到中国大学生特别是研究生的喜欢，一定会成为中国高校心理健康教育的重要参考书，一定能够为中国人才的人格完善做出独特贡献。

杜晓成（武汉大学经济与管理学院党委书记）

2021 年 8 月 4 日

前言

自我觉知与九型人格

一次又一次自发地收回涣散的注意力，是决断、品格和意志的根本。如果缺乏这种能力，没有人能实现自我主宰。培养这一素质的教育，必将会是卓越的教育。

——威廉·詹姆斯《心理学原理》

在刺激和回应之间，有一个空间。在这个空间里我们有力量选择自己的回应，而我们的回应显露出我们成长和自由的程度。

——维克多·弗兰克

如今有很多人会提出这样的疑问："我为什么在做我所做的事？"或者"我怎样才能有更圆满的关系？"又或者"我怎样才能在工作中取得更好的成效，过上更满意的生活？"

当我们想要或需要在生活中做出某些积极的改变时，我们自然而然地会去寻求一条更好的了解自我的道路，这条道路既要便于在日常生活中使用，又要有助于应对生活中的诸多挑战。

能够带来行为上的改变是任何个人成长精进的核心所在，而由于我们无意识习性的作祟，这又是极有难度的。为了改变行为以实现个人成长，我们必须发展这样一种能力：能够在我们内在世界创造思维和情感的空间，观察并理解我们所在做的事情，以及思考我们为什么要这样做。由此开始，我们便能够实时看到自己在行动时的思维和感受，而非昏昏然沉溺其中，我们开始更清楚地看到自己在何处、如何陷入某个习性，以及怎样才能做出有意识的选择，去做些有所不同的事。如果我们有足够的头脑空间来反思惯性运作的各种机理，我们就打开了通往更博大的自我理解之大门。

在这本书中，我希望实现两个目标：其一，展示古老的智慧如何阐明自我认知（self-knowledge）这一理念——我将其定义为观察、思考并拥有自己的思想、情感和行动的能力，这种能力是真正成长的关键，也能让生活更幸福、更平衡。其二，提供一张地图和一套说明——关于你的自我指导手册——展示如何扩展你的自我认知，这样你就可以开始或者深化对自己的研习，从而带来积极的改变。

你能够通过增强自我认知在生活中创造巨大的转变。这本书将帮助你检视无意识和自动的思维、感受和行动，它们构成了你日常所做的大部分事情。本书会教你如何在它们出现时变得更有意识，更有指向性。从古到今，这种修炼是过上一种更具创造性、灵活性、整体性、成效性、真实性的美满人生的基础。

人类状况的普遍真相是：我们都在沉睡

我们每个人都是独一无二的，都具有巨大潜力，但由于童年所安装的“程序”，我们是在一种看似清醒实则沉睡的状态中生存。

好消息是，人们为了实现和平、自由与自我认知而必须知道的许多知识，已经存在了数百年甚至数千年，隐藏在古老的教义、哲学、神话和符号中。然而，现代人却很难了解到这些永恒真理，它们涉及生而为人的意义，以及如何转变自我以彰显最大潜能。因此，这本书的目的，就是向大家介绍、解释和传译这一深奥智慧的核心层面，它已经存在了几个世纪，但只在过去的五十年左右才被重新发现。

这种古老的教诲始于这番理念：为了让我们成长与改变——发展更有意识做选择的能力——我们首先需要知道自己在当下究竟是如何运作的。要想成为我们所能成为的全部，我们必须从当下境况开始，并确切地知晓我们在哪儿以及我们是谁。我们最深的无意识模式之一，就是错误地以为我们已经足够了解自己，理解自己为什么会这样思维、感受和行动。事实上，我们并不知道；而这种认为知道自己是谁的自以为是，恰恰就是部分问题之所在。

为了认识自己并以积极的方式进化，首先需要看到，我们本质上是在一种

“看似清醒实则沉睡”中运作的。如果缺乏有意识的努力，我们很大程度上是机械化的，按照习惯模式运行着日常生活。这种“沉睡”是我们每个人都有的那些未经检验的信念，相信自己的生活是相对无限自由的，而事实却相反：我们根据童年早期安装程序的指令，以一种可预测的、重复的方式做出反应，就像特制的机器。如同机器，我们无力挣脱这种预装程序的制约，除非能够意识到自己的生命存在是如何受制于它。因此，我们不仅无法理解我们所不熟悉的，甚至无法认出自身的局限。

这种认为人类所受的制约自然地使我们处于无意识的自动行为状态的观点，在西方心理学理论和东方灵性流派中都可以找到。其实，我们可以从自己每天重复一模一样的舒适习惯这一点中看到自己“看似清醒实则沉睡”的证据，也可以看到我们是如何惯常地开启“自动驾驶”模式的。当我们走进一个房间，却忘了为什么去那里；当我们正在读一本书，却意识到自己并没有真正明白最后一页的内容；当我们感觉自己在参与交谈的同时思绪却在“游移”；当一些重要的事情发生时，我们却无法真正感受到自己的情绪：所有这些都是我们的惯性运作在上演，或者更准确地说，我们的习惯就是表演本身。因此，我们的任务是学会更加持续地关注生活中实际发生的事情。

从心理学的角度来说，这种“意识的模糊”表明，作为一种基本的生存机制，人类的心理会自动进入“沉睡状态”，或从痛苦经历抽离，以便在世界上生存或保持安全。即便我们人类是如此非凡的生灵，仍然有一些基本的局限性。我们不可能时刻意识到正在发生的一切事情，所以学习一些能够有效减少痛苦和危险、增加舒适感和安全感的思维与行为方式，是很有裨益的。但是，避免察觉自己的痛苦和恐惧，这种做法虽然有利于我们的生存和舒适感（尤其是在生命的早期），但如若对此毫无觉察不加检核，那随着我们逐渐长大成人，对于“我们是谁”和“我们可能会成为什么样的人”这类问题，我们将会麻木不仁。

这种让自己坠入沉睡的习惯是怎么开始的？我们为什么会变成这样，怎么会变成这样？人类婴儿的依赖期是所有哺乳动物中最长的，因此人类的孩子具有先天的、与生俱来的防御机制，以保护他们免受心理或情感威胁的重压或伤害。随着时间的推移，早期必要的（有时甚至是救了命的）防御策略以及应对策略，逐渐演变成为思维、感受和行为的“模式”。这些模式的运作方式就像是“组织原则”，或者说关于世界应该如何运作以及我们必须如何行动才能生存成长的信念。这些模式化的应对策略变成了看不见的、自动的“习惯性”，它们会影响你在与世界互动时注意力的去向，以及你所采用的适应策略。

例如，如果一个孩子不断地感受到要“好”的压力，他可能会发展出一种有助于他变得“完美”的应对策略，从而避免批评或惩罚。而另一个孩子受到不同的外在和内在因素的影响，则可能会发展出一种隐藏脆弱的策略，设法获得控制权，并让自己看起来无所畏惧，以此来保护自己免受威胁。我们每个人都会自动地采取特定的策略来抵御威胁，这些策略共同构成了我们性格的“组织原则”。

我们在童年时期为应对威胁而发展出来的行为模式，最终蜕变成了一种会自动触发的心理习惯，即使最初的威胁早已消失，而且如今的我们不再可能遇到任何类似的威胁。在人生早期，我们在心理上发展出这种降低自己敏感性的“看似清醒实则沉睡”的状态，保护我们免受情绪上的痛苦，但当我们进入成年期，却仍然如此，以至对生活中发生的事情昏昏睡去。根深蒂固的习性和对真实自在生活的渴望之间的不一致，成为各种受苦、不满和不快乐的根源。我们不再需要的早期应对策略变成了看不见的囚牢，束缚着我们的思维、感受和行动方式，这些策略让我们感到如此熟悉而完善，以至于忘记了自己还有能力做出其他选择。就这样，我们以为自己还清醒的时候，其实已经睡着了，失去了创造性地、有意识地参与这个世界的自由，甚至浑然不知自己已经失去了它。许多灵性派别都试图解释这种分离，或练习保持自我意识的方法，而我相信，我们只需要看看自己的生活，看看我们是如何陷入旧有的无意识模式而变得不快乐的即可。

拿我的亲身经历来说：在我成长的过程中，我把很多精力放在人际关系上，让别人快乐，用这种方式来帮助我感到安全。为了避免被别人批评或拒绝的痛苦，我的策略是让自己显得迷人乖巧，我会“让人们喜欢我”，因为我会惹人喜爱、讨人喜欢，这样我就不必遭受不被认可与分离的痛苦了。但我并未意识到这一点，对自己的感受、需要和欲望浑然不觉，因为假如我坚持自己的感觉和需要，我可能会遇到一个不想接受我的愤怒、悲伤或无法满足我需要的人。久而久之，我逐渐失去了与自己此时此刻感受的连接。我读研究生时的室友曾经注意到我从不生气，我起初还感到很惊讶，但后来意识到的确是这样。为了我的主要求生策略——与他人和睦相处，避免人际关系中的任何问题，我已经失去了与自然流动的情感的连接，也失去了知晓自己需要什么和想要什么的能力。很长一段时间里，我甚至都不知道自己是这种状态。

我早年形成的自我保护习惯给之后的生活造成了麻烦，因为这些习惯代表了自我限制的策略，以过于狭隘的视角来看待我处理生活中各种情况的能力。我们每个人都无可避免地被困在自己早期的反应模式中，这种模式在早先的环境中曾帮助了我们，但后来却成为我们日常无意识的根源。然而，如果我们能够留意、关注、研究这些习惯性的反应模式，我们就可以做一些解放性的“成长功课”，去理解它们、管理它们、放下它们。有时候，仅仅看到一个固有习惯并理解它为何会形成，就足以让你摆脱它的束缚。在其他情况下，对于更根深蒂固的模式，你可能需要花些时间，用特定的方式对自己下功夫，直到完全克服并逆转这些自动的习性。不管怎样，首要步骤是要理解我们都在沉睡，并注意到自己是如何昏昏睡去的。

人类状况的另一个普遍真相是：我们可以醒来

幸运的是，我们被困在无意识模式中这一普遍真相与另一个关于人类状况的核心真相密不可分：这种“看似清醒实则沉睡”亦是觉醒关键过程的起点。

觉醒能力不仅是一种可能性，更是人类与生俱来的一部分。当我们进入这个世界并形成性格特质的时候，我们就沉睡了，但我们天生都具备有意识地成长并蜕变的潜能。事实上，许多古老的智慧传统都说，唤醒自己，了悟到“我们是谁”的这一任务，恰恰是我们人类在地球上生活的目的所在。

所以，如果你的感受、思维和行为的自动模式让你在自己的生活中沉睡，你该如何醒来？通过学习更客观地观察和探究自己，我们可以变得更有意识（醒觉）。通过有意识地理解我们真正的样子，以及所发生的真实情况，我们的自我认识逐渐加深。不过，虽然我们天性具有觉醒的能力，但要觉醒过来需要持续不断地努力，懒惰则会带来再次沉睡的危险。

自我观察能让你从“沉睡”中解脱出来，从有意识觉察自己的无意识开始，练习寻找思维、感受和行动的自动模式，这会帮助你培养客观地自我觉察的内在能力，从而与这些模式分离开来。这种努力会逐渐形成一种辨识能力，识别出你开始进入自动模式或者当你的“程序”开始运行的瞬间（就像我的堂兄克里斯·法萨诺常说的那样，你开始“抓得到自己的尾巴”）。这种自我观察让你的惯性模式和觉知意识之间产生分离，这样你就可以观察自动思维、情绪和行动的展开，而不必与它们“合而为一”，也不必评判它们（或你自己）的好坏。你需要这种区分，才能拥有理智空间，从这些思维习性中超脱出来，放下它们，做出其他更有意识的选择。

对于任何想从机械惯性中醒来并进化的人来说，第一步就是开始观察这些习性。通常，我们太习惯于做自己所做的事情了，以致不会提出任何疑问。因此，切入点是抓住自己瞌睡打盹的时候，放慢脚步，有意识地观察自己，拉开距离，更客观地看看自己到底在做什么。要做到这一点，你需要学会留意到你的关注点（以及没有关注到的点）。

心理学方法和灵性教诲都指出，简单形式的冥想是形成和拓展自我观察能力、锻炼意识意念的最佳途径。最重要的是，冥想有助于增强你觉察的能力，以及有意识地稳定或转换“注意力焦点”的能力。自我观察，自我问询——问自己“我在关注什么，为什么？”——允许自己回答一些更深层次的提问，比如：自己的想法、感受和行动“是什么，为什么，以怎样的方式”，而非将其都当作理所当然。

古代传统中提及的另一种基本冥想修炼的方式是“专注”，或者说“于最小空间投注最大注意力的能力”，这几乎是在任何领域获得成功的关键。通过专注，我们能够在一定程度上停止头脑中的自动念头，开始在内在世界构建出一片“寂静地带”，我们每天都可以退回这片地带，以支持自我观察的精进。

自我观察的修炼包括把你的注意力放在当下的想法、感受和行动上，并一再地把你的专注点从不可避免的涣散中拉回来。不加评判地探究自己当下的思维、感受或行为，关注由你选择的对象，而不是让大脑继续专注于它一贯的反应性、习惯性的模式。这种正念活动是一种锻炼，使你对内心发生的事情更有意识，并经常记得有目的性地转向自己的内在。与体育锻炼中的重复一样，“注意力肌肉”也能通过持续的训练而得到加强，留意到你的注意力去了哪里，然后将其转回你有意识选择的焦点。

这种“注意力肌肉强化”的过程也会让你发展并积极运用“内在见证”，对“内在见证”意识的培养是冥想和多种心理治疗形式的关键因素。一个有趣的悖论是，它无比简单又极其困难：锻炼你的注意力肌肉的基本练习很简单，因为它只涉及一个简单明确的动作，你随时随地都可以进行；然而，要持续不断地进行这项修炼将会是一个挑战。“记得自己”——记得去有意识地关注自己——永远不会成为习惯，因此需要下些功夫去练习这种切实关注的能力。一旦留意到自己没有关注，便把注意力拉回来。随着一次又一次地重复这个过程，自我观察会变得更高效，人也会更加“清醒”。

令人欣慰的是，如今，来自不同研究领域的人们都开始认识到，这种自我觉知的基本举措是个人发展的重要组成部分。从心理治愈到精神灵性，从哲学到脑科学，从领导力培训到商业发展，人们都在思考：“是什么促进了人类的成长和幸福？”在很多不同的领域，人们的关注都集中到了同样的因素上，这些因素促进了积极变化、有效改善和健康满足。以前它们一直是灵性导师和心理治疗专家的专属领域，而如今的主流趋势已经变成思考作为人类意味着什么，以及我们如何发展固有的人类能力，以实现更伟大的自由和幸福。这一切都是从培养专注的能力这一简单想法开始的，在这样做的过程中，你对内在发生的境况能有一个更清晰的理解。

九型人格：发展自我意识的地图

在古希腊德尔菲的阿波罗神庙上刻着“认识你自己”的古训，深刻的哲学教义让我们认识到，了解自然世界和人类可能性的关键，始于研究个人的“自我”以及物质环境。西方文化这一基础性智慧，把从内在研究人类（我们每个人都在努力了解自己的内在世界）视为必要功课，与对外在世界的科学研究并驾齐驱。

在20世纪，一些人重新发现了一套失传已久的强大学说体系，它清晰地呈现出人类如何运作。这套教导被编码在一种叫作“九型图”（The Enneagram，其本意是“九的图”）的体系里，九型图的符号是一个九角星，嵌在一个圆圈里，这个图形为许多现象提供了一个基本框架，包括由 27 种不同的性格“原型”构成的一套人格类型系统。近年来，世界各地的人们都领略到了这一古老智慧的真实精妙，以及对人生的改变。

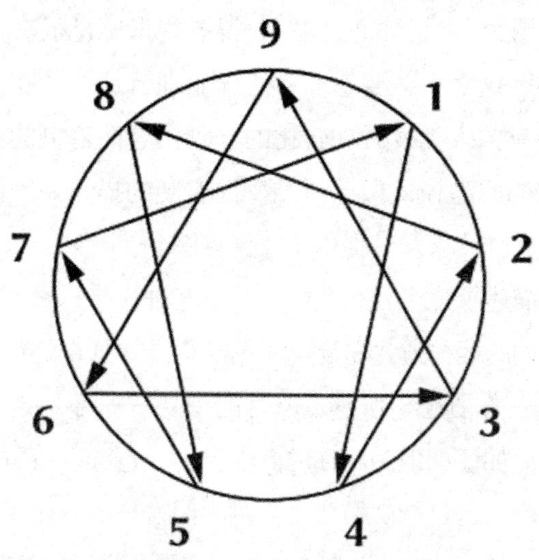

从表面上看，九型人格是由九个相互关联的性格原型或类型构成的人格类型系统。这九种类型的每一种，都与九型图上其他四种类型相连接。九型图有着古老而神秘的起源，它以这种优雅的模型来代表一定的宇宙基本法则，用数学的方式反映出自然世界，包括人类小我或性格中所表现出的可辨识的模式规律。

原型是帮助我们辨别并理解普遍模式的模型或样板。根据卡尔·荣格的说法，原型是“便于理解的典型”，或者说“适用于全人类的心灵感知与认知理解的共通模型”。[1] 荣格对原型的概念源自古希腊人，他们用“原型理念”来看待世界，将宇宙视为“对某些原始本质或至高法则的有序表达”，将原型视为“从人类生命的混沌中提炼出其普遍性”。[2] 最近作家卡洛琳·梅斯（Carolyn Myss）将“我们自己的个人原型”定义为“我们看待自己和周围世界的心灵棱镜”。[3]

与九型图相关的教诲的基本核心，反映出世界上最为古老的神秘主义、灵性和哲学传统所一致传达的信息：通过发展“内在见证”，你可以提升观察和审视个人经验的能力，获得更多自我认知，这一举动创造了形成更高意识状态的可能性。九型图不仅通过展示“内在见证”的关注点帮助我们提高自我觉知，还为我们提供了改变和成长的方法。

在我们开始“研究”自己的时候，获得一些指导是很有帮助的。我们每天的思考、感受和举动这么多，要怎么才能开始理解这一切呢？这就是九型派上用场的地方。作为有关人类发展和转化的一种古老而普世的模型，九型人格理论对构成人类人格的原型模式做出了准确而客观的描绘。因此，它为我们这些寻求更深层次理解自己的人及时提供了一张地图。

九型人格理论描述了三个“智慧中心”、九种人格“类型”和二十七种“副型”，它们结合我们的运作方式，提供了精准得令人称奇的性格描述。其主要理念就是你的性格——你所想、所感、所行的一切——都是由一系列模式所构成的。即使你尝试着更加仔细地关注你的内心世界，也难以察觉这些模式，因为你已经这样做了很久很久，这些“模式化”对你而言早已内化了，就如同鱼儿不会“注意”到它游在水中一样。而九型人格帮助你看到自己的这些性格模式。

这个过程是如何运作的，它又如何产生积极的变化呢？我们在生活中所使用的许多应对策略，可以归结为数种特定的类别或人格类型。九型人格理论通过详细描述构成九种基本人格类型（及每种类型的三种副型）的典型思维、情绪和行为，从而揭示这些性格模式是如何形成的，以便你可以开始自行看出它们的存在。

九型人格理论为探索人格提供了一张由二十七组特定主题和模式集结的地图。一旦你将对自己的觉察与九型人格中的某个类型匹配上，从而找到了符合自己的型号，你就会获得大量的信息，这些信息可以帮助你识别并理解自己的思维、情绪和行为模式。

九型人格作为一种成长工具，其有效性的核心在于它不是一个静态模型。我们是复杂的、可转变的生灵，而九型人格是一张描绘变化的动态地图，它不但揭示了我们是如何形成这些习惯模式的，也阐明了该如何从这些不自知的限制性行为习惯中解放出来，获得自由。当你开始对自己的人格类型有所了解，你会更容易在模式出现的当下觉察到它们，更频繁地“实时捕捉到动态中的自己”，并通过主动觉察到这些模式，而让自己从中解脱出来。

作为心理治疗师，我曾接待过一位来访者麦克斯，是一名近五十岁的律师，他当时饱受焦虑的痛苦，致使他不断怀疑自己。这种不断的自我怀疑阻碍了他在生活中前进，他无法和妻子分开，尽管他清楚这段关系没法再走下去了，他需要结束掉它。他无止境地质疑自己想做的每一件事，内心饱受折磨。他的分析才能使他成为一名成功的律师，但也使他总是想象自己可能陷入的负面情境。他觉得自己本性是“坏”的，故而会想象别人在评判他，谴责他。在开展治疗的过程中，我意识到他是一个自保六号，这种人会体验到持续的恐惧和不确定性，他们的思维模式围绕着质疑和怀疑循环往复。尽管他是一个和善、好心、聪慧的人，但他总是习惯于想象可怕的情景，以至于无法为自己的幸福采取果断的行动。

运用九型人格，我们可以理解麦克斯的困境，直指核心地处理他最重要的内在冲突：1. 他抱有一种自己是坏人，因此会被别人谴责和拒绝的错误信念，并无视反面证据；2. 他感到如果以自己的方式果断行事，将会导致坏事发生；3. 令他陷入恐惧和焦虑中的是他的思维习惯——他对自己的分析性头脑很是自信，但他怀疑一切，以致无法在这世上感到安全。

通过使用九型人格，我们得以认出并理解麦克斯的核心问题，下一步则是为他提供解决这些问题的方法。

作为一个自保型的人，他的核心问题是他没有形成强烈的内在权威感（因为他的父亲威胁并虐待他，而没有给他提供支持和保护），因此他固步不前，并被一种狂乱的防御模式所操控。他试图用强大的分析头脑进行思考，从而寻求确定和安全，却反而陷入了恐惧—怀疑的无尽循环中，无法感受到安全和力量。而如果他学会了拓宽视野去看待自己的思维模式，练习面对这些倾向，就能够解决他日益增加的焦虑，并在生活中向前迈进。

也许是因为其深刻的象征意义和古老的传承，九型人格理论捕捉到了人类习性的复杂性，它提出的人格系统，有效而生动地描绘了二十七种不同的思维、情感和行为模式。根据与此模型相关的智慧传统，人格被视为一个“虚假自我”（也作“假性自体”，“false self”），为了在这个世界上安全地互动，我们在一定程度上需要它，但同时它也是我们与“真实自我”失去连接的原因，当我们的“虚假自我”走到前台来应对生活时，“真实自我”就被埋没在了背景中。

根据九型人格理论，虽然虚假自我或人格模式是“问题”，因为我们对它如此认同，错误地认为它就是我们的全部；但随着我们学会看破虚假自我或者说受制约人格的自动运作，就可以学习放下它们，或者更有意识地善用它们。我们就不会再固守着一个狭隘的视角，而变得更有创造性和灵活性，正因如此，九型人格承载着打破旧习并实现真正潜力的愿景和道路。

总结

在阐明九型人格的作用时，本书最为直接的理论根基建立在两位作家、导师奥斯卡·伊查索（Oscar Ichazo）和克劳迪奥·纳兰霍（Claudio Naranjo）的作品之上。20 世纪 60 年代，奥斯卡·伊查索在智利发展了九型人格理论，作为人类进化伟大计划的一部分。克劳迪奥·纳兰霍是一位精神病学专家，广泛学习和实践了关于人类发展的多种心理学和灵性知识体系，于 1970 年自伊查索那里学习了九型人格理论，并用西方心理学语言予以诠释。70 年代他从伯克利开始，在接下来的几十年里，纳兰霍在讲授九型人格知识的同时，重新组合并扩展了对这些人格类型的描述。通过纳兰霍最初的学生，九型图得以流传出来并传遍了全世界。虽然如今广大作者已经出版了诸多关于九型人格的优秀书籍，但本书主要还是建立在纳兰霍对型号、副型、意识发展道路的本质及其所包含的成长功课的描述上。

在探索为什么九型人格是自我认知的强大工具方面，伊查索和纳兰霍作出了杰出而先驱性的贡献。而这本书所建立的基础则更为深入和广阔，它源于一个古老的智慧传统，这个传统提供了我们人类伟大意义的愿景和实现它的地图，同时，书中还融入了我自己在心理学和个人发展领域的研究成果。特别是我汲取了自己作为心理治疗师的训练和实践——我个人的“成长功课”，以及从我的授业导师海伦·帕尔默（Helen Palmer）和大卫·丹尼尔斯（David Daniels）那里学到的许多领悟。虽然我将印证我在本书中提出观点的来源，但首先必须指出，这两位老师在难以估量的程度上塑造了我对这些主题的思考方式，他们的教导为我理解这项重要工作奠定了基础。

最为重要的是，我希望能够传译这一深奥的智慧传统，凸显它所揭示的永恒真理，同时将其中包含的珍贵信息与现代洞见相整合，以帮助我们的成长，创造积极的变化。几个世纪以来，我们遗忘了这令人不可思议的、深奥有力的真理，我希望通过揭示它，鼓励人们把自己的发展放在首位，这也是生活中一切事情得以成功的关键。尽管这项“成长功课”需要我们超越自己的舒适区，面对我们宁可视而不见的事物，但它正是史诗和经典神话中不朽的伟大探险，将会解放我们的能量，让我们以更平和、更鲜活、更真实、更有意义的方式活出自己的生命。我希望本书所描述的愿景和方法，能够推进更高程度的自我觉知这一伟大目标，并阐明实现这一目标的道路，以激励你在自己的个人进化旅程中前进。

目录
Contents

Chapter 4 八号原型：主型、副型和成长道路

Chapter 5 七号原型：主型、副型和成长之路

Chapter 6 六号原型：主型、副型和成长道路

Chapter 7 五号原型：主型、副型和成长道路

Chapter 8 四号原型：主型、副型和成长道路

九型人格：理解人格多维本质的框架体系

九型人格理论把人格看作是“虚假自我”，它的发展是为了你（柔弱且年幼）的“真实自我”能够适应、融入并在其他人群中生存。这种观点认为，人格是一种“防御性”或“补偿性”自我，它发展出的应对策略是为了帮助你满足自己的需要，减少焦虑。

成为人类就要被看见，
并把隐藏于心的作为礼物赠予别人。
若要在此世界里铭记彼世界，
那便活在你真正的传承里。

你并非给这个世界添麻烦的过客，
也不是其他意外中的一个意外。
你应了另一个更伟大夜晚的邀请，
才会出现在这个夜晚。

现在，透过晨曦斜斜的窗户，
望向山巅上的大千世界。
何种急切在召唤你付诸唯一挚爱？
何种形色在你的种子里静待着，
朝未来的天空生长，
伸展枝臂？

——大卫·怀特，诗歌《醒来时要记得的》

“人格”这个说法通常指的是你性格中发展出来与外界接触的部分。人格的塑造受到我们的先天特质，人生早期与父母、照顾者、家人、朋友相处的经验，以及身体、社会和文化环境的综合影响。

什么是人格

大多数人都把人格当作“我是谁”，把人格的概念——即你生命中的人们所认识的“你”——等同于你的身份感。但是根据九型人格的观点，你是谁，远不止于你的人格，你和他人所以为的你的“自我”的人格部分，仅仅是“你所是”的一部分。就像在西方心理学中一样，九型人格理论把人格看作是“虚假自我”，它的发展是为了你（柔弱且年幼）的“真实自我”能够适应、融入并在其他人群中生存。这种观点认为，人格是一种“防御性”或“补偿性”自我，它发展出的应对策略是为了帮助你满足自己的需要，减少焦虑。

小我和阴影：你在自己身上看得到的和看不到的

正如光在照亮一个物体的同时也会投射出一片阴暗，卡尔·荣格说：根据你如何看到自己而投注的意识之光亦会创造出一个不被看见的人格“阴影”层面，就像一个盲点。[1]被你认作是“坏”属性的东西，比如愤怒、嫉妒、仇恨、自卑的感受，会转移到你的阴影部分，变成无意识。（相反，那些倾向于关注自己负面特征的人，则可能会在其阴影中隐藏一些典型的“正面”品质或感受。）阴影代表了我们拒绝承认的关于自己的一切，但这些被否认的部分仍会影响我们的行为方式。对自己的某些部分视而不见也意味着我们在世间行走时，自认为我们是谁或者想把自己看作谁，与我们真正是谁之间往往存在着差异。

我们每个人都会压制自己的阴影面，因为它们让我们对自己感到不爽或不好，可是，这些品质处在无意识的状态会给予其力量，以我们看不见的方式影响我们，在我们的生活和人际关系中制造出乎意料的问题。发展“真实自我”要求我们重新认识、接纳并整合自己所有的部分，包括我们的阴影元素，九型人格理论就可以帮助我们做到这一点。

九型人格的 360 度视野

九型人格理论描述了人格类型，包括有意识的思维、感受和行为模式，以及它们被压制的阴影面。因此，对于完成意识工作中最困难的部分——认识、承认并接纳你的盲点，九型人格将会是一个卓越的工具。

1994年我在加利福尼亚帕洛阿尔托的斯坦福大学参加了首届九型人格大会，也是在那之后成立了国际九型人格协会。在这场来自世界各地的九型人格爱好者的聚会上，方济各会牧师、作家理查德·罗尔（Richard Rohr）发表了一篇惊人的演讲，把九型图的神秘符号与原型“命运之轮”关联起来，它象征着生活中无法避免的起起伏伏。他观察到西方文化是以“上升”为导向的，即事物的积极面，因此生命之轮中“下降”部分的处境就显得让人更加难以面对。罗尔说，九型人格给了我们一套不带判断地看待阴暗面的方法，因此九型图是帮助我们接纳和驾驭下降部分的宝贵工具。

罗尔旁征博引，阐述了一个深邃的真相：人类（小我的）倾向是想让自己感觉良好（并避免感觉不好）。但是，如果无法认识、接纳并面对我们的真实面貌，包括阴影面和生活中所经历的困难部分，我们的个人成长就会停止，我们的潜能也将沉睡。九型人格揭示了我们习性中“好”与“坏”的真相，让我们能够带着同情心去面对人格中那些被否认和“固着”的部分，拥抱真实的自我。

九型人格地图

通过系统地描述二十七种“虚假自我”的习性和特质，九型人格帮助我们识别出特定的人格模式及其伴随的阴影。它看待人格的方式是根据其主要的“智慧中心”：身体/生理、心/情感以及脑/理智，然后这三个中心又被进一步细分为三种人格类型，一共九种主型。

根据不同中心组别以及不同人格类型之间的连接线，我们得以绘制出这张古老神秘的图形——九型图。在三个中心和九个类型之上，还有第三个更深的层次。根据三种基本本能的相对侧重，每种人格类型又可以分为三个不同的子类型，即“副型”。根据九种人格类型是如何被人类共有的、最核心的三种本能——自保、社交和一对一（或性连接）所驱动、塑造的，我们得出了二十七种独特的人格副型。

三个中心

九型人格背后的智慧认为，人类是“三脑生命”，即通过三个不同的“智慧中心”运作。这些中心代表了三种感知、处理和表达的模式：运动或体感（动触觉）、感受、思考。每一个中心的功能都有其优点及缺点，善用及误用，它们既能够帮助我们理解并与周围世界良好互动，同样也可能导致我们偏离正轨。

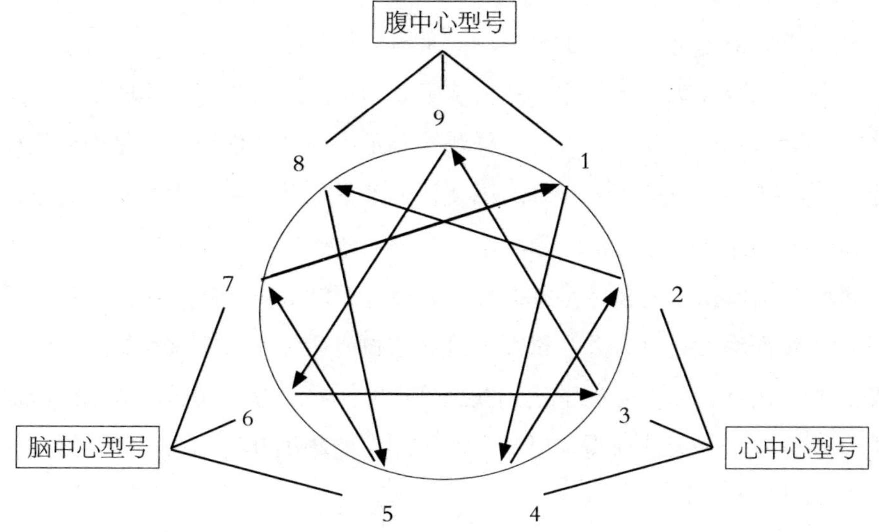

“腹”中心或“身体”中心（八号、九号、一号）包括在所有的身体运动中起着积极作用的运动中心，以及对应于我们的本能功能的本能中心。当你的思想启动身体运动时，运动中心会被激活。做出正确行动有赖于运动中心脉冲的坚实指引，但滥用运动中心也可能导致冲动行为或者惯性。

“心”中心或“情感”中心（二号、三号、四号）管理情感功能，即情感的体验和表达。它让你能感觉到自己的情绪，并通过同理心与他人连接，滥用则会导致过度敏感、麻木无感或情感操控。

“脑”中心或“理智”中心（五号、六号、七号）管理思维功能，即思维、信念及其他认知活动的体验和表达。这种理智对于冷静的分析和推理必不可少，但如果你陷入对一种情况的过度分析中，可能会导致无法行动。

九种人格原型

九型人格的优势在于它高度精准地表达了不同人格类型所对应的自动模式。每种类型都有一个习惯性的“注意力焦点”，即其最突出的思维、情绪和行为模式，以及一种核心驱动力——“激情”（又称为“主导特征”）。

九型人格中的每个型号都与一种“激情”相关联，“激情”决定了这个型号核心的情绪驱动力。激情是一种情绪驱动力（且经常是无意识的），它来源于你内在隐含的对生存所需以及怎样获得满足的观念。由于激情是由缺失感所驱使，它们为型号制造了一种基本困境，或者说陷阱，每个型号都受其掌控，努力地去追求这永远无法被满足的需求。

理解激情所扮演的角色是掌握九型人格学问的关键。因为激情通过对某种东西的饥渴而激发行动，并且试图通过获取自己所需来缓解那种饥渴感，循环往复，无有出路，反而阻碍了我们找到真正的满足。除非超越了人格的限制性视野，否则我们是无法获得自己真正所需的，要想离开这困兽之笼，必须变得对自己的动机有意识。

腹中心型号

九号

注意力焦点：九号的注意力集中在他人身上，集中在环境中发生的事情上，集中在避免冲突和实现和谐上。九号通常都会顺从别人的要求，对自己的事务却没有清晰的认识。

思维和感受模式：九号专注于与他人和谐相处，避免“友谊翻船”和产生冲突。他们情绪稳定，没有太多的高潮或低谷。虽然他们属于愤怒激情的型号，但通常感受不到自己的愤怒。他们（无意识地）与愤怒抽离，以此避免冲突或与他人分离，所以往往会以压抑的形态泄露出愤怒，比如，固执或被动攻击的行为，或者每隔一段时间就出现一次大爆发。

行为模式：九号喜欢“随大流”，他们自动地为他人改变自己的计划，这同样是在无意识地避免表达（甚至流露）任何可能导致冲突的个人偏好。但如果潜在的欲望浮出水面，他们可能会被动地抵制。他们不喜欢被控制的感觉，但喜欢有结构和清晰的权力界限。九号之所以能成为优秀的调解人，是因为他们很容易看到问题的方方面面，自然地在相互冲突的观点中找到共同点。

激情：怠惰。怠惰是指一种精神上的不作为，拒绝看见，抗拒改变，以及厌恶付出努力，特别是不愿花精力去意识到自己内心的感受、感觉和渴望。这种激情不在于不愿意采取行动，而更多地表现在对自我内在的不关注，以及需要对内在情况做出调整时意志上的惰性。

八号

注意力焦点：八号的注意力焦点自然而然地集中在权力和控制权上——谁拥有权力？谁没有权力？权力是怎样归属和行使的？他们从全局考虑问题，而且（大多情况下）不喜欢处理细节。他们把世界分为“强者”和“弱者”，认同“强大”以避免感到软弱。

思维和感受模式：在情绪上，八号通常易怒，并且（无意识地）避免体验易受伤害的脆弱感觉。他们通常表现得无所畏惧，无形中令人生畏。他们喜欢掌控，思考问题黑白分明，认为自己知道什么是最好的，什么是真的，并且不喜欢别人对自己发号施令，指手画脚。

行为模式：八号精力旺盛，能完成大事，能够在必要时与他人对抗，会保护他们所关心的人。他们可能是工作狂，不承认自己的身体极限，而承担越来越多的责任，拒绝体验可能导致减缓进度的脆弱感觉。他们有时会过度劳累，甚至导致身体疾病。

激情：纵欲。纵欲的激情是指过度而强烈地体验各种刺激，这是一种通过身体满足来填补内心空虚的驱动力。纵欲在九型人格中的意思是“过量或过度体验激情，这种激情并不局限于性，性满足只是满足的一种形式”。

一号

注意力焦点：就像弗洛伊德人格模型中的“超我”功能一样，一号的注意力集中在关注错误（指偏离了内在的理想标准）、辨别是非以及依仗规则和结构。

思维和感受模式：在情绪上，一号经常感到被抑制的怨愤、激怒或愤怒，但表现出攻击性与他们认为“表达愤怒是不好的”这一信念相冲突。因此愤怒和其他内在的冲动通常会被抑制，然后以怨恨、恼怒、批评和自以为是的方式泄露出来。他们相信做事情总有一个“正确的方法”，每个人都应该努力变得更完美。

行为模式：一号的行为会让人感到刻板僵化和高度结构化，依赖于仪式化和重复性的行为模式。通常他们遵循规则，可靠、道德且勤奋。

激情：愤怒。愤怒作为一种情绪习性，在一号身上以被压抑的形式出现，表现为因追求完美和美德而产生的怨恨。他们对事物的不完美表现出敌意，并试图迫使其符合他们认为事物应有的理想形态。

心中心型号

三号

注意力焦点：三号的注意力集中在任务和目标上，以便在别人眼中树立成功的形象。三号认同他们的工作，相信所行之事代表其人，因此与他们的真实样子失去了连接。

思维和感受模式：三号的思维以“做”为中心——完成任务和目标。尽管他们是心中心型号，但会（无意识地）避开自己的情绪，因为陷入情绪会阻碍他们完成任务。如果他们放慢节奏，让情绪得以浮现出来，他们可能会感到悲伤或焦虑，因为这会让他们惆怅自己所获得的认可是因为做出的成就，而非自己这个人。如果有人或事物妨碍了他们的目标，三号往往会表现出不耐烦的愤怒。

行为模式：三号倾向于变成快节奏的工作狂，他们发现很难放慢脚步，只是简单地“存在着”。也正因为他们像激光一样专注于完成事情和达到目标，所以他们会非常高效和高产。

激情：虚荣。虚荣这种激情会让人顾虑自己的形象，“为了别人的眼光而活”[4]。三号在虚荣的驱使下会向他人呈现出一个虚假的形象——摇身变为当下场合正确或者最成功的任何形象。

二号

注意力焦点：二号关注的是人际关系、获得认可、通过乐于助人来诱惑他人，以此策略来满足自己不肯承认的需求。他们会主动对周围的人察言观色，并迎合（他们所感知到的）对方的心情和喜好，最大限度地发展潜在的积极关系。

思维和感受模式：在情绪上，二号害怕被拒绝，所以他们经常压抑自己的感受以取悦他人。当他们的情绪无法再继续被压抑时，他们可能会表现出愤怒、悲伤、焦虑或受伤。因为这些自相矛盾的冲动，二号可能会体验到情绪上的冲突，也会通过表现得无忧无虑来讨人喜欢。

行为模式：二号的行为倾向于积极向上、精力充沛、友好亲和，有时这会掩盖了（同时也是一种过度补偿）被压抑的需求和抑郁的倾向。他们有动力，工作勤勉，特别是在为他人服务或是从事他们有兴致的项目时。但他们也有可能沉沦享乐，自我放纵。二号也可能会扮演牺牲者的角色，牺牲自己的需要和欲望以赢得他人的认可，因此而感到受苦。

激情：骄傲。在九型人格的术语中，骄傲意指一种自我膨胀的需要，以及为了诱惑力和抬高自己而表现出的一种虚假的慷慨。骄傲也助长了自我理想化和浮夸，随之而来的便是反弹式的自我贬低和自我批判。

四号

注意力焦点：四号把注意力集中在自己的感受、他人的感受以及人际交往的连接和断开上。他们对自己的价值有一种缺失感，因此他们所寻求的理想化体验，是围绕着他们认为自己不拥有的品质的体验。

思维和感受模式：四号重视对各种各样情感的真实表达，他们的思维模式围绕着某一特定情境中所缺失的东西，以及对他们认为理想的、但就是无法得到的东西的渴望上。他们欣赏以真实情感为根基的富有意义的互动，在将情感体验转化为艺术表达方面具有敏锐的审美感受力，但他们往往过于认同情感，沉浸于忧郁（或愤怒）之中。

行为模式：四号可能会显得矜持且沉默寡言，也可能活跃而精力充沛，又或者两者兼而有之。他们有着感性的直觉、同理心以及激烈的情绪。虽然具体的行为模式会因副型而有所不同，但大体上四号并不害怕冲突，如遇令其热忱满满的事情，他们会不知疲倦地工作，并能够看到和指出缺失的部分。

激情：嫉妒。嫉妒表现为一种痛苦的缺失感以及对缺失对象的渴望。对于四号来说，嫉妒滋生于人生早期的丧失感，这往往使四号觉得某种美好的东西不属于自己——这种东西是必要的，但自己由于某些内在的缺陷而无法获得。

脑中心型号

六号

注意力焦点：六号聚焦于思考可能会出错的问题，制订战略并做好准备。作为对人生早期危险体验的回应，六号发展出了一套关于探查威胁及应对恐惧的适应性策略。

思维和感受模式：谈论六号的统一思维和感受模式比较困难，因为六号的三种副型是如此不同，其原因可以追溯到三种处理恐惧的常见方式：战斗、逃跑或僵住。六号的思维方式很具分析性和策略性，他们思考的是如何管控不确定性，让自己感到安全。他们把事情想得很透彻，甚至到了因过度分析而无法行动的地步。除了恐惧，六号不太触及其他感觉，但他们可能是最有感受力的脑中心型号。

行为模式：六号用不同的方式保持警觉，都有与权威相关的主题，他们都非常渴望成为优秀的权威，但对现实生活中的权威可能会怀疑和逆反。六号对他们信任的人是忠诚、体贴的，他们会努力工作，意在控制和获得成就；也可能难以完成任务，陷入拖延、优柔寡断和对成功的恐惧之中。他们能够持续察觉潜在的问题，这使他们成为优秀的问题解决者。

激情：恐惧。恐惧意指用一种不愉悦的情绪、生理反应来回应危险源，它通常伴随着焦虑。副型不同，焦虑的程度也不同。焦虑包括与预料危险有关的忧虑、紧张或不安，这种预料源自不明确或者无法识别，也可能是起源于自己的内心。

五号

注意力焦点：五号相信知识就是力量，所以他们喜欢观察周围发生的事情而又不太参与其中，尤其是需要投入情感的事情。他们专注于积累有关自己感兴趣主题的信息，并通过避免与他人纠缠来管理他们认为稀缺的时间和精力。

思维和感受模式：五号活在头脑中，并习惯性地脱离他们的情绪。对于他人对自己的情感要求，他们很敏感。五号通常的感受范围很窄，几乎从不在公共场合表露自己的情绪。

行为模式：五号内敛、内向，需要很多独处时间，避免与那些（他们害怕）可能消耗他们精力的人交往。他们非常善于分析和保持客观，而且往往花大量时间追求自己智力上的爱好。

激情：贪婪。贪婪是一种克制和紧缩，是出于对将来可能贫乏的恐惧而囤积时间、空间和资源。与其说是贪婪，不如说是一种“守护已经拥有的东西的驱动力，而不是获取更多的驱动力”。[5]

七号

注意力焦点：七号通过把注意力集中在感觉愉悦的事物上，避免不愉快的感觉，来保持乐观积极的情绪，将消极的情绪重新构建为积极的情绪。对被困在不舒适区的恐惧，会激发出他们快速思考，创造性解决问题的能力，以及关注未来的积极可能性。

思维和感受模式：七号拥有快速、综合的头脑，他们善于发现不同事物之间的共性和关联，从而快速地进行头脑联想。情绪层面上，七号喜欢感受快乐或喜悦，厌恶恐惧、焦虑、悲伤、无聊、痛苦或不适的感觉。他们的态度是：“如果你能感受快乐，那何必去感受痛苦？”

行为模式：七号精力充沛、快节奏、创新、活跃。他们通常会充满热情地去追求许多兴趣和活动。七号喜欢为乐趣而计划，并保留许多选择，以这种方式保持情绪高涨，如果一个计划变得不尽如人意或者不可行，马上转向下一个更愉快的选项。

激情：饕餮。虽然饕餮通常让我们联想到食物以及过度饮食，但在九型人格术语中，饕餮指的是一种追求快乐、渴望“更多”的情绪习性——无节制地享受能带来快乐的任何东西。

二十七种副型

九种型号都有副型，每个型号的激情与所有社会性生物共有的三种本能偏向或本能目标相结合，就产生了三种副型——自保、社交和一对一（又称性本能）。

当激情与主导的本能驱动力结合在一起，就会产生更具体的注意力焦点，反映出驱动人们行为的某种特定的、始终无法满足的需求。因此，这些副型反映了九个型号的三种不同“子集”，提供了关于人类性格特征的更细致描述。

我们的动物性驱动力：三种本能目标

自保：自保本能的关注点是与生存和物质安全有关的问题，并以此塑造行为。它通常会将能量导向安全和保障方面，包括拥有足够资源、避免危险、维持基本的生活架构和幸福感。（当它与九种激情之一结合时，除了上述基本的生存顾虑外，还会关注任何对该型号意味着安全的其他领域。）

社交：社交本能关注的是社会群体中与归属、认同和关系相关的问题，并以此塑造行为。它会驱使我们变得“合群”，包括合乎我们的家庭、集体以及所归属的群体。这一本能还与一个人在“群体”中相对于其他成员拥有多大的权力或多高的地位有关，其含义根据具体型号而有所变化。

一对一：一对一本能关注与特定个体之间关系质量和状态相关的问题，并以此塑造行为，有时也被称为性本能。它通常会将能量导向实现和维护性方面的连接、人际吸引和结合上。这种本能通过与人一对一的连接来寻求幸福感，其含义根据具体型号各有不同。

这三种本能在所有人身上都存在，但个体通常只有一种会占据主导地位。当某种强大的生物驱动力成为主导本能，并为“激情”服务时，它会激发出一种更加特有的人格表现，从主型号中细分出更微细差别的特质（副型）。九型人格中的每个型号都有一个“反型”副型。对应每种主型的激情，都有两个副型是顺应该激情的能量的。而“反型”副型看上去不像副型型号，他们的能量方向与该激情的主要能量正相反。比如“反恐惧”的一对一六号是最为人熟知的反型号，一类毫不畏惧的六号。六号的激情本是恐惧，但一对一六号强大而有威慑力，用对抗恐惧的方式来应对恐惧。[7]

下面简要介绍各副型人格，并强调了副型的两个重要方面：每种型号从核心到激情再到本能的渐进移动，以及三个副型中的“反型”。在之后的章节中，我们将更深入地探讨每一种人格。

腹中心副型

九号

自保九号：“嗜好”。自保九号的怠惰表现在没有与自己的感受、欲求和力量保持连接，反而融入身体上的舒适感和日常活动中，例如吃饭、睡觉、阅读或做填字游戏。自保九号是务实、实在的人，他们关注日常事物而不是抽象概念。

社交九号：“参与”［反型］。社交九号与群体相融合，怠惰表现在不愿连接自己的内在生活。他们努力工作，参与到生活中不同群体里，成为其中的一员。爱玩、善于交际、易于相处都是社交九号的性格特质。他们可能是工作狂，把群体的需求放在自己的需求之上，这种高频的活动让他们成为九号三种副型中的反型。

一对一九号：“融合”。一对一九号表现怠惰的方式是与生命中重要的人物融合。他们会无意识地接受他人的态度、观点和感受，因为一对一九号会感到难以自立。这类九号往往和善、温柔、害羞，性格不是很坚定。

八号

自保八号：“满足”。自保八号纵欲的激情表现在专注于获得生存所需的东西。他们有及时满足物质需求的强烈欲望，不能容忍失意沮丧。自保八号知道如何在困难的环境中生存，在得到自己需要的东西方面感到无所不能。他们在八号三种副型里言谈最少，武装最重。

社交八号：“团结”［反型］。社交八号通过为他人服务来表达纵欲和侵略性，这是八号的反型，一类助人的八号。相比其他两个副型，他们不那么好斗，也更加忠诚。“团结”这个词强调了当其他人需要保护时，他们倾向于帮助他人。

一对一八号：“占有”。反叛和需要占据所有人的注意力是一对一八号表达纵欲的方式。一对一八号是强势而有魅力的人，想要有控制力和影响力。相比寻求物质安全，他们更在意获得对事物和人的控制权。“占有”这个名称指的是能量上接管整个现场——一种通过支配整个环境而感到强大的需要。

一号

自保一号：“担忧”。自保一号是一号中真正的完美主义者，他们愤怒的激情表现在努力使自己和所做之事更加完美。在这一副型身上，愤怒是最受压抑的情绪，反向形成的防御机制将愤怒的炙热转化为温暖，从而形成了友善仁慈的特质。

社交一号：“不适应性”。社交型一号（无意识地）认为自己是完美的，他们通过努力成为“正确方式”的完美典范来表达愤怒。他们有一种好为人师的心态，也反映出无意识的优越感需求。在社交一号身上，愤怒是半隐藏式的，其热度被冷却下来。这是一种更冷静、理智的人格副型，其重要主题是控制。

一对一一号：“热情”［反型］。一对一一号专注于完善他人，他们不是完美主义者，而更像是改革者。他们是一号中唯一一类明显呈现愤怒的，他们的愤怒通过改善他人和得到自己所需的强烈欲望表达出来。他们认为自己有权改变社会，有权得到自己想要的，因为他们对真相和“正确方式”背后的原因有更高的认识。这是一号的反型，他们更冲动，愤怒也更外显，与一号压抑愤怒和冲动的“反本能”倾向相反。

心中心副型

三号

自保三号：“安全感”［反型］。自保三号的虚荣在于否认虚荣。他们也希望得到他人的赞赏，但会避免公开寻求认可。他们并不仅仅满足于外表看上去好，而会努力让自己是好的。他们决心做一个好人，让自己符合一个人应有品质的完美模样。成为完美典范就意味着美德，而美德则意味着没有虚荣。自保三号通过表现良好、努力工作、高效和富有成效的方式来寻求安全感。

社交三号：“名望”。社交三号所聚焦的成就，不仅在于完成工作，而且要做得漂亮。他们的虚荣体现于渴望被看到，渴望影响到他人。他们喜欢在舞台聚光灯下。社交三号知道如何攀爬社会阶梯，取得成功。他们是三号中最具竞争力和攻击性的副型，具有企业家或销售的心态，想要让自己表现出成功人士的形象。

一对一三号：“魅力”。一对一三号注重个人吸引力和支持他人方面的成就。这个副型既不像自保三号那样否定虚荣，也不像社交三号那样崇尚虚荣，而是介于两者之间：虚荣被用以创造有吸引力的形象，提升生命中重要的人。这类三号很难谈论自己，而是常常把注意力放在他们想提升的人身上。他们投入大量精力取悦他人，具有家庭／团队的观念。

二号

自保二号：“特权”［反型］。自保二号“诱惑”的方式就像小孩子在大人面前一般，以此（无意识地）诱导他人来照顾他们。每个人都喜欢孩子，自保二号采用了一种幼稚的姿态，以便在童年之后继续获得特殊待遇。作为反型，这个副型身上较少骄傲，因为他们和他人连接时更多是抱着恐惧和矛盾情感。“特权”这个称号体现出他们渴望不用为他人付出什么，仅凭做自己就能够被爱，被优先对待。这个副型就像小孩子一样，爱玩，不负责任，又很迷人。

社交二号：“野心”。社交二号是针对环境和群体的诱惑者，强大的领导者，其骄傲表现为通过征服受众来获得满足感。这是一类更为成熟的二号，他们身上的骄傲也最为明显。社交二号树立的是一种极具影响力的、超级能干、值得羡慕的形象。“野心”这个名称体现出他们“登顶在上”的愿望，通过崇高的地位获取优势和恩惠。这个副型“为得到而付出”，在表达慷慨时总是很有策略。

一对一二号：“诱惑 / 挑逗”。一对一二号会诱惑特定的人来满足他们的需求，喂养他们的骄傲。类似于“红颜祸水”的原型，这类二号所采用的典型诱惑方式就是吸引一个能够满足他们所有需求的伴侣，来给予他们想要的任何东西。“挑逗—诱惑”这个词暗示了一种美丽动人，又希望行使一点权力的角色。这类人散发着自然而充沛的能量，让人无法抗拒，他们会激起巨大的激情和积极感受，来满足生活中的需要。

四号

自保四号：“坚忍”［反型］。自保四号是长期忍受痛苦的人。作为四号的反型，自保四号坚忍地面对内心的痛苦，不会像其他两个副型那样与他人分享痛苦。他们学会了忍受痛苦和摒弃痛楚，以此来赢得爱。他们不是陷在嫉妒里，而是凭借努力工作去获得他人拥有而自己缺乏的东西，以此表达他们的嫉妒。相比其他副型，这就少了些戏剧化，多了些受虐感。他们对自己有很多要求，对忍耐有强烈需求，对付出努力充满激情。

社交四号：“羞愧”。社交四号相比其他四号体验到更多痛苦、羞愧感，也更敏感。他们所采取的策略，是通过加剧痛苦和苦难来引诱他人满足自己的需要，因此嫉妒强化了对羞耻和痛苦的关注。他们在感受忧郁时会体验到一种安慰。嫉妒也表现为太多的哀伤，扮演受害者的角色，聚焦于自己的自卑感。社交四号不大与他人竞争，更多是拿自己和他人比较，并总是发现自己有所缺憾。

一对一四号：“竞争”。一对一四号让他人遭受痛苦，试图以这种无意识的方式摆脱让他们痛苦的缺失感。他们否认自己的痛苦，不那么羞愧，甚至有点无耻。比起其他副型，他们更多地表达自己的需要，甚至要求别人。

他们借由竞争来表达嫉妒，因此渴望成为最好的。他们表达出“一种充满渴求的嫉妒”，无意识地将内在匮乏的痛苦转化为无法从他人那里得到其所需的愤怒。

脑中心副型

六号

自保六号：“温暖”。自保六号的恐惧激情表现为需要保护，需要建立友谊，与他人团结在一起。为了寻求具有保护性的联盟，自保六号竭力成为温暖、友好并且值得信任的人，这就是为什么用“温暖”这个名称来形容他们的原因。这种最“恐惧”的六号很难表达愤怒，总有一种不确定感，有很多自我怀疑。对于自保六号来说，恐惧表现为不安全感，而聚焦于关系会让他们在这个世界上感到更加安全。

社交六号：“责任”。社交六号依赖抽象逻辑或思想观念作为解决焦虑的参考框架，通过这样的需求来表达恐惧激情。了解规则以服从权威会让他们在世界上感到更安全。与自保六号不同的是，他们更加笃定，会以“太过肯定”的姿态处理不确定性导致的焦虑。社交六号注重精确和效率。他们恪守准则，因为准则对他们而言意味着一种保护性的权威。

一对一六号：“力量 / 美”［反型］。一对一六号的恐惧表现为对抗恐惧——变得强大而有威慑力。相比其他六号，他们更相信自己。他们有一套内在程序：害怕的时候，进攻是最好的防御。不论是行事风格还是外表呈现，他们都采取强有力的姿态，以此保持和敌人的距离。技能本领和做好准备以面对攻击，能够减轻和消除他们的焦虑。

五号

自保五号：“城堡”。自保五号的贪婪表现在对边界感的关注——需要被“包围”在一个让他们感到受保护的安全区内，免受入侵，并控制自己的边界。自保五号喜欢躲在墙后，并且知道自己拥有在墙内生存所需的一切。他们是五号中表达最少的一类，想要限制自己的需要和欲望，避免依赖他人。

社交五号：“图腾”。社交五号表达贪婪的方式，是通过对“超级理想”的需求，通过知识和共同价值观（而不是情感联结）与其他有共同兴趣的人连接。这个副型的贪婪在于与知识连接。他们将关系里对人的需求和情感寄托，付诸对信息的渴望。“图腾”意指对崇高理想的激情，他们把专家理想化，寻求任何与他们恪守的终极价值相关联的知识。社交五号致力于寻找终极意义，以避免体验到生活的无意义。

一对一五号：“秘密”［反型］。一对一五号通过寻找绝对爱情的理想典范来表达贪婪。这是富有浪漫色彩的五号，浪漫色彩这个词也体现出了他们需要寻觅一个值得完全信任的伴侣。作为情感最敏感的五号，他们会体验到更多痛苦，更像四号，有更多明显的欲望。他们的内在生命充满了活力，可能会通过艺术创作来表达，但仍然在许多方面与大众隔绝。

七号

自保七号：“城堡守卫者”。自保七号的饕餮表现为建立联盟、创造机会以获得优势。这类实用主义和利己主义的七号通过对人际网络和机遇的敏锐嗅觉，支持自己安全地存活着。“城堡守卫者”这个名称指的是他们建立了盟友网络，以此制造安全感，满足自己的需求。他们性格开朗，和蔼可亲，喜欢享乐，往往能够得到自己想要的东西。

社交七号：“牺牲”［反型］。作为反型，社交七号通过尽职尽责、努力为他人服务来对抗饕餮。他们有意识地想要避免剥削他人，为此需要成为善良和纯洁的好人，牺牲自己的需求以支持他人的需要。他们渴望被视为牺牲自己欲望的好人，表达了一种清心寡欲的理想，标榜简朴度日的美德。他们让自己在世界上感到活跃和价值的方式，就是去表达理想主义和热情。

一对一七号：“易受暗示性”。一对一七号通过想象比平凡现实更美好的东西来表达饕餮。他们贪恋更高维世界的事物，是理想主义的梦想家，对自己想象出来的生活充满激情。一对一七号积极看待事物，犹如陷入爱河中的人。他们戴着玫瑰色的眼镜看世界。“易受暗示性”说明他们略带天真，容易入迷。他们悠然自得，充满热忱，热衷于那些激动人心的可能性和令人愉悦的幻想，相信自己可以做任何事情。

规划你的个人成长道路

当人们确定了自己的型号之后，通常提出的一个问题就是“现在要怎么办？”当你知道了自己的主型和副型，如何利用这些信息创造积极的改变？这也是九型人格最有力量的一个方面：它是一个转化的模型，指明了一条成长的道路。

首先，你要观察自己所做的事情，然后更深入地探究自己为什么这么做，以及是如何做的，最后，主动地下些功夫去克服旧有习惯，努力实现高层品质。你开启的是一段持续的学习，其重点是为了更好地了解自己，好让你能够更经常地做出更有意识的选择。

这场内在成长之旅的第一步就是自我观察，它能够让你不再认同你的人格模式，其意义在于创造空间。当你能够观察到自己动态中的人格模式时，你就在内心创造了一片空间，拓开了更多距离，更客观地观察你的想法、感受和行动，这可以让你实时觉察关键的习惯模式。在后面的章节，我将重点介绍每种人格类型的特定模式，以供观察。

第二步是自我问询与反思，从而更深入地探索自己。自我问询是为了理解你所观察到的模式背后的根源和结果。我会指出每种人格类型的“关键主题”，并提供解决这些问题的行动方案，来帮助你开始这个进程。

第三项任务是自我发展，就是主动精进以实现改变。通过观察和理解自己人格的关键模式，你便拥有了改变防御习惯、做出改变的能力。对核心模式保持觉察，觉知它们的来源和带来的结果，你将不再陷入无意识、自动的行动和反应中，从而有可能做出新的选择。

针对每个型号，我还将就两种不同的转化路径给出指导：1. 沿着图中箭头方向的内在流动。2. 垂直层面“从陋习到美德”的发展道路：理解你的陋习（激情的无意识运作），以便随着自我功课而实现高层美德（激情的解药）。

为了使内在流动更清晰地勾勒出自我功课的轮廓，我提供了自己关于如何使用这张地图的看法。[8] 简言之，我认为九型图中的顺箭头方向指出了每一种型号心理和灵性成长的特定路径，逆箭头方向则指向我们童年时期不得不压抑的重要特征和经历（为了获得安全感，我们还会时不时地回去）。九型图中，每个型号连接两条线段，它们的另外两个端点向我们指明了如何通过实现其所代表的高层品质，在内在旅程上更加前进：顺箭头方向所指向的端点代表我们为了变得更完整而需要征服的关键挑战，逆箭头所指向的端点代表了我们需要重新整合的过往问题，以便取回我们在童年失散了的东西，支撑、支持我们沿着箭头所指引的道路继续前进。

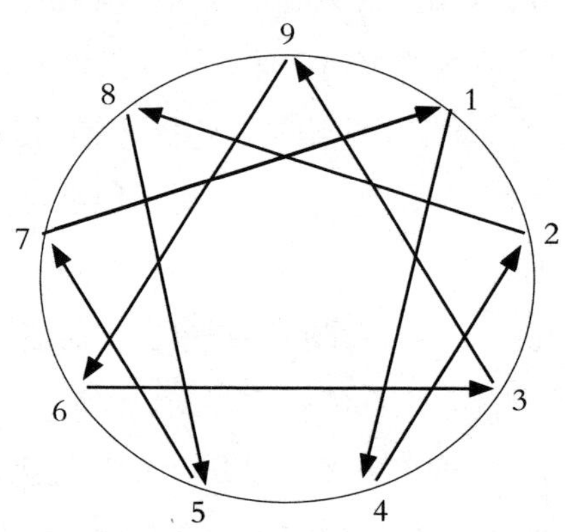

我们需要明白，顺箭头所指向的端点，不仅仅是我们在压力情况下才会进入的“压力点”或“防御姿态”，同时，面对这些端点所代表的特定挑战，也正是我们实现成长的机会。我使用“成长—（透过）—压力”或者“压力成长点”的字眼来强调，我们可以通过它们有意识地呈现其高层品质。

逆箭头所指向的端点，我称之为“孩童之心点”或“安全点”，代表了我们在童年时不得不放弃的某些部分（但偶尔在压力或安全的状态下作为资源点重返回去），有助于我们更有意识地重新取回这些品质，以支持我们的成长。我想通过这些方式，在“自我发展”部分阐明这种内在流动，并给出每种类型如何利用这些成长途径的建议。

最后，我还将介绍“从陋习到美德”的道路，它将带领每种型号从被其激情（陋习）所支配的生活走向高层美德的显化，这些美德就像是激情的“解药”。我也会针对每种副型提出具体的建议，如何通过这条由陋习到美德的道路走向真实自我。

总结

我期望，你可以通过了解人格的本质和功能，以及超越它所需要的步骤，明晰并规划一条自我解放的意识之路。如果我们能够只把人格看作一个必要的生存机制，而非我们的全部，就能超越这个“低层自我”，体现出更高层的能耐。如果我们有勇气诚实地看待自己所做的事情，那些我们做了却企图回避的事情，还有那些最终会限制我们的适应性策略，我们就能开始这场如作家辛西娅·柏格尔（Cynthia Bourgeault）所说的“自我显现之舞”，这是“托付给我们人类的宇宙任务”。[9] 认清自己人格所投下的阴影，有意识地承受我们通常所抵御的痛苦，接纳自己的全部，我们就能为自己打开无尽的可能性。

接下来的一章将更进一步讲述九型人格背后的智慧传统，以及它是如何传达这张个人进化的深奥地图的。

作为普世象征的九型图

通往更自由、更和平、更完整的智慧之道，始于你主动努力去认识自己。而且根据这一传统，通往自我了解的道路必然涉及自律和精进的修炼，所以你必须对其有所渴望——你必须拥有可以在整个过程中支持你的动力。九型图标记出了这条智慧道路所包含的三个基本步骤。

智慧是一种古老的传统，不仅限于某一特定的宗教表达，而是存在于所有伟大的神圣道路之源头。亘古至今，智慧源流一直都存在着，男人和女人们在那里发展至更高的领悟层级……智慧从这些流派中流淌而出，像一股巨大的地下溪流，为人类历史的发展进化提供指引和滋养，以及偶尔激烈地纠正航向。

——辛西娅·柏格尔《了悟的智慧之道》

许多撰写人类现状的作家指出，历史发展到当今这个时点，我们正遭受着一种“意义”的危机。我们奋力获得更多的金钱或更高的地位，或者让内心更加平静，而那些本该让人快乐的事物却常常让我们感到空虚。我们逐渐富裕起来，却发现自己很难进入更深层次的真相体验，这些体验本可以帮助我们认识、爱、接纳自己和他人，理解我们在人类集体和宇宙中的角色。

九型人格背后的智慧源自对人类意义、本愿初心和潜能的普世领悟，故而成为洞悉人类成长有力而高效的路径。这一知识体系可以在世界上所有主要灵性流派中找到，也可以在许多古代哲学教义中找到，它传达了有关人类转化的观点和过程，宗教研究学者休斯顿·史密斯（Huston Smith）称之为对“普遍发生在人类社会”的“被遗忘的真相”。从“认识你自己”的指令开始，九型人格提供了一张地图，指导我们如何开展这至关重要的项目。

史密斯认为，这种永恒智慧提供了一种“规律模式”，或者说“现实模型”。我们如今需要使用这种模型在世界中定位自己，指引方向，获得关于自己是谁的自信感。九型人格提供了一个可见的几何模型，展示了世界上各类宗教蕴藏的共同含义。史密斯所探究的，也正是我在这里强调的传统，他发现了“我们这个时代切实可行的模型”[1]。

在这一章中，我勾勒出这种古老智慧的元素。鉴于它是通过九型人格的结构和象征意义来传承的，我们可以把它当作一套模型来用，来定位我们在世界上的位置。当我提到“九型人格背后的古代智慧”时，我特别指的是一种亘古不变的哲学，就如阿道司·赫胥黎所定义的：一种形而上学的哲学和一种实践心理学，它“在灵魂中发现了近似于甚至等同于神性实相（divine reality）的东西”[2]，并指出了发掘我们潜能的途径。

尽管当今时代我们与长青智慧失联，但过去几个世纪里，它已然被一次又一次地重新发现，九型人格仅是后人对其编码的一种形式。通过探索这类知识的意义——不论是九型图还是其他形式的象征符号——我们可以在日常生活中使用它们来减少焦虑，增加我们的意义和目标感。

九型人格传达的永恒智慧

对我们每个人来说，个人转变的道路始于努力认识自己：召唤我们去超越长久以来所依赖的局限模式和封闭视野。辛西娅·柏格尔在《了悟的智慧之道》（*The Wisdom Way of Knowing*）一书中讲述了一则启发性的寓言，抓住了这个古老知识传统所表达的人类的本质：

从前，在不远处的一片土地上，有一个橡子王国，坐落在一棵高大的老橡树下。这个王国的公民都是现代化的、完全西方化的橡子，他们目标明确地去做生意。他们正值壮年，代表了橡子的未来。他们参加了很多自助类课程。有一个叫作“尽你所能破壳而出”的工作坊，一个创伤康复小组，专门为那些最初从树上坠落下来时被撞伤的橡子们服务。这里有用来给外壳上油和抛光的水疗中心，还有各种各样的橡子病疗法，以延长寿命，提升幸福感。

有一天，在这个王国的中央，突然出现了一个奇怪的小橡子，显然是被一只路过的鸟“莫名其妙”丢下来的。他衣冠不整，脏兮兮的，立刻给其他橡子伙伴留下了负面印象。他蹲在橡树下，结结巴巴地讲了一个荒诞的传说，指着树说：“我们……就是……那个！”

这明显是胡说八道嘛，橡子们盖棺定论。但其中一个橡子继续与他交谈：“那么告诉我们，我们怎么会变成那棵树？”“好吧，”小橡子向下指了指，

“这需要潜入地下……破开外壳。”

“疯狂，”他们回答，“完全荒唐！为什么？那样的话我们就不再是橡子了？！”[3]

这个“橡果学”的故事，根据狭义上九型人格背后的智慧传统和广义上的古老哲学，形象地阐述了我们人类的处境。在有意识地实行自我发展之前，我们是自己完整潜能的种子。为了让我们从“橡子自我”蜕变为“橡树真我”，我们必须穿越地下疆域，让我们的防御系统打开并崩溃，有意识地整合我们不自主的感受、盲点和阴影特质，这样才能脱掉人格的外壳，成长为原本注定成为的全部。自然带领我们走过了一部分道路，但要充分发挥我们的潜能，我们需要有意识地精进成长，而九型人格可以引导我们进行这一蜕变。

认知能力是“存在（being）”的一种功能，要想我们迫切需要的改善得以发生，就必须提高我们的意识能力。古老哲学对人类“存在”的观点和实现转变的方法包含了一些基本要素，它们以更宽广的视角来看待人类终极目的，以及实现这一目的的方法，我在这里总结了这些要素。

视野：人性与宇宙的智慧观

这种古老智慧的宇宙观认为，每个人都拥有“神的火种”，拥有一种内在能力，能够显化出与其他的宇宙生命紧密相连的更高存在状态。它把人的生命、自然和宇宙看作是由相同的法则、原则和规则所支配的。通过发现并理解这些规律模式，我们可以获得内心更多的完整感，找到与自然世界和谐统一的感觉。

随着我们长大，我们变得认同“个人化的小我”，它既代表了生存所必要的虚假自我（橡子），也是为实现完满的高层自我（橡树）所需进行的成长功课之工具。然而，长青智慧传统告诉我们，可以通过全力以赴地了解和体验我们的深度，将虚假自我和其余意识有效分离出来。通过内在见证的纯粹意识和虚假自我的习性之间的空间，我们可以有效地对人格习性不再认同，并为更有意识的选择腾出空间，而这整个过程都与我们的高层自我（橡树）相辅相成，既承其指引，亦辅以支持。

阿道司·赫胥黎在描述古老哲学观点的时候，从作为印度教思想核心的梵语短语“你就是那”开始，表达了这一观点。“你就是那”就是那颗粗糙的橡子告诉其他橡子的意思：他们不仅仅是橡子，他们是潜在的橡树。这一理念认为，我们有一部分就是“那”中，那个“那”可以称之为“神性源头”（Divine Source），或存在的绝对法则（Absolute Principle of Existence）。它引出了这古老哲学的另一个核心思想：人类的终极目的是让每个人都发现这个高层自我，发现（并成为）“我们真正的样子”。

道路：有关人类转化进程的智慧观

通往更自由、更和平、更完整的智慧之道，始于你主动努力去认识自己。而且根据这一传统，通往自我了解的道路必然涉及自律和精进的修炼，所以你必须对其有所渴望——你必须拥有可以在整个过程中支持你的动力。

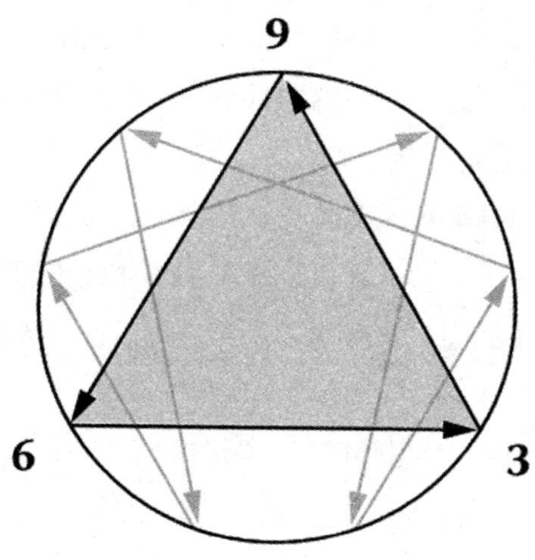

九型图标记出了这条智慧道路所包含的三个基本步骤。第一步是三号象征着的一个核心转化主题：通过自我观察，不再认同人格；第二步是六号所代表的：臣服于恐惧和痛苦，松动小我的防御（好让你可以放下防御并整合阴影部分）；第三步是九号所象征的：主动朝着超越与统一的方向精进（如此你便能够超越人格的局限性视角，融入更大的整体感与平和感）。[4]

1. 通过自我观察，不再认同人格。（三号位置）

在成长功课的这一阶段，冥想练习可以帮助你保持头脑的镇静。这样你就更容易创造内在“空间”来观察自己，从而在见证意识和观察到的习性模式之间形成一种分离。最终，随着你越来越擅长在自己内心创造出这种自省的空间，你会放松对旧习惯和旧模式的紧抓不放，从而有能力做出不同的选择。

人格的欲望、激情和执念是虚假自我的惯常聚焦之处，要想不再认同它们，我们需要发展出谦卑的品质。因为人格想要维持掌控，但就像一台机器或一个沉睡的人，你的人格在世界上的行动能力是有限的，只能发展到一定程度。当你明白这一点，就会想开展一段更有效的个人发展进程。当你能挑战人格的控制权，就会开始逐渐在内在建立起一个有意识的引力中心，而这个中心正是你更高、“更伟大”的自我，或者说你的本体自性发展的核心起点。

2. 臣服于恐惧和情绪痛苦，松动小我的防御。（六号位置）

当你投入到意识成长的进程中，开始不再认同（或者挑战）自己的人格及其防御时，难免会出现恐惧。转化之路的下一步要求你带着意愿去体验这份恐惧，而不要回到你惯常的、由人格所维系的人格模式中。你要允许自己带着意识去体验潜藏在防御机制之下的情感，以整合阴影部分（你否认的情绪或者有所回避的感受），推进你的进化之路。

虽然我们常常不愿意承认，但成长必然会经历某种程度的有意受苦。真正了解自己并超越人格制约，意味着整合你所不喜欢或不想看到的部分。就像寓言中的橡子一样，成长为高层自我需要一种突破，这样人格的外壳才能脱落，你真正是谁的深层真相才能得以显露。随着防御减少了，我们越来越敞开，这时出现恐惧是可以理解的。恐惧会以很多形态出现，包括抵制改变、抗拒改变。这种恐惧需要被尊重，也必须向其臣服，有意识地面对它、穿越它，这样它才不会阻碍你的成长能力。

允许自己认识到你的无意识模式，感受人格曾帮助你回避的情绪，将释放出大量的能量，过去你曾（无意识地）把这些能量花费在维持防御上了。但这意味着你要去体验过往隔离开的感受，这就是为什么九型人格告诉我们，成长的道路需要精进的修炼，需要付出很多努力，并且保持谦卑。你要有勇气去体会和发掘更深层次的真相，理解其背后的意义，感受你的防御机制一直在保护你不去感受的事物，那样就会找到以全新方式存在的可能性。

3. 主动朝着超越与统一的方向精进。（九号位置）

如果能够不断练习自我观察、自我探究和自我发展，你就会逐渐获得更多来自高层自我的自由、连接、平衡、完整性和创造力。这个高层自我代表了一种更有意识、更完整的生命存在状态，只要我们解除了对人格的认同，面对了自己的恐惧和痛苦，所有人都可以达到这种生命状态。通过冥想和有意识的成长功课，我们可以与比自己更大的存在相融合，体验到这种更高的存在状态。正如九号位于九型图的“最高位”所暗示的那样，这让我们打开了一种与真实自我、与他人、与自然世界更紧密联合的体验。

我们的防御可以保护我们免受痛苦，但也会阻碍一些积极的体验，比如接受爱，比如体验与他人真正的结合。当我们松动人格模式所加诸的防御性钳制时，就更容易体验到更深层次的爱和连接，我们会发展出更强大的能力，去召唤所有自然原型的优势和策略，而非只局限于一种处事方式。

在接下来的章节中，我将解释与这一古老智慧传统相关的见地和技巧在九型图中是如何彰显的。我们将会看到，九型图通过数学几何结构以及所承载的信息，象征性地表达出了这条智慧之路，它呈现了自然界的普遍法则，展示了这一古老的愿景如何实现，并揭示了实现它的方法。

作为普世象征的九型图

根据古代的智慧传统，人类转变的宇宙愿景和实现这一转变的诀窍，是通过原型和数学符号中蕴含的普世规律传达给我们的。对于那些接触过更古老形式智慧的古代哲学家们来说，算术和几何学表达了原型原理，这些原理代表着对宇宙更深层次理解的线索。数字和数学原理远不只是“商业的仆人”，人们研习这些原理，是为了理解它们所揭示出的自然界中别有深意的循环规律。

毕达哥拉斯和柏拉图认为，数字和形状象征着神圣法则。对他们来说，数学不仅是计算的中心，更是自然界“深奥的宇宙设计标准”[5]。在古希腊，从哲学到艺术再到心理学，数学都是研究各个领域知识的基础，因为这些早期的哲人看到了数学符号的象征意义，它提供了一张“我们内在心理和神圣灵性的结构地图”[6]。九型的符号力量便是来自这个以神圣的方式看待几何学的古老传统，它揭示出任何生灵成长过程背后的规律或法则，无论是花朵的花瓣、蕨类的长势、贝壳的大小，还是人类心灵的发展。[7]

九型图的象征意义

九型人格（Enneagram）的字面意思是“九的图形”，九型图是一个九角星镶嵌在一个圆内。尽管它的确切起源仍未可知，但人们认为这个图形已有数千年的历史，它由三种象征形式组成：

圆圈，象征着“一的法则”或“一体 (Unity)”；

内三角，象征着“三的法则”或“三位一体”；

六元组，象征着“七的法则”，或发展过程的步骤，就像音乐中的八度音阶所显现的那样。

基本上，这个符号的结构就是三的法则和七的法则相结合，再嵌入一个圆圈，或者说统一为一个整体。圆圈象征永恒，三的法则代表创造，七的法则代表循环有序的功能运作。这些符号一同传达了这样一种观念：我们生活在一个永久发展演化的宇宙中，同时在自然世界中进化着的多样形式背后，有着一个本质的统一体。

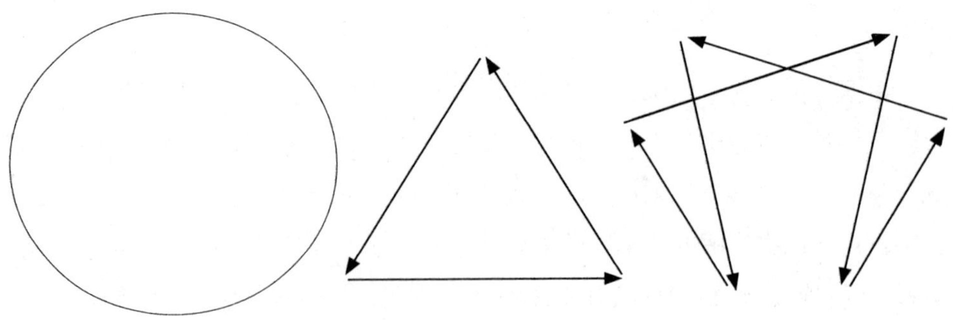

九型图的深刻意义和深远力量在于它传达了宇宙生发的自然规律。将九型图传播到近代社会的第一人 G.I. 葛吉夫（G.I.Gurdjieff）称：“对于善用九型人

格的人来说，九型人格让书籍和文献变得完全没有必要。”他告诉学生，“所有一切都可以被包括在九型图中，且可以从九型图中解读出来。一个人在沙漠中可能会感到孤独，但如果他在沙子中探寻九型人格的踪迹，就能在其中读懂宇宙的永恒法则。”[8]他认为九型图是古代灵性大师为了交流有关人类和宇宙的“客观知识”而设计的诸多符号之一，世世代代流传了下来。

我们常常认为，现代社会处于人类知识的前沿。在许多方面的确如此。但葛吉夫认为，我们与很久以前就已知道的关于宇宙本质的信息失去了连接。掌握这些知识的人通过故事、寓言和类似九型图的方式，将知识传递下去，以供后人理解，用这种方式在不同流派、不同时代之间不加变更地传递着。[9]

圆和一的法则

对古代数学家哲人来说，一体是“可以用数学方式表达的一个哲学概念和一种神秘体验”，其数学表达就是圆。[10]九型图上的圆圈，代表了宇宙的一体性、完整性和自然秩序。“万物归一”的观念，或者说万物都有其内在的统一这一观念，即使难以为人们所理解，但有一个事实确实传达了这个观念：当任何数字被一（一体）乘或除时，它仍然是它自己。“一体性总是保有它所遇到的一切的同一性。”[11]以圆为代表的一的法则，是宇宙创造过程的隐喻，从一个无量纲的中心（点或源）开始，平等地向各个方向扩展。

除了象征一体性和过程的周期性外，通过圆圈表达的“一”的概念还传达了外围的概念——围绕特定过程或领域的边界。因此，九型图的圆圈可以看作是一个人发展过程的外围。圈内的部分暗指人格有限的本质，圈外的一切则是“无限的”，超越了限制性人格所能理解的。[12]

内部三角形和三的法则

三位一体是万物的完全形式。

——《算术神学》(*The Theology of Arithmetic*)

九型图的“内部三角形”代表了三的法则。三的法则表明了三种力量——主动的力、被动的力和中和的力（或调和的力）——必然并存于任何一种创造物当中。一个通俗的例子是帆船：船是被动的力，风是主动的力，帆是中和的力。物理学家称这种力的三位一体为“作用力、反作用力和力的结果”。

葛吉夫说，每一种现象都是三种力量的表现，仅仅一种或两种力并不能产生任何东西。当我们看到某些事物被困在原地而没有完成或出现结果时，这通常是因为缺少第三种力。然而，除非超越基于小我的观念，否则我们通常没有觉知能力去看到第三种力在起作用。

如果我们仔细研究一个人实现某种改变所需要的条件，就能开始看到三种力在心理成长中的作用规律。当我们很难改变一些事情时，比如戒烟、化解冲突、减肥、改变关系的动态，通常情况下是因为我们在用习惯性、机械的方式回应着正在发生的事情。然而，如果我们能引入“第三股力”，让行动和反应之外的因素也参与进来，就可能做出转变。正如迈克尔·施耐德所指出的：“第三股力可以平衡相对立的力，协调元素分配，调解冲突，愈合两极分裂，并将分离的部分转化为一个完整而成功的整体。”[14] 适当地选择第三个因素可以综合对立的两面，并创造出一种将它们统一起来的关系。

正如圆是表示“一”的几何图形一样，三角形是三的法则的几何表示。世界上主要的灵性流派中具有“三位一体”的概念，以及古代神话和现存宗教中有三重神的例子，这都表现了三的法则的普遍重要性。在印度教中，梵天是创造者，毗湿奴是守护者，湿婆是毁灭者。在基督教中，“三位一体”是神的三个“人格”——圣父、圣子、圣灵及其所代表的一切。而佛陀教导我们，通过制造基于三毒——贪（贪执）、嗔（嗔恨）、痴（无明）的业力，我们被困在无尽的生死轮回中。它们分别对应了九型图的三个核心点——痴是九号位置所代表的关键主题，嗔与六号位置潜藏的流动有关系，贪与三号位置相关。我们也会在生活中发现许多形式的“三重性”：生、住、灭（出生、活着、死亡）的三个生命阶段，空间的三个维度（长、宽、高）和时间的三个维度（过去、现在、未来），以及三原色。[15]

九型系统也有许多“三重性”的重要概念。九型图内部三角形分别代表了三“脑”或三个智慧中心[16]，每个中心都包含了三种型号，每个型号又包含了三种副型。通过“三重三（3×3×3）”或者三的三次方（3^3）的数学表达，二十七种人格向我们展示了完整的“心理九型人格”。此外，我们可以有意识地使用三种主要的方式来改变自己：我们的主型号，以及九型图里与主型“内在流动”箭头连线的那两个型号。

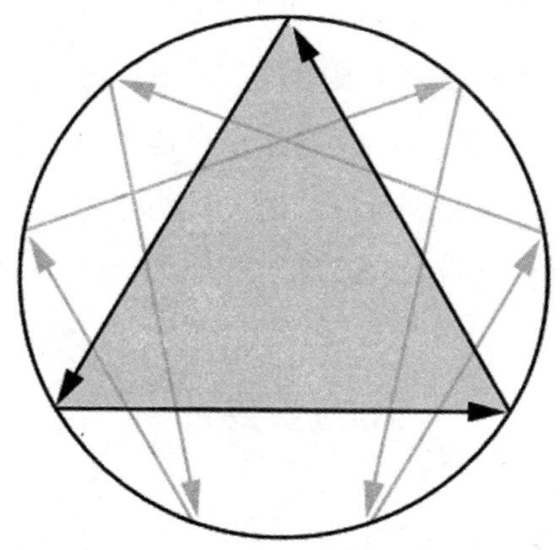

在九型人格的心理学层面，内部三角形象征着形成任何事物所必需的三个方面：前进力、抵抗力以及调和力。第三种力在前两种力之间起着调和作用，并把前两种力结合在一起。三号位置代表了前进力（三号聚焦于积极主动地“做”），六号位置代表抵抗力或“对立面”（六号倾向于通过质疑、怀疑和考验来抵抗），九号位置是调和力（九号的一个关键特征是倾向于将不同观点结合在一起，创造和谐并达成共识）。[17]

六元组与七的法则

故常无欲，以观其妙；常有欲，以观其徼。此两者同出而异名，同谓之玄。玄之又玄，众妙之门。

——老子《道德经》第一章

三的法则象征着新生事物的形成方式，而七的法则揭示了事物发生的过程或步骤。九型人格背后的长青智慧表明，有一种不同于“创造法则”的“秩序法则”，即创造是以某种方式有序地发生的。三的法则代表着有目的或有意图创造出来的事物，而七的法则则描述了一个周期性的转变过程。

古代数学家认为数字七是转变的象征。[18]古希腊哲学家认为“宇宙中唯一不变的就是变化”，这一点可以从七的法则中看出。赫拉克利特有句表达万物皆动、万物皆流的名言："没有人能两次踏入同一条河流。"[19]

沿着九型图中箭头的移动代表了转换周期中特定的步骤。这一转变的周期性循环流转，以六元组的线条为标志，描绘了一个变化的过程，可以比作有机展开的自然过程，正如道家经典《道德经》中所描述的"道"这一概念所表达的。那么九型图所代表的人格，可以看作是在这种自然变化的道路上，某一个点被卡住或"固着"了的一种执着。这是一种防御机制，我们通过它来保护自己，但同时也阻碍了自然的流动或生命的律动。

九的重要性

九代表了平凡有限与超凡无限之间的界限。

——迈克尔·施耐德《宇宙架构之初学者指南》

九型图上的圆可以看作一道界限，分隔开了人类生命的平凡有限（如同人格所体验到的）与超越人类意识的超凡无限——更宏大的宇宙实相，当我们执着于人格有限的视角时，是无法理解它的。九是十进制系统中的最后一个数字，有着特定的身份，因此也象征着一项事业的最高成就：极限。

古希腊人把九称为"地平线"。对他们来说，它也代表着把任何事件的基本要素连成一个整体。布莱克 (A.G.E. Blake）解释说，九型图"顶点处的九号位置是独特的"，因为"它代表了周期的开始和结束……它给出了整体之形式。它是必定要实现的终极目的之源泉"。[20]

我们可以发现，九型图中的九种型号与古代智慧的某些元素之间存在着许多相互关联，这些元素存在于不同形式的经典文籍中。

例如，根据卡巴拉（Kabbalah）的说法，神性不可知的本质被刻画在 "生命之树"的图形中。这棵树有十个神圣属性，或者十个代表神圣法则的数字，其中九个直接对应于九型人格的九种原型。（第十个——凯特，位于九型图之上，因为它代表了弥赛亚的灵魂，所以与人类人格无关。）[21]

《荷马史诗·奥德赛》的创作，是基于奥德修斯在特洛伊战争结束后返乡途中所经过的九块不同"领土"。这九块土地中的每一块都是奥德修斯必须克服的障碍，只有克服了才能继续他的归途，这段归途的原型象征着个人成长的内在旅途——走向“家”或真实自我。令人惊讶的是，这九块土地的特点以及它们的主人，正好对应了九型人格中九种型号的特质和主题，奥德修斯造访它们的顺序，与它们在九型图周围逆时针出现的顺序相同。在这部作品和《荷马史诗·伊利亚特》中，一个人的最为显著的特质往往也是导致其毁败的原因。这正反映了我们将在九型人格中看到的：每种型号最大的“优势”，也可能是其致命缺点或最重大的障碍。

同样地，我们在但丁的史诗《神曲》中，也可以找到九种不同版本的“罪”或无意识模式，它们阻止了人类到达天堂。在作品中，但丁构建了地狱、炼狱和天堂三重结构，其中地狱分为九层，分别处置不同的罪恶，这也符合九型人格所映射出的类似主题：不再认同（地狱）、通过有意识的受苦来净化（炼狱）和超越（天堂）。

《神曲·地狱篇》描述了主人公——朝圣者但丁——所了解到的不同种类的“罪”，也就是九型人格所描绘的无意识的激情驱动力。但丁诗意地刻画出激情的本质，以及它们在“地下世界”里的后果——“无意识”或“阴影”。因此，这部西方文学经典从人格最深层的阴影面入手，探讨了人类的人格。在接下来的章节中，我将引用《神曲·地狱篇》来诠释九种型号的核心激情的特点和作用，尤其当我们没有有意识地对其保持觉知的时候。当我们不能直面自己的阴影面，这些未经检验的无意识驱动力所带来的惩罚，确确实实存在于我们无意识的“地下世界”中。

现代对九型人格蕴藏的古代智慧的重新发现

1990 年，当我第一次遇到九型人格时，它对我精准而具体的描述让我惊叹不已。像许多对这个系统感兴趣并对其准确性着迷的人一样，我想知道它是从哪儿来的。了解这个符号的起源，让我对它的内涵有了更深入的个人理解。

葛吉夫的一名学生班纳特（J.G.Bennett），发表了许多关于九型图的文章。

他说这个“永无止境地自我更新的宇宙秘密”是4000多年前在美索不达米亚由一群亲如手足的智者们发现的，然后代代相传。[22]

在20世纪，重新发掘九型人格的工作主要是由三个关键人物进行：葛吉夫、奥斯卡·伊查索和克劳迪奥·纳兰霍。这三个人都从事了心理和灵性成长工作，向一小部分学生提及了与九型相关的理念：葛吉夫于20世纪初开始在俄罗斯和欧洲；伊查索于20世纪60年代在智利；纳兰霍向伊查索学习之后，1970年开始在加利福尼亚州伯克利传授。

这些人是谁？他们怎样介绍九型人格及其背后的知识？为了更好地领悟九型人格所表达的古老智慧的本质，我们将对这三位的独特教导做一番探究。

葛吉夫（G. I. Gurdjieff）

从20世纪初开始，葛吉夫在俄罗斯和欧洲向学生讲授九型人格的符号和如何自我精进，称之为“成长功课 (The Work)”或“第四道 (The Fourth Way)”。他传达了一套“隐藏”的知识体系，说这些知识有很多来源，但主要来自基督教的密意。然而，葛吉夫只讨论了与三个智慧中心相关的三类人，并没有将九型人格符号与心理类型联系起来。

葛吉夫于1866年左右出生在俄罗斯的亚美尼亚，父亲是位希腊游吟诗人，葛吉夫自己也说他的父亲以某种方式参与了“一种可以追溯到人类过往的口传传统”[23]。葛吉夫年轻的时候，在中东、亚洲、埃及和北非进行了广泛的游学，接触了许多不同的秘密团体和密意组织——宗教、哲学、玄学、政治和神秘学，而普通人基本上无法接触到这些组织。[24]1914年，他开始在俄罗斯进行教学。

作为一个至今仍具争议的人物，葛吉夫的一种教学方法就是通过呈现自己、刻意制造迷惑来挑战人们的惯常思维。他有意激发学生的习惯性人格反应，让学生得以看到自己是如何执着于机械化、自动的功能。

葛吉夫的教义描述了人类生活在一种看似清醒实则沉睡的状态，他提出的“第四道”方法宣称，可以通过自我认识、自我了悟来摆脱机械运作：

> 不再当机器是有可能的，但为此必须首先了解机器。一台机器，一台真正的机器，不知道自己，也无法知道自己。当一台机器知道它自己的时候，它就

不再是一台机器了，至少不再是以前那样的机器了。它已经开始对自己的行为负责。[25]

葛吉夫一再强调，这种“成长功课”需要付出艰辛的努力，因为人格的机械状态使人不断地、尽可能地再度沉睡。他认为，人格之所以存在，是因为我们用种种方式在生命现实和我们自己之间建立了缓冲带，人格帮助我们保持一种幻想，即我们可以在这个世界上真正“做”些什么。他说，通过主动地自我观察和刻意地“记得自己”，我们终将超越自己人格的机械状态。

葛吉夫还说，每个人都有一个“核心特征”，也叫“激情”，这是人格运作的核心。葛吉夫把它比作“‘虚假人格’所围绕的轴”[26]，认为每个人的成长功课都是“与这个核心假象作斗争”。人们的核心特征各有不同，这就解释了为什么没有一套人类成长的通用规则，“对一个人有用的东西可能对另一个人有害。一个人说话太多，他必须学会保持沉默。另一个人应该说话的时候总是沉默，他必须学会开口说话。”

奥斯卡·伊查索（Oscar Ichazo）

我们如今众所周知并且广泛使用的九型人格心理学，得益于奥斯卡·伊查索的贡献。奥斯卡·伊查索出生于玻利维亚，20 世纪 50 年代和 60 年代，他在智利教授心理发展和灵性成长的课程。在他所发表的关于个人转变方法的著作中，他用“原型分析”这个概念，阐述了我们如今所知的“九型人格”的核心思想。设计原型分析的流程，是为了使用科学、逻辑和理性的方法来实现人类的转化。

对其模型，伊查索没有列出太多具体的来源，只说了是他自己建立的。他提到自己的研究可以溯源到亚里士多德和新柏拉图主义，也受到他在近东和远东，尤其在阿富汗经历的影响。他曾说，他创建的阿里卡学校所传授的知识有“许多来源”，都是他在进行特定的探求时遇到的。

根据伊查索的解释，原型分析基于以下提问：“人类是什么？人类的最高利益是什么？什么是赋予人类生命以意义和价值的真理？”[28] 他把他的工作描述为科学的，因为它不要求参与者对任何事情的坚信不疑，只需要研究、测量和分析心理。1978 年，当采访者问及他阿里卡是什么时，他说：

阿里卡提供了关于心灵的新理论，以及科学理解它的新方法。凭借这个对心灵的理论，它得以发展出一套让心灵满足、头脑清晰的方法，可能使心灵最大限度发挥其潜力。这就是阿里卡的目标：通过对心灵完整全然的了解，更快捷、更容易、更清楚地处理自己的问题。[29]

今天，伊查索创立的学校已经成立四十余年，其学说提供了关于人类心灵及其可能的超然性的清晰彻底的观点。

伊查索的“九型人格的执念”（不同于他在阿里卡教学时使用的许多其他“九型人格”概念）描述了多组心理特征，这些心理特征是由早期的心灵创伤和相应的某些补偿所造成的。在他原创的系统中，伊查索指导学生针对自己的“执念”展开行动，他认为这是“我们的心灵被误导”的点，或者是基于某种缺失（或未得到满足的需求或创伤）而产生的关注点，各型号的色彩和定义完全取决于这种缺失感。[30] 根据他的观点，每个人都有一种主型号或“固着”于三个智慧中心中的一个。因此，他们使用“三点固定”或型号三元组——每个中心各一个——来描述一个人的人格，根据一个特定的公式，他们可以确定一个人在每一个中心所固着的位置。（例如，我的三元组是 2–7–1。）

与葛吉夫一样，伊查索把与人格或小我有关的执着行为描述为机械化的：“小我制约的行为具有完全机械化或自动运作的表征，其行为有着戏剧化般的明显性和重复性。”[31]

克劳迪奥·纳兰霍（Claudio Naranjo）

克劳迪奥·纳兰霍出生于智利，受训于美国，是一名精神病学家，1970 年前往智利阿里卡，从奥斯卡·伊查索那里学习了九型人格模型。之后，纳兰霍在加利福尼亚州伯克利创建了一个以心理和灵性发展为目标的小组（称为求道者，Seeks After Truth，SAT，与葛吉夫的做法不谋而合）。纳兰霍要求这个小组的成员对九型人格的理念保密，但它还是被泄露了出来。20 世纪 80 年代末，第一本描述九型人格类型的书籍出版，标志着九型人格最终进入了大众视野。

在许多方面，纳兰霍都是认识九型人格的意义并将其传递给更多受众的理想人选。他是 20 世纪 70 年代美国人类潜能运动中的关键人物，曾与格式塔疗法的创始人费里茨・佩尔斯（Fritz Perls）共事过，格式塔疗法是一种存在主义心理疗法，强调对当下和身体的觉察是改变的关键。在向伊查索学习九型人格执念之前，纳兰霍已经掌握了个人成长相关的各种理论，并且通过实践有了深入领悟，包括精神分析心理学、存在主义疗法、卡伦・霍妮的人格理论、葛吉夫的第四道、苏菲（Sufism）和禅观。因此，他不仅认识到九型人格对于成长的催化作用，并且结合了现有的心理学和灵性流派对自我发展的看法，以及自己的直觉悟性，进一步发展了它。

纳兰霍看到了伊查索工作的价值，并结合了自己对人类发展的大量观念，在伊查索的“原型分析”的基础上，形成了一套更加精确的人格描述。和伊查索一样，他并没有把九型人格作为一个独立的工具来教授，而是作为大量成长功课中的一部分，旨在帮助人们理解自己的模式和习惯，并下功夫超越它们。

在他所著图书中，纳兰霍呈现了他的九型人格体系，这个体系连接并整合了西方心理学和东方灵性实践中许多不同的趋势。本书也是基于纳兰霍对九型人格型号和副型的诠释，尽管他将这一模型的源头归功于伊查索，但在国际上出版的九型人格书籍中，大多数都是直接以纳兰霍的作品为基础的。

总结

那些隐藏在九型人格中的理念，也同样存在于人类历史上其他形式的智慧传承中。从探索人类存在这种永恒问题的哲学，到界定人类与“存在之根本”关系的东方灵性典籍；从把我们与自己的隔阂描绘成回家之旅起点的史诗，到西方心理学的洞见，这些知识的鹤鸣在人类历史中悠远回荡。

九型人格代表了一个整体的模型：圆圈上的每一个点不仅描述了个体的人格，而且还描述了一些普遍的原型元素。每一个点也表达了一系列的可能性——随着一个原型的执念被松动或转化超越，垂直的维度体现了其高层品质，而较低的维度则描述出无意识的、自动的、被“固着”的运作层面。

因此，正如古老哲学和九型图所揭示的，成长的过程，包含了观察自我、经受痛苦、面对恐惧、整合阴影，以及精进功课以实现高层潜能。

在接下来的章节中，我会描述每一个型号的原型以及他们的回家之旅，我追溯了人格的发展，它可能形成的三种不同副型，以及走向自由的道路。通过在这个永恒而神圣的框架内找到自己，我们可以加入这个古老的传承，为提高人类意识水平所必需的集体努力作出贡献。

九号原型：主型、副型和成长道路

九号原型代表了这样一种模式：为了应对这个似乎得抹去自己的存在感才能够与他人和平共处的世界，我们自我遗忘，麻醉沉睡。九号的成长道路向我们展示了，如何将内在的怠惰激情和遗忘当下体验而沉睡的普遍倾向，转化为能量和目的感，从而觉醒过来，活出我们自己，成为我们可以成为的人。

家的反面，不是距离，而是遗忘。

——埃利·维塞尔（Elie Wiesel）

九号所代表的原型，是寻求与外部环境和谐相处以保持舒适与和平的人，即便这意味着他们与自己的内在环境失去了连接。类似于“融合”和“结合”所传达的含义，这种原型通过与外部融合并削弱对内在的觉知，来保持一种平静和连接的感觉。

九号原型的倾向在我们所有人身上都存在——为了“不破坏现状”而“随波逐流”，忽略了自己内心的感知。这是我们人类状况的一个基本面：我们都曾减弱意识知觉，来试图缓冲日常生活中的痛苦和不安，这在前章已有过探讨。我们都会不时地忍不住选择阻力最小的道路。九号原型代表了这样一种模式，即想要保持舒适，抗拒变化，做最容易的事情，哪怕这意味着不主张、不坚持自己的观点，忘却自己的优先要务，也要与他人和睦相处。因此，九号原型代表了所有人格类型所共有的想要自动运作并保持沉睡的人性倾向。

在社会文化层面，我们可以从那些将集体凌驾于个人之上的文化中，以及官僚政治的概念中看到九号原型。此外，大型机构无意识地维持现状，无法做出创造性决策，脱离可能推动创新和进化的原创而有活力的原则去抵制变革，背后也是同样的道理。

在九型人格的框架中，九号适应性强，让人喜欢，随和易相处。他们擅长发现紧张局势，找到调解和平息冲突的方法。他们以包容、共识、和谐为导向，善于理解和重视不同的角度观点，在矛盾观点之间进行调解，解决争端，维护和平。他们无私且真心实意地关心他人，他们特有的“超能力”在于以一种让周围每个人都感到被尊重和被接纳的方式，为他人提供坚定的支持。

然而，与所有的原型人格一样，九号的天赋和力量也代表着他们的“致命缺点”或“要害弱点”，因为他们会过度地适应他人，以至于很难表达自己的欲求，坚持自己的主张。他们把太多的注意力放在别人的需要上，过分地顺应周围的人，从而妨碍了自己的发展。他们通过迁就他人和避免冲突以获得安慰与舒适，最终导致对自己内心的声音充耳不闻。然而如果他们能够学会唤醒自己，找到自己的内在指南针，代表自己采取行动，他们就可以用切实行动力支持自己，以此来平衡自己对他人的关注。

《荷马史诗·奥德赛》中的九号原型——食莲者

《荷马史诗·奥德赛》是一个关于“回家”的重要性的经典故事，隐喻了带我们回归“真我”之家的内心旅程。[1]主人公奥德修斯的核心目标是回家。在史诗的象征性语言中，家不是一个具体的地方，而是一种生命的存在状态。在这种状态中，我们体现出自己的真实本性，并因真正的自己而得到认可。真我之“家”是“所有愿望和选择的根源”。[2]

特洛伊战争结束后，奥德修斯带着他的船队离开特洛伊，驶向回家之旅。他们经过的第一个地方是食莲者的领地，食莲者是一个随和友好的部落，“以一种花为食”，叫作忘忧莲。这是一群快乐的人，但没有任何欲望，他们用自我麻醉的草药熄灭了欲望。他们无法在不同的道路之间做出选择，因为他们已经遗忘了自己的路标，遗忘了他们的“家”：自己到底是谁？应该成为什么样的人？他们被困在岔路口，无法选择方向。

食莲者给奥德修斯一行人送上莲花，使得他们“忘记回家的路”。[3]在忘忧莲的影响下，奥德修斯的下属想要留在食莲者的领地上。奥德修斯不得不找到他们，强行把他们带回船上，绑在划桨的长凳上，这样才能继续旅程。

如果未曾品尝到“归家”的滋味，我们就没有太多动力去踏上通往真实自我的艰难旅程。食莲者的故事反映九号遗忘了对真实自我的需求和渴望。缺少了对活出高层品质的渴望，你就会失去聚焦，找不到行动的动机或前进的方向，没有任何东西可以为你指明方向。而没有归家的感觉和回家的渴望，就很容易造成想在“忘忧莲国”里舒舒服服地活着。

九号的人格结构

九号位于九型图的顶部，属于“以身体为基础”的腹中心三元组。这个三元组（包括八号、一号和九号）的核心情绪是愤怒，注意力焦点与秩序、结构和控制有关。其中八号“过度释放”愤怒，一号对抗愤怒，九号则“过度麻木”愤怒。虽然可以说，与愤怒的关系对九号人格的塑造起到了决定性的作用，但大多数九号并不会经常感到愤怒（尽管他们可能在极少数情况下爆发）。

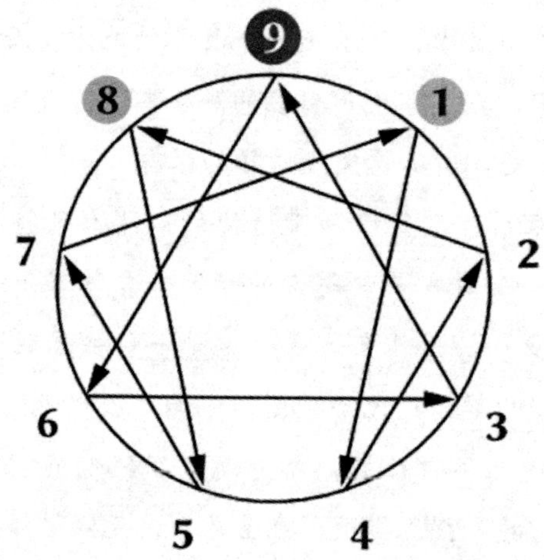

我们都能感受到愤怒情绪，但九号会习惯性地避免接触自己的愤怒，因为他们非常在意保持舒适，而愤怒很容易导致与他人发生冲突。因此，虽说九号是愤怒的类型，但他们可能并没有经常连接到自己的愤怒，而是往往以各种消极攻击行为将愤怒泄露出去。九号对秩序和控制的关注，表现为喜欢结构带来的支持，以及习惯于被动抵制（尽管常常看上去挺随和）他人的控制。

作为腹中心型号，九号能够感知到环境中的变动，率先连接到“本能直觉”。可矛盾的是，九号又会与他们的本能直觉切断连接。九号人格结构的基础就是“沉睡”这一习惯，他们在面对身体中心所固有的持续性愤怒时，会习惯性地“沉睡”过去。

腹中心型号也被称为“自我遗忘三元组”，因为都倾向于触发某种与生理需要有关的心理惰性来“遗忘”自己。这三种型号出于各自的原因，往往会压抑自己的需要和愿望，忽略自己身体和实际的要求：休息和放松（八号），玩耍和娱乐（一号），优先要务、个人喜好和观点主张（九号）。

九号的童年应对策略

九号经常会提到，他们成长于一个自己意见不被听取的家庭，在这个家庭里，其他人表达己见更强势，或者说，避免不安、保持平和最好的策略就是顺应他意。由于这种被忽视或压制的经历，九号学会了迁就别人、随和，当被问及意见时，他们不知道自己想要什么，还是把决定权交给别人来得更轻松。

九号通常有一种未被满足的需求，即有关令人满意的融合感——一种归属感，或与那些能够看见并肯定九号自身个体性的人的连接。当九号还是孩子的时候，可能没有得到他们所需要的关注，其愿望和偏好通常没有被听到和满足。九号可能是三个孩子中的老二，或者有很多兄弟姐妹，或者父母强势而控制欲很强。总之，九号在童年时期为了与他人保持积极的连接，常常决定放弃自己的愿望去满足别人的欲求。

不管个体情况怎样，九号都倾向于不再坚持自己的愿望，采取“忘却自己”的应对策略（也忘记“无法得到自己所求”的痛苦），根据他人来过度调整自己，以此来寻求和平、避免冲突。九号无法容忍冲突，因为在他们看来，冲突会导致分离。关系在人们年幼时起到了维持生命的作用，九号在家庭中扮演着调解人与人之间关系的角色，减少紧张感，维护着这份与他们的生存息息相关的连接感。

因此，九号的应对策略是对他人的过度适应——无意识地迁就迎合他人的愿望，而“遗忘”了自己的需要。他们的注意力聚焦在与周围的人和谐相处，而不是坚持自己。这种过度适应也反映出了他们的这一经验，即任何强烈的感受或个人偏好都可能导致与他人的冲突。在无意识层面，他们的人格力求不惜一切代价来避免对抗性互动。对于九号来说，这种倾向的代价是丧失与自己内心体验的连接。

九号通过自我否定的行为和过度适应来满足自己与他人融合的渴望，他们在成长过程中因过早过多地依靠自己而感到痛苦。通过保持与外界的支持，九号找到了他们所寻求的舒适安慰。

马克，一位九号，描述了他的童年处境和应对策略的发展：

他是四个孩子中的老小。他父亲是个高大、愤怒、挑剔的人，声音低沉，脸上总是怒容满面，很可能是个一对一一号。他的母亲是个九号，总想要在家庭里保持和谐，听任父亲的安排，以防他的愤怒爆发。马克很小就懂得了有些规则必须遵守——他父亲的规则，只有在他父亲能够接受的限制范围内，才可以表达自己和做些决定，打破这些约束意味着父亲的批评和发火。马克的哥哥姐姐们——“一位一号”和“两位九号”也加入了父亲的阵营，他们都很乐意纠正弟弟的行为、语法、观点和表现。他父亲的愤怒深深地困扰了他，他能感觉到母亲也为之困扰。马克很小就认识到，要和父母保持联结，就得防止父亲生气。最简单的办法呢，就是对父亲听之任之，顺遂其意。

九号的主要防御机制：自我麻醉

正如九号代表了人类共有的沉睡倾向的原型，其主要防御机制——自我麻醉——也是所有防御机制共有的组成部分。

人格的防御结构是我们在年幼时，为了适应某些痛苦或不适而发展出来的，这些痛苦或不适对我们幼小的心灵来说是无法承受的。当我们经历创伤或痛苦时，自我麻醉有明显的好处：我们切断了对极其难以忍受的事物的痛苦和记忆。然而这种防御的问题在于，我们在生存不受威胁的情况下依然习惯性地使用它，作为一种缓冲，以免受日常生活中的细微不适。这会导致我们完全失去与自己的连接，从而阻碍我们的成长。

有时这种防御模式也被称为“解离”，九号从心理痛苦或不适中解离出来的主要方式是让意识变得模糊，用各种方式让自己陷入沉睡。通过阅读、吃饭、看电视或玩填字游戏等活动，九号分散自己的注意力，以此来逃避自己的感受、需要和欲求。通过各种无意识策略，包括开玩笑、说话过多或专注于无关紧要的事情，九号稀释了他们的生命体验，减弱与他人的互动和与自己的连接，以此来缓冲因为分离、不被听到或没有归属感所带来的痛苦。

九号的注意力焦点

九号把注意力聚焦在其他人身上，在环境中发生的事情上，以及避免冲突、创造和谐上。九号通常都在关注别人想要什么，他们更喜欢跟随别人的愿望而不表达自己的喜好。这种融入环境的习惯能够让他们避免不适，并创造出一种防卫性的（通常是人为的）和平。但当注意力聚焦于生活经历的任何一方面，就会有注意不到的另一方面：当九号的注意力集中在外部环境和其他人身上时，他们忽略了自己的内在体验。

基于与周围发生的一切保持和谐一致的应对策略，九号尤其能够关注到他人和环境中的能量，“感应到”能量是紧张还是平和。他们会将他人的观点当作自己的观点，以此避免失联和冲突。因此，九号天生就有调解的天赋，因为他们可以感同身受地理解别人的观点。出于对和平的热爱与动力，他们很容易看到对立观点之间的共同点，帮助人们注重彼此的共同之处，从而达成和解与共识。

九号的注意力风格是“他人导向”的，他们非常关注周围的人想要什么、在想什么、有什么感觉，而很少关注自己的所需所想所感。其他人的体验变成了他们的感知重心，以至于他们时常会说不知道自己想要什么。如果你问九号一个日常的问题，比如：“你晚饭想吃什么？”他们典型的回答会是：“我不知道，你想吃什么？”

由于习惯于把注意力放在别人而不是自己身上，九号会觉得自己不重要，不值得别人注意，其他人似乎更为重要，以至于他们把自己的计划一推再推。

对于九号来说，关注并找到自己的内在方向会很困难，以至于有时只有与他人愿望相联系才能找到内在动力。我曾经参加过一个成长小组，组员们千方百计想要问出一位九号想要什么，可得到的答案总是一样：别人想要的就是他想要的。

九号的注意力难以聚焦于自己眼下的优先要务，往往会被所处环境中的其他因素带着走。他们的注意力难以集中，因为他们会将注意力从体验的中心转移到外围，[4]他人的事情和不太重要的事务似乎比自己的紧要事项更值得关注。九号也会故意分心，“好像受到一股不想体验或不想看的渴望所驱使”。[5]以自己的名义行动会让九号感到有压力——对自己的表现感到焦虑——因此他们用不太重要的活动来分散注意力，以此来避免不得不采取行动的压力。

九号的激情：怠惰

怠惰是九号的激情。怠惰、懒散、懒惰、心理惰性、无精打采、倦怠淡漠和（佛学中的）无明，这些词都传达了同样的意思：一种对自己沉睡的倾向。怠惰是指对自己内心体验没有意识，以自动的方式、预先设定的程序运行，它是我们所有人都有的一种倾向，因为我们没能有意识地关注那些可能驱动我们行为的感觉、信念和体验。九号的“心理惰性”表现为对感受的钝化，没法知道自己想要什么，无法与自己连接，难以表达强烈的意见，或肯定自己在世界上的意愿。

在《九型的激情与美德》（*The Enneagram of Passions and Virtues*）一书中，桑德拉·迈特丽（Sandra Maitri）将九号的激情“怠惰”定义为“忽视自己”，“自我疏忽”，蒙蔽或压制内在生活。[6]九号的“懒惰”并非我们通常认为的那种懒（即不愿做事），虽然有时也会如此，但九号也可能看上去一点都不懒，他们的懒惰主要是指懒得关注自己。

在公元 4 世纪基督教冥想传统中，最早出现了用来定义九号激情的词“倦怠（Acedia）”，这个词源自希腊语的怠慢（a-chedia）。倦怠指“心理和精神上的懒惰淡漠，而不是行动上无所作为的倾向”，[7]纳兰霍用心理学词汇解释为“怠惰表现为丧失内在性、拒绝看见和抗拒改变”。[8]最重要的是，九号变得懒得在意自己的内在生活，以一种自己看不见的方式，失去了对自己存在的感觉，却不自知。

纳兰霍进一步定义了九号的“心理惰性”，将其描述为缺乏火热和热忱的人，因缺乏内在性和想象力而受苦的人。心理怠惰的激情也包括感受钝化，这一点可能表现得很明显，比如他们不怎么与自己交流或隐藏自己，或者通过主动表现出温和可亲或开朗随和的性格来进行过度补偿。

怠惰的激情使得九号对内心的声音置若罔闻，内在见证也变得“黯然失色”。[9] 在这种激情的支配下，九号不知不觉地遗忘了自己，失去了与自己情感、本能的连接，也失去了依靠天然的身体直觉去探察和行动的能力。因此，懒惰会带来一种“不想去看、不想接触自己的体验”的感觉。[10] 这直接影响到九号觉察自己内在模式的能力。我们都需要觉察到自己的内在模式，以建立自我觉知。九号需要学会去连接自己的欲望，打破外壳，否则他们会一直被锁在自己的“橡子壳”里。

九号的认知错误

我们都会陷在某种影响我们信念、感受和行动的思维定式中，即便它制造的总体观感已经不再准确了，这种思维惯性仍然继续。激情塑造了人格的情感动机，“认知执念”或“认知错误”则管控人格的思维过程。

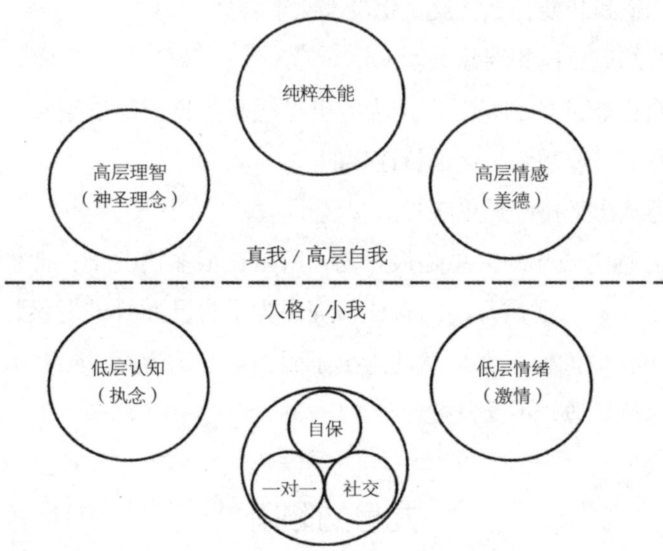

对九号来说，支撑怠惰激情的头脑执念（伊查索称之为“懒散”）是指一种不主动思考或不关心自己优先事项的习惯。怠惰支配着九号对自身内在体验麻木不仁，导致九号忽视和忽略自己，然后围绕着自我遗忘的激情，创造出各种各样的指导思想、信念和核心理念。

心理学家杰罗姆·瓦格纳（Jerome Wagner）认为，由于九号在人生早期感到被忽视，缺乏归属感，所以他们的思维模式围绕着“自己不重要、没有太多东西可以提供”[11]的假设来组建形成。最终导致九号忽视自己，听不到自己内心的声音，并且深信自己是不重要的。

根据瓦格纳的说法，为了支持心理层面怠惰的激情，九号会坚守以下这些核心信念作为心理的组织原则[12]：

· 我不重要。这样比较轻松。

· 我的想法和感受并不重要。这样很好，其他人对事情的感觉就是比我更强烈。

· 生气或心烦意乱是不好的，这会让你与他人不和。

· 友善或平和比对自己真实更重要。

· 表现出愤怒是不好的，因为冲突会破坏与他人的积极联系。

· 如果我不在，别人也找不到我，那我就是安全的。

· 我不知道我想要什么，反正也没那么重要。

· 我无法知道自己想要什么。

· 知道自己想要什么，并在别人的世界里坚持自己的欲望实在太费功夫，而且会疏远我需要或想要与之保持连接的人。

· 随和遵从比坚持己见更容易。

九号认为避免公开冲突总是最好的，所以在很多情况下，他们会想：“为什么要破坏现状？”他们看不出有任何理由为了自己而打破现状。在这些核心信念的引导下，他们似乎很自然地走上了阻力最小的道路，给别人想要的，这样自己就能保持舒适，不受打扰。

九号的陷阱

如同其他型号一样，九号的认知执念或“思维迷障”是导致人格原地打转的原因，它呈现为一种人格局限无法化解的固有“陷阱”。

尽管九号无意识地想要不惜一切代价维持舒适和平静感，但事实是，避免冲突和对自身欲求的觉知，最终会导致其极力避免的不适感和不和谐产生。追求舒适不可避免地会产生不适，因为它要刻意无视一些基本真相，例如，冲突本身可能具有建设性和统一性，以及表达真实情感对于建立深层连接是必不可少的。

对于九号来说，渴求保持和谐迫使他们钝化了自己的意识，削弱了内在的活力和热忱，从而限制了他们参与生活的质量。对他人的过度适应最终会产生一种不满足感，这种不满足感会通过消极攻击性行为泄露出来，反而导致了他们最初旨在避免的冲突。

九号的关键特质

过度适应与融合

让自己适应他人的计划是九号很突出的习惯，这代表着一种“过度适应”，因为九号通常不仅仅是妥协而已，他们失去了自己的立场，完全听从于他人——而他人常常并不知道他们在这么做。九号也经常帮助他人找到折中方案，但他们往往会主动抹去自己的需求，以避免与他人需求发生冲突。

九号倾向于过度屈从于他人，这就意味着他们延迟对自己欲求的满足。这种自我否定伴随着过度调整的策略，正如纳兰霍所解释的：“对世界过度适应将太过痛苦而难以忍受，只得靠遗忘自己来维系。”[13]

九号也会与他人“融合”，这是什么意思呢？九号会非常“接受”他人的立场、感受和欲望，乃至觉得这些就是自己的，这时候融合就发生了。他们失去了自己和他人之间的界限，这对九号来说尤其容易，因为他们通常不知道自己想要什么，也就很难分辨自己的还是别人的谋求之间的区别。

潜意识里，九号感觉自己被驱使着去保持童年时的共生关系，所以对他们来说，断开连接会是灾难性的。九号通过与其他人的关系来定位自己，因此失去连接会让他们感到迷失和漂泊。正因为如此，他们会竭尽所能来维持与重要的人的连接，还经常不知道自己为什么要这样做，甚至到了遗忘自己内心真相的地步。

放弃己见／顺应他人

九号“随和带来和睦”的应对策略，其核心在于他们会倾向放弃自己，结果得不到自己想要的。继而，他们（通常是无意识地）放弃了为自己的所求而努力，甚至不再花心思了解自己想要什么。

九号深信，坚持自己并不值得，所以他们放弃了自己。正如纳兰霍所说：“这就好像他们认同用装死来维持生命的策略（虽说活着，却悲剧般地成了活死人）。”[14] 他们的核心信念是为自己的欲求挺身而出并不值得，从而导致顺从，顺从又强化了九号对自己欲求怠惰的特质。他们放弃了自己想要的东西，这样便更容易顺从别人的欲求。

天性随和／温和亲切

放弃欲望而顺应他人，会使九号变得越来越与自己脱节，好处则是人们会觉得你可爱、悦人、容易相处。大多数九号都符合这样的描述：他们不会对别人提出很多要求，情绪稳定，可以成为支持和友谊的坚实来源，他们避免冲突和紧张的习惯使他们变得随和亲切。

当然，九号的随和、友好和慷慨的名声是要付出代价的，即他们会与自己的愤怒和观点有更紧密的连接。尽管他们性格温和亲切，但有时也很难对付，特别是当他们非常随和地跟着大家，突然发现做了自己不想做的事情，因此变得固执或易怒。不过总的来说，九号是比较悠闲爱玩的一类人。

优柔寡断

九号经常与拖延和优柔寡断作斗争。就像《荷马史诗·奥德赛》中的食莲者一样，九号容易与他们的内在指引系统断开连接，因此当他们需要触及自己的欲望来做决定时，会感到非常困难。即便他们在日常生活中可能有所偏好，但在人生道路、职业生涯或者采取行动方面往往会难以抉择。

有时候让九号从消极角度找到自己的偏好会更容易些：他们也许不知道自己想要什么，却知道自己不想要什么。基于这种情况，作为他们过度适应他人意愿的相反面，他们可能会阳奉阴违。

九号的阴影

九号的盲点与他们怠惰的激情有关，还与他们所采取的为了更易与人相处而沉睡的核心策略有关。他们真正想要的、他们的感受、他们的观点，以及他们对自己内在真相的感觉，这些都有可能是九号的阴影。他们无意识地避免发现自己的愿望，以此来保持舒适感、安全感，以及与他人的连接。九号很难采取坚定的立场，表达自己的偏好或体验强烈的情绪，他们会习惯性地“忘记”自己，这样就更容易与他人交流。当被问及想要什么时，许多九号会说他们根本不知道。

九号不想体验愤怒，所以攻击性成了他们一个很大的盲点。他们也不想拥有任何强烈的意见、欲求和情绪——这可能会以某种方式使他们与生活中的重要人物发生冲突——所以这些都可能存在于他们的阴影中。九号相信任何张力都会导致分离，所以对于内心任何可能导致连接中能量断裂的东西，他们都倾向于否认其存在。因此他们的很多内心活动也会是其盲点。除此之外，他们还可能对合理必要的冲突或真诚讨论视而不见。

由于九号的愤怒是存在于阴影之中的，愤怒也可能以消极攻击性的形式发泄出去，例如固执、消极抵抗、拖延和易怒，而他们可能看不到这类情况是如何发生的，也看不到它们对他人造成的影响。与其他腹中心型号一样，九号不喜欢别人告诉他们该做什么。虽然他们通常会对别人说“好的”，以避免公开拒绝请求时可能出现的冲突，但他们经常口是心非。九号会消极地抵制别人对他们的期待，这是他们保持独立感、避免被他人的欲求所控制的方法。这一招看起来很具适应性和灵活性，但他们可能对这整个过程毫无知觉。

九号专注于保持和平与舒适感，因此作出改变的需要也落入他们的阴影。这可能表现为回避现实——比如需要找工作、换工作、离开一段关系，以及其他任何需要他们有所行动或者作出改变的事情——因为他们陷入想要维持现状的惯性。

由于九号不喜欢吸引别人的注意，而且会强迫自己不要自私，积极的成就或对认可的渴望也可能成为他们的盲点。九号通常不想引起别人的注意，即便他们做了好事，也倾向于与他人分享功劳，以避免被关注所带来的不舒适。

九号激情的阴影：但丁地下世界里的怠惰

从九型的角度看，九号人格的阴影都可以在但丁的《神曲》一书所创造的地下世界中找到相对应的位置和所受惩罚。在这个象征世界里，怠惰的激情是“罪恶的”，因为它代表着一种懒惰，会导致一个人日复一日地浪费生命，抗拒自然的能量和主动性。在九号人格中，怠惰会产生一种难以察觉的深层怨恨或消极抵抗，而这种怨恨和抵抗往往从未表达出来。相应地，朝圣者在泥泞的斯提克斯冥河中发现了这些怠惰的幽灵，与暴怒者（wrathful）一起受着惩罚。然而，当那些主动发怒的“暴怒者”幽灵“不断撕扯着对方”时，怠惰者却躺在泥泞下面，只有通过泥泞表面的气泡才能发现他们。[15]

在黏糊糊的表层下面是叹息的灵魂，是他们造成了水面上的气泡。你的眼睛会告诉你——看看你周围吧。

困在这泥污中的他们说：“我们曾懒洋洋地躺在甜美的空气中，快乐地晒着太阳，任凭怠惰之烟在我们心中熏燃着。现在我们懒洋洋地躺在这黑色泥污中！”这是他们闷在喉咙里咕噜咕噜的赞美诗，却不能用真正的声音唱出来。

像他们愤怒的邻居们一样，怠惰的人深陷在其激情的泥沼中，也就是沼泽般的冥河“泥污”所象征的。但与“暴怒”的一号不同的是，九号的愤怒更加深重，更为隐藏，因此在但丁的地下世界里，怠惰的人被描绘成“叹息的灵魂”，就像九号在生活中的愤怒一样，被淹没在表面之下。

九号的三种副型

九号的激情是怠惰（或懒惰），它可以定义为一种心理上的抗拒，抗拒活出深层自我，或者说抗拒自己的“存在”感，不愿意去意识到自己内心的感受、感觉和欲求。

九号的三种副型都是在表达这种心理灵性上的怠惰激情，但根据三种主要的本能驱动力——自保、社交或一对一本能，以三种不同的方式表现出来。因此怠惰的表现形式就是九号强烈的与某事物或某人融合的无意识需求，以此来分散自己，不去关注自身存在感或因无法连接到自身存在感而产生的痛苦。

由此，九号的三种副型都表达了对融合的需要，他们通过与不同事物相融合的方式，来寻找自身所缺乏的舒适感和连接感。自保九号与身体活动和舒适感融合，社交九号与群体融合，一对一九号与其他个体融合。然而，把注意力集中在其他地方，会使九号继续回避与自己内在存在感的深入连接。无论是慵懒怠惰、无所作为或是对自己感受、需要和欲求的无能为力，都体现出这三种副型自我麻痹的激情。

自保九号："嗜好"

九号身上怠惰的激情与自保的主导本能结合在一起，形成了一种人格副型，纳兰霍与伊查索一样，把它命名为"嗜好 / 食欲"。这种副型更深层的动机是通过满足身体需求，从而在世界上找到一种舒适感。他们在诸如吃饭、读书、玩游戏、看电视、睡觉甚至工作（如果工作是一件舒适的事情）等活动中找到满足感。

无论自保九号选择哪种形式的活动，核心都是在表达他们需要找到保护和幸福感的需求，通过这些具体的需求来体验满足感。他们把注意力投注到喜欢的活动上，同时回避或"忘记"自己的存在，或是"忘记"与存在感失去连接的痛苦。这种九号通过满足日常生活的嗜好来找到"存在"的替代感。

对于自保九号来说，在身体舒适中寻求庇护，或者养成一些惯例，让自己的体验变得具体而熟悉，会让他们感到更安全。这样就不用贸然进入尘世，去面对那些潜在的冲突或过度的刺激。迷失在舒适的活动中，从而抹去自己，可比向外部世界敞开，暴露在一切不可预料的复杂情形中要轻松得多。

"嗜好 / 食欲"这个名词不仅指饮食，还指需要通过满足各种身体需求来寻找幸福感，这些需求包括食物、舒适感、休憩，或是能够提供支撑感、结构或和平的有趣事物。嗜好也代表了具体性，指以简单、直接、有形和享受的方式满足生理和物质层面基础的需求。我所认识的一位自保九号，她照顾自己的方式就是投入到健身活动中，坚持特定的饮食和例行常规。她在一家健身房工作，在那里她与一群关系要好的人一起锻炼，这些人都定期参与晨练，还会根据明确而切实的营养学方法，一起定期节食，以此作为相互支持的方式。

自保九号是活在现实里的人，以直接经验为导向，不搞抽象或形而上的那一套。这一类九号不太有“细心思”，也不太自省，他们发现实际经验比理论更容易处理，所以更多地专注于有形、即刻要做的事情。然而，他们并不总是能把自己的体验用言语表达出来，所以他们一般不太谈论自己内心的感受。

纳兰霍将“嗜好/食欲”背后的含义描述为一种过度的“生物性”（Creature-likeness），其特点是一种“我食故我在”或“我睡故我在”的态度，这种态度几乎抹去了对于 “存在”更广大意义的探询思索。对于这类九号来说，生活中的普通事实妨碍了他们去思考抽象的东西，比如他们的生活体验中可能缺少了些什么。这是一类用更简单直接的方式生活的人。

与其他两种副型相比，自保九号往往需要更多时间独处。他们虽然也和其他九号一样，习惯性地把注意力集中在其他人身上和外在环境上，但实际上他们在独处时会更放松、更踏实，因为独处可以让他们全然地放松于自己从事的活动中。这些人也有种独特的幽默感，一种揶揄讽刺和自嘲自贬的态度。

九号是很有爱心的人，但在内心深处，他们通常没有被爱的感觉，就好像他们已经认命放弃了，不再期望自己主动收到爱了。自保九号在愉快的活动中寻求舒适安慰，反映出他们想要补偿内心深处的自我舍弃感，或者说放弃了对爱的需求，通过其他嗜好来满足。这类九号身上欢愉或者爱玩的精神，是一种非常真实、非常讨人喜欢的性格特征，但也可能是另一种对早期缺憾的补偿——他们用爱好玩乐代替了爱。

自保九号看起来很活跃，有直觉性，他们表现出一种微妙的力量，是九号三种副型中“最像八号”的。他们在采取行动方面的惰性确保了他们还是九号，因此不太可能被误认为八号，但他们确实有着强有力的能量，尤其与不那么坚定的一对一九号相对比。自保九号比其他两种副型的存在感更强，相比而言，他们可能更加易怒和固执，很难接受另一个人是对的。他们过着比其他九号更加过度的生活，虽然他们不经常生气，但当他们对制造问题的人发飙时，会表达出“维持和平者的狂怒”。

丹尼尔，一位自保型九号，说道：

我是在美国中西部长大的，人们常说我是“吃货”，我想他们应该是在恭维我吧。但对我来说，“吃”的确是快乐的源泉，这也是我感到压力时会沉溺其中的一件事。我在二十出头的时候参加了一次政治竞选，短短几个月体重就增加了二十五磅。如今我意识到自己和食物的关系是对缺乏被爱感觉的补偿，我开始学习如何给予自己爱，而非只是靠吃。

我超爱睡觉，但有时它更多是一种逃避，而非生理上的需要。一位九号的朋友告诉我，他卷入了一场争执，他实在太生气了，需要去睡一觉。我完全可以理解他的感受。日常惯例也很能安抚我，多年来，每当我打开电脑，我都会遵循同样的程序：首先查看电子邮件，然后依次访问五个不同的网站，每次顺序都一样，每天这样重复很多次。通常我有许多更重要的事情要做，但在开始工作之前，我需要浏览一下熟悉的网站，让自己进入一种舒适的状态。

独自一人会让我感到轻松自在，因为不需要太多努力就可以融入吃东西、睡觉或看电视中。但后来我认识到，保持舒适并不能帮助我重新找到自主感和自我感。为了完成这一至关重要的任务，我需要进入一种和谐的状态里，这需要做很多功课，因为我还有未解决的内在冲突，而且也不是很清楚自己所处的位置。

有些人问我是否有可能是八号，因为我看起来比其他九号更“有分量”。我也把这当作是恭维吧！为了支持自己的个人发展，我有意识地使用了我的八号侧翼，练习表达自我，体验自己的愤怒，采取行动。

社交九号：“参与”［反型］

社交九号表达心理怠惰（或懒惰）的方式是与群体融合，努力支持群体利益，优先满足群体需求。社交九号是一类意气相投的人，他们需要感觉自己是群体的一员。这种需求反过来也体现出社交九号格格不入、无法融入群体或社区的潜在感觉，他们轻快、善交际、喜欢玩的性格特质，表达了一种需要融入团体的驱动力。

社交九号对参与的需要，来自他们内心深处不归属于这个群体的感觉。这种感觉驱使社交九号通过慷慨和牺牲一切必要的东西来满足群体的需要，从而获得成员资格。他们强烈地需要感觉到自己是整体的一部分，恰恰是因为他们感觉不到自己是整体的一部分。社交九号觉得为了加入一个团体，就必须做一些额外的事情，因此他们会加倍努力来支持这个团体，以确保自己的归属感。

社交九号热衷于做些必要的事情作为加入团体的入场券，成为团体中的一员，但这需要付出很大的努力。社交九号可能会成为工作狂，他们觉得自己需要努力工作，需要付出很多。不仅仅是努力工作，他们还会积极地表现出友善和社交能力。他们不会表露自己的痛苦，不给别人带来负担，也不向人们显露自己为社区付出了多少努力、花了多少精力。这类人慷慨无私，关心群体，善于满足他人的需要，甚至不惜牺牲自己去满足别人给予他们的责任。

与其他两种更加缓和的副型相比，社交九号非常外向且精力充沛，这就是为什么社交九号是反型。特别突出的是他们的力量，因为为群体的需求而奋斗让他们感到动力十足，所以社交九号是外向的，善于表达，而且很有力量。他们在某些方面与典型九号的惰性背道而驰，但在内心深处，他们对待自己的需要和欲求仍然持有一种怠惰的态度。

社交九号可以成为非常优秀的领导者。事实上，甚至可以说是最好的一类领导者了，他们善良、无私，努力满足所托付给他们的责任。社交九号也是特别有天赋的调解人，因为他们天性使然，想要传达不同的意见，以便每个人都能被听到，避免团队中的冲突。他们会把大量精力投入到领导的工作中，能够承受很多，有时甚至会变成一个“人肉沙包”。这类九号无条件地把自己给出去，这是他们回应被遗弃、冲突、分离以及可能失去和平与和谐的更深层（有时无意识）恐惧的方法。

社交九号喜欢掌控事情，喜欢说很多话，因为他们非常努力地为团队工作，所以可能没有时间留给自己了。他们往往过着非常充实的生活——充满了所有一切，唯独没有自己。[16] 当社交九号从归属感中获得他们的身份和现实感时，常常怀疑自己的存在，怀疑自己的自我感。

这种副型的外在表现是快乐多于悲伤，但最终可能变成一种部分式参与：在他们欣然的外表下，不归属感仍然一直存在着，并造成一种无法与人言说的悲伤。他们并不怎么体验到自己的痛苦，但也不会体验到极度的欣喜若狂。他们情绪上也是处于中间，不热不冷，甚至可能有点脱离自己的情绪和感觉。

社交九号看起来会像三号，因为他们工作非常努力，而且毫不表现出压力地完成很多事情。但他们与三号的不同之处在于，他们非常不愿意成为聚光灯下的焦点，也不是为了塑造形象或赢得他人赞赏才支持团队。另外他们也可能被误认为是二号，因为他们会积极地满足他人的需求，但相比二号，他们不太需要认可和感激，而且通常情绪会更稳定。

玛雅，一位社交九号，说道：

我从小就是作为群体当中的一员——在一个有五个兄弟姐妹的大家庭里长大，我经常在家庭成员之间进行调解，希望减少冲突，大家相互宽容理解，达成共识。当就餐时出现有争议的话题，例如：当谈话变得激烈时，我通常都会主动解释，试图让双方都能明白对方的观点。也因此，我在领导团队方面非常出色。比如高中的时候，我就担任了几个社团和俱乐部的主席。在我职业生涯的早期，我时常能够打造出注重协作、具有凝聚力的团队，其中还包括了一支排球队。直至今日，我仍然会体察环境，尤其是新环境，了解如何最好地融入其中，悄悄地调整自己以适应整个环境的需要。当我要做出会影响整个团队的决定时，我喜欢听到所有的不同意见，综合它们，然后在做决定之前把这些意见都整合在我的脑海中。我的触角总是伸在外面，解读周遭的环境氛围。

一对一九号：“融合”

一对一九号无意识地透过他人来表达自己的存在需要——透过与其他人融合而找到一种“存在”的感觉，他们在自己的内在无法体验到这种存在感。他们无意识地借由人际关系来喂养自己的存在感，因为孤身一人令其感到太具挑战或威胁了。他们试图用另一个人的意图来代替自己的，因为和对方同在一起让他们感到舒服。然而这一类九号甚至没有意识到他们做了这种替代，因为这通常都是发生在潜意识层面的。

一对一九号丧失了对生活的激情（这是“激情”积极的一面），所以他们试图通过与另一个人融合来获取它。当他们处于亲密关系中，可能会有这样的感觉：自己的体验和对方的体验之间没有界限，这种与他人的融合表现为承接了对方的感受、态度、信念甚至行为。这些九号会体验到一种孤独感或者被遗弃感，无论他们对此是否有意识。这种感觉似乎只有靠另一个人才能填补。

当然，这种情况所隐含的问题在于，真正的结合——两个人之间真正的关系——需要在遇见彼此之前都是自立的。但一对一九号可能会感到很难独立，难以活出自己的目标感，所以他们会在另一个人身上寻求。

这种副型会与伴侣、父母、密友或任何重要的人相融合，以此来寻找人生目的，避免体验到缺乏意义的感觉。他们对自己的身份有一种不确定感，生活也缺乏结构感，希望其他人来满足他们的需求，带给他们身份感，而自己并没有意识到这种情况的发生。

一对一九号往往非常友善、温和、温柔、甜蜜，他们是九号中最不坚定的。然而他们所表达的温柔，也像那些出自人格层面的关怀方式一样，在某种程度上可能是虚假的，因为它并非源自真实自我。与其他两种副型相比，一对一九号更难找到支持自己自主行动的动机，他们甚至在知道自己想做什么的情况下，都会很长时间无法开动，尤其当牵涉到任何与他人的冲突时。

一对一九号通过无意识地否认边界的存在，来抵御人生早期分离的痛苦（以及通常意义的各种分离），这其实是在试图避免意识到自己更深层的孤立感、孤独感以及独自感。[17] 这种九号可能会有“与对方在一起时我才存在”的感觉。为了维持生命中重要的关系连接，他们也许会过度专注于满足他人的需求，甚至背叛了自己的需要。而这种情况下，他们可能会采取消极攻击的形式来反抗，比如回避某个人，或者无视某些重要事情而影响到了关系。

一对一九号和四号有些像，因为他们都体验到忧郁感，围绕着关系展开的主题与情感的表达和体验也很类似。他们把生活的重心放在他人身上，这也意味着他们对生命中重要人物的愿望和心情特别敏感，对一段关系中来回推拉的连接与断联也有着敏锐的体察。然而不同之处在于，四号是自我参照的，而一对一九号主要是以他人为参照，他们可能会承接对方的感受。四号则恰恰相反，他们会更加直接地觉知到自己的情绪起伏。

一对一九号也可能与二号有着共同的关注点，都缺乏坚实的自我意识，将重要关系视为找到自我定义或身份感的方式。不同之处在于，二号更注重建立某个形象。并且二号通常享受成为焦点，而这在一对一九号看来就不那么舒服了。

辛西娅，一位一对一九号女孩，说道：

我体验到的怠惰激情，不太像懒惰，而更像是一种无能为力，一种无法进入内心并与自己更深层面连接的感觉。事实上，我总是害怕和更深层次的自我意识有所连接，或者更准确地说，害怕发现那里实际上什么都没有。我的安全感来源于和某个特别之人有连接的感觉，连接得最早也是时间最长的，是我的母亲。她可以毫无阻碍地告诉我我是谁、我应该成为什么样子、我应该想什么、我应该感觉到什么，她没有给我留下太多空间让我自己去体验这些。不是因为她太霸道，而是因为我与她实在太过同频，她丝毫的不随和、不认可，就可能威胁到我对她的连接。

如果我失去了与母亲的连接，就会感到焦虑，不知道自己想要什么或需要什么。回想起来，我的焦虑反映出一种恐惧，觉得一旦想要或做了她不赞成的事，她就会抛弃我。与她的连接感以及与她融合所提供的保护，确保了我不会体验到可怕的不和谐感。但凡未能与她连接，我就会感受到生气、怒火，或者因为不听话而引起的被拒绝的痛苦。这种体验实在太糟糕了，以至于大概三四岁之后，我就不再允许自己体会到这些感觉了。

长大以后，我学会了通过与最好的朋友或伴侣的关系来代替与母亲的关系。如果我的伴侣愿意做决定、做领导，或者告诉我该做什么、该怎么做，我就可以放松下来继续前进。我总是担心会破坏这种连接，为了确保它，通常我都会同意对方，很随和。甚至于即使和别人意见不同，我也常常无法找到自己意见。我总是说，如果你需要有个人陪你办事，那我就是你要找的人。

青春期时，我产生了强烈的自我排斥感：我不觉得自己真的有个性，并羡慕那些有个性的人。当然，一旦我确定自己与伴侣融合了，就开始发现自己的叛逆面：对方告诉我要怎么做或者要成为谁将会惹恼我，然后我会做出消极攻击的反应，一反我往常的甜美模样。最糟糕的情况下，这看起来像是背叛了亲密伴侣，或者表现得太过分裂，以至于我都无法认出自己。

幸运的是，我以往的生活境遇让我没能完全迷失在与伴侣的融合中。因为小时候经历了悲惨的控制性关系，出于反弹，我总是无意识地选择那些情感上疏远的男人，他们不会接管我的灵魂，尽管我认为自己希望他们这么做。这迫使我发展出了强烈的自我意识和明确的目标感，不过我觉得如若我有了伴侣，我还是会迷失方向，失去目标，仍然想要被带着走。

这些年来，我学会了如何越来越深入地和自己在一起。到了中年，我真的很喜欢独处，珍视我的冥想练习，感恩自己生活在一个美好的社区里。虽然偶尔还是会渴望由别人告诉我该怎么做，但通常只针对小的决定。我对自己的看法，无论是正面还是负面，也比以往任何时候都清晰，我相信自己是有个性的，其他人也能看到我的个性。我早期的经历也使我的直觉得到了很好的磨炼，让我能够非常深刻地与他人同频和产生共鸣。我也能够同时从多个角度看问题，找到自己的感受和观点，并相信我的人际关系能够经受得住意见分歧。然而，尽管我在独立和独处的能力方面取得了很大的进步，但生活中还有很多事情，我都还未曾尝试过（比如出国旅行或买一套房子），还是需要有个特别的人在我身边给我打气。

九号的“成长功课”：规划一条个人成长道路

随着九号在自己身上下功夫，并变得更有自我觉知，最终，他们将学会逃离这一陷阱：为了创造和平与和谐而抹去自己，却反而制造了不适与不和谐。他们也学会了与自己的内心世界建立更紧密的连接，坚持自己的需要和愿望，并主动为自己采取有力行动，避免为他人过度调整自己，以至于完全忘记自己。

对所有人来说，要从习惯性人格模式中觉醒过来，都需要付出持续的、有意识的努力来自我观察，反思所观察到的结果有何意义，源自哪里，并积极精进，努力消解自动倾向。对于九号来说，这个过程需要他们观察自己是怎样为了与他人的和谐而遗忘内在的，发现自己寻求舒适、回避自身感受和欲求的方式，如同努力与他人保持连接一样，也主动地努力连接自己。尤其重要的是，他们需要懂得感受自己的愿望，展现自己的力量，并为自己而行动。

下面我将介绍九号需要留意和探索的地方，以及需要精进的目标方向，旨在帮助他们超越自己的人格限制，展现他们主型与副型所对应的高层品质。

自我观察：不再认同你的人格模式，在行动中观察它

自我观察即是创造出足够的内在空间，让你用新鲜的眼光，保持足够的距离，真正看到平时的自己都在想什么，感受到什么，在做些什么。九号在观察自己所想所感和所做时，可能需要留心以下几个关键模式：

忘记自己，以便更好地顺应他人的意愿和意志

观察自己被问及“你想要什么”时会发生什么。如果你不知道，那就把这种不知道的感觉，以及当你想知道自己的偏好而一无所获时的感受记录下来。当你分心于一些不太重要的小事，而不去处理优先事项的时候，把你的注意力转回内在，看看在发生着什么。留意你的消极攻击行为，并记录下任何可能让你愤怒或者烦恼的线索。观察自己会做哪些活动来推动自己沉睡过去。

避免冲突，化解冲突，以便保持舒适并否认分离

观察自己试图缓解紧张、调解冲突、避免不和谐的所有方式。你会做些什么？当受到冲突威胁时你有些怎样的感受？观察哪些事情会让你不舒服，并留意自己会采取哪些行动来保持舒适。

对自己的优先事项陷入惰性

当你需要做一些事情却没有做的时候，观察会发生些什么。你是如何分散自己的注意力的？你在逃避什么？记录下你需要做决定时的内在活动。你犹豫不决有什么好处？记录下当有所改变或者可能有所改变时会发生什么，以及你作出的任何反应。

自我问询与反思：收集更多信息来扩展你的自我认知

当九号在自己身上观察到上述这些以及其他相关模式，成长的下一步就是更加深入地理解这些模式。它们为什么存在？从哪而来？有什么用意？它们在打算帮助你时，又是如何让你陷入困境的？通常，看清一个习性存在的根本原因——它为什么存在，被设计出来是何意图——就足以让你摆脱这种模式。也有一些习性更加根深蒂固，但要释放它们的第一步，依然是深入理解其作为一种防御模式运作的原理和方式。

为了更深入地理解这些模式的根源、运作和影响，九号可以问自己如下问题：

这些模式是如何形成的？为何会形成？如何帮助我应对？

通过了解防御模式的根源及其作为应对策略的运作方式，九号就有机会更清楚地认识到，自己如何以及为何陷入沉睡，来避免不适或痛苦的经历。如果九号可以讲述他们童年生活的故事，找出关闭自己内心体验的方法在哪些特殊时刻曾帮助过他们——也许是为了避免与分离、不被倾听、不被重视有关的特定感受或经历——他们就会对自己有更多的慈悲，并认识到这些应对策略的运作机制。洞察他们最开始是因何而陷入沉睡，沉睡又是如何起到保护作用，这可以帮助他们看清这些防御当初如何确保自己在心理层面存活下来，但同时也将他们困在了虚假自我（橡子）中，切断了来自真实自我（橡树）的活力和创造力。

这些模式的产生，是为了保护我免受什么样的痛苦情绪？

我们所有人的人格运作都是为了保护我们免受痛苦情绪，包括心理学家卡伦·霍妮所称的“基本焦虑”——基本需求未被满足时所盘踞的情绪压力。九号采取的策略是让自己与痛苦情绪失去连接，好让这些情绪不复存在。通过这种策略，得不到支持与认可、感觉不到与他人的连接与被接纳感这类艰难感受可以被轻易忘记。然而，这种表面的虚假舒适感需要付出高昂的代价：得要与你的内在生命失联。如果九号能够努力探索其惯常避免的感受是什么，意识到自己过度为他人调整而缺乏自我关注的模式，那么他们就可以更加有意识地做出决定：是想继续保持沉睡，还是想让真实自我更加觉醒？

我为什么在这么做？此刻九号的模式在我身上如何运作？

通过反思这些模式的运作机理，九号可以开始更加深入地觉察自己的防御模式在日常生活中和当下是如何升起的。如果能有意识地捕捉到自己在分散注意力，或者忽略内心的愿望和情绪，那就有可能意识到，什么才是驱使他们为了顺应他人而忘记自己的深层动机。对九号来说，这将是一个睁眼醒来的机会，看看他们是如何自动地不去努力、放弃自己想要的东西的。他们也许并未意识到此，正如威廉·詹姆斯（William James）的名言：“当你有选择而你却没有选择时，这本身就是一种选择。”通过理解他们为何以及何时会放弃，他们为何难以知晓自己想要什么，以及他们为何无法维护自己的立场，九号可以有选择性地创造出逆转这些模式所必需的动力。

这些模式的盲点是什么？我不想让自己看到的是什么？

要想真正地增强自我认知，重要的是在人格模式上演的时刻，提醒自己去关注原来没有看到的地方。九号会呈现出强迫性的无私，所以他们会习惯性地忽视自己的需要、愿望和优先事项，即他们自己所期望的计划。如果你自己的雷达都无法发现你的愿望，那么要照顾好自己、满足自己需求就变得困难了。如果你都无法看到自己的愤怒、激情和力量通常在哪，那你该如何自立？又该如何在世界上留下你的痕迹？如果你都无视自己的愤怒，那会有怎么样的结果？你的愤怒也许会通过被动攻击或者主动爆发的破坏性方式发泄出来。随着不断忽视自己，九号无法拥有自己的积极品质，也失去了更加积极有力地影响他人的能力。努力去寻找那些你未曾看到的东西，可能会有助于你摆脱这种不把自己当回事、别人远远优先于自己的习惯。

这些模式的影响或后果是什么？它们是如何困住我的？

九号防御策略的讽刺之处在于，他们试图通过适应他人计划来保持连接，反而让关系变得淡漠。你都抹去自己而不了解自己，那么喜欢你、爱你的人也无法了解你了。对于自己想要什么，你既不知道也不表达，那你也无法从你所连接的人那里得到你想要的东西，这会限制关系的品质，让你感到空虚和不满。你若意识不到自己自然升起的愤怒，也许会通过消极抵抗的方式将其发泄出去，而这对你没有任何好处，还会激怒他人。你对自己重视不够，就无法与自己内心世界建立更紧密的连接，而这又会招致他人贬低你。

自我发展：追求更高层级的意识状态

对于所有寻求觉醒的人来说，善用基于型号的相关知识来发展成长的下一步，就是把更多有意识的努力投注到我们所做的一切当中，无论思考、感受、行动都带着更多觉察，更有选择性。当九号观察到自己的核心模式，并审视其形成根源、运作模式和影响后果后，可参考如下建议。

这一节分为三部分，分别对应九型人格系统的三个不同的成长过程：

1.“能做些什么”来主动应对“自我观察”一节所描述的核心型号的自动模式；2. 如何使用九型图的“内在流动的箭头连线” 作为成长地图；3. 如何探究你

的激情（或“陋习”），并有意识地设法体现其对应面——解药，型号的高层“美德”。

1. 能做些什么来化解三种主要的九号人格模式

忘记自己，以便更好地顺应他人的意愿和意志

练习“记得自己”。当我们开始有意识的自我功课时，葛吉夫告诉我们，要做的第一件事就是试着始终“记得自己”。这意味着时刻把注意力转向自己，感受自己，并对自己保持意识。我们都需要学会记得自己，但九号代表了我们沉睡的原型人格，对于他们来说，保持正念，密切而持续地关注自己的思维、感受和行为就显得尤为重要。“记得自己”便是“自我遗忘”的解药。

问问自己想要什么（也让别人这样问你）。把经常询问自己想要什么作为一种常规练习。起先，你可能会感到沮丧，因为有些（或者很多）时候你可能根本不知道。但随着你带着探索的意图继续询问下去，到某个时刻你会开始逐步得到答案。我曾经接待过一对来访者夫妻，其中丈夫就是九号。他曾告诉妻子，当她问他想要什么时，这真的对他很有帮助。鼓励别人问你想要什么，这会在能量层面让你预设你知道自己想要什么（也希望别人了解你是有偏好的），即使你需要一些时间来连上你的“内在指南针”。

假装久了，就成真了。如果你不知道你想要什么，试着编造一下。我对来访者进行心理治疗时，有时他们很难知晓自己内心的想法，我就让他们猜一猜或者编一些。你猜怎么着？他们经常做出一些很好的“猜测”，这些“猜测”能够帮助他们挖掘内心的真相。所以你要开始相信，在内心某处，你是知道自己想要什么的，就试试看嘛。慢慢地，你将会发展出更清晰的通道，带你去到内在知晓自己想要什么的那个部分。

避免冲突，化解冲突，以便保持舒适并否认分离

把冲突重新定义为能够拉近你与他人距离的好事。依靠你的八号侧翼，认识到与人对抗是了解对方的一个很好的方式。学会信任彼此，并以增强连接的方式来解决分歧。学会享受表达自己的想法。

敢去接触你的愤怒，变得更加直接。通过回避情绪来保持舒适感会让你否认或忽略真实自我的重要部分。你的愤怒关乎你的力量和对生活的热情。提醒

自己，体验愤怒并不意味着你就非得将其表达出来。而如果能够更加善用它，你可以更直接地表达你想要什么，表达你的感受，这不会损害反而会改善你的人际关系。人们喜欢直截了当，如果你总是为了和睦融洽而随波逐流，那么当你后来意识到你根本不想继续下去的时候，可能会比一开始就直接面对产生更多问题。

*练习给予和接受反馈，朝着冲突迈出一小步。*我的九号朋友马特说，在九号眼里，反馈就意味着冲突。因此，练习向你信任的人给出反馈，让自己从小事练起，逐步提升。练习拥有自己的力量，并提醒自己无论什么回应，你都有妥善处理的力量和稳定性，冲突（或反馈）本身不会自动就导致分离。

对自己的优先事项陷入惰性

*提醒自己，总是保持舒适最终会导致不适。*保持舒适感常常需要否认部分现实，最终会导致极度不适。保持积极主动的态度，教育自己做出改变。思考一下，如果你固守成规，抗拒生活演变的自然流动，可能会发生什么样的结局。跟别人头脑风暴来寻求支持，畅想你想做的事，以此来发掘和检验各种可能性，别让他人告诉你该做什么哦。若要挑战你的回避倾向，可以温和地提醒自己，不做选择实际上就是一种选择，想一想有所作为相较无所作为可能带来的结果。允许自己想象或幻想积极的结果。提醒自己，你可以拥有你想要的，但你必须行动（无论多么缓慢）才有可能实现。

2. 九号的内在流动：运用箭头连线绘制成长路径

在第一章中，我介绍了九型图里箭头连线所代表的内在流动模型，它界定了九型人格架构内动态变化的一个维度。每个核心型号的“成长—（透过）—压力”或“压力成长点”及其“孩童之心点”或“放松—安全点”之间的箭头连线和流动方向，标示出了九型图所描绘的成长道路之一。可以将箭头连线视为给每个型号的成长建议：

· 从型号出发的顺箭头方向是发展路径，指向的“压力成长点”代表着主型人格的天性带来的特定挑战。

· 从型号退往“孩童之心点”的逆箭头方向则表明了童年时期的主题，必须要有意识地承认并面对它们，我们才能向前迈进，才能不被过去的未尽事宜所阻碍。这个“孩童之心点”代表了安全感的品质，我们曾无意识地压抑了它们，只在压力或安全的情况下偶尔回退，现在我们必须有意识地重新引入这些品质，以支持我们沿着箭头连线继续前进。

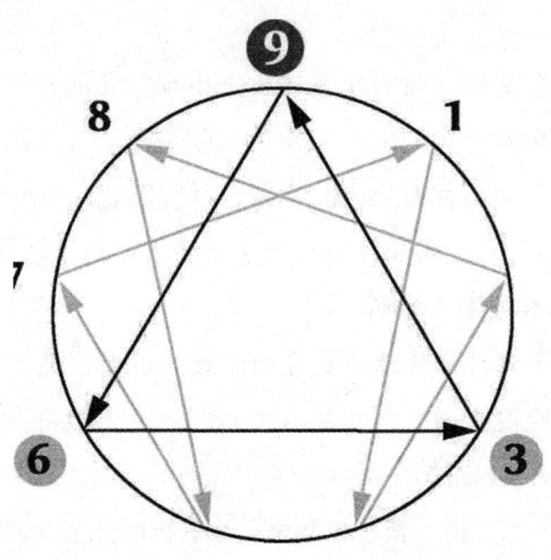

九号去到六号：更有觉知地善用六号“压力成长点”来发展和拓展

九号的内在流动成长路径，要求其直接面对六号位置所代表的挑战：允许自己对“可能会出错”所引发的恐惧、焦虑、念头和感受有更清晰的感知，以此来调动信心与勇气等内在资源激励行动。当他们移动到六号位置时，他们会觉得自己的焦虑感和威胁感令其不舒服，这也并不奇怪。但（有意识地体验和管理）这些感觉，可以帮助九号摆脱惰性，并激发他们采取行动支持自己。这一转变可能会带来一种急迫感，强烈地想要知道自己的真正愿望，但同时也促使他们发展出切实的能力，及时行动解决问题，应对与自己福祉相关的威胁。无所作为和保持舒适的状态，在极端情况下，会对九号的安全和福祉真的构成威胁，因此向六号移动可以帮助九号找到为自己付诸行动的理由。

当九号有意识地这样修炼，将能够随时使用六号在健康状态下的工具：自我保护的分析技能和积极行动。六号位置的基础就是对威胁的直觉力、感知力，并保持对安全隐患的警觉，这有助于平衡九号的关注点——保持舒适，用无关紧要的东西分散自己的注意力。六号天生的警惕和批判性分析的思维活动，有助于九号开动头脑，更有的放矢地分析生活中所发生的事情，看到妨害自身安全的自我遗忘的方式。六号的直觉能力也能帮助九号培养更积极的方法，来了解自己的内心世界。

九号回到三号：更有觉知地善用三号“孩童之心点”和解童年主题，找到支持自己前进的安全感

九号的成长之路，敦促他们重新找回主动“有为”的能力，去推进自己的目标。在童年时期，九号制订自己的行动方案并达成事情的冲动可能没有被看到和重视，这就导致他们采取了一种以与他人和睦融洽为导向的生存策略，而忽略了自己的目标和抱负。当九号还是个孩子的时候，他们可能会感到，必须要在自己的需要和愿望与其他重要人物的需要和愿望之间做出抉择，因此，他们采取的应对方案也许是与他人和睦相处，对自己的目标缄默不语。

九号如果是在没有觉知的情况下移动到三号位置，可能会导致焦虑和困惑感驱使下的做个不停，以应对因之前缺乏行动而导致的极端情况。然而在有意识的引导下，九号可以通过向五号的移动，建设性地重塑一种健康的平衡状态，在支持配合他人的同时，也尽己所能达成自己的成就。聚焦于这个“孩童之心点”的品质，九号会认识到，自己曾经出于和睦处世的需要而选择沉睡。如此，“回到三号位置”就可以作为一种方法，让九号再次体验到一度失去的主动意识，以及为自己出发的行动。也因此，回到三号位置既能够带来一种安全感，还可以借机拥抱和重新整合一些早先不得不回避的东西，这样九号就可以解放自己，继而朝着六号位置的成长方向前进。

通过重新纳入三号的品质，九号可以有意识地提醒自己：想要得到一些关注是可以的，但重视自己和自我成就也很重要。与其悄悄地逃避事情，用消失来抗拒他人的要求，九号大可显现三号的高层状态，更关注自己在他人面前的样子，点燃自己积极行动，达成目标。这样，九号就可以利用三号安全点来重新找回内心的实干家，结合自己深入理解他人观点的天赋，更深切地理解自身对高产和效率的渴望。

3. 从陋习到美德的转化：借助怠惰，成就正确行动

从陋习到美德的发展路径是九型图的核心贡献之一，它揭示了每种型号为

达到更高的意识状态都可以运用的“垂直层面的”成长路径。对于九号来说，他们的陋习（或激情）即是怠惰，其对应面——美德，则是正确行动。这种转化所传达的成长道理在于，我们越能认识到自己的激情是如何运作的，就越能有意识地致力于高层美德的彰显，越能从我们型号的无意识习性和固有模式中解脱出来，朝着“更高层面”或“橡树真我”进化。

随着九号越来越熟悉自己的怠惰体验，并逐渐发展出对其更强的觉察能力，他们便可进而致力于彰显自己的美德——其怠惰激情的“解药”。对于九号而言，“正确行动”这一美德代表了一种通过有意识地展现高层能力所能达到的生命状态。

正确行动是这样一种生命状态：保持清醒，积极投入，全然当下，对我们渴望去知晓、并朝着我们的需求愿望进发的天然冲动保持临在。这一高层美德也包括：能够持续见证我们的内在生命而主动觉醒过来，以及有的放矢地聚焦于最重要的欲求和优先事项。正确行动意味着你能够不断地记起自己，而不是习惯性地忘记自己。当你睡过去，你可以再唤醒自己，让自己动起来。这也意味着你可以更经常地接近自己的内核中心，在这世上采取有力而果断的行动。

当九号呈现出正确行动时，意味着他们已经检视过、并下了功夫去更有意识地觉察自己自我遗忘的无意识倾向，以致能够时常捕捉到自己注意力在向外转移，与外在事物融合。显化正确的行动意味着你可以很轻易地感知你的腹中心，允许从自己的力量出发，有意识地在世间行动。我们都会自然地沿着这条从陋习到美德的垂线上下起伏——当我们做自我功课，就会上升到更高层级的生命机能；但是因为保持清醒很难，我们也会在压力时滑落回去。如果你是九号，有意识地专注践行正确的行动会让你增强对自己的觉知，这样你的天然冲动就能激励你为自己而行动，并基于自身的独特经验来为更高维的善服务。通过专注于正确的行动，九号可以增强其意识能力，在生活中实现其愿望，为自己和他人的幸福作出积极的贡献。

如果九号能够练习“从陋习到美德”的自我功课，观察到自己如何忽略内心呼唤他们回家的声音，像《荷马史诗》中所描绘的那样，他们就可以唤醒自己的感受、本能和欲望，向所有人示范如何通过加强内在观察者，从而更有意识地参与到社会生活中。

三种九号副型在从陋习到美德道路上的具体功课

从观察自己的激情到找到它的解药，这一路径对每一种副型都不完全一样。有意识的自我成长之路的特点是“打磨、磨砺和恩典”[18]：“打磨”的是人格习性，“磨砺”是指我们为成长而付出的努力，“恩典”源自我们努力提高自我觉知，发展自我，以积极健康的方式朝着美德前进。根据纳兰霍的说法，每种副型须格外精进、磨砺的对象不尽相同。这一洞见是我们理解每种型号的三种副型所带来的一大裨益。

自保九号：可以通过有意识地经常接触自己的愤怒，并更主动地从自身利益出发去思考、探索和行动，从而由怠惰走向正确行动。感受并整合你的愤怒而不再逃避它，这可以帮助你更通透地与力量和热忱连接在一起。如果你对愤怒更有觉知，你就能够连接到内在的力量和刚毅，这将帮助你积极行动、实现愿望，而不是姑息放弃、迷失自我。以更直接的方式去争取你的愿求，从而满足你更深层次的渴望，增强你内在的存在感，别再转移你对缺失感的注意。更直接地与你的力量和激情连接，也会让你更加敞开心扉，接受被爱，拥有能够滋养你的关系，而不再用那些伪关系搪塞自己——你的“橡子自我”认为你仅能得到的那种关系。与其在舒适活动和那些纠结的人际关系中耗费精力，不如去连接自己的情感，接受真正的爱，建立更有意识的连接，来满足自己对爱和存在的渴望。

社交九号：可以通过连接自己的悲伤——压在你乐观积极、和善亲切的行为底下的悲伤，以及看清自己为群体付出的辛勤工作可能会分散对个人发展的关注，从而由怠惰走向正确行动。如果你是社交九号，那么很重要的是，放慢脚步，冒点险与他人分享更多自我，尤其是与他人分享你更深层次的需求、愿望和感受。正确行动意味着你知道内心深处发生了什么，不害怕暴露出任何悲伤、愤怒或不适，如此你才能够受自身动机所驱动，而不是被支持他人的欲求所驱使。别把你的内心世界隐藏起来保持舒适。就像你满足家庭或群体的需要那样，努力满足自己的诉求。留意你可能体验到的任何对被抛弃、冲突或失去和平的恐惧，允许自己与这些感受待在一起，这正是你爱自己、支持自己的方式。相信你就是团体的一员，接受大家对你辛勤工作竭力付出的评价，这正是在主动满足你对归属感的深层需求。

一对一九号：可以通过意识到你对分离的深层需求，并为之采取行动，匀出更多的时间独处，而不总是通过他人寻找“存在”感，从而由怠惰走向正确行动。认识到你可能无意识地用抹去自己的方式来维持特定的关系，采取一些举措与你最亲近的人建立健康的界限。留意自己“魂不守舍”的时刻。为寻找自己的目标感和存在感付诸行动，并注意到与他人的融合实际上如何阻碍了真正的关系。融合模拟了真实的连接，但它终究只不过是一种替代品或是海市蜃楼，因为它意味着你在过度适应他人，已经放弃了自己。采取正确行动，通过做成长功课来连接自己的需求、愿望、体验和情绪，最重要的是，你自己的目标感。留意你与其他重要人物的差异，并勇敢说出这些不同之处，以此来确认你是一个独立的个体。从你自己的喜好和意愿出发建立关系，这样能够让你更经常地连接到真实自我，你将会创造更称心如意的关系，在这样的关系中，你可以完全做自己，同时仍然感到被爱和被接纳。

总结

九号原型代表了这样一种模式：为了应对这个似乎得抹去自己的存在感才能够与他人和平共处的世界，我们自我遗忘，麻醉沉睡。九号的成长道路向我们展示了，如何将内在的怠惰激情和遗忘当下体验而沉睡的普遍倾向，转化为能量和目的感，从而觉醒过来，活出我们自己，成为我们可以成为的人。九号的每一种副型都在以其特定的个性特质教导我们，当我们通过自我观察、自我发展和自我认知，将心理灵性层面的惰性转化为进化觉醒的能力时，将拥有无限的可能性。

八号原型：主型、副型和成长道路

八号原型代表了这样一种模式：当渺小和脆弱行不通时，为了获得所需，我们会变得强大而有力。八号的成长道路向我们展示了，如何将本能驱动背后的纵欲能量转化为有意识的目标感与信任感，并对“我们是谁、将会成为什么样的人”有信心。

真正的朋友只会当面捅你刀子。

——奥斯卡·王尔德

八号所代表的原型，是那些否认软弱和脆弱，而在无畏、权力和力量中寻求保护的人。这种原型倾向于以一种更加不受拘束的方式来表达本能驱动力，推开任何有可能限制他们的东西。具有这种原型的人格非常在意施加控制，通过激烈的、支配性的“扩张式解决方式”来大兴掌控，这种做法势必要认同一个自命不凡的自我（而绝非被削弱的自我感）。[1]

这个原型的阴影在弗洛伊德的“本我”概念，以及他与荣格关于“力比多”的理念中有着类似形式的存在。这些概念都试图描绘人类核心本能驱动背后的强大力量——驱使我们满足生物性需求的强大能量和动力。八号原型也代表了一种“不受任何权威制约的欲望或冲动”，它是“自然状态下的力比多（心灵能量）”以及“我们的意识产生的本能基础”。[2]

弗洛伊德认为，本我是我们心灵的一部分，它代表着“本能冲动、性冲动和攻击性冲动的储存库”[3]。本我是根据“要求立即满足冲动”的快乐原则运作的。[4]因此，八号原型在人类心灵的动态系统中表达出强烈的驱动能量。本我尤其是性能量的基础，但它也是驱动所有行动从而满足本能需要的欲望、冲动或能量。

然而，纳兰霍指出，虽然八号“看起来更像是一种本能的存在方式，就像弗洛伊德理论中以本我为中心的性格”，但这种假设并不完全准确。因为八号人格是“站在本能这一边的小我”，而不是本能本身的体现。[5]“不只是受本我驱动”，纳兰霍解释道，这种人格更是在反抗超我，他们反对代表“内在判官”的心理部分及其所实行的“父母和社会的标准与禁令”。[6]

纯粹而自然、自由且自发的本能运动是一种高层自我的特征，但八号表现出了一种类似“橡子自我”的东西：反对所有对本能驱动的限制，是一种自动的小我反应。这种对社会规则或既定权威（如一号所表达的原型）的自动反叛，并非自由和自发的。纳兰霍阐明了这个原型的基础是“反压抑”，而其中的悖论在于，始终偏袒欲望且为之辩护，反而使得八号对约束的无法容忍到了偏执的地步。像这样，过度的力比多/本能驱动能量会导致八号过分渴求感官体验。正如一号代表了人类人格中的“反本能”力量一样，八号则代表了所有人内心“亲本能”的力量。

除了这种人性驱动力之外，八号原型也代表了男性气概的一面，或者说是阿尼姆斯（animus）。正如二号原型体现了一种“内在女性”的气质，八号原型则表达出男人和女人内在“阳刚”的原型。纳兰霍指出，从西方文化注重理性和行动，贬低柔情，以及普遍存在对暴力的麻木中，可以看到这种阳刚原型的元素。[7]

因此，八号代表了我们所有人身上的这种原型倾向，即感到需要“变大”，选取最直接的途径获得我们所需要的东西，推开那些试图约束我们本能冲动的内部和外部力量。如桑德拉·迈特丽所说，八号原型代表着我们对“身体及其驱动力和生物命令”的认同。[8]正像三号原型代表着我们所有人都有的一种性格，四号原型突显出普遍存在的阴影，八号原型则导引我们的动物性驱动力所产生的能量脉冲，来满足我们繁衍生息的需要。

八号放纵、激烈、精力充沛、强大有力，这种“对抗社会”的立场激起对限制性权威——当局权威、规则和常规——的反叛。八号的思维习惯促使他们违逆外部力量和限制，这既是一种稳固自身掌控的方式，也是对抗压迫和保护弱者的方式。这种原型在那些信奉“正义掌握在自己手中，不要奉权于当局”[9]的人身上非常强烈。

八号原型也代表了我们否认自己的弱小，幻想自己足够强大，可以为自己或他人做任何我们需要做的事情。如果我们保护自己或满足自己的需要足够迫切，就会有这种无视内在和外在约束的倾向。

在九型人格体系中，八号是强大有力和无所畏惧的。他们往往非常在乎正义，保护被压迫者和贫困者，他们可以是公平、公正、有权威性的。八号在交流中通常直截了当，不容忍“胡扯”，他们重视事实真相，必要时能够与他人对峙，制造建设性冲突。他们有天生的领导力，善于搞定事情和推动事情发生，他们往往诚实、直率、高效。八号通常也是有趣的人，慷慨而激烈，这种组合可以让他们成为很棒的朋友和令人振奋的伙伴。他们擅长考虑“大局”，工作起来也很勤奋刻苦，激情满满地拥护他们所关心的人和事业。他们喜欢从混乱中制造秩序，能够为完成世界上的重要任务承担巨大的能量，但也可能会不遵守适当的限制和界限。事实上，八号特有的“超能力”就是超级强大有力。

然而，与所有的原型人格一样，八号的天赋和力量也代表着他们的“致命缺点”或“要害弱点”。他们的强大和力量也表现出对于不愿体验软弱感受或自身脆弱感情的过度补偿。因此，八号可能会因为在自己和他人身上发觉柔情感受或表达任何脆弱而批判自己或他人。由于他们否认自己的脆弱性，也就不知晓真正的力量来自能够脆弱的能力，所以他们可能会过度使用自己的蛮力。八号往往看不到，自己没有平衡地看待人类正常的弱点而过分用力会产生怎样的负面影响。他们会很激烈，也很爱玩，但也可能变得专横霸道，不耐烦，无法忍受挫折沮丧。如果他们能够平衡自己的权力和力量，更有意识地去觉察自己的弱点、脆弱面和所带来的影响，就可以成为勇敢的（甚至是英勇的）领导者、合作伙伴和朋友。

《荷马史诗·奥德赛》中的八号原型——独眼巨人

关于八号的性格特质，比如自主、无畏、强力、愤怒和自我放纵，很难找到比独眼巨人更形象的化身。特洛伊战争后，奥德修斯和他的属下回家路上要经过的第二片领地，就是由独眼巨人所占据。“力大无穷”的独眼巨人是一群没有议会，甚至议事厅都没有的“无法无天的残暴者”，他们每个人都是“法度自己说了算……对世界上任何邻里都毫不关心”。[10]独眼巨人“想要什么就拿什么，想什么时候要就什么时候要。他们不会感到羞耻、内疚，也不会含蓄保留。他们毫不担心别人的想法”。[11]

这些巨大生物居住在一个天然富庶的岛屿上，遍地高产的作物，牛羊成群游弋而无须照料，仿佛充满了强大的自然能量。独眼巨人最极致地享受着这丰饶的一切，并且忌妒地守护着它。

奥德修斯和船员登陆后，在一个储藏丰富的巨大洞穴里遇到了独眼巨人波里菲默斯。他们提出，宙斯曾允诺“恳求之客必获仁慈”，但波里菲默斯让其明白了，这是一群既不惧怕人也不惧怕神的家伙：

> 你一定是个傻瓜，陌生人，谁管你从哪儿来的，居然告诉我要敬畏神，或是避免惹怒他们！哪怕在宙斯和他那风暴与雷霆之盾面前，我们独眼巨人也连眼都不会眨一下，更别说任何其他赐福的神了——我们已然要强大得多。我决不会因惧怕宙斯的仇恨而饶恕你，除非我乐意，你，和你的同伴，谁也别想豁免。

为了证明他的观点，波里菲默斯开始一个接一个地吃掉奥德修斯的船员。

但波里菲默斯只知道自己的力量，而不知道自己的脆弱。他的胃口和天生的局限性必然导致他的挫败。奥德修斯给波里菲默斯献上一碗又一碗后劲十足的美酒，直到他烂醉如泥。接着奥德修斯用一根烧红的木棍刺瞎了这怪物，然后躲在毛发浓密的绵羊肚子下面逃出了洞穴。尽管独眼巨人孔武有力，但瞎了眼的他也只能徒劳地将巨石投进大海泄愤。

八号性格代表了纵欲的原型，一种想要就要的能量，个人权力的一种显现——支持其打破规则和反抗权威的反社会立场。这种个人权力的本性同时也意味着自我放纵和过度无节制。独眼巨人这一章，展示了无节制的欲望和愤怒可以带来比生命还要强大的力量，同理也会导致衰败。

八号的人格结构

八号属于以身体为基础的三元组，其主题与愤怒的核心情绪以及权力和控制相关。位于九型图顶部的三个型号（八号、九号、一号）都会习惯性地“自我遗忘”，尤其是与他们的需求和脆弱性相关的方面。这三个型号都是基于他们与愤怒和控制的关系所塑造的。九号淡化愤怒，通过悄悄地抵抗被控制来被动地施加力量。一号与自己的愤怒处于冲突的关系，他们认为愤怒是不好的，所以压抑愤怒，直到愤怒表现为怨恨。他们遵守规则和结构，以“正确”的方式行事，以此来施加控制。八号很容易取得愤怒的能量，而且往往会过度强化愤怒，常常无暇思考就冲动地表达了自己的愤怒。在控制方面，八号否认自己的脆弱性，通过直截了当地施加力量，控制正发生的事情而过度补偿。

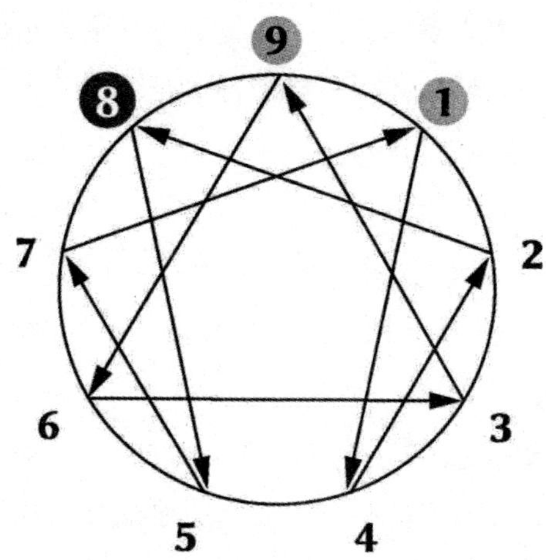

八号的关注点会自然地集中在权力和控制上：谁拥有权力？谁没有权力？权力是如何行使的？其他人通常会感知到他们有着“巨大的能量”，拥有强大的个人力量和权力。当别人反馈说他们令人生畏时，八号往往会感到惊讶，因为他们并无意显得吓人。不过他们的存在本身就传递出威慑和力量，所以他人经常会在八号身上感受到威胁性。

八号自然也有很多精力，他们倾向于从大局或远大视野来思考问题。八号喜欢以直截了当的方式推进事态发展。他们不喜欢关注细节，也不太考虑别人对他们的期待。局面在其控制之中会让他们感到最舒适，他们认为世界分为“强者”和“弱者”，鉴于这样的划分，他们认同“强者”。

八号的童年应对策略

许多八号分享说，他们是在充满战斗或冲突累累的环境中长大的，在这种环境中，他们必须快速成长才能生存下来。他们大多无法保持童真的感觉，因为幼时他们要么被剥夺了权利，要么没有得到足够的保护，却时常面临某种暴力或者忽视。很多八号都是大家庭中最小的孩子。在八号孩子的眼中，生存有赖于否认自己幼小这一事实，采取一个更年长、更强大的人格面具，以应对这个未能提供所需之爱、关怀和保护的世界。

因此，八号通常被迫在小时候就变得很强有力，过早地把童年抛诸脑后，让自己强硬起来，以保护自己，有时也要保护他人。为了让自己的需求得到满足，许多八号不得不在很小的时候就要自己处理问题，并开始对所处环境施加控制。正如纳兰霍所记录的："我的印象是，（八号）家庭中出现暴力的频率要高于其他型号，这种情况下，就很容易理解他们为何会发展出麻木不仁、强硬和愤世嫉俗的特质了。"

在这样的环境下，八号的孩子发展出一种变得强大并尽可能掌控局势的应对策略。因此，八号应对策略的核心在于，防御性地否认自己的脆弱，形成一种相信自己无懈可击的信念。成年以后的八号，试图将正义掌握在自己手中，以正义的名义表达其权力，来补偿他们在童年受到不公正待遇时的无助。[14]

八号采取的方式使他们能够在面临挑战时自动变"大"，根据"充分的进攻就是最好的防御"的观点，这种"大"造就了一种人格形象。他们展现出巨大而有影响力的能量（八号往往看起来比他们的身体更大），对一切事物（食物、饮料、快感、性）都有很大的胃口，还有过度的行为（饮食过量，在外面待得太晚，工作太拼太过辛劳）。

八号在很小的时候就需要感觉到自己的强大，并学会否认自己的脆弱性，因此他们常常觉得自身可以制订自己的规则，而无视别人对他们的限制。他们倾向于用自己的方式来看待现实，不自觉地扭曲了自己对事实的看法，用他们主观认为的真实来混淆客观存在的现实。这种立场也伴随着强烈的意志，倾向于将自己视为环境中最强大有力的人。因此他们也自然而然地认为，自己看待事物的方式就是唯一看待该事物的方式。

由于这种在面对他人或困境时变大变强的应对风格，别人有时会认为八号是专横霸道或强势掌控的，而他们通常认为自己只是直接、诚实。随着他们这特定的生存策略愈发成熟，八号变得很善于得到他们需要和想要的东西，也善于与不公正作斗争，保护他们认为需要支持的人。他们通过武力、恐吓或攻击来达到目的，相较其他型号，八号的人更愿意在有需要的时候与他人对抗或斗争。

八号这种减少觉知自己脆弱性的策略，让他们感到自己非常强大，甚至不可战胜。作为“自我遗忘”类型，他们倾向于将自己的身体需求和人类的先天局限性降到最低。这样做能够支持他们认为“自己可以承担颇多”的立场——即使在对他们的健康和福祉不利的情况下，他们也能够非常辛勤地工作，担负许多责任。

然而，正如纳兰霍所指出的：“必须要掌控的反面则是（八号）对任何会带来无助感的事物的恐惧，这是他最痛苦的恐惧。”[15] 力量和支配他人的意志是这种人格赖以生活的方式——“攻即是守”的关键要素。心理学家卡伦·霍妮认为，这类人非常需要“复仇的胜利”，尤其是当他们觉得自己被别人冤枉的时候。伊查索把这种人格称为“小我的复仇”，以反映八号所感受到的那种复仇情绪，这种感受源自人生早期想要能够反击的需求。纳兰霍指出，“冲动有余，制约不足”这两点的有力结合，是八号需要复仇背后的力量，与内在的柔弱缺乏连接（可能只剩下对其模糊的记忆）也有一定关系。

阿米莉亚，一位八号，描述了她的童年处境和应对策略的发展：

我父母很有权势，也很有魅力。我父亲（七号）认为所有的“社会规则”都无关紧要，他想做什么就做什么，认为他自己就是上帝。我母亲（四号）受到上流社会生活的吸引，但对我父亲残暴的行为感到非常痛苦。这导致我父母多年来在家里发生了非常残酷的纷争，不过未曾在公共场合发生过。

因为他们总是出差，我哥哥和我经常被留下由保姆照顾。哥哥是父母眼中的“继承人”，保姆非常崇拜他。即便她确实照顾了我的基本需求，但我被她认为是“额外”的工作，所以我经常被放在屋外，以便她可以花更多的时间陪我的哥哥。例如，当我还是个婴儿的时候，我被放在婴儿车里，推到花园的尽头，留在那里好几个小时，而且常常被遗忘。当我们很小的时候，哥哥就成了一个恶霸，我成了他的沙包袋。为了不挨打，我经常要在家里替他做他所有的家务活，大人们都把我叫作他的“秘密仆人”。所以从很小的时候起，我的父母要么不在，要么经常吵架，哥哥被宠爱有加，任由他恶劣行径。这种情况让我相信生活是不公平的，如果我要生存下去，就必须要坚强。我的脆弱和天真没有得到照顾或滋养，但在某种程度上，我肯定是理解这一点的，因为在我七岁被送到寄宿学校时，我立刻就开始保护和照顾那些比我更年幼、更脆弱的孩子了。

直到今天，我依然记得那种感受，我能在我的身体里感觉到它：每当我想到这种不公正，我的下巴就紧咬起来，我就像被注入了能量的战甲一样。就好像现在，在这一刻，我正在对不公正起反应。我也能观察到自己是如何以如此直接的方式书写我的故事的，即便我也想捍卫过去——现在也还是——那个可爱、温柔、非常敏感的小孩。但那时候，甚至是现在，我的心里都几乎没有空间去容纳这份天真和脆弱。然而，如今我能够带着感激之情，更深刻地理解为什么我内心的小女孩选择了必须在很小的年纪就变得强硬和强大！

八号的主要防御机制：否认

八号使用的主要心理防御机制是否认，尤其是在需要表现出强大并隐藏脆弱时。为了给自己一种可以承受任何挑战的感觉，八号习惯性地否认自己可能存在的任何弱点。毕竟，如果你预先就认定自己的弱点和脆弱面，那么要变得强大并赢得战斗就会很难，甚至不可能。但假如你能完全否认自己有任何弱点，你就会感到自己是坚不可摧的。为了赢得一场战斗、控制某个局面或者在艰难环境中生存，相信自己不会受伤是一种很好的感觉。

心理学家南希·麦克威廉姆斯（Nancy McWilliams）在定义否认时解释说：幼儿处理不愉快经历的一种方式是“拒绝接受正在发生的事情”[16]。这样，烦恼或痛苦的事实真相就可以简单地否认掉，并认为那是虚假的。任何经历过某种灾难的人都可以理解否认，比如亲人的亡故，当一个人听到这种极端的坏消息时，通常的第一反应是“这不可能发生”或“并没有发生”。

与八号相关的另一种常见防御机制是全能控制感（omnipotent control）。全能控制感发生在婴幼儿时期，孩子通过唤起母亲的反应来“使事情发生”。作为孩子，饿了他就哭，妈妈就给他带来食物；当他害怕的时候，妈妈会来保护他。

在这个早期阶段，孩子和母亲的结合让他感觉到自己控制着整个世界。在以后的生活中，他有时会通过否认和自信地自我主张，想象事情会按照他希望的方式发展。因此，八号有时认为，他们可以简单地通过对事物的控制来对其加以改变，防御性地想象自己可以随心所欲地指挥事件的进程，而不受现实施加的限制。

八号的注意力焦点

八号否认脆弱、变大变强来处理冲突和满足需求的应对策略，导致了他们对权力、控制和不公正的关注，大多数八号很擅长在进入一个新环境时快速评估权力掌握在谁的手中。

由于可以感知到这种权力上的差异，八号非常关注当人们受到不公正迫害的情况，或者他们关心的人需要被保护的地方（社交八号尤其如此，下文会进一步探讨）。八号聚焦于保护，某种程度上，这是他们将自己被否认的脆弱性投射到他们感到需要保护和支持的人身上。通过这种方式，他们在回应自己对被照顾的无意识需求中得以体验到行动力，而不必感受脆弱的痛苦。

八号想要并需要大量的刺激，因此他们也会非常关注满足自己对愉悦的需求，以及其他形式的满足感。他们可能无法忍受挫折感，所以他们会扫描自己的环境，寻找满足感的来源：有趣的人、做有乐趣的事情、好吃好喝的，以及可以征服的挑战。八号的激情是纵欲，这意味着满足生理需求的强大驱动力，这种驱动力会促使八号把注意力集中在满足他们的欲望上。

八号喜欢强行施加权威，征服那些抵抗他们影响力和力量的人。他们自然而然地被那些很可能产生对抗的人和局势所吸引，纠正不公，保护他人，驱逐坏人，或从不公正的当局权威手中夺取权力。

最后，八号往往拥有宏伟远大的格局愿景，或者以广阔的视野看到各种可能性。他们对事物的宏大观点也匹配了他们的强大能量，以及认为自己的权力和权威比生命还要大的感觉。八号很容易看到大局，就自然想要在失序中创造出秩序，他们通常对自己掌握事态的眼界格局以及推动重要事情发生的能力感到自信。

八号的激情：纵欲

八号的激情是纵欲。纳兰霍把纵欲定义为“对‘过度’的激情，一种追求激烈强度的激情，不仅通过性，也包括各种各样的刺激：活动、焦虑、辛辣、高速、喧闹的音乐带来的快感等”[17]。虽然纵欲最常与性关联，但正如纳兰霍所说的，八号的纵欲并不局限于性的范畴，而是对各种感官刺激和生理满足的渴望。八号有时对满足自己的欲望毫不餍足，对追求快感我行我素。

九型人格中每个型号的激情都构成了一种核心焦点或驱动力。于八号来说，这看上去似乎是对生活的一种无拘无束的态度，以及对各种愉悦快感的强烈追求：身体接触、美食佳肴、打破禁忌、物质享受和辛勤工作的成果。有时候，这种对过度的激情会吸引他们去寻找机会，在其中发挥自己的力量，感受自己的力量。纵欲带领八号去寻找能够征服的挑战，可以享受的娱乐。而欲望往往也会导致八号做得太过火，以至于走向极端。就像纳兰霍所解释的：“他们不仅没有克制、阻挡自己的欲望，反而站在欲望这一边，和欲望统一战线，为它们辩护。”[18]他们不仅没有压制自己的冲动，反而目标明确地与内在压制者为敌。

正如纳兰霍所指出的，纵欲的激情及其所表现出来的特征，比如激烈、接触感和对身体放纵的热爱，是“直接绑定”在八号人格结构的核心上的，这种感官驱动的生理性支撑着纵欲的激情。这类人需要首先与身体连接，作为人格的基础，同时他们的核心生活策略也是基于表达和感受自己的身体力量，也就自然会把追求身体和感官的满足放在首位。正如迈特丽所解释的：“也许对纵欲意义最完整的理解，正如其在九型图中的运用，是一种过度倾向于身体及物质世界的导向。”[19]

因此，八号的纵欲倾向塑造了他们的一系列特征，比如“享乐主义、未受到足够刺激时的倍感无聊、对兴奋刺激的渴望、急躁和冲动性”[20]。纵欲驱使八号走向享乐主义，这种享乐主义几乎就像战利品，在奖励他们所赢得的享乐和满足的权利，或是在奖赏为意志力和权力所做的斗争。因此，纵欲不应被局限在对快乐（特别是身体层面）的压倒性需求，而要更多地看到它是一种追求“激烈性和过度”的激情模式。

八号的认知错误

八号的核心主题是控制。纵欲的激情及其支撑性的思想观念，产生于他们早年被滥用权力的权威所伤害的经历。在这种情况下，八号的适应性反应其实是在过度补偿，通过变得比其他所有人都更强大，以确保自己永远不会再被支配，这意味着需要有一套思维和假设来支撑他们对自身力量和能力的信念。

八号的核心信念和思维模式——支撑着他们认为需要视自己为强大、掌权（绝不软弱）的心态立场（或“自我催眠状态”）——所包含的想法观念往往强化了他们的自信心和不可战胜，这种执念在理智层面最小化了脆弱和温柔的重要性。八号当然也和其他人一样想要并且需要情感，但他们更愿意坚定自己的信念，增强自己的坚韧和力量，贬低或者不承认自己需要他人的支持。

由于他们的思维模式是建立在控制、公正和避免软弱的基础上的，所以他们可能持有以下关键信念和心理组织原则的一部分或全部：

· 在艰难的世界里，你必须坚强才能生存。

· 软弱或脆弱是不好的，弱者不值得尊重。

· 我比其他人都更坚强，更强大有力。

· 我想做什么就做什么。

· 没人可以告诉我该怎么做。

· 其他人没有权力限制我想要什么和做什么。

· 我不接受他人可能会对我施加的约束。

· 我有能力让事情发生，做我想做的事。

· 如果拥有一些是好的，那么拥有更多就更好。

· 有时你需要打破规则，或者制订你自己的规则，以便去做需要完成的事。

· 我拼命工作，也拼命玩儿。

· 坏没什么不好。

· 有权势的人容易占弱者的便宜，我要保护我在意的人。

· 虽然我不见得“喜欢”冲突，但当我需要向前迈进、得到我想要的、保护什么人或打击不公正时，我可以跟他人对峙。

这些八号普遍持有的信念和反复出现的思想支撑着一个强大、自信、自带权威的人格呈现，八号发展出自己的权威感以及不依靠外部权威的独立感。如果他们继续处于自己型号的“催眠”之中，坚定地持守着这种思维立场，他们将更难观察自己，拓宽看待事物的观念，可能会很难回到更深层、更温柔的“家”的感觉——而这正指向他们的真实自我。

八号的陷阱

如同其他型号一样，八号的认知执念或“思维迷障”是导致人格原地打转的原因，它呈现为一种人格局限无法化解的固有“陷阱”。

八号基本的内在冲突在于，虽然他们想要从根本上否认自己的脆弱性，想掌控一切，但他们最终可能会陷入更加脆弱的境地，因为他们没有考虑到自己作为人类本身的局限性。如果他们因为工作太辛苦、玩得太过而忽视了自己的身体需要，可能会生病。如果他们竭力施展权力，掌控局势，最终可能会因为看不到人际技巧的重要性而失去掌控。八号对自身脆弱性的忽视或否认，无法阻止其脆弱性产生影响。如果人们对自己的弱点毫无意识，不加关照，则它往往会直接影响人们的境况。

为了不惜一切代价避免感到无助（通常是无意识的），八号可能会越界，制造太大的张力而招来敌意或误解。八号否认了自己的敏感性，所以他们很可能会强硬地对待他人，进而导致了他人强硬的回应，造成一个攻击性的循环。

虽然八号力图通过发挥力量和决心来在世界施展影响力，但最终可能会因为做过了头而损害了自己的事业，并不经意间招致反对自己的力量。对生活中较柔和的情感方面缺乏同理心，也会阻碍八号与他人建立更深层的连接。八号的强力会导致一个负面循环，导致他们无法获得自己真正需要的滋养之爱。

八号的关键特质

愤怒和对峙的意愿

在九型图顶部的“愤怒三元组”中，与九号和一号相反，八号通常不会抗拒与他人对峙，他们知晓自己的愤怒，表达攻击性情绪的阻力也比较小。除了一对一四号和一对一六号之外，八号可能比任何其他型号的人都更容易发怒。他们经常把愤怒描述为一种强烈能量的体验。他们也是最不会被他人的愤怒所吓倒的类型之一。八号有时会被定性为“喜欢”冲突，然而大多数八号会说，他们不见得“喜欢”冲突，但在必要时他们可以并且会介入其中。

悖论在于，八号愿意变得愤怒和面对冲突，而这种意愿往往意味着他们可以不必这样做。八号是以身体为基础的类型，与他们的身体力量中心有着很强的连接。他们传达出一种坚定有力的气场，这说明了他们经常不必发怒，无须咄咄逼人，就能够坚守自己的立场，走自己的路，表明自己的立场。八号表达愤怒相对容易，这使他们看起来无所畏惧，这是真的，因为他们原本就并非被恐惧驱动，而且习惯性否认脆弱的感受。即使他们一言不发，这种无所畏惧的状态也会让八号看起来很强大有力。

当八号确实与人发生对峙时，往往是为了（有意或无意）去探索对方真实的动机。通过冲突，八号可以知道对方是何品性，其真实意图是什么，以及他们将会如何施展权力。与通常的刻板印象相反，八号不见得“喜欢”愤怒或冲突，只不过他们比其他型号更容易进入这种状态，甚至可能利用冲突来拉近与其他人的关系。一旦八号和你发生冲突，根据结果，他们或许会更加信任你。有时八号会说他们很享受一场精彩的对决。

八号切实表达愤怒之后，通常很快就过去了。愤怒的能量一表达出来就消失了，就好像其负荷被释放了一样。尤其是与其他几个型号的人相比，比如二号、一号和九号，八号表达完愤怒之后通常不会感到懊悔或内疚。就只是发生了，现在结束了。

反叛

在描述八号的一些主要特征时，纳兰霍解释说：“纵欲本身就蕴含了一种反叛的因素，即对抑制快感的坚决对抗。在八号这里，反叛本身就作为一种特征而凸显，比起任何其他型号都更加突出。”[22]

八号原型是革命激进者，从不轻易承认高于自己的权威这一点来说，他们是反叛者。他们天生带有一种反对权威制订的规则和惯例的立场，这不可避免地带有反叛的味道。正如纳兰霍所解释的：“正是凭借这种对权威如此直率的否定，‘坏’也就自动成为一种处世之道。”[23] 虽然八号可能会因为他们不遵守规则，也不惧怕起来违抗传统的（等级制度）做事方式，而被人们认为是“坏的”，但八号不一定认为自己在公开或者强烈地反叛。他们也许只是觉得，自己不会屈服于那些可能想要凌驾于他们之上的权威。相反，他们认为自己才是自己的权威，只要自己觉得合适，就可以制订或打破规则。

从心理学角度来说，正如纳兰霍所指出的，“反抗权威的常态通常可以追溯到面对父亲的反叛”[24]，父亲是家庭中权威的典型原型。许多八号都有过某些经历，让他们学会了不再对父亲抱有任何正面期待，因此他们“暗暗地认为父母的权威是不成立的”[25]。如果你认为最明显的权威是无效的，那么你就很容易把自己的权威认定为最高或唯一的权威。

惩罚 / 报复

在“八号关注的是报复”[26] 这一点上，纳兰霍同意伊查索所说的话，但他进一步解释说，八号不是以公开的方式报复。八号更常见的情况是“即刻愤怒地报复，而其怒火很快就会过去”，他们可能会体验到一种想要“以牙还牙”立即扯平的欲求。[27] 此外，纳兰霍进一步认为，八号性格的报复性是一种更加根深蒂固的、长期的特质，驱使他们用“把正义掌握在自己手中”的方式，回应童年时期可能遭受到的痛苦或无能为力感。

当八号受到他人的伤害时，他们也许不会允许自己去完全体会伤害带来的痛苦，感受到痛苦可能意味着体验到自己的脆弱性，而这是八号自动回避的。因此，他们可能不会感到受伤，而是无意识地把注意力放在为受伤讨回公道上，从而表达出自己的感受。通过把注意力和精力聚焦于某种方式的报复，八号将痛苦的感觉转移到了对权力或力量的展示上，这类体验更让他们感到舒适。

想要报复那些伤害过自己的人的这种倾向，也与八号对正义的关注有关。八号经常想纠正别人犯下的错误，他们对正义和公平的注重，会激发出对那些伤害或剥削自己想要保护的人的报复情绪。

掌控

八号可以轻易地掌控局面，不论是否主观如此。由于他们的应对策略使得他们自动变得强大并充满力量，八号光是“在”那里就拥有了很大的气场。他们天生有主见，必要时也能表现出攻击性，他们可以神气十足地支配他人，哪怕他们本无意这样做。

虽然八号喜欢掌控局面，但在已经有公认领袖的局面下，他们并不总是会展示自己的掌控能力。然而，如果领导位置空缺，他们就准备好（如果不是被迫的话）去填补这一空缺。八号的支配倾向代表了一种补偿策略，旨在避免让自己处于弱势或未设防的位置。如果你想要避免易受伤害的感觉，那么做好准备，施展力量，向可能伤害自己的人施加压力，这会是一个很好的策略。

有意思的是，由于八号天生散发着力量，有时八号身边的人会主动把控制权让给他们，毕竟很多人本就乐于让别人承担责任。不过也可能出现另一种情况：别人有时会觉得被八号的天生的力量所压倒，并怨恨他们的强人所难、独断专横或盛气凌人。

不敏感性

八号被认为是缺乏敏感的。可以理解，这项特质源于他们想要尽量减少柔和、脆弱的情绪出现，如恐惧、受伤和软弱的倾向。八号不自觉地与这些感觉保持距离，他们通常的默认状态是表现出一种更强硬的、不带感情的姿态。八号时刻准备着进攻或回击那些威胁他们的人，这意味着他们必须减少与脆弱感受的连接。这会导致一种防卫性的情绪姿态，其他人会认为他们是“麻木不仁”“冷酷无情”“咄咄逼人”或“心狠手辣”的。

自主权

八号重视他们的独立性和自主权。纳兰霍认为，更为显著的是，八号会理想化他们的自主权。因为不想被视为弱者或发现自己处于弱势地位，八号否认了自己对他人的依赖。这种断绝能够带来一种独立性的姿态，也可以避免那些会让他们感到需要他人的情感和体验。

对于一个喜欢掌控局面，不喜欢别人告诉自己该怎么做，不容许自己被依赖关系带来的脆弱感所影响的人来说，把自己放在一个不得不依赖他人的位置上，这听起来可真是一个糟糕的主意。八号传递出不可战胜的架势，被动依赖在许多八号眼中是十分可恶、应当被革除的。

感官动觉主导

纳兰霍称八号是最为“感官动觉”的性格。这意味着八号牢牢地扎根于身体层面，扎根于感官的“此时此地”，扎根于动觉和身体为基础的运作方式。他们主要着眼于此刻，专注于具体的事情和眼下就有的刺激。

强烈的感官驱动体验也意味着八号投注的行动要多于思考和感受，他们主要的运作方式是采取行动。鉴于这种行动和自我主张的倾向，八号往往不会放慢脚步，在行动之前思考自己在做什么。纳兰霍将此描述为“纵欲（放纵）地紧抓着此刻，对记忆、抽象和预期毫无耐心，对审美和灵性体验的微妙缺乏敏感”。[28] 以有形和直接的方式刺激身体感官的东西才是最吸引八号的，也是于他们而言最真实的。

八号往往不经深思熟虑就开始行动，而且就像“独眼巨人”一样，可能会过度依赖于采取行动。八号坚持自己一贯大胆而强力的行动模式，有时会导致他们估算错误或者因过于雄心勃勃而失败，而此时更微妙一些的做法会更好。

八号的阴影

每一种型号的阴影都揭示了这类性格的盲点，即他们倾向于对之保持沉睡状态的方面，作为其生存策略的一部分，并且形成对应的注意力焦点。

八号倾向于无视或极度轻视任何揭示他们弱点和脆弱的资讯，这种应对策略有效对付了他们早年受到威胁的情景——被有权势的人伤害或忽视。然而在他们成年后，这种防御可能会显现许多问题。作为人类，我们都有脆弱的一面，但八号学会了隐藏自己的脆弱，甚至于连对自己也隐藏了，他们将生活建立在坚强、韧劲和无敌的基础上。结果，八号可以完全不知道自己的脆弱面、柔弱点、敏感性及其挑战。

八号天生就会保护自己在意的人和感到对其有责任的人。八号在试图保护那些他们认为弱势的人时，往往把自己的弱点投射到别人身上。

八号将脆弱和软弱视为其他人才会有的属性，与自己毫不相干。这样一来，八号就可以将自己与自身脆弱感受分离开来，而仍能采取举措处理弱点。这种模式可以表现出八号真挚的慷慨和勇气，但也导致他们对自己脆弱的一面始终没有意识。

虽然八号有着强大的性格，但他们往往看不到或不知道自己力量所带来的影响，他们向别人施加影响的实际本质可能是他们的盲点。他们会在无意之中威吓到他人，而且他们加诸的力量远远超过形势所需的最佳力度。八号可以非常直截了当，其效应也是积极的，但有时他们不清楚自己的率直有多刺人，就会伤到他人，或者变得过于麻木。

八号会极为勤奋地工作，但是，因为他们对自己的弱点和局限性浑然不觉，他们可能会工作到精疲力竭，直到身体生病或受伤了才知道停。

纵欲的能量驱使八号放纵于乐趣和愉悦的活动中，常常过度，由于他们把人类天生的脆弱留在了阴影里，所以八号可能对健康的极限毫无知觉。虽然这种贪图享乐可以代表一种美妙的生活滋味和享乐的能力，但八号很可能会过度狂欢，而看不到自己对享乐的追求其实是为了避免痛苦或其他脆弱情绪而在过度补偿。因为他们不想感到虚弱或被视为软弱，于是可能会通过无意识地过度进食、饮酒或社交来否认自己自然的脆弱感受，这些都会给他们的健康和人际关系造成问题。

此外，八号在特定情况下或一般情况下对现实的曲解也是其盲点。当一些事情与他们想要看到的不相符时，他们倾向于否认那些可能是事实或真相的重要方面。这种狭隘的视角可能是另一个导致他们用力过猛的原因——他们会将自己的个人真相与客观真相等同起来，看不到其中的区别。[29] 他们相信自己对一切的看法都是正确的，即使他们未必看到完整或准确的数据，也认为自己对当下发生的解读一定是正确的。这种冲动使他们很难看出自己做错了或犯了错，也很难道歉。

如果生活不够刺激，八号可能会感到无聊，为了避免“无聊”体验背后可能隐藏的任何感觉，他们可能会挑起冲突，激增强度，或者行事过度。当八号抱怨感到无聊时，往往是在无意识地回避更深层次的感受。娱乐和兴奋提供了一种逃避空虚、焦虑、迷茫、悲伤或无力的出口，所有这些都可能是八号的情感盲区。他们自动搜寻强度、刺激和乐趣，将那些困难的情绪体验排除在觉知范围之外。八号的激情是纵欲，这意味着他们的胃口很大——对乐趣、刺激性体验，甚至是对工作——但是他们的冲动和过度放纵会掩盖那些他们无意识否认的脆弱、软弱和更暗淡的情绪，八号把它们统统隐藏在自己的阴影里。

八号激情的阴影：但丁地下世界里的纵欲

纵欲的激情，就像饕餮一样，“使理性受贪欲的奴役”。[30]就八号而言，这种激情的阴影面是对许多欲望的肆意放纵，尤其是对感官肉欲的放纵。因此，在但丁的《神曲》里，地狱里纵欲的灵魂无助地被困在黑暗中，任凭凛凛厉风抽打：

> 地狱的暴风雨，永无休止地怒吼，疾扫过那些阴魂，席卷它们，鞭打它们，以示惩戒。当他们被扫回自己受审判之处时，传来了尖叫声、呻吟声和痛苦的哀号。在那里，他们咒骂神的无上权力。[31]

纵欲者有很多理由屈服于自己的欲望。朝圣者在听了一个纵欲者缠绵悱恻的爱情故事后，也感动得神魂颠倒。因此，在但丁的地下世界里，八号阴影中的纵欲激情被描绘成一种不情愿被限制于满足范围内的固执。此外，地下世界中的纵欲者深陷于对限制的否认之中，并且毫无悔改之意。纵欲者唯一后悔的就是竟要接受惩罚，这象征着八号人格的阴影面。

八号的三种副型

八号的三种副型以三种不同的方式表达了纵欲的激情：自保八号直接而有力地追求生存所需的东西；社交八号需要保护他人，对抗那些犯下不公正行径的人；一对一八号充满激情和魅力，以一种挑衅的方式对抗社会惯例。

自保八号是八号中最具防卫性的或是最多“武装”的，为了得到满足他们需求所必需的东西，自保八号使用他们的力量，找到满足欲望的最短路径。社交八号比较温和，不那么咄咄逼人，他们将力量用于保护他人，促进社会事业。一对一八号是最叛逆的八号，他们的力量用于对抗权威，魅力十足地展现出他们浓烈的情感，以此来吸引人们。

自保八号："满足"

自保八号的纵欲表现为一种获得生存所需的强烈需求，这个副型的名称叫作"满足"。他们对物质需求的满足有着强烈的欲望，无法容忍挫折，当需求和欲望得不到立即满足时，他们难以有耐心。这种不容异议使得这类八号在追求自己想要的东西，以及想方设法绕过那些可能会阻挠他们前进的人的时候，表现出一种无情的狠劲。

自保八号感到他们必须直截了当地去追求他们需要的东西，不由分说。他们知道如何把事情搞定，不用磨磨唧唧或者加以解释。这类人是三种副型中表达最少的：他们不怎么说话，也不怎么展现。他们不说废话，毫不做作。自保八号关注的是如何获得事物以及摆脱事物。

驱动自保八号的需求可以被描述为：一种过分夸张地照顾自己和想办法满足自身需求的能力。他们专注于满足自己的需求，表现出一种夸张的自私。能够满足任何需求使得他们感到自己无所不能，他们剔除那些反对自己欲望的任何感受、人、理念或制度，会不管不顾地奋起反抗。

这些八号知道如何在最困难的情况下生存，以及如何从其他人那里得到他们想要的东西。纳兰霍有时称自保八号为"生存"，因为他们擅长于创造生存所需和满足欲望所需的物质支持。

自保八号知道如何交易。根据纳兰霍的说法，他们知道如何以物易物，讨价还价，懂得如何在任何人身上占上风。由于他们强大、有力、直接、高效，很可能会造成他人变得依赖于他们的控制和保护。

自保八号是所有八号中"武装"最全和最会保护自己的，像是五号。他们往往拥有一种安静的力量；他们是幸存者，在交流力量的同时，并不觉得有必要为自己解释。对他们来说，至少有那么些时候，善良和好意是不存在的。他们需要坚强才能满足自己的需要，但与此同时他们可能会贬低感情世界的价值，未曾觉知到自己对他人造成的伤害。

这类八号可能会无缘无故寻求报复。这一点是他们区别于社交八号或一对一八号之处，后两种副型的报复通常都有特定的理由。这种副型比社交八号（尤其是男性）更具攻击性，又比一对一八号少一些公开的挑衅和魅力。

自保八号可能会与一对一一号混淆，因为他们都表达出某种与迫切需要“得到属于自己的东西”相关的相似能量。但是纳兰霍指出，这两种类型的区别在于，自保八号在根本上是反社会的，这意味着他们不介意违背社会常规或打破规则；而一对一一号则非常看重社会性，甚至过于社会性。尽管一对一一号热衷于追求自己想要的东西，但他们仍然遵守社会规范；而自保八号则不太在意社会习俗，他们会制订自己的规则，来满足自己的欲求与渴望。

珍妮特，一位自保八号，说道：

我一直觉得对自己的个人责任感很强，我不能也不想依赖任何人来确保我能够从生活中得到我需要的东西。为了做到这一点，多年来我一心想要经济独立，自力更生，我的工作、我的职业生涯就是一切。我的第一段婚姻结束后，事业就成了我近十年的主要目标，甚至损害了所有长期的人际关系。这并不是说我有雄心壮志要成为一个超级富有的人，更多的是要确保我的经济保障，这样我就有安全感，能够自由选择买车、买新房或去哪里度假这类事情。我不是个吝啬鬼，我也没攒钱。但我在花钱方面确实很理智，很负责任。几年前我请了一位财务顾问，他会帮我做养老金计划、抵押贷款和投资。

我第二次结婚嫁给了一个比我小 11 岁的男人。在将近 20 年的时间里，都是我挣钱养家，这样在金钱方面，我仍然保有“权力”。这些年来，这种状态逐渐发生了变化，但我发现自己的关注点仍然是我们的经济事务。当我感到有压力的时候，我会发现自己的焦虑和担忧都来源于想象我们会变得贫穷、无家可归、无助。不过多亏我多年来的谨慎的计划，这一切永远都不会发生。

社交八号："团结"［反型］

社交八号是三种副型中的反型。他们代表着一个矛盾：八号的原型是反叛社会规范的，但社交八号的导向是保护和忠诚，他们纵欲和攻击性的表达在于为生命和其他人服务。

这类人是"社会型的反社会"。与自保八号相比，社交八号更忠诚，对外更友好，也没有那么多攻击性。他们是助人为乐的八号，照顾、保护和关切发生在人们身上的不公正，不过也会表现出与社会规则对抗的反社会的一面。

纳兰霍解释说，这种性格象征了这样一个孩子，他在保护母亲免受父亲伤害时变得强硬（或暴力）。这是一个与母亲联合起来，违背父权和与之相关的一切的人：一种出于团结的暴力。从原型角度看，这个型号代表了一个放弃从父亲那里得到爱，并与母亲联合起来反对父亲的孩子。

社交八号对于人们被掌握更多权力者所迫害或剥削的情况非常敏感，当他们发现这类事情时，往往会采取行动保护力量较弱的一方。卡尔·马克思，工人团结的拥护者，直言不讳地公开批评资本主义，他可能就是一位社交八号。

总的来说，这类八号看起来比其他八号更温润、更外向，不那么急于发怒，反叛的方式也不那么明显。他们非常活跃，持续处于行动状态可能会导致他们迷失自我。他们在开展项目或收集东西方面可能会表现出不恰当的纵欲。

在社交方面，社交八号喜欢集体所呈现出的力量，他们可能很难参与到更加"个人化"的关系中。在极端情况下，这类人可能会狂妄自大。在亲密关系中，他们可能会对伴侣缺乏承诺，以这种方式隐藏了对被抛弃的无意识恐惧。

因为在小小年纪就成为一个保护者，这类八号没意识到自己也需要爱和关心照顾。当他们发展出强大的能力去关心和保护他人的时候，却无意识地放弃了自己对爱的需求，取而代之的是朝向权力和快乐的补偿性转移。八号普遍很难意识到自己对爱的需要，虽然社交八号看起来比其他八号更柔和、更冷静，但对爱和保护的需要仍然是他们的盲点。

这类八号通常看起来不太像八号。伊查索把这种副型称为"友谊"，但纳兰霍用了"共谋"或"团结"来区分"友谊"一词在日常使用中的积极意义，毕竟社交八号的无意识人格模式依然属于他所称的"小我的游戏"。根据纳兰霍的说法，这类个体的主要驱动力是围绕着类似忠诚的东西。社交八号是三种副型中最注重知识的，但他们同样反叛主流（父权制）文化。这种反叛必然涉及权威和理智的混合，因为在父权制社会中占主导地位的权威倾向于用理智来控制冲动和放纵。一对一八号是三种副型中最为反理智的，而社交八号则出于保护被压迫者的愿望，以及对与母亲看护相关的养育的个人需求，无意识地反权威。

社交八号的男性看起来像九号，社交八号的女性则看起来像二号。然而，这类八号与二号、九号的区别在于他们会采取更直接、更有力的行动，更容易卷入冲突，并在寻求保护和支持他人方面表现出更多力量和控制。

安妮，一位社交八号，说道：

我总是在为别人做一些事情，而且每次都表示，等当前活动结束，我就会转向我想做的事情。最开始学习九型人格的时候，我认为自己应该是二号，因为我既不觉得自己愤怒，也不觉得自己需要掌控。我害怕愤怒，未曾觉察到自己潜在的攻击性。我之前没有意识到，我的奋力帮助在别人看起来是多么充满掌控欲，当人们推诿和抱怨时，我会感到受伤害。

我经常在团队中被推到领导的位置上，然后又因为自认为知道完成任务或项目的最佳方式而受到重重打击。在高中时期，为了避免这种痛苦，我开始申明："我不是一个领导者，别指望我来完成这件事。"但并没有用。每当我看到需要做的事情，尤其是当它有益于他人时，我就会介入并完成它。

我一向被视为友好，但直到晚年才有了能够袒露自己脆弱的"最好"的朋友。要让我承认自己需要帮助、关心或安慰相当困难，虽然我在乎别人，为他们做很多事情，但我开始意识到，我不允许自己把他们放到对我太过重要的位置。我常常头也不回地就离开了一段关系，直到最近之前，我都不是一个维持友谊的人。我既渴望友谊带来的亲近感，但又会感到害怕，一部分是因为那样我就会感到自己有义务照顾对方，不管发生什么。

我经常被别人对我的反应所伤害，感到迷惑，我有意识地努力避免被认为"太过"或者越界。当别人这样看待我，我常常感到被误解。因为这种拉扯，我觉得我必须管理好自己的能量和影响力，以便让其他人舒服。但我喜欢我天生的活力、干劲和果断，我很容易在没有太多计划的情况下朝着某个方向出发，然后在需要的时候修正航向。我一直在身体锻炼方面很积极，参加团体和个人的运动项目。

幸运的是，我被培养成为一名心理医生。在这个过程中，我有很多机会去练习退后一步，倾听对方的经历，把对方的真实情况反映给他们，以开放的心态提供帮助。我觉得自己挺开朗，但是很难接受别人对我的爱和感激。最重要的是，我学会了相信每个人都有自己的智慧和能力去好好生活。

一对一八号："占有"

一对一八号有着强烈的反社会倾向。这种副型的人是挑衅的，他们通过公开反抗来表达纵欲：用言行表明他们的价值观不同于常人——离经叛道。他们也是三种副型中最叛逆的，然而有趣的是，一对一八号也是情感最为丰富的。

这类直言不讳、公然叛逆的八号喜欢被视为是"坏的"——至少他们对此不介意——他们往往不会对自己的叛逆行为感到内疚。违反传统惯例或者不尊重规则和律法，几乎是一对一八号引以为傲的事情。

在童年时期，这类八号体验到不被尊重，以及缺乏父母一方或双方的爱和关注，因此他们（有意识或无意识地）决定不再承认父亲和母亲的权威。第一次反抗权威，成为他们日后强烈反抗倾向的模板。

一对一八号的名称是"占有"，指他魅力十足地接管（或掌控）了整个周围环境，强有力地吸引了所有人的注意力。掌控全局，成为中心，能量满满，这是一对一八号对"占有"含义的演绎。他们喜欢通过占据每个人的注意力来感受自己的力量，这类八号表达了一种"待我驾临时，世界始运转"[32]的想法。

一对一八号表达了一种主导掌控和支配凌驾他人的需要。他们不想失去对任何事物或任何人的控制，想用自己的话语影响人们。任何一切，无论是人还是事物，都是要占有的对象。这类八号并不寻求物质安全，而是寻求对人、事和局势的控制权。

在获得和维护这种力量的过程中，一对一八号会显得十分迷人，富有魅力。他们的力量来自一种诱惑力和激烈性，这使得他们的作风与另外两种副型有所区别。纳兰霍解释说，这类八号拥有更光鲜亮丽的形象，更有吸引力，也更直言不讳，他们拥有强大的诱惑力。

这类八号贪婪地寻觅爱情、性和生活中过度的快乐，他们寻求历险、冒险、挑战和肾上腺素飙升的刺激体验。为了配合他们热情高涨的行为作风，他们可能特别不能容忍软弱、依赖和行动迟缓的人。

作为八号中最情绪化的一种，一对一八号具有大量激情，而其表达方式对于其他八号来说也是非典型的，有时可能令人感到惊讶。在这些激情满满、情感丰富的八号身上，往往呈现出脱离理智的一面——尽管一对一八号可能非常聪明，但他们更热衷于付诸行动和表达激情，而非沉思他们的所作所为。

这类八号能够非常深刻地感受事物。这种能力有益于良好的关系，但当一段关系不顺利时，也会成为一个问题。在浪漫关系中，一对一八号可能会鼓励伴侣变得非常依赖他们，或者将他们视为生命的能量中心。他们要求忠诚，但不一定报之以忠诚（英国国王亨利八世可以作为这样一个例子）。他们占有式的关系不仅仅发生在与恋人之间，也发生在与朋友、物品、地方和情境之间。

这种副型通常很容易被识别为八号，并且不太可能与其他类型混淆。他们可能看起来像一对一四号，因为两种类型都是愤怒的、情绪化的、苛求的，但是一对一八号身上强烈的自信（或过度自信）与一对一四号的内在缺憾感形成鲜明对比。

凯西，一位一对一八号，说道：

作为一个一对一八号，我喜欢身边有一小群值得信任的人。当我的圈子变得太大时，我就会变得不舒服，然后退缩回来。我喜欢成为我内心圈子里所有人的一切，当那个圈子变得无法控制时，我会有点“抓狂”。当我开始疏远的时候，别人肯定能够感觉得到。那些和我最亲近的人肯定会注意到，我什么时候会受不了那些“需求”太多的人。

另一方面，我似乎总会“照顾”身边的人。我的一对一本能让我看起来像是在支配或控制周围的人，虽然我通常都很注意自己对别人的控制，但别人往往很难抗拒被我支配的诱惑。我绝对是有魅力的，肯定能够把别人服帖地引到我身边，而不需要显得想要招人奉承。人们会觉得我是一个“上师”，大部分时候我都是领导者，而其他人则毫无疑问地追随我。有人告诉过我，我的力量对别人来说就像镇静剂一样，而我总意识不到这种情形在发生。

我的一对一本能也让我成为少数几个能跨越别人惯常界限而又不会让他们感到不舒服的人。我真诚地关心别人，这也就意味着别人在我面前会感受到被保护和安全感。有些和我很亲近的人对我有过这样的观察，引起了我的共鸣：“在你面前的人会发现自己紧盯着你的每一句话……盼望着你的认可……似乎是一种顺从和敬畏。还有一种感觉是，你似乎一直在寻求一个和你旗鼓相当的人，一个能够为你提供你所提供的这一切的人。”

有人告诉我，我散发着性能量。我对自己的性能量不加掩饰，我会公开、坦诚地谈论性。也许部分是为了引发冲击的效果，但绝没有冒犯的意思。这是我诚实和美丽的一部分，它也传达了我的脆弱。有人和我说过，任何一个与我共处一室的人都会感受到我的性能量或者生命力。我想这也是我如此吸引人的原因之一吧，这种魅力的确难以抗拒。

纳兰霍关于一对一八号的描述很准确。我们的色彩更加鲜明。作为一个一对一八号，除了有时既要提供保护又要被保护的需求消耗了我的能量之外，我总是光芒四射。我能够感受到强烈的激情和对生活的热情，我的能量既丰沛又大胆。我的诱惑力也会是很强烈的消耗，因为我所付出的也正是我所需要的，我并不害怕自己脆弱。我相信正是这种特质，使我成了一名有天赋的领袖和导师。

八号的“成长功课”：规划一条个人成长道路

随着八号在自己身上下功夫，并变得更有自我觉知，最终，他们将学会逃离这一陷阱：反对对自身的限制，结果反而局限了自己。其方法是通过更加清晰地意识到自己柔软的一面，用更多的思考和感觉来缓和行动，学会对自己的冲动和造成的影响有所节制。

对所有人来说，要从习惯性人格模式中觉醒过来，都需要付出持续的、有意识的努力来自我观察，反思所观察到的结果有何意义，源自哪里，并积极精进，努力消解自动倾向。对于八号来说，这个过程包括观察自己如何表达力量，避免感受软弱和依赖；探索自己如何否认早年及以后受到伤害的深层真相，并通过变得强硬来过度补偿；主动下功夫，通过更好地觉知自己内心深处的情绪，以及与人相处的能力，来平衡自己的强劲力和自主性。尤其重要的是，八号需要与自己的脆弱建立更直接的连接，有能够"被视为软弱"的力量。

下面我将介绍八号需要留意和探索的地方，以及需要精进的目标方向，旨在帮助他们超越自己的人格限制，展现他们主型与副型所对应的高层品质。

自我观察：不再认同你的人格模式，在行动中观察它

自我观察即是创造出足够的内在空间，让你用新鲜的眼光，保持足够的距离，真正看到平时的自己在想什么，感受到什么，在做些什么。八号在观察自己所想所感和所做时，可能需要留心以下几个关键模式：

反抗外在权威，否认（内在及外在的）限制

观察你把自己看得高于一切权威的倾向。认识到你内心的动机是什么，注意你是如何抗拒常规限制，对传统习俗不屑一顾的。观察这种对抗性会以什么形式呈现，你又持有什么样的信念来支撑这些观点，留意到你把自己当作至高无上的终极权威时，会做出什么样的事情。注意你对自己任何过度狂妄的想法和信念，那些你自视高人一等又习惯性地从不怀疑或加以质疑的思维定式。提醒自己，否认自身的脆弱性是否会助长这种妄自尊大的倾向。（你是否在压抑自己的"渺小"，然后无意识地想要变得"强大"？）观察你什么时候会反抗，反抗时会发生什么。留心任何你无法接受限制——无论是外部施加的还是你内在否认的——真的可能对你造成伤害或障碍的事例，试着意识到你不愿意调整自己或接受约束所造成的后果。

以权力和力量为中心并由此行动，是对被否认的无力和软弱的过度补偿

观察你在权力和力量中寻求庇护的方式，这些做法可能是一种回避或过度补偿，因为你不想体验内心深处的无力感、软弱感、无奈感。注意你会在什么

时候感到愤怒，什么时候会冲动地付诸行动。什么样的事情会让你愤怒？为什么？注意到你会做些什么样的事情来坚持自己的主张，向这个世界表达你的力量。留意到你的思维模式总是在鼓动强有力地行动，而不考虑其他选择以及潜在的弱点。总的来说，你需要留意自己是如何运用力量来避免感到任何脆弱的。观察你想要对峙和向前挺进的冲动，试图不惜一切代价以获得满足。如果你觉得很难缓和自己的攻击性，想想是什么原因所致。观察冲动在你的生活中扮演了什么角色，以及你是否倾向于回避在采取行动之前把事情想清楚。

回避、否认脆弱的感受和对他人的依赖

观察你要承认和保持脆弱的情感是多么困难。留意当你允许自己有更广泛的感受时，是否会评判自己很软弱，并观察这种自我判断所带来的影响。你对自己柔情的感受还有些什么其他看法？注意到自己可能会将远离任何你认为“软弱”的情绪体验这一做法合理化，观察你如何在人际关系中保持自己的权力和自主性。观察哪些时候你的思维总认为自己对事物的看法是正确的，而没有考虑到你也有可能失误，或者你的观点中也可能存在漏洞。注意任何试图隐藏自己弱点的想法，留意你对自己（或他人）过分苛刻的倾向，尤其是当你意识到自己的脆弱时，你做了些什么样的事来避免自己更柔软的情感？

自我问询与反思：收集更多信息来扩展你的自我认知

当八号在自己身上观察到上述这些以及其他相关模式，成长的下一步就是更加深入地理解这些模式。为此，八号可以问自己如下问题：

这些模式是如何形成的？为何会形成？如何帮助我应对？

通过了解防御模式的根源及其作为应对策略的运作方式，八号就有机会更加清楚地认识到，自己如何以及为何回避自身脆弱的一面，转而以不同的形式在世界上展现其力量。通过观察自己是如何经由否认和对抗来应对脆弱感的，八号可以深入了解他们为什么采取这些防御策略。如果八号可以讲述他们童年生活的故事，他们会更加理解，选择作为强者而非弱者其实是为了帮助他们存活下去，或者让他们保持感觉良好。他们就会对自己有更多的慈悲，看到自己曾经是迫不得已才让自己的“内在小孩”缄默不语。如果他们能反思“强大起来”[33]曾经是他们应对这个弱肉强食的世界的方式，那他们可以更清晰地看到，自己仍然在使用这种“以攻代守”的生活策略来保护自己。

这些模式的产生，是为了保护我免受什么样的痛苦情绪?

我们所有人的人格运作都是为了保护我们免受痛苦情绪，包括心理学家卡伦·霍妮所称的“基本焦虑”——基本需求未被满足时所盘踞的情绪压力。八号采取的策略是否认与弱小有关的痛苦情绪存在。他们在力量中寻求安全感和无懈可击的感觉，所以会不自觉地压抑恐惧和其他脆弱的情绪。成年后八号的处世习性可以视为对无助感——他们童年时期在目睹不公正或遭受虐待时的无助感——这一潜在创伤经历的补偿：“就像当时他们受到伤害一样，现在他们开始伤害别人。就像当时他们感到无能为力一样，他们（隐隐地，在很小的时候就）决定不惜一切代价避免软弱。”[34]

因此，构成八号人格的模式是否认、回避和抵制童年时期体验到的痛苦感受的手段。在一个不肯包容他们的敏感和脆弱天性的世界中，具有一定的进攻性和对攻击的调动能力，可以让八号摆脱无助、恐惧、悲伤、自卑及其他各种让自己感到渺小的痛苦情绪。

我为什么在这么做？此刻八号的模式在我身上如何运作?

通过反思这些模式的运作机理，八号可以开始更加深入地觉察自己的防御模式在日常生活中和当下是如何升起的。通过自我观察，八号可以察觉到自己回避更柔软、更脆弱的情感和需求，或者与外界互动时表现出来的一种强势、威吓和拒绝依赖的补偿姿态。深入了解自己早期的模式，可以帮助八号觉知到那些驱使他们变得强硬、躁动和坚强的应对策略背后的深层动机。看到自己是如何习惯性地、彻底地避免觉察自己内在某个深刻（且宝贵）部分，会让八号大开眼界（也是蜕变性的）。通过看到否定脆弱实际上剥夺了自己的生命活力，剥夺了自己生而为人的完整性，限制了对爱和人际关系的全然投入，八号能够学会把部分动机导向接受和整合自我上，重新找回自己更柔和、更悲伤的一面，这也恰恰是真实自我的一个美丽的部分。

这些模式的盲点是什么？我不想让自己看到的是什么?

要想真正地增强自我认知，重要的是在人格模式上演的时刻，提醒自己去关注原来没有看到的地方。八号从他们的力量感中获得快乐，因此他们也许看不到自己是在通过力量寻求安全感，以及自己如何通过强力姿态来避免各种情绪和对关系的需求。当八号认识到，接触自己的脆弱感、敏感性以及对爱和关怀的需求是享有深厚关系的核心部分，将会获益良多。这些品质能够让人们更容易接近你，关心你。如果你总是刻意地不让自己看到或感受到自己的痛苦、悲伤、孤独和不足，那么当别人有这种感觉时，你便难以产生共情。无法深入自己的内心深处，使得你很难完全融入关系之中。丝毫没有弱点，不会受伤，也意味着失去了爱与被爱以及成长的能力。虽然你会在强有力的行事作风中感受到自由，但别忘记当初你是如何迫不得已变大变强而忽略了自己内在小孩的，一心专注于权力可能会让你重蹈覆辙。试着去“察觉那些你没有看到的东西”，打破忽略自己温柔一面的习惯，去看到敞开心扉接纳脆弱的好处。如果八号能够放下这些阻碍自己的防御模式，那么他们将会收获更多滋养。

这些模式的影响或后果是什么？它们是如何困住我的？

八号防御策略的讽刺之处在于，他们为了安全而削弱自己的敏感性，却也关闭了与他人建立更深层连接的最佳途径。恰恰当人与人能够安全地分享各自最深的脆弱时，最好最健康的关系才得以发展。但是，如果你甚至不愿承认自己敏感的一面以及柔和的情绪，那又如何能体验到所有人都向往的人与人之间刺激、愉悦和强烈的深度接触呢？本身爱好享乐的八号，却无意识地隔绝了生活中体验乐趣与冒险的最佳源泉——完整而全然地体会与人连接和亲密体验——这简直就是一场悲剧。只有健康的人性之爱才能带来如此深切的满足感，但如果你无法觉知到完整的自己——脆弱真实、毫不设防——你就很难，甚至不可能实现这样的爱。如果连你自己都不完整认识自己，那你也就无法让喜欢你、爱你的人了解你真正的样子。

自我发展：追求更高层级的意识状态

对于所有寻求觉醒的人来说，善用基于型号的相关知识来发展成长的下一步，就是把更多有意识的努力投注到我们所做的一切当中，无论思考、感受、行动都带着更多觉察，更有选择性。当八号观察到自己的核心模式，并审视其形成根源、运作模式和影响后果后，可参考如下建议。

1. 能做些什么来化解三种主要的八号人格模式

反抗外在权威，否认（内在及外在的）限制

认识到反抗限制是如何导致自我限制的。当八号开始看到“拒绝接受对自己自由的限制”实际上怎样反过来限制了自己，他们可以考虑冒险放下一些防备，更加深入地向这个世界敞开自己。事实可能与他们的想法相反，成长到高层状态或“橡树真我”实际上要靠他们更多地理解和接纳那又小又软的橡子仁——它不得不藏在如此坚硬的外壳里是为了生存。

八号通常不会出现在“自助成长”圈子里，也许是因为他们不想屈从于一个外在权威作为学识来源。这种不情愿是可以理解的，因为八号的叛逆倾向往往来自早期对权威人物失望的经历。但是，拒绝接受外部学习资源、关怀以及扶持，可能会导致孤单或孤独，即使他们并不允许自己充分认识到这种痛苦。因此，八号可以让自己设法接受他人的指导、保护和关怀并从中获益，放松对外来帮助的抵抗，即便最开始这会让他们感觉像是被控制。

在“谁就真相具有权威（或者，你怎么知道你就不会错？）”这个问题上，拓宽你的眼界。八号往往会陷入“我所言即是真”的思维方式（即“因为是我说的，所以就是真的”），当他们习惯于（防卫性地）将自己置于权威的位置，就很难承认“其实自己并不是所有一切的权威”这一现实。八号相信自己是“头号人物”，有时会自我欺骗地相信自己所想的一切。而且，因为八号的外表看起来是如此有权威（并且深信不疑自己说的就是客观事实），他们能够使其他人也相信他们。所以，八号这种只着眼于（自己）真相的习惯，最终难免会掩盖事实真相。

正如桑德拉·迈特丽所指出的，如果你的自我感主要是建立在物质的基础上，你的现实感可能会比你所意识到的更为扭曲：“当物质是我们感知现实的唯一维度时，我们可能会相信自己如实地看到了事物的真相。但事实上，我们是通过一个扭曲的镜头观察着的。”[35] 迈特丽继而评论：“即使是在科学领域这最受尊崇的现代学科中，‘客观’地看待事物的本来面目，意味着只相信那些可以用我们的物理感官所感知得到、测量得出的事物。”[36] 科学上仍然依赖于物理证据，将其作为唯一真理来源，即使科学发现已表明，观察者的期望可以影响结果。因此同样地，八号会坚定地坚持自己的真理观，这也是其人格模式使然，但是小我对“真相”的看法（所给出的定义）是一种局限的认知，因为他人——其他同等有效的认知——会表现出不同看法。

出于这个原因，确保时不时质疑一下自己的权威，而不是仅仅出于习惯来反抗外在的权威和知识来源，这对八号很重要。通过学习接受或允许他人的不同意见，而非只是相信自己“垄断”了客观真相，八号会获得成长。如果八号能够不时检查一下自己是否有可能错了，这种做法实际上会强化他们的自信，同样也是在练习承认错误。

了解限制。说到底，没有限制本身就是非常局限性的。如果你强迫自己越来越勤奋工作，而不去观察你身体的正常极限，你会让自己生病或受伤。如果你吃得太多、喝得太多或玩得太多，你会对自己或他人造成切实损伤。八号有时会因为抵触“适度调节及合理约束”而危及自身的健康和自由，损害人际关系和幸福感。如果八号能够更加意识到他们为何需要变得强大和叛逆来应对事态，便能够开始接受“并不总是非得如此强大”。这种修炼有助于他们突破来自“橡子壳”人格机制的限制性保护，转而发展出对待限制的健康态度与关系。

以权力和力量为中心并由此行动，是对被否认的无力和软弱的过度补偿

在采取行动之前，多咨询一下你的头脑和内心。对所采取的行动保持清醒和明智，常常需要考量各种形式的信息。八号习惯于未经透彻思考和感受事态就采取行动。为此，当看到自己快速或冲动行动时，他们可以通过放慢进度，分析情况，感知自己情绪，来获取更多信息。

善用你的攻击性作为线索探察潜藏的感受。八号的优势之一是比其他型号更容易体验到愤怒和攻击性。这种与愤怒的连接能够产生力量，让他们占据有利地位，但往往也隐藏了最初激发愤怒的那些更为脆弱的情感。每个人感到受伤时都会生气，寻找愤怒的根源可以帮助八号接触到痛苦和无助的感受。当八号清楚地觉知到那些可能在激发他们愤怒的脆弱感受，他们将会成为更强大、更有建设性的领导者。练习去寻找、识别并允许自己体验任何可能被自己的愤怒所掩盖了的脆弱情感，对八号大有裨益。他们可以更深入地了解自己，也拥有更多信息来应对最初引起愤怒的伤害。

将脆弱和软弱重新定义为强大的表现。和八号一样，西方文化中的大多数

人把权力和力量视为“好的”，把无助、无力和恐惧等脆弱情感视为“坏的”。但这种价值判断是我们文化的人格原型所致，在客观意义上并不真实。感受就是正当的，不存在“对错”或者“好坏”。八号之所以失去平衡，是因为他们认同了通过“强大”的感觉和行为方式与世界互动，而又压抑或回避了“软弱”的感觉和行为方式。他们无法接触到完整的自己，也就阻止了自己成长为本来可能成为的一切。因此对于八号来说，认识到这个看似违反直觉的真相尤为重要：一个人需要极大的力量才能允许自己真正脆弱。

回避、否认脆弱的感受和对他人的依赖

察觉自己正在避免脆弱和依赖的行为。八号会自动地否认自己的脆弱性和对他人的依赖性。通常在八号的眼里，这些重要要素并不存在于他们身上。除非当他们对自己更加有意识，开始对自己人格模式有更多觉知，他们才可能通过整合自己的脆弱性以呈现出内在真正的坚韧性，而非仅仅通过展示强力来避免软弱。如果八号可以看到自己是如何否认脆弱性和依赖性的，下些功夫去深入体验自己内心里更柔和的情感，让自己全心全意地参与到人际互动和关系相处之中，他们就会拥有真正的力量，能够成长起来，以一种更有深度、灵性层面更成熟的方式捍卫真理。

定期询问你内心深处的情感，允许自己体验更多类型的情感。有的八号说他们刚醒来就很生气，他们往往会停留在愤怒这类情绪里：不耐烦、被激怒、沮丧和狂怒。八号也比其他型号更容易感到积极的情感，比如兴奋，因为他们不会沉溺于消极或限制性的自我对话。但是只专注于容易体验到的感受，会造成他们无意识地回避了更加脆弱的感受，因此从来没有或几乎很少感受到如痛苦、悲伤、失望、困惑、恐惧和失落这一类情绪。八号比其他型号更具防备性，也是因为其应对策略的核心是不承认脆弱，要变强变大。

当八号有意识地选择体验他们的深层情绪时，他们将得以拓展有关成长、人际关系和生命活力相关的能力。也正因为如此，学会定期询问自己是否有可能忽略了什么感受，对八号非常有利。有了这种精细的修炼过程，再加上他人的支持，八号可以学会放松自己的防御，去感受所有的情感，并练习敞开心扉，让更多的爱和慈悲进来。

对爱的需求更有意识。大多数八号很难意识到他们对爱的需求。对于八号

的人格模式而言，拒绝给予和接受真爱的主要因素是放弃了爱。在幼年时期，八号可能感觉到自己无法得到爱，所以与其寻求爱所能提供的慰藉，不如追求力量和快乐来得更明智。八号常常认为期望被爱是愚蠢的或软弱的，所以他们斩断了真正需要爱的那部分心灵。但是，所有的人都为爱所感动（毕竟，每种人格都是对爱的不同防御方式）。为了从我们的橡子自我中破壳而出，我们需要越来越多地意识到，我们在以何种方式把爱推开，即便我们明明需要爱，也想要爱。对八号而言，积极审视他们放弃爱的方式是极有必要的。如果他们能重新觉察到自己对爱的渴望，就能够敞开心扉，去信任、接纳自己的脆弱——这些都是获得真爱所必需的。

2. 八号的内在流动：运用箭头连线绘制成长路径

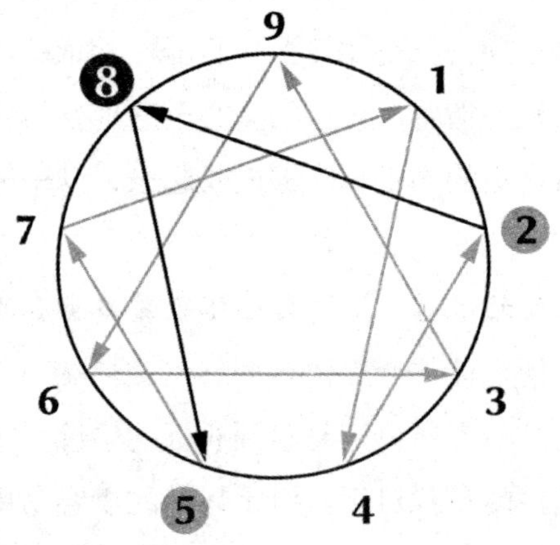

八号去到五号：更有觉知地善用五号“压力成长点”来发展和拓展

八号的内在流动成长路径，要求其直接面对五号位置所代表的挑战：允许在后撤与前进之间、思考与行动之间达致平衡，以此来合理调动内部资源，发展“不执着”。顺理成章地，八号去到五号可能代表了他们在强烈压力下的极端反应，毕竟这是一种撤退模式，意味着他们通常对力量和行动的依赖已宣告失败了。对于惯常向外表达的八号而言，五号的体验可能像一个庇护所，当受到威胁或遇到严重挫折时，可以躲在那里避难。五号位置提供给八号一种保护自己的方法，通过撤退到一个偏远的安全之处，他们可以重新集结，而不再使用权力和力量。但是，这种去到五号位置的体验，如果加以正念，加以有意识地管理，将能够帮助八号发展出一种拉开距离进行仔细分析的能力，而不是过分依赖孔武之力、攻击性和大胆（有时是贸然）的行动来获得所需。

当八号有意识地这样修炼，将能够随时使用五号在健康状态下的工具：分析技能，节约使用能源和资源，来支持自我保护和自我表达。五号位置的基础是观察、客观化的思维，以及对边界的注重和谨慎，它有助于平衡八号的冲动、过度和胁迫的倾向。五号对内部资源审慎而明智的使用，也可以帮助八号更加有的放矢地专注于自我调节，了解自己所作所为的适度性。五号擅长理性思维、潜心研究和谋略规划的特点，可以提醒八号三思后行，在行动前更彻底地思考他们想做的是什么。此外，五号会自动地优先考虑自身安全，与危险保持安全距离，这有助于八号培养出更有意识地照顾“内在小孩”的能力。五号所重视的独处时间、能量的自我调节能力，以及个人空间的需求，都会平衡八号对强蛮之力和过度行动的惯性依赖。

八号回到二号：更有觉知地善用二号“孩童之心点”和解童年主题，找到支持自己前进的安全感

八号的成长之路，敦促他们重新找回自己的这一能力：主动开启对他人的同理心，承认自己也需要被欣赏。八号小时候渴望被别人看到和被爱的冲动，在童年时并没有怎么得到认可和支持。作为孩子，八号可能觉得他们必须在“需要爱的脆弱性”和“不需要任何人给予任何东西的力量”之间做出抉择，而他们选择了在一个有力量的位置上寻求庇护。

当八号在没有觉知的情况下移动到二号位置时，他们会表现出像二号“为了得到而付出”的习惯，通过自身魅力和乐于助人来吸引他人。他们可能会强迫性地、大量地为他人做事，提供建议，或做出身体上的暧昧动作，以此来建立连接。八号也可能在焦虑的情况下去到二号位置，在感到压力时无意识地寻求人际关系带来的抚慰，或者变相地呈现出他们平日里所否认的对爱的需求。正如桑德拉·迈特丽所观察到的那样：“这群乐于考验自己的毅力……支配和掌控生活、战胜逆境的八号，在他们的强硬和雷厉风行之下，隐藏着一个像二号般的孩子，孤苦伶仃，需要支持，有些黏人，渴望被爱、被拥抱。”

然而，在有意识的引导下，八号可以通过向二号位置的移动，在维护自身需要和协调他人需要及感受之间重建健康的平衡。八号可以专注于这个“孩童之心点”的品质，去理解他们年幼时为了顺应世界而不得不否定的需求。因此，八号回到二号的状态可能有助于他们有意识地重建对抚慰、爱和关怀的需求，发展他们为了连接他人而去适应和取悦他人的意愿。八号常常为自己的独立和“不在乎他人看法”而自豪，但这种习惯性的姿态实际上是一种防御，用来抵御一个不敏感的世界。出于这个原因，向二号位置移动，既可以让八号通过爱寻求安全感，还可以让他们拥抱和复苏那些曾经不得不否认的重要部分。

通过重新整合二号的品质，八号可以有意识地提醒自己：关心别人对你的看法和感受是可以的，重视你对爱、理解、情感和接纳的需求也是很重要的。与其以强大和自主的姿态隐藏对爱和连接的需求，他们可以试着呈现出二号的高层品质，打开一条通往爱与支持性关系的渠道。他们可以启用二号的智慧去尝试满足他人的需要，更有意识地向他人表达自己的关心和爱意。通过这种方式，八号可以平衡他们“在这个世界上大胆行动”的天赋与“体验需要支持和呵护的脆弱性”的能力，他们可以利用“孩童之心点”来重新找回内在小孩对爱与温情的需要，能够敞开心扉，更深入地参与到付出与接受爱的关系中。

3. 从陋习到美德的转化：借助纵欲，成就纯真

从陋习到美德的发展路径是九型图的核心贡献之一，它揭示了每种型号为达到更高的意识状态都可以运用的“垂直层面的”成长路径。对于八号来说，他们的陋习（或激情）是纵欲，其对应面——美德，则是纯真。

随着八号越来越熟悉自己的纵欲体验，并逐渐发展出对其更强的觉察能力，他们进而便可致力于彰显自己的美德——其纵欲激情的“解药”。对于八号而言，纯真这一美德代表了一种通过有意识地展现高层能力所能达到的生命状态。

纯真是一种没有罪恶、心灵纯洁的生命状态，是一种与本然流动的连接——与我们的生物智慧和自然状态相连接。这一更高层的美德蕴含了唤醒我们的生物性或本能层面功能的能力，看到并感觉到它是如何从事物的自然秩序中流露出来的。

八号，有如“本我”或“力比多”，代表了原始的性与本能的能量，正是它使所有动物的生命充满活力，并让我们得以汲取身体层面的强大能量。然而，当这种能量被用作为小我服务时，它将流经防御性的人格结构并受到限制和扭曲。作为局限性人格模式的一部分，纵欲能够激发出我们争取生存必需品的动力，以及人类作为一个物种能够延续下去的能量。然而在现代社会，这股不受限制地主动追求必需品的动力之下，隐藏了一丝“恶”的意味。也正是“罪”的观念，以及对不受限制的本能冲动的恐惧，助长了文化观念，使我们把性和其他欲望贴上某种错误的标签。但事实上没有什么比遵循我们固有的动物智慧更为根本的了，八号人格天生反对的也正是这种打压、评判我们的动物性驱动力的文化。

纯真代表着我们有能力意识到自身动物驱动力和本能冲动，获得身体上的满足，释放出生命的能量，这些能量又会围绕着我们的本能活动来回推拉，保护我们的小我。通过有意识地去觉察我们如何反抗对本能的压制，我们允许自己根据身体驱动力自然而然的“真实流动”来体验自己的存在感。[38]

当八号体现出纯真的美德，意味着你已经明晰了自己的欲望是如何驱使你的。经由自我成长功课，你已经更加能够觉察到自己倾向于无意识地与他人作对，反抗他人所制订的规则，也意识到了这样做会导致你无法与自己深层的真实情绪以及纯洁感连接。达致纯真的状态说明你连接上了自己各个层面的生命力量，包括理智、情感和身体三个中心，这样你就不必躲在权力或力量的表象之下捍卫自己。相反，在你为获取自己所需而与他人互动的时候，你可以深深地相信，你的冲动和意图是纯洁的。

迈特丽引述了伊查索的定义，将纯真定义为一种对当下现实的体验和与现实之流的连接，而纯真的人指的是“那些对每一当下时刻都新鲜地回应着，不做回忆，不带判断，也没有期待的人”[39]。对于八号来说，放下纵欲，栖息于纯真的状态，意味着他们允许自己与现实的自然流动保持一致，安住当下，不会恐惧自己哪里太过了，想要的太多了，得到的太少了，或害怕再次体验到过去受到的伤害。通过对纯真境界的不懈追求，八号从其对纵欲的愧疚或傲慢中解脱出来，敞开心扉直接体验自己的生命力，以及与自己、他人和周围世界的连接感。

三种八号副型在从陋习到美德道路上的具体功课

自保八号：可以通过练习接纳更多样的情感，多向他人表达自己的想法和情绪，在满足自身需求方面培养更多的信任感，从而由纵欲走向纯真。自保八号对过上美好生活所需要的资源经常有种紧迫感。他们通常觉得必须“自己动手”，努力工作，才能得到他们想要和需要的东西。这一驱动力，自然促使他们发展出坚强、自立和独立的技能和能力。但这种立场可能反而会加剧而不是缓解他们在满足需求方面的不安全感。而这种（通常是无意识的）不安全感可能会被否认或过度补偿——当他们认为必须一切都靠自己，而过于努力地工作时。如果你是一个自保八号，你可以练习放慢下来，学会更多地依靠别人，相信自己不必那么费神费力也能够获得所需，来朝着纯真的方向成长。拓展你向他人沟通自身需求和愿望的能力，无论是关于金钱和资源，还是关于爱、关心、情谊和陪伴。

社交八号：可以通过学习如何照顾自己，就像他们动力十足地去照顾别人那样，从而由纵欲走向纯真。社交八号关注的是保护和支持他人，这实际上表达了他们所否认的对保护和支持的需求。因此，更加主动定期地觉知自己的内在小孩及其对爱和安全的需求，对他们体现纯真非常重要。这类八号的成长，很大程度上取决于他们能在多大程度上看出，自己怎样把对爱和支持的需求转移到诉诸行动，来让自己在这个世界上变得强大。对他们来说，把自己当成天真的孩子可能很重要，因为我们都明白，所有的孩子都应该得到爱，得到关怀和保护，并且所有的孩子天生就是纯真的。向纯真敞开，需要允许自己被爱、被照顾、脆弱易伤——这些在他们年幼的时候是不太可能的——允许他们重新整合自己小孩子的一面，曾经他们为了快快长大来应对这个世界，不得已抛弃了这一面。

一对一八号：可以通过提醒自己：他们是可爱的，是“足够好”的，他们不需要挑衅，不需要高人一等，或者显得非凡卓绝，才值得别人的深情与挚爱，从而由纵欲走向纯真。这将会协助一对一八号去探索，他们为何需要“反叛和占有所有人注意力”。他们强大而有魅力的风格之下，往往掩藏着一个受伤的孩子，没有得到应得的爱和关注。如果你是一对一八号，要允许自己重新整合内心里那个孤苦伶仃的孩子，你可以撤下自己的防御——需要控制一切，成为一切的中心。你已经有这么多可以给予的了：你的力量、热情，还有你的情感能量。当你能允许自己不断地体会到你内心深处情感、需求和意图的纯真与纯洁，你所做的事情和你所建立的关系将会更加饱满，更加当下。这才是纯真的真正核心与强大潜能。当你能有意识地将这种精神带入你所做的事情中，更多地将你的能量空间与分享给他人，你将成为真正强大的自己。

总结

八号原型代表了这样一种模式：当渺小和脆弱行不通时，为了获得所需，我们会变得强大而有力。八号的成长道路向我们展示了，如何将本能驱动背后的纵欲能量转化为有意识的目标感与信任感，并对“我们是谁、将会成为什么样的人”有信心。八号的每一种副型都在以其特定的个性特质教导我们，当我们能够对自己动物性力量所加诸的限制不再纵欲式地反抗，而将其转化为一种觉醒的能力，去感受、抱持并整合我们最为脆弱的情绪和对爱的纯真需求，将拥有无限的可能性。八号带我们所有人领略了纯真之美，通过自我观察、自我发展和自我认知，我们能够彰显出这种与自然世界和谐脉动、自在流淌的生命存在状态。

七号原型：主型、副型和成长道路

七号原型代表了这样一种模式：为了应对一个似乎会把我们困在糟糕情绪和恐惧中的世界，我们回避痛苦，专注享乐。七号的成长道路向我们展示了，如何善用对痛苦的觉知从而完全觉醒过来，唤醒我们完整自我中的“好”与“坏”，成长为所能成为的全部。

如果你不能用精彩令其惊艳，那就用胡诌将其迷惑。

——W.C. 菲尔兹

人的忠诚度，取决于有多少选择。

——比尔·马赫（彪马叔）

七号所代表的原型，是那些以不同形式寻求快乐愉悦，以此来分散对生活中不舒适、黑暗和负面影响的注意的人。这种原型的驱动力是用聪明、想象力、魅力和热情来抵御痛苦，并通过乐观的态度来避免恐惧。

荣格有关“幼稚”（Puer）或“神圣小孩”（Divine Child）的概念是这一原型的另一种形式，它代表了“未来希望的象征……生命的潜力，‘新’本身……轻快、愉悦和玩乐”[1]。荣格将这一原型描述为“永恒的孩子”（Eternal Child），拒绝成长，试图避免承担责任、承诺、负担和困难。

这一原型的性格首要关注的是生活中轻亮的一面，即“人类体验中活跃的、迷人的和令人耳目一新的元素”[2]，回避其中较为阴暗的一面。他们体现出高度积极的理想主义、朝气蓬勃的热情和对未来希望的关注，这个原型的阴影面则反映出了这些品质的反面——无意识地不愿面对分离、衰老和死亡的痛苦。

七号代表了我们所有人都有的这一倾向：关注生活中积极部分，把注意力集中在积极向上的、光明的一面，而不看黑暗的一面。这种倾向与四号可谓异曲同工，不过四号关注的是有所缺失、感觉糟糕的阴影面，而七号则代表着望向光明、并以此回避阴影面的我们。人们会被诸如兴奋和快乐的积极情绪所吸引，而难以体验如悲伤、恐惧或痛苦这一类不舒适的情绪，这是一种普遍的人类倾向，正如桑德拉·迈特丽所解释的：“趋利避害是我们生物结构的固有偏好。”[3]某种程度上，我们都在愉快的感觉中寻求庇护，以此来逃避痛苦的情绪。

从更大的意义上说，九型人格背后的深奥智慧认为，那些被我们人为贴上

“好”与“坏”、“正”与“负”标签的事物，大多是中性定义的（我们有时会认为那些经常愤怒的人是不好的，但其实愤怒本身本质上并非负面的）。我们对不同情绪状态的价值判断，源于我们的文化背景和动物本能，趋乐避苦是人类普遍的驱动力。但是，如果我们不能够意识到自己是如何自动远离“坏”和“痛苦”的，将阻碍我们成长的能力。

痛苦是激励个体谋求发展的动力之一，有意识地受苦是成长过程中非常关键的部分。大多数人之所以决定做“内在旅程”的艰难功课，是为了抚慰痛苦并寻求幸福。在这段旅程中，我们必须直面自己的恐惧和童年的痛苦，就像第二章中的橡子寓言那样，必须“潜入地下，破开外壳”。对于每一个人来说，要想茁壮成长为代表高层自我的“橡树”，活出所有的潜能，得要找到勇气，在光明和黑暗中都看到智慧和真理。想要真正的发展，就必须面对自己的恐惧和阴影，这是七号的成长之路告诉我们的硬道理。

七号原型表达了人格趋乐避苦倾向的多个维度。七号会自动退到自己的头脑中去，在那里合理化他们的情绪状态。他们积极地寻找有趣和刺激的体验，以此来避免生活中较黑暗的一面。七号快速地移动和思考，跑得比任何可能出现的不适都快。

七号性格的典型表现是顽皮、乐观、有创造力、敢于冒险、喜欢玩乐和富有想象力。正如我的一位七号朋友经常提到的，他“在聚会上玩得尽兴”，而且“和女人相处很有一套”。七号有一种天赋，总能在人和环境中看到最好的一面，他们的兴奋和热情会流淌到他们所做的事情中。并且，他们也是有创意和创新精神、头脑灵活的思考者，天生具备了产生很多主意和选择的能力。七号性格乐观、友好、精力充沛，他们特有的“超能力”是积极思考，这种能力让他们几乎在任何地方都能看到有趣的点子和积极的可能性。

然而，与所有原型人格一样，七号的天赋和力量也代表着他们的“致命缺点”或“要害弱点”，因为将“消极”重新定义为“积极”的天赋会导致他们忽略不符合自己积极框架的重要信息。尽管他们是有趣而令人愉快的伙伴，但在被要求面对问题、处理冲突带来的痛苦或不适时，其人际关系会陷入困境。尽管他们擅长集思广益，但对生活中日常和平凡面的厌恶，会导致他们在长期项目中回避、分心、不负责任和模棱两可。七号经常发现生活难以向前推进，原因是他们抗拒处理更深层的情感和棘手的情况。他们频繁地通过一种肤浅或过于乐观的方式来寻求庇护，在看待事物时会低估需要面对的艰难现实。然而，当七号能够在积极热情的人生观与更深入参与的能力之间取得平衡，允许自己体验各种情绪时，他们将会成为积极活跃、鼓舞人心和敬业投入的好伙伴、好朋友。

《荷马史诗·奥德赛》中的七号原型——伊奥利亚和风神艾俄洛斯

奥德修斯和他的手下曾抵达伊奥利亚，这是七号人格的缩影。这座豪华的岛屿没有固定的位置，随风移动，由风神艾俄洛斯掌控着。伊奥利亚人在漂流游荡时持续不断地举行盛宴和庆典，生活是如此轻松、有趣、惬意——本就如此。

奥德修斯请求艾俄洛斯帮助他返航，对此，风神给出了一个简单而惬意的解决方案。他把除了西风以外的所有风都绑在一个袋子里，让奥德修斯把袋子放在船舱里，这样“就不会有错误的风”[4]把他们吹向错误的方向。然后他放飞西风，把奥德修斯和他的船队吹向西边的家乡。

有了艾俄洛斯的神助，奥德修斯的船队连续航行了十天，就看到了故乡伊萨卡。奥德修斯日夜划桨，筋疲力尽，疲惫不堪地睡去了。他的手下则对那袋风感到好奇，以为里面可能有宝贝，趁着他睡着的时候：

> 船员们开始互相嘀咕……“猜他准是把黄金白银带回家……天哪，看看我们船长的运气，不管到了哪个部族的城邦和土地，总是备受人们的爱戴和尊敬……他从特洛伊运携带回来很多掠获的珍贵财宝，我们也同样辛苦跋涉，返回家园时却是两手空空。”[5]

趁奥德修斯睡觉的时候，船员们打开了袋子，想要拿走一些风神赠送给奥德修斯的金银。袋中所有的“风”被释放出来，顿时刮起了狂烈风暴，将他们全部吹回了伊奥利亚。

盛宴中的伊奥利亚人看到去而复返的希腊人，大感扫兴。这证明了这群人是最不受欢迎的一类人：神明憎恶他们。奥德修斯的请求被置若罔闻，他和他的手下被逐出了原本无忧无虑的小岛。

毋庸置疑，七号散发出的充满创造性的乐观和创新精神会给人以鼓舞。新鲜的邂逅、感官的欢愉以及令人愉快的经历，都是让生活变得有价值的重要部分。但正如奥德修斯的船员发觉的那样，只着眼于生活中的舒适必然会造成麻烦。没有人能真正拥有只属于自己的伊奥利亚——在那里，对世界的关切被视为侵扰，需将其驱逐出去或者避而不见。在一个有着无尽节日的小岛上飘来飘去，那也永远只是另一种形式的漂泊罢了。

七号的人格结构

七号位于九型图的左侧，属于“以头脑为基础”的脑中心三元组，其核心情绪是恐惧，围绕着对安全感的担忧。尽管七号属于“恐惧三元组”，但他们通常不会表现出害怕的样子，也可能一点都不感到恐惧。在恐惧三元组中，六号是过度恐惧，五号巧妙地避开恐惧，七号则是淡化恐惧，用头脑智力来保护自己，他们的主要应对策略旨在远离恐惧及相关感受。

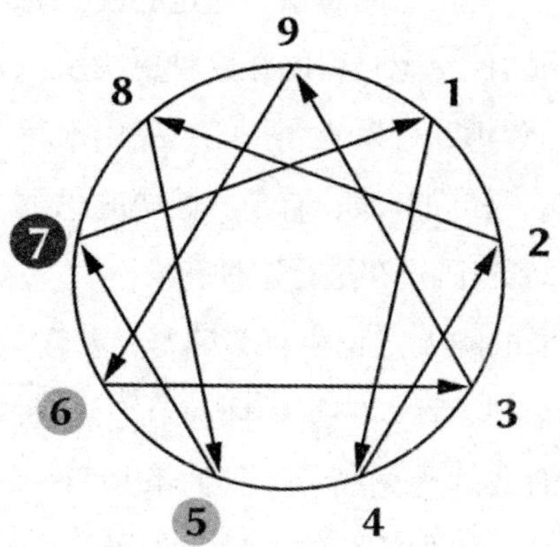

作为脑中心型号，七号有一种独特的思维方式，有时候我们称为“猴子思维”。这种思维方式的特点是根据头脑中快速而自动的联想，迅速地从一种想法切换到另一种想法。对于七号这一显著特质还有一种描述，即“综合性思维”，他们能够轻松地在看似不同的主题中找到联系和共性。

与另外两种脑中心型号一样，七号也难逃对安全感的担忧，但他们通过快乐的感受、积极的态度和愉快的体验来回避这类焦虑和恐惧。他们主要的注意力焦点是寻求快乐，其形式可能是富有趣味的活动、感官层面的享受或者可以思索的趣事。

七号的童年应对策略

七号经常会说他们在生命的早期有过很美好的经历，而且大多数人回想起童年是很快乐的。他们早年的生活也许真的很快乐，无忧无虑；但对于一部分七号来说，选择性记忆让他们的回忆比真实情况美好。拥有这种玫瑰色的美好回忆并不令人惊讶，毕竟七号的核心应对策略是自动重塑消极的一面，使之变得更加积极。如此一来，就能避开阴暗面，把注意力只集中在光明面上。正如纳兰霍所说，有时“在这种情况下，记忆会选择支持幻想，以否认痛苦”。[6]

有些七号确实经历了很长一段时期满意的童年生活，但也有许多七号曾经经历过某些恐惧的事情，觉得自己没有能力应对。通常在某个特定的时间点上会出现“从天堂跌落”的情况，这种经历促使孩子不自觉地退回到其感到安全和无所不能的早期发展阶段，以应对自己的恐惧。通过心理上的安抚，退回到自我感觉良好且有所控制感的稍早阶段，七号得以在这种更快乐、更有安全感的体验中寻求庇护。从那时起，每当焦虑、恐惧或痛苦的感受出现时，七号就会采取类似策略：他们会自动远离麻烦，转向刺激、有趣、愉快的思维、感受或想象出来的体验中，而且通常不会意识到自己正在进行这种转换。

故而，七号个体所采取的无意识生存策略是：从现实中令人痛苦的一面撤退，朝着快乐的想法、幻想、计划的积极面前进。这种防御为孩童时期（以及成年以后）提供了一种有效的避免痛苦和其他不爽情绪的策略，它还引导七号发展出相关的技能和优势，比如活跃的想象、积极的气质和创造性的思维。但是，回避现实严酷的一面会使七号在面对势必有挑战性的情境时，难以处理（甚至没法允许）困难情绪。自动地避免这类事情变成习惯性和无意识的了，就像这个生活策略背后的思路所提示的：如果你可以选择快乐，为什么要选择悲伤（或焦虑、不安）呢？要好的感觉而不要坏的感觉，这在七号眼中似乎始终有得选——所以想到做消极的选择简直是荒谬至极。

许多七号在过往经常与父母中的一方（通常是母亲）保持良好的关系，与另一方（通常是父亲）有着更具挑战性的关系。纳兰霍是这样解释的，最常见的情况是七号有一个专制的父亲，“他过度的威严冷厉在七号看来是不近人情的，没有爱在里面的，这不仅导致七号无形中判定权威是不好的，而且令其体验到权威实在太强大而无法迎面抗衡”。[7]至于七号的母亲或母亲角色，典型的家庭模式是，她通常被认为是“过度保护、放任和纵容的”[8]。然而在某些情况下，性别角色可能被颠倒，母亲扮演“父亲”角色、权威人物，而父亲则给人更有爱的感觉。

根据与父母相处的经验，七号很早就意识到，权威等同于来自外部的限制、控制、管束。七号和八号是最不喜欢别人告诉他们该怎么做的人。

七号的反应是退回到头脑中，更确切地说，是去想象一个积极的未来、最佳的场景、刺激的想法和行动。这种分散注意力的方式，可以避开可能引起不愉快情绪的潜在负面现实。因此，七号发展出了一种天赋，可以将任何令人烦扰的现状重塑成更加积极、智力刺激的体验。就这样，正如纳兰霍所说，七号“通过他们的聪颖智力来保护自己”。[9]

面对可能被控制的危险，或者为了避免不良情绪以及陷入任何不适，七号学会了将快乐和“软性”叛逆作为应对策略，他们成为追求快乐和善于言谈的人。除了保持开放的头脑、不断探索之外，他们还会通过有趣的、引人入胜的实验来寻求刺激，以抵御当前的不适：它“将他们从眼下的不足之处带到了希望的彼岸”。[10]他们通过想象自己期待的东西，自动地避开处理眼前不愉快的威胁。他们学会在头脑层面关注未来的可能性和选择，以此分散自己更深层次的恐惧——陷入不愉快的情绪以及被无法控制的环境限制。

萨姆，一位七号，描述了他的童年处境和应对策略的发展：

萨姆是七名孩子中最小的，也是他妈妈最喜欢的孩子。他比哥哥姐姐小至少八岁，他母亲曾想通过这个孩子来修复艰难的婚姻。萨姆还记得他早年时的生活，当时他陷入了父母之间的矛盾中。他有一种感觉，他妈妈真的很爱他，但他爸爸很愤怒，总是大喊大叫。他们经常因为他而争吵，他也会被卷入他们的争斗之中。在这种困境之下，萨姆退回到了他的思想世界中。他读很多书，梦想着他要去的地方和他要做的事情。

有一次，在一场特别糟糕的争吵之后，他记得母亲带他去到一家旅馆躲避父亲。他回忆说，母亲哭的时候，他正全神贯注地看着窗外，决定好好享受正在下的那场雨。他对雨滴的美丽极为着迷。

他九岁的时候，母亲去世了，他和一个不想要自己在身边的父亲生活在一起，他内心的不安全感更加严重了，于是继续在自己的想象中寻求庇护。直到今天，他依然不喜欢争论和冲突。作为一名律师，尽管他利用自己的高能量和敏捷思维在法庭上与人唇枪舌剑，但他承认自己在处理个人生活的冲突方面做得并不好。如果他独自一人，他很容易忽略任何有可能感受到的焦虑。当他和朋友外出时，他会变得“神情恍惚”。他仍然会读很多书，仍然沉溺于自己的想象中，润色着他脑海里的东西，以逃避生活中可能发生的不和谐。

七号的主要防御机制：合理化和理想化

七号轻而易举将事物重塑为积极意义的能力，与其主要防御机制——合理化和理想化有关。合理化的防御机制意味着，为任何自己想做的事情找到充分理由，以任何自己想要的方式看待事物（想怎么看待就怎么看待），或者去相信任何你想要相信的(想相信什么就相信什么)。纳兰霍引用欧内斯特·琼斯（Ernest Jones）的话：“合理化是为动机不被承认的态度或行为发明理由。”

我们所有人都会通过合理化，为我们的所做所为或发生在我们身上的事情创造理论支持。当不幸发生在我们身上，或者当我们想做一些对自己不好的事情，合理化能使我们从痛苦中解脱出来。如果我们遭遇了挫折，我们可以认为，“这是一次很好的学习经历”，从而减少挫败或失败的感觉。如果我们想再吃一块蛋糕，但又知道为了健康或节食的原因不应该吃，我们可以对自己说，“这只是一小块而已”，或者“没关系，因为我早上会去跑五公里”。

通过合理化，七号可以为他们想做的、想思考的、想感受的任何事情找到好理由。但在为自己的行为寻找理由，保护自己不受与自身行为相关的不良情绪影响的同时，这一机制也阻碍了他们直接接触自己所做之事的真实动机和真实感受。

仅从积极的角度看问题，或者更准确地说，仅从积极的角度看问题的这种“需要”，也会导致七号使用理想化的防御机制。理想化会让七号把所遇到的人和经历当成比实际更好的，赋予他们超人或超级正向的品质。这能让七号避免去考虑那些人和事物可能会有的任何缺憾，也回避了可能引发的非积极情绪。

当然，某种程度上说，理想化也是爱一个人会自然出现的正常现象。当孩子想相信有人爱他，会保护他安全时，便会把父母理想化。但七号的理想化通常是为了防御自己在他人那里所体验到的感受，而这些感受是关系当中会自然产生的。一旦这样防御，理想化会使他们保持在一种幻想的关系中，而非他们实际所处的关系中。这会导致七号在一段关系中只（通常并不自知）停留在表面，避免看到对方真实的样子，唯恐玷污了他们在头脑中创造出的（高度积极的）理想化版本。

七号的注意力焦点

七号的注意力倾向是以自我为参照的。与其他型号的人相比（如二号和九号，更关注他人），七号更关注自己的内心体验和需求，尤其是自己的想法。由于七号的主要防御机制是逃避到幻想和脑海里积极的可能性中，七号倾向于向内关注，往往把注意力集中在自己的计划和偏好上。这个习惯可以引导他们的内在思维过程，这对于管理自己的体验是必不可少的。它还会导致七号（通常是无意识地）利用他们的（头脑）智力来操纵他人，因为他们会自动关注自己的欲望、需要和私利，所以理所当然会坚持自己的安排。

七号会自动关注情境中的积极信息，并以乐观的态度强调和扩展它，直到他们看到最好的事态展现。他们希望感觉良好，保持乐观，无意识地避免痛苦，因此倾向于忽略或淡化环境中的负面信息，而将注意力集中在有助于他们保持积极的方面。

追求快乐是七号的标志性特点，在七号眼中，世界是属于他们的。他们希望尽可能长时间地保持情绪高涨的状态，因此七号会专注于体验生活所能提供的最好的：最好的菜、最烈的酒、最令人兴奋的地点和活动。七号也愉快地获得了“享乐主义者”或“冒险家”的称号，在他们看来，生活充满了无尽的机会，他们随心所欲地想象着并朝着刺激的经历和可能性进发。他们的热情和陶醉使他们成为非常积极的人，兴致勃勃地追求一大堆不同的兴趣爱好。

七号是所有型号中最乐观的类型，他们习惯性地把注意力集中在未来的可能性上。他们是迷人的梦想家，渴望新鲜刺激的体验。七号真诚地相信，他们可以实现自己所能想象的一切——不论渴望什么，自己都能够实现。

这种未来导向让七号生活在一个想象出来的现实中，它建立在对事物抱有的积极愿景之上。这种理想化的愿景也产生了阻隔的作用，会阻碍他们活在当下，或者体会当下：七号喜欢思考未来的计划，这样就不必经历当下可能发生的任何无聊或消极的现实。我有位七号好友说，当他回想自己一天的生活时，“总需要有些值得期待的东西”。

七号也喜欢有很多有趣的事情可以做，这样他们就能在百忙之中选择那个最理想的选项。在有多种可能性的情况下，如果某个特定的计划变得不可行或不太可取，他们的注意力就会自动转移到另一个最佳选择。但当你要求他们做出承诺时，这种灵活性会让他们难以做出承诺，他们可能会（热情地）说“好呀”，但通常真正的意思是“也许吧”。当在脑海里搜寻最佳选择时，如果另一种可能性会带来更好的体验，他们有时会在最后一刻反悔自己的承诺。七号不喜欢限制，尤其是现实生活中阻碍他们摆脱潜在不适的限制。七号有一种温和的反权威立场，例如，他们可能希望在等级制度内实现权力平等，以防止他们之下或之上的人以任何方式控制他们。

七号抵抗约束，也表现为对日常琐事的强烈反感，比如文书工作或家务活，这些都是固有的约束。对单调乏味的厌恶也使他们往往不愿涉及重复性工作或充满枯燥细节的工作。只要有可能，七号就会将工作任务定义为有趣的，这样即使是工作也会变成一种愉快的消磨时间的方式。七号避免无聊或停滞的习惯也促成了他们同时处理多项任务的倾向，他们通常都会同时展开多个项目——多种想法和活动——多线程同时进行。

七号的激情：饕餮

与七号相关的激情或主要特征是饕餮。但是，饕餮作为一种九型的激情，并不是指一种消耗大量食物的欲望（这个词的通常含义）。在九型人格体系中，饕餮意味着（通常是贪得无厌的）对各种刺激性体验的贪恋，如：丰盛的饭菜、愉快的互动、有趣的对话或激动人心的旅行计划。纳兰霍指出，所有的激情都是在试图填补内心的空虚。从这个意义上说，饕餮是一种渴望，渴望尽可能多地汲取新奇的最高级的经验，试图以此弥补潜在的恐惧或不安全感。迈特丽指出，饕餮会激发人们尽可能多去品尝的欲望。这是一种“想要更多”的欲望，这种欲望导致不断摄入却无法满足。由于其重点是“消费而不是消化”，七号对体验的饕餮通常导致一种不满足感，从而导致进一步追求刺激（这种不满足感也随之被进一步的渴望所掩盖）。

纳兰霍将饕餮描述为一种“对快乐的激情”。他解释说，如果我们从更广泛的角度理解饕餮，就会发现它是一种享乐主义，一种禁不住诱惑的常态，最终会抑制七号的成长。尽管所有的激情都有一个共性——既是关键的动机也是最终的陷阱，但起初可能很难把饕餮看作障碍，尤其因为七号在追求快乐的过程中往往如此迷人和令人信服。就好像他们在问：“想活得开心，享受时光，又有什么不对？”

饕餮的激情促使七号所渴望的越来越多——更多快乐、更多感觉良好的东西、更多刺激的经历。他们对快乐和愉悦的追求带着一抹浪漫主义色彩，会理想主义、兴致勃勃地寻求更为独特和非凡形式的乐趣和冒险。七号对其他人产生吸引力，同时也可能被自己的信条所吸引，认为越多就越好，生活是一个充满可能性、令人兴奋的世界。这些信条往往使七号难以建立深厚的关系。贪图享乐体验的问题在于，“表面上的满足掩盖了贪得无厌的实质”，“沮丧隐藏在热情的背后”。[13] 七号体验的饕餮是出于试图避免痛苦和空虚，但实际上饕餮正是他们所受之苦。[14] 他们的贪图幸福，是逃避恐惧的一种方式，尤其是对痛苦的恐惧。

因此，当饕餮驱使七号不断寻找新鲜的、更好的娱乐和刺激时，这种“想要更多”的冲动却使得七号情感空虚。追求快乐并不会带来满足感，因为这种策略主要是为了抵御七号不愿意去感受的情绪。尽管他们不想被限制，但他们从“头脑中的安全地带隔空”体验事物的方式却限制了自己的情感生活。[15] 贪馋地寻找头脑层面的刺激，是对自己的安慰，但也流露出了他们的恐惧，阻碍了他们参与到真实的情感活动中。即使七号嘴上说想要深入参与生活，心里却惧怕着：他们的饕餮驱使自己原地打转。

七号的认知错误

七号的认知立场的核心是能够支持饕餮激情的信念，他们认为最好的生活方式就是心情愉快，积极向上，有所选择，保持乐观。

由于受到他们人格模式所带来的生活策略和模式的影响，七号诚挚地相信那些保持他们乐观积极的信念，以及能够从头脑层面保护他们远离痛苦的信念。这种面对生活的认知方式传递出了一种深层的（通常是无意识的）恐惧，即如果他们没有诸多选择，如果他们不竭尽全力地保持快乐，就会陷入一种无法忍受的痛苦体验。他们的认知集中在幸福愉快的事情上，而在其积极的心态之下，七号实际上很害怕陷入无聊、焦虑、悲伤、抑郁、不适或痛苦的感觉中。

因此，以下组织原则固定并支撑着七号的注意力焦点[16]：

· 我必须总是拥有令人愉快的选项，可以去做或想有趣好玩的事情，这样我就会感觉好，不会感觉不好了。

· 如果不集中精力规划和体验积极的经历，我就会陷入一种痛苦的感觉，我可不想那样。

· 我必须避免体验痛苦、不适、无聊，因为如果允许自己体验这些情绪，我可能会长时间陷入其中，甚至永远出不来。

· 要不惜一切代价避免陷入负面情绪。

· 如果我把注意力集中在积极面上，寻求愉快的经历，那么我就可以避免痛苦以及其他负面情绪。

· 任何类型的限制都会导致负面感情绪，应该避免，而且可以避免。

· 通过不断地体验各种刺激性经历，我就可以避免不适，让生活保持振奋。

· 如果可以快乐，为什么会有人想生活在不适之中？快乐和保持乐观是一种明智、合理、值得追寻的目标。

· 我无法忍受挫折、沮丧、悲伤或痛苦的感觉，因此必须总是看着光明的一面来回避。

· 生活就是尽可能多地品尝美好的和有趣的东西。

尽管七号的有些核心信念积极向上且励志，但和其他看上去明显更消极的头脑组织原则一样，终究是有害且局限的。从某种看似违反直觉的角度来说，七号可能会有一种“适应不良”或者自我挫败的信念，认为必须要保持积极。他们的过度积极性实际上是一种应对策略，旨在维持这样一种幻觉：即便避开了活着所不可避免的痛苦，依然能够享受全然的生命。

七号的陷阱

如同其他型号一样，七号的认知执念或“思维迷障”是导致人格原地打转的原因，它呈现为一种人格局限无法化解的固有“陷阱”。正如桑德拉·迈特丽所观察到的，七号“远离痛苦的尝试……最终制造了自己的苦痛”。[17]

根据其应对策略及相关的注意力焦点，七号通常会陷入一种僵局：他们习惯于通过追求快乐来避免痛苦，但现实是他们并不能永远摆脱痛苦。他们终将意识到，回避困难的感受与现实并不能使其消失，用来避免不适的防御策略只会为他们带来沮丧。

通过专注于快乐来回避痛苦，不可避免地会给自己制造更多的痛苦。当你避开坏的事情，它并没有消失，只是隐藏起来而已，直到之后你被它绊倒。如果因为难以面对生活中困难的一面，而不去处理当前的问题，那么你所需要面对的挑战势必不断叠加，直至泛滥，最终会导致你的生活更加困难。

可以理解，所有人都难免想要回避痛苦，但七号却试图忽视生活中的黑暗面，这就致使他们的不适和潜在的恐惧变得更持久。就像光明总是投下阴影一样，七号欢天喜地庆祝的美好生活必然也有其相应的黑暗面，而这正是他们常常拒绝看到的。

当你的人生策略建立在幻想的基础上，妄想专注于光明面就会让黑暗面消失，你就已经为自己设置好了失望和失败的可能。让事物保持轻快的确是个吸引人的选择，轻巧快乐，何乐而不为呢？但是当它被用来回避面对日常生活和人际关系中固有的挑战时，旦夕祸福，事物都会有转向沉重或黑暗的时候。假如没有经历过风雨，又怎能真心地感激彩虹呢？

七号的关键特质

自我参照

在九型人格体系中，每种性格类型的关注焦点可以是自我参照、他人参照或两者兼有。这种区别意味着每一种人格的注意力焦点，要么专注在自身内在所发生的，要么专注在他人身上所发生的，要么兼顾内外两者。

七号的注意力焦点在于自己的内心体验，包括想法、偏好、欲望、需要和感受。这种注意力焦点的模式被描述为“自我参照”，因为七号最主要关注的是自己的内在世界。这个习惯使七号的注意力直接转向他们的愿望、需要和要做的事情。与任何一种核心特质一样，这种倾向本身是中性的，有时也可能是件好事：例如，七号通常都知道自己想要什么和需要什么，这使得他们更容易得到自己想要的。同样的，这种自我中心也会带来问题，尤其是在人际关系中，因为七号会优先考虑自己想要的东西，以至于未能感知和回应他人的需求。

积极重构 / 乐观主义

七号擅长以积极的方式重新建构那些看起来可能不太积极的情况。他们习惯于保持乐观的心情，并自动关注光明面，他们是彻头彻尾的乐观主义者。他们无须太多有意识的努力，就能轻易把消极的重塑成积极的。

鉴于他们对世间体验的理想化倾向，重塑对七号而言是自然而然的事。用积极的说法来描述事物的同时，他们还会放大积极信息，并最小化消极信息，这种策略让七号把人、事、物看得都比实际更好。

就像大多数和性格模式相关的应对策略一样，重塑也有其积极用途。比如说，它可以非常有效地让人保持一种被鼓舞、被激励的感觉，尤其当外部条件使士气难以保持高昂的时候。当人们遇事开始偏向消极观念时，这种方式还可以强调一些重要的积极事实。

但是，如同大多数惯性模式一样，重塑也可能过犹不及。尤其是七号，重新构建现实阻碍了他们看到一些真实而重要的东西，特别是那些可能会被贴上

“负面”标签的东西，就因为会给他们带来负面的感觉。积极重构会导致七号在需要眼光犀利的关键时刻反而叫停了自己的批判性，重构让一切看起来都很好，却否认了有困难要处理的实际情况。重构也会消除负面信息，而这些信息可能对深入了解正在发生的事情，可以或应该做些什么来确保积极的结果，有着至关重要的影响。

最后，七号一贯的乐观主义和理想化会导致他们混淆想象和现实。他们如此自然、自动地透过想象中的积极愿景来看待当下正在发生的事情，以至于可能会误读或忽略事件中重要的元素，或者那些不符合积极愿景的人或事。正因为从积极的角度看待事情是被社会文化所接受的，很多人也都司空见惯了，所以对于七号来说，就更加需要认识到，由于小我的存在，这种看似良性（或有价值）的做法也会偏离正轨。所谓人格模式，根据定义，就是无意识的，因此七号在不断用积极方式重构正在发生的事情时可能看不到这些问题真相。

享乐主义

在七号对享乐主义的关注中，美满乐活的目标合理化了避免痛苦的做法。如果你的核心价值观把寻求快乐本身视为一个重要和可取的目标，那么你当然不会去质疑驱使你“偏执于享乐”的深层动机是什么了。

当你把享乐主义常态化，你就已经为趋乐避苦准备好了一套合理化的原则。七号的享乐活动某种程度上分散了其对不想感受的重要情绪的注意力，享乐主义本身就成了一个有意义的目标，使得所有与之相关的回避行为都变为合理。通过这种方式，七号围绕“活着就是为了享乐”的价值观建立了一套哲学，以支撑他们的幻觉——把痛苦驱除出去，仍然可以设法过上充实而完满的生活。

由于完全接受了享乐主义的态度，七号也可能习惯性地把快乐和爱混淆起来，因为童年时期他们感受被爱的典型方式，通常是通过快乐和放纵的体验。[19] 因此，七号经常会投入到自我放纵的体验中，并（无意识地）将这种体验视为爱。他们不断地把这种虚假之爱的体验当作是真正的爱，但真爱需要主动地去体验快乐之外的各种感受。快乐让七号相信，享乐主义的生活方式能够提供一种接近爱的体验，但实际上却并不能。固化的七号相信他们对爱有着深刻的体验，而事实上，他们只是浮在关系中享乐的表层而已。

叛逆

因为七号想要随心所欲地在自己想要的时候做自己想做的事情，不想被其他人强加限制，这就意味着，和另外两个脑中心型号一样，他们本质上是反权威的。然而，由于他们不喜欢公开的冲突以及由此引发的不愉快情绪，七号的反叛会表现得更为隐蔽。

纳兰霍形容，七号与其说是“反权威”的立场，不如说有一种“反传统的倾向”[20]。因为他们对权威的态度是一种“隐性反叛”的形式，这种反叛通过他们“对传统偏见的敏锐眼光”表现出来，并且经常能找到一个“幽默的出口”。[21]因此，他们的反叛“没有对抗性，也不直接，而是狡猾的”[22]。

反传统让他们得以含蓄地质疑权威，而并不觉得有必要公开地反对权威。七号更善于通过幽默和智力层面的控制来诱导权威人物，从而摆脱限制。与其挑起一场可能导致不愉快的争斗，不如表面默许。反传统的视角也让七号能在不完全抛弃传统行为的情况下质疑传统做法。公开反对的副作用，是可能会招致更多权威的注意，带来更多潜在的限制，道德层面非常灵活的七号很擅长回避这种情况。正如纳兰霍所说的，这种倾向让七号成为革命背后的思想力量，而不是激进分子。

一般来说，七号都是和气的人，他们“不太在意权威，而且……隐含地假设了权威是不好的”。[24]七号并不会像六号或八号那样与权威展开明显的斗争，“他们根本犯不着”。[25]他们想要自由地放纵自己，但在日常生活中，由于受到父母、配偶、老板或者下属的潜在约束，这显得不太可能，所以他们生活在纳兰霍所说的“无等级分别的心理环境”[26]中。七号对于外部权威的束缚很敏感，他们采取的态度是“社交技巧优于对峙”[27]。

七号不太重视权威，他们相信自己有能力把潜在的暴君变为朋友，所以权威人物不会过分侵犯他们放纵自己的能力。同样，七号也觉得成为当权者很不舒服，他们更愿意通过心智层面的创造力和同僚情谊来发挥自己的影响力，“同时还要显出谦虚的样子”[28]。他们会给自己和他人很大的自由度，其座右铭是“宽以待己，宽以待人”。

缺乏专注/自律

七号避免限制的倾向也导致他们难以保持专注和自律。七号能够快速转移注意力，因此具有极高的创造性思维，但这也意味着他们很难一次只专注于一件事。七号容易放任自己，而且极其容易分心——内部以及外部的刺激都会分散其注意力。结果就造成七号很难有始有终，专注地完成一些琐碎的事情。

七号透过理想化的视角来看待世界，不把世界看作一个经常受限和受挫的地方。这种对未来的美好幻想，以及对当前挫折和无聊缺乏容忍，是使他们难以专注的根源。另外，七号不喜欢延迟享乐。如果现在有一些有趣的事情，他们可以很容易地找到一些合理的理由来推迟（显然不那么享受的）工作任务，转而去做愉快的事情。

七号的阴影

七号的盲点大多围绕着生活中固有的痛苦和不安，特别是会忽略感受痛苦情绪的潜在价值。从许多角度来看，七号的阴影就是阴影的原型：他们专注于光明，不想看到它投射出来的黑暗的影子。他们的人格视角代表了大多数人都会有的倾向：不愿面对自己所经历的黑暗面，企图避免感到恐惧和痛苦情绪。七号示范了人类从痛苦和其他不佳情绪中退缩的本能冲动，正是这种反应构成了人们所有心理防御的基础。

许多七号分享说，他们害怕陷入恐惧、沮丧或其他痛苦的感受中，他们相信，如果允许自己敞开心扉去感受更深层的痛苦，他们将永远受困于其中。这种潜藏的无意识的恐惧，禁锢了有意识的痛苦体验所带来的潜在价值。尤其是在有关个人成长的范畴，这种恐惧促使七号去关注快乐、选择、自由和对未来的憧憬。他们下意识地专注于快乐，以避免不愉快的体验；他们下意识地需要许多备选项，使自己在不舒服的情况下有路可退；他们对未来可能性的关注，能够帮助自己摆脱眼前的困难情绪；他们对自由的执迷使其确信，自己不会被迫停留在一个特别痛苦的现实中。

最重要的是，尽管这些情绪可能驱使了他们的许多行为，但恐惧和焦虑对七号来说仍然是盲点。虽然七号属于“恐惧三元组”，但他们经常说自己并不感到害怕（不过更加有自我意识的七号有时可能意识到一种模糊或潜在的焦虑感）。只要恐惧还停留在七号的阴影中，它就会泄露出来，表现为寻求头脑的刺激、未来的冒险，想和做一些好玩的事。通过这些方式，七号习惯性地避免了时常接触自己的痛苦，却也因此局限了自己的情感深度。

由于对恐惧的恐惧，七号对无聊有强烈的厌恶，但常常表现为抗拒意识到某些体验，比如空虚和不适，七号会把这些转移到自己的阴影之中。众所周知，七号会在生活中保持快节奏。他们往往语速很快，思维敏捷，喜欢不停地移动，这反映出他们想要避免任何可能称之为"无聊"的事情。但在其不想无聊的愿望背后，依然是一种潜在的无意识的恐惧，害怕自己被迫放慢速度或长久待在安静环境中，这可能会引起不舒服的感觉。

虽然七号下意识地把注意力放在轻巧、乐趣和愉快上，但也可能对别人不认真对待自己很敏感。他们对"轻"的需求会让其他人觉得他们也是"无足轻重"的，这就导致了当七号希望别人看到自己实实在在的参与和投入时，人们还是会认为他们肤浅或轻言许诺。这种认知反过来会使得七号更加否定自己严肃认真的能力，或无视自己在面对不适时的切实韧性。所以，他们对积极体验和快乐的饕餮往往隐藏着一种恐惧，害怕如果没有用美好感觉完全填满自己时可能会出现的感受。

七号激情的阴影：但丁地下世界里的饕餮

如同纵欲一样，饕餮的激情也是放纵的罪。七号饕餮的阴影习惯性地为他们贪恋舒适、寻求刺激、追逐快乐的欲望寻找理由，在但丁的《神曲·地狱篇》里，饕餮的灵魂所受到的惩罚与之截然相反，基于完全被剥夺的体验：

> 我们行经一片被滂沱大雨淋倒的阴魂之沼泽，脚踏在空洞的人形躯壳上。他们都横躺在地，只有一个看到我们从他面前经过时，立刻坐了起来……我对他说："也许你在这儿遭受的痛苦使你面目全非，我不曾记得以前见过你。但请告诉我你是谁，被放逐到这个悲惨的地方哀号，遭受如此折磨——或许还有比这更重的刑罚，但却不会有比这更令人不快的了。"[30]

但丁的描述表现出，饕餮者因傲慢和对快乐的过度欲望而在肮脏的淤泥中无休止地受到惩罚。他们像铺路石一样挤在一起，饥肠辘辘地号叫着，现在唯一可以贪纵的也就只剩覆盖在身上发臭的黏液了，他们在持续不断的秽雨冰雹中忍受着极度的不适。[31] 正如朝圣者观察到的那样，执着于其他激情可能会带来更痛苦的后果，但没有什么比不受抑制的胃口所带来的痛苦更令人羞辱的了。因此，但丁象征性地传达了饕餮的阴暗面：当你对快乐的无意识饕餮失控时，它必然导致不适。低层自我（人格模式）的贪食口欲是无法被满足的，只有当我们能够放下过度的激情，提升到更高层级的存在状态时，才能够体验到真正的满足。

七号的三种副型

这三种七号各自代表了一种表达或回应饕餮激情的方式。自保七号贪馋地寻求可能令其享乐和满足的机会，并培养一种盟友性质的关系网络来寻求安全感。社交七号通过服务他人来表达一种反饕餮。一对一七号把饕餮转化为一种理想主义的追寻，寻求最终级的关系和所能想象到的最极致的体验。

因此，七号的三种副型也代表了饕餮的三种不同显现方式，每种显现都取决于其主导的本能冲动。当自保的驱动力占主导时，他们会在饕餮的驱使下，在一个由家庭成员、朋友和同僚组成的亲密网络中，寻找安全感和幸福的机会。当社交本能更为突出时，他们会为了他人的利益牺牲自己的需求，与饕餮行为背道而驰。当一对一连接或性本能的驱动力占主导时，七号会表现出一种极度热情的个性，对愉悦体验的饕餮造就了一种极其积极地看待现实的倾向。

自保七号：“城堡守卫者”

自保七号通过建立同盟来表达饕餮。他们通常会在身边集结一个家庭式网络，与自己信任的人联合起来，拉帮结派，或建立一个良好“帮派”，通过这个团体满足自己的需求。他们极为倚重自己信任的人，挑选出看重的人创建某种替代性的大家庭，而他们在这个家庭中通常占据特权地位。

这种七号非常实际，擅长交际，善于得到他们想要的东西，发现好的交易。他们有机会主义和利己主义的倾向，务实、精明、聪明，很容易看到可以为自己带来优势的机会。纳兰霍解释说，以这样的方式，饕餮在自保七号身上表现为过度地要抓住每一次机会，好好利用一番。

自保七号总是嗅觉灵敏地追逐着好机会，总能想办法得到自己需要和想要的，而且可以轻松地找到为自己实现事情的途径，无论是找到对的人脉、最有利的关系，还是一个偶然的职业机会。他们耳听六路，眼观八方，非常擅长交际。

这种七号可以轻松地建立业务联系和关系网络，因为他们机敏地留意着随时可能到来的机会，任何可以支持自己生存的机会。他们的立场是，如果你不对机会保持警觉，你就会错失良机，谚语“机不可失时不再来”很好地表达了这一副型的主题。自我利益是自保七号构建联盟的因素之一，这个因素可能会被这种副型的人否认（或未曾意识到）。纳兰霍说，在这些关系中存在着某种互惠的利益，表现为“我为人人，人人为我”的理念，这种协议的弊端在于可能会出现腐败的因素。

从风格上看，自保七号性格开朗亲和，具有注重感官享受、享乐主义、“花花公子”或“花心公主”的特点．他们往往热情、友好、健谈（他们喜欢说话），但也会表现出一种贪婪和不耐烦，这反映了他们想要尽可能多地享受愉快的体验。他们想要品尝一切。自保七号花费了大量精力在不被发觉的情况下操控一切，而且大多数时候，他们都能侥幸得到自己想要的东西。

这个副型尤为突出的主导特质是对享乐的热爱以及自我中心——聚焦于获得他们所需的安全感。然而，在寻求安全感的过程中，他们常常会把欲望和需求相混淆。这些人通常感到需要很多资源，包括金钱和其他维持生存的物资，如果他们感到匮乏，就可能会惊慌失措。

纳兰霍认为，自保七号三个主要的执念是策略、叛逆和隔离。尽管很难将这类性格的人和隔离联系在一起，因为他们往往非常受欢迎；但由于偏头脑策略性的天性，再加上对自身利益的强调，他们的确会在更深层次上与他人隔离。

自保七号培养出一种善良和慷慨的感觉，他们喜欢感觉到每个人都依赖他们。他们可能觉得自己无所不能，有时也会利用别人。他们也可能觉得通常的规则对他们不适用，在他们眼中，他们可以无法无天，随心所欲做任何自己喜欢做的事。这种对自身自由感的主张，以及不惜一切代价维护自身利益的能力，让他们在这个世界上更有安全感。

自保七号对快乐的渴望和享乐主义的自我放纵，有时可以被视为一种想要回到子宫的强迫性冲动。他们一生致力于追求一种原初的或乌托邦式的天堂——令人愉悦的完美状态。为了追求积极和刺激的体验，他们可能会利用性爱或吃喝来逃避生活中较为困难的部分。

自保七号和一对一七号应该很容易区分，因为他们代表一个连续体的两极，从实用主义和物质主义（自保本能）到理想主义和空灵主义（性本能 / 一对一）。自保七号更为朴实和世俗，更贴近饕餮字面上的本义。而一对一七号则更为"空灵"和脱俗，更为"瞻仰"积极和崇高理想方面的东西。虽然这两种性格都会聚焦在不同类型的"过度"上，但自保七号是所有七号中最狡黠、最诡诈也最务实的人，而一对一七号则更为轻松、愉快、享受。

与一对一七号相反，自保七号没有那么理想主义，反而带有更多玩世不恭的不信任感。他们不是容易被催眠或上当受骗的人（像一对一七号那样），更实际，更具体。自保七号是三种副型中最精明狡猾、最具策略性的，他们可能会表现出类似六号的元素，因为他们有时会感到恐惧，甚至偏执，尽管并不经常。可能有些相悖的是，自保七号比性本能七号更会主动挑逗，更有诱惑性，更性感。性本能七号通常更多关注的是幻象的、理想化的交流，而不是实际的性行为。而自保七号才是"花花公子"或"花花公主"类型的人，享受食物和性。对于性本能七号而言，光是事物散发出来的芳香就能令他们满足了。

自保七号可能比其他七号更容易做出承诺，例如，许多自保七号声称他们已经结婚很多年了，或者有长期伴侣。不过他们参与到团体中，也许是因为参与团体能够让他们获得某些需要的资源，以备将来不时之需。通常，他们将亲近的关系视为一种投资，就像把钱存入银行——当你需要某种特定的帮助时，你总能找到可以求助的人。因此，他们在所加入的团体和所隶属的关系网络中往往非常活跃。

纳兰霍解释说，灵性追求在自保七号中并不常见。他们经常拒绝宗教，倾向于不相信任何东西，比另外两种副型更实际，更唯物主义，更叛逆。他们非常开朗和友好，但也会与自己的情感失去连接。他们是那种感性、务实的世俗之人，可以非常有趣，并且表现出一副轻松不严肃的样子。但在涉及通过赚钱和建立联盟来寻找安全感时，他们还是会表现出强烈的自我中心。

当一对一本能作为自保七号的第二主导本能时，他们看起来更像六号（更孤立、过于谨慎、有策略性）。当社交本能排第二时，他们看起来可能更像宽宏大量的八号（以人为本、冲动）。然而不同于六号，他们几乎是从不间断地积极通过追求自身利益来寻求安全感。而与八号相比较，他们的驱动力往往是更深层的生存恐惧或焦虑，虽然他们并非总能觉察到这一点。

乔，一位自保七号，说道：

我身上有一种饕餮的元素，我相信这源自童年早期我就认为生命转瞬即逝，机会一旦错过就不会再来。带着这样的认知，我在初中毕业准备上高中时，便意识到是时候权衡一下我的重心了，要开始规划职业生涯，最大限度地活出我的人生。所以在 13 岁的时候，我就排列了一下优先顺序：1. 尽可能充分地去生活并享受生活；2. 帮助别人也这样做；3. 在这个过程中不伤害别人。这应该是八年级的事。

为了进入医学院和之后的晋升，我不得不忍受牺牲生活质量的痛苦。十年时间里，我延迟享乐，埋头学习，为了掌握外科医生所需的医学知识和完成严峻的实习而绞尽脑汁。让我能够一路坚持下来的，是我对完整人生的清晰憧憬：权衡了短期错过的经历与作为外科医生的长期快乐和安全感，我认为成为一名医生所付出的艰辛完全是值得的。为了保持平衡，在短暂的休息时间里，我会拼命地玩，尽量不错过周末或晚上和朋友一起玩乐的每一分钟。

虽然成为一名外科医生所付出的牺牲巨大，但现在我发现自己已然以妙不可言的方式完成了我的“使命宣言”：以最小的伤害做到了最多的好事，同时额外收获了超高品质的生活质量。我对艺术家妻子的爱是无法用言语表达的，我们一起航行，一起种植有机蔬菜。我喜欢自己种植葡萄再酿酒，我们正在创造的是一个既美观又能够自给自足的家园。我享受工作时光带来的回报，更享受玩。这有什么错吗？还有什么比这更好吗？

然而我也意识到，我和自己情感的接触还没达到理想状态，毕竟在众多不同层面上更加强烈地体验生活对我来说是有意义的。我喜欢爱、同理心和其他情感涌入我意识里的感觉，但通常情况下，我在一个更加理智的层面上愉快地运作。也有些时候，恐惧或焦虑可能会进入我的意识，但我不太愿意容忍它们的存在。我已经学会了倾听自己的直觉和情绪，但除非它们发出实实在在的警告敦促我采取行动，否则我不太喜欢沉湎于消极情绪。

社交七号："牺牲"［反型］

社交七号代表了一种纯粹的性格。作为七号中的反型，他们表现出一种"反饕餮"，社交七号抵制饕餮的激情，有意识地避免剥削他人。纳兰霍说，他们似乎能感觉到自己内在的饕餮倾向，下定决心让自己成为反饕餮的一类人。

如果说饕餮是一种意欲更多的愿望，想要尽可能利用所处情境中能够获得的一切，那么其本身就有一丝剥削的意味。但作为反型，社交七号希望自己是善良纯洁的，而不是根据饕餮冲动来行事。这类人想要避免过度或过分的机会主义，会调整任何可能剥削他人的无意识倾向。

因此，在社交七号身上可能很难看到饕餮，因为他们努力将其隐藏在了利他行为中。这样就净化了他们在感受被快乐所吸引，或是为私利而利用他人时的罪恶感。

社交七号会避免关注自己的私心或私利，转而追求使自己和世界达到理想的状态。他们为了成为一个更好的人，为了创造一个没有痛苦、没有冲突的美好世界，而牺牲了自己的饕餮。正如纳兰霍所解释的，他们为追求理想而推迟了自己的欲望。

在抵抗饕餮的努力中，社交七号实际上可能表现得太过于纯洁了，他们追求纯洁的努力会延伸到忧虑自己的饮食、健康和精神。纳兰霍提到过，非常有趣的是，这类七号中常见素食主义者。

在奋力追求纯粹和反饕餮的过程中，他们表达了一种苦行僧（或像五号一样）的禁欲理想，把节俭朴素标榜为自己的美德。为了证明自己的良善，他们通常会给别人很多，只留一点点给自己，以此来对抗渴求更多的饕餮之欲。即使他们可能想要最大的那块蛋糕，也会对抗这种冲动，只取最小的那一块，把较大的一块留给其他人。

社交七号会在群体或家庭中承担很多责任，这样做也表现出他们为了他人的利益而牺牲饕餮。他们延迟自己的欲望是为了实现服务他人的理想，正如这个副型的名称所暗示的，“牺牲”意味着一种服务的意愿。

但是，在这种看似纯粹、无私的人格策略中，小我的回报又在哪里呢？这种副型的小我策略在于，他们想要甚至渴望因其牺牲而被视为“好的/良善”。他们有一种隐藏的饕餮，渴望自己的牺牲被承认，极度渴求得到爱和认可，而这种饥渴是无法被满足的。这类七号用他们的牺牲来掩盖自己的缺点和短处，并赢得人们的认可、钦慕或爱戴。因为他们觉得按照自己的愿望和兴致来行事是不正当的，牺牲和服务是他们为了获得他人钦慕这一神经质需求所付出的代价。

除了获得别人的钦慕和认可之外，社交七号还希望有一个良好的形象，减少冲突，并让他人欠下人情。然而，这些动机可能会导致社交七号进入相对肤浅的人际关系。

社交七号的牺牲是需要被认可的。与之相关联的还有另一种倾向，他们会扮演助人者的角色，为他人服务，关注减轻痛苦的方法。然而，虽然为别人的痛苦所吸引，但他们并不喜欢去感受自己的痛苦，因此帮助别人也可能是他们将自己的痛苦投射到自身之外，并试图在安全距离外解除痛苦的一种方式。他们总是为他人而“存在”，这个宽容而慷慨的性格角色，能够管理项目和根据目标调动能量，倾向于抱着极大的奉献精神去付出服务。

社交七号对自私有一种内在禁忌，他们希望被看作“好孩子”或“好人”。他们会因为自己表面良善却心怀私利而感到内疚，也可能会把自己不愿承认饕餮而产生的内疚感投射到别人身上，随之评判他人没有足够投入或奉献。这类七号也可能不信任自己，因为他们知道自己把利他和利己混为一谈，可能会评判自己的深层动机是“坏的”或“利己的”。

社交七号非常理想化，但他们的理想主义是一种错觉、良好意图和独创性的混合体，它们结合起来，构成了激励行动的“智力药物”。他们活跃积极，不断地被自己想要实现的改善世界的理想所感动，但他们需要这份理想主义来保持昂扬——为了更加确信自己是被接纳的。他们在利他主义、理想主义、奉献精神和牺牲精神方面投入了大量的精力，也倾向于用合理化的防御机制来支持自己以利他主义和理想主义的名义所做的事情。他们的理想主义在一定程度上是基于合理化的空想，因此，如果他们的任何信仰被证明是错误的，他们可以简单地用另一套道理取而代之，然后将这种变化解释为进化。鉴于此，他们可能对失去自己的理想主义有一种潜在的恐慌，因为他们害怕最终的结局将会走向漠然和空无。

社交七号通过理想主义来不断激励自己，可以表现为一种使命感，他们可能想成为“救世主”。他们有时也会批评自己的天真和不切实际——因为对人类抱有太高的奢望。不过社交七号确实具有一些年轻人或青少年的特质：他们有煽动性，悟性高，也许过于单纯，并且在任务要求过高时会变得懒惰。除此之外，他们可能并没有意识到自己的散漫、贪恋舒适以及自恋情结。

纳兰霍解释道，热情、理想主义和社交技巧是社交七号的三大支柱。这类七号也是有远见的人：他们会想象一个更美好、更自由、更健康、更和平的世界。（西方的“新时代文化”就是一种社交七号的文化。）他们常常对自己的愿景表现出过度的热情，幻想着完美的未来，有通过热情操纵的倾向。他们从表面上看起来很快乐，会避免冲突与不和谐。

在人际关系中，当社交七号面临两难——既恐惧做出承诺，但又强烈地不希望伤害对方时——会感到备受挑战。为了追求纯洁，保持理想的姿态，他们寻找一种纯洁完美的浪漫爱情。不自觉地把自己置于一个傲慢的地位，比伴侣“更好”或更纯洁，然后期望伴侣日趋完美。他们也可能难以驾驭亲密关系所激起的深层情感。

由于他们的热情和喜悦，以及对提供帮助和服务的强烈渴望，社交七号会看起来像二号。但是二号首要关注的是他人，与自己没有太多连接；社交七号则主要是自我参照，而不是以他人为参照，所以他们通常知道自己需要什么，即使决定将其牺牲。他们提供帮助的愿望是在对抗自我中心的感觉时产生的，而不仅仅是渴望获得认可，因此，尽管他们会努力地为他人或更高福祉服务，但对自己的需要和愿望有着更直接的体验。社交七号也是非常纯洁的一类人，从这个角度看，他们也会看起来像一号。而区别在于，社交七号的良善是为了赢得认可，渴望达到纯洁或完美的理想状态，这种理想状态是基于社会共识的（一号则相反，是基于他们内在形成的“正确”感）。

拉斯蒂，一位社交七号，说道：

七号最容易忘记的事情是我们被恐惧所驱使，所有选项的目的都是为了安全，我们被训练得面不露忧色。作为社交七号，“牺牲”对我来说没有太大问题，因为在各种各样的可能性中，只要还有其他令人垂涎的珍宝，任何宝藏都是可以舍弃的。这适用于任何事业，任何付出，无论是因为什么看似利他的理由，还是为了隐秘的自我回报。

理想主义和想要被视作好人而非贪婪之徒的愿望，驱使我加入了一系列慈善团体。我喜欢在群体中获得安全感和确定感，尽管我通常对自己加入的群体没有完全的归属感。不管我曾经如何承诺要为巡回演出剧团投注生命，归根结底，是讨厌独白的事实让我离开了这个安全港湾，另谋他就。虽然我们社交七号看起来会像二号，但我想要停止点头哈腰、见风使舵的强烈冲动（加上我并没有真正很深的自我需求之锚），这让我离开所加入的几乎所有群体，不论是惊涛骇浪一片狼藉，还是宁静池塘不泛涟漪。

经过不少挣扎，我才终于承认自己类似于四号 / 七号那样自恋的事实。起先我并不愿意承认，直到我在自己的反思中看到太多的善、德、美和邪、恶、陋的兼而有之，最终都归结到了对自己过度审视的困局才恍然大悟。所以，为了走出自我，为了我自己好，我反反复复地加入和退出，多次登上巅峰并游历各处。经过无数次的项目、计划和安全舱口经历，我才拥有了那种总能出其不意透视各种奇怪的相似性和独到的见解，并把它们糅合在一起的能力，例如：我曾经是唯一一个在伐木场带着一把扬琴的人；作为刚从怀俄明州来到纽约的新人，就在麦迪逊大道管理着一个 A&D 展厅；我是长老会教堂唱诗班里的教友会教徒；同性恋合唱团里标志性的直男，等等。我喜欢从侧门里偷溜进去，搞点事情，做出些或大或小的贡献，领上几块美德奖章，然后见好就收，拍屁股走人。

一对一七号："易受暗示性 / 易受影响"

一对一七号的饕餮，在于更加崇高的世界。他们乐观主义地看待事物，仿佛置身于自己所想象的理想世界中。他们是梦想家，需要想象一个比平凡无奇的现实更好的东西。这类七号热衷于美化日常现实，会表现得太过热情，有一种将事物理想化、把世界看得比实际更好的激情。他们的饕餮表现为对理想化的刚需。

一对一七号对这个世界的事物不像对更高维度的那么感兴趣，他们仰望天空以期逃离地球，更像是在"天堂"里而非在"地球"上。这种副型的人是轻松自在的享乐者，他们需要梦想，需要理想化和美化平凡。也因这种倾向，他们可能会非常理想化，有些天真。

这类七号往往以恋爱中人的乐观来看待事情。当你坠入爱河，一切看起来都变得更美好，而一对一七号就是在这种理想的积极体验中寻求庇护，以此来无意识地回避生活中可能出现的不愉快。他们聚焦于一种极其正向的人生观，以转移自己的注意力，远离那些他们不情愿觉察到的不舒服或可怕的情绪。

俗话说："爱情是盲目的。"纳兰霍认为一对一七号可以说是同等意义上的盲目：他们表现得有点太过热情和乐观，过分关注境况中的积极信息。这类七号会非常强烈地坠入爱河，他们通过梦想和想象来连接世界。他们想象世界可以是什么样子，并且相信这种乐天派的视角是真实的。

以此，一对一七号表达的是一种对幻想和梦想的需要，或者说，需要戴上一副玫瑰色的眼镜，有太过幸福的倾向。他们需要生活在一个令人着迷的现实中，一种幻境——生活在自己脑海中创造出来的世界，而不是真实的外在世界。这可以视作一种过度补偿，反映出他们不自觉地想要否认或回避生活中痛苦、无聊或惧怕的部分。一对一七号往往会因为害怕陷入这些感觉而有种潜在的恐惧，所以选择乐天主义作为避难所。

这类七号对梦想的需要也是理想化的一种形式。他们热衷于把生活视作其可能的模样，或者他们想象中的模样，倾向于为了梦想或幻象世界中的甜蜜而活，而不愿活在平凡的、不那么有趣的现实中。他们不想关注可能会发生的任何糟糕或困难的事情。

一对一七号会认为："我没事，一切都很好。"纳兰霍指出，这种思维方式对于任何一个不是七号的人都很具疗愈性。一对一七号在成长过程中往往有过一些痛苦的经历，他们采用轻逸的感觉来抵御自己的痛苦，以一种开朗的、快乐的甚至过分快乐的心情作为避难所。这种情绪状态无意识地转移了他们对更深层痛苦的认知和感受，就仿佛在事物表面轻轻浮行，抑或是在高处盘旋，以此来逃避不适的情绪。

这种副型的名称是"易受暗示性"，意味着心智层面的灵活性以及想象力，但也会与轻信好骗、易被催眠、易受热情感染联系在一起。纳兰霍指出，一对一七号的认知防御被塑造成暗示、幻想和幻觉的形式。他们可以天真地相信，别人说自己什么样就是什么样。他们非常容易信任他人，带着美丽的、也许过于积极的方式看待世界和人，奔向田园诗歌般的未来，远离潜在不适或痛苦的当下。他们的思维与想象盛行，但感受和本能则受到压制。

就个人风格而言，一对一七号喜欢说很多话。他们长篇大论，而且对自己的话题很是兴奋，其言谈特点在于"美妙的想法和可能性"的流动。他们也可以扮演一个无忧无虑、凡事束之高阁的小丑角色，倾向于使用讽刺性的幽默，可能也是在逃避现实，并通过诱惑和幽默来试探极限。他们寻求接纳、欣赏和认可，并会通过诱惑进行操控。

一对一七号有很多计划，也经常即兴发挥。他们相信自己可以做任何事情，觉得有必要计划或制订成功的战略，以确保自己的快乐。然而，如果遇到无法同时参与而不得不放弃一些活动的情况，他们可能会感到焦虑。这类七号身上有一种躁动不安和焦虑的能量，会促使他们活跃在多方面，同时开展许多活动，但这种兴奋和焦虑也会模糊他们对现实的感知。有时候，他们会以消极攻击的形式表现出叛逆，因为他们面对实际情况时，倾向于生活在自己的幻象中，而在现实世界里并不采取行动。

一对一七号把这个世界看作充满各种显著机会的市场：拿取得越多，就享受得越多。他们为自己可能拥有许多体验而深感兴奋，一切都是如此令人兴奋、精彩纷呈，就好像一个人去到面包店，什么都想尝一口。他们的满足感在于感到自己能够拥有一切，不会错过任何机会或失去任何东西。

与人们对这类七号的预料相悖的是，他们与其说是关注性，不如说是关注爱的本质。他们很容易坠入爱河，但对与某人发生性关系的兴趣，要低于获得一种理想化的终极关系。对于这种副型来说，性本身主要还是待在头脑层面。一方面是通常意义上的性，另一方面则是一种愿意向神秘结合敞开的承诺。

一对一七号对更崇高世界事物的饕餮，使他们成为梦想家。他们常常受到形而上的或灵性体验，以及非凡或奥秘事物的吸引。对于生活在一个更加理想化的头脑世界中的人来说，世俗的平凡事物是很难忍受的，因此这类个体会对他们认为例行公事、乏味沉闷或无聊无趣的活动产生强烈的厌恶感。

对一对一七号来说，世俗的事情需要付出努力，因此会感到无聊或乏味，而在心智层面工作则如此容易，毫无阻碍。想象做某件事要比实际去做容易得多，所以这类七号纵容自己游手好闲，在只想象不行动的迷思中寻求舒适感。

亚当，一位一对一七号，说道：

我对一对一七号的描述产生了深刻的共鸣。我从来没有对物质层面的东西有过饕餮之欲，我的饕餮在于理想化、学习和好的能量。为了让自己感觉良好，我通常需要感受到积极的"亢奋"。事实上，我在高中的绰号就是"热情的亚当"。我对自己生活中绝大多数方面都很兴奋，我的热情极具感染力。虽然随着年龄的增长，我变得成熟柔缓了一些，但这样的个性特征几乎没怎么改变过。

我也曾认为自己是个严肃的浪漫主义者，我的很多想法都符合九型人格中的四号：我爱得很深，我喜爱坠入爱河，我也一直渴望爱情。因此，我在择偶结婚这件事情上也非常谨慎。对待这个重要的决定可千万含糊不得。谢天谢地，我选了位好妻子。我们在一起十一年多了，我一直疯狂地爱着她。如今的现实正是曾经的梦想，我花了很多时间去想象和幻想我的爱情，现在意识到了这些行为与我的副型是一致的。

我对平凡有着强烈的厌恶，我觉得无聊的闲聊实在难以忍受，我真的——真的受不了家务。唯一可以让我做家务的方法是当我一个人在家时，边做家务，边用 MP3 放一段鼓舞人心的演讲。那么至少我在学习，我的时间总算没有被完全浪费，至少我对学习的饕餮得到了满足。

最后，我花了很多时间幻想我理想的退休生活。对我来说，退休生活需要包含与我深爱的妻子一起旅行，大量的智力刺激，无尽的乐趣，还需要有大量的时间享受与她的深层连接。

七号的“成长功课”：规划一条个人成长道路

随着七号在自己身上下功夫，并变得更有自我觉知，最终，他们将学会逃离追求肤浅快乐的陷阱，不再回避享受更深层次的自我体验了。要做到这一点，他们就要放慢节奏，让自己安住在当下，欣赏自己恐惧和痛苦的价值，并在与内在深层的连接中找到回归自己的喜悦。

对所有人来说，要从习惯性人格模式中觉醒过来，都需要付出持续的、有意识的努力来自我观察，反思所观察到的结果有何意义，源自哪里，并积极精进，努力消解自动倾向。对于七号来说，这意味着观察自己如何回避内在（以及生活）深刻的部分以保持舒适，探索自己在抗拒痛苦、寻求快乐时是如何与自我失去连接的，主动地努力与自己重新建立连接，然后更深入、更直接地再次投入生活。尤其重要的是，他们需要学会忍受内在修炼所带来的痛苦，并领悟到只有面对想要逃避的东西，整合所恐惧的东西，才能够带来真正的快乐、满足和鲜活。

下面我将介绍七号需要留意和探索的地方，以及需要精进的目标方向，旨在帮助他们超越自己的人格限制，展现他们主型与副型所对应的高层品质。

自我观察：不再认同你的人格模式，在行动中观察它

自我观察即是创造出足够的内在空间，让你用新鲜的眼光，保持足够的距离，真正看到平时的自己都在想什么，感受到什么，在做些什么。七号在观察自己所想所感和所做时，可能需要留心以下几个关键模式：

聚焦快乐以逃避痛苦

观察一下，当你加快速度朝着一个保证带来愉悦体验的方向进发时，发生了什么。尽量弄清楚，到底是什么在驱使你走向一些特定的愉快体验。扪心自问，你是否在以此回避不舒服感的威胁，或者你正试图摆脱的到底是什么。注意到你是否在谈话中改变话题，避免谈及不愉快的话题。当一种痛苦的感觉升起时，去感知你可能在逃离的方式。当你热情高涨，或者活动、计划的节奏加

快时，观察一下到底在发生什么。你的方向是哪里？你在逃避什么？想一想，当你对乐趣的追求越来越强烈时，是什么在驱使你？当你明明努力把注意力集中在一些不太有趣的事情上，却又会用一些刺激的点子分散自己的注意力，这是为什么？如果客观的痛苦事情发生了，去体会你即刻的感受，并观察你如何回应。留意到你怎样把某种特定的体验定义为消极，从而贬低其价值，这样就可以将回避它们的举动合理化。

把放纵和带着爱的无拘无束相混淆

观察当你陷入“软性叛逆”时会发生什么。留意你在生活中对权威有什么体验，包括任何对你有期望的人，比如你的伴侣或朋友。注意你如何对待选择，如何回应别人对你的限制。哪些事情会让你觉得受到限制？对于感知到的或实际存在的限制，你会做何反应？当你体验到被他人约束时，尝试着进入到与之相关的任何恐惧或焦虑感当中去。观察任何与陷入不适有关的恐惧，并思考可能的原因。你认为是什么激起了你对限制的恐惧？观察到你真心渴望爱，却又纵情于享乐之中。留意你为了舒服而怎样放纵自己。注意你是否会把限制等同于缺乏爱，把放纵等同于爱，并想想这是为什么。如果你发现某种痛苦的经历似乎使你愈加想要寻欢作乐，感觉一下你内心正在发生些什么。想想你真正想要从你最亲近的人那里得到什么，并且注意你是否明明想要得到他们的爱和关注，却转而敦促他们与你一同玩乐。

活在未来，或者为将来而活着，避免活在当下

观察到当你专注于未来时发生了什么。如果你感到有一种计划未来冒险的冲动，那么探究一下你更深层次的动机。留意你对未来的憧憬是什么样子的，以及你如何利用它们来逃避（或补偿）当下正在发生的事情。想一想，当你把注意力集中在未来将要发生的事情上时，此时此刻正在发生着什么。观察你可能有的幻想未来的倾向——幻想一个极致的乌托邦或极为乐观的未来景象。当你创造这些积极的、未来的影像时，你更深层的动机是什么？你所想象的未来，到底好在哪里？是不是有什么你特别想摆脱的东西？试着放慢你的节奏，留心当下的发生，尤其是当任何情绪或感觉出现时。

自我问询与反思：收集更多信息来扩展你的自我认知

当七号在自己身上观察到上述这些以及其他相关模式，成长的下一步就是更加深入地理解这些模式。为此，七号可以问自己如下问题：

这些模式是如何形成的？为何会形成？如何帮助我应对？

通过了解防御模式的根源及其作为应对策略的运作方式，七号就有机会更清楚地认识到，自己如何以及为何要回避更为深刻和阴暗的体验，总是停留在事物表面。如果七号可以讲述他们童年生活的故事，寻找出他们为了从恐惧和痛苦中解脱出来都使用了哪些方法，就会对年幼的自己有更多的慈悲，其幼年发展出这些策略可能是为了保持快乐。探索他们习惯性模式形成的根源和方式，也能为七号提供一个更宽广的视角，看到他们对快乐的追求是如何适得其反地阻碍了自己拥有更丰富、更完满的生活体验。洞察自己对轻快多变的需求，实际上怎样掩盖了生命体验的许多重要层面，有助于七号意识到其人格模式怎样帮助他们保持舒适，却也阻碍了他们接触到内心深处生命力的源泉。明白渴求自由逃避痛苦是他们在童年的自我保护方式，七号就能认识到，即便在他们相信自己是自由的时候，他们实际上也被困在了人格的"橡子外壳"中。

这些模式的产生，是为了保护我免受什么样的痛苦情绪？

我们所有人的人格运作都是为了保护我们免受痛苦情绪，包括心理学家卡伦·霍妮所称的"基本焦虑"——基本需求未被满足时所盘踞的情绪压力。然而，对于七号来说，他们特有的"虚假自我"人格正是为了帮助他们避免觉察到痛苦情绪。七号人格模式的形成，往往是对其早期生活中没有获得足够的保护，或者没有获得正确保护的回应，于是他们防御性地分散注意力，以避免体验到诸如痛苦、悲伤、恐惧、焦虑、嫉妒和缺失感等艰难情绪。七号人格模式也是我们所有人格模式都有的原型，在某种程度上帮助我们关注并产生良好的感受，以保护我们免受不良情绪的伤害。虽然这在童年时期很有必要，但为了拥有健康的人际关系，并在成年以后有所成长，我们必须看到，自己对痛苦的早期防御机制是如何阻碍了我们更加充分地表达自我的。

我为什么在这么做？此刻七号的模式在我身上如何运作？

通过反思这些模式的运作机理，七号可以开始更加深入地觉察到，当他们感到不舒服时会如何分散自己的注意力，他们是如何制订计划又预留退路的。如果七号能有意识地捕捉到自己避免做出承诺的举动，就会觉察到驱使他们在正向刺激中寻求慰藉的深层动机。当七号发觉自己自动将注意力转移到追求享乐上，实际却剥夺了自身更深层的鲜活生命力以及与他人的连接，一定会眼前一亮。通过追踪自己的思维习惯，他们可以看到，即使那些模式试图保证快乐和兴奋，但只要他们仍然卡在旧有模式中，便无法理想地体验到自己潜能。当看到性格模式是如何始终抑制着自己，七号便为自己打开了一扇通往更完整满足感的大门。

这些模式的盲点是什么？我不想让自己看到的是什么？

要想真正地增强自我认知，重要的是在人格模式上演的时刻，提醒自己去关注原来没有看到的地方。七号倾向于关注能让自己感觉良好、提起兴趣的事物，但是由于他们为了维护自由和避免限制，总是关注自己的优先事项，因而无法对其他人的需求和愿望给予足够的关注。此外，尽管他们对他人的意图通常是纯粹和积极的，但他们不愿意融入自己更深层的感情，也意味着他们无意识地回避了对他人的共情。七号会习惯性地把难过的感受转移到阴影里，而这恰恰导致他们会陷入这些试图避免的痛苦体验。当你看不到与自己的痛苦和不适连接的价值，就很难有效地转化它们来支持你的成长和拓展。如果敏感、恐惧和悲伤对你都是盲点，你如何能够与内心深处建立起有效而活跃的连接呢？当你无法看到自己的深层情感——因为害怕困于其中而不允许它们浮出水面——你很难唤醒全部的你。花些心思去察看那些你未曾看到的，这会帮助你摆脱总是需要感觉良好的习性，让你意识到自己有能力感到完整。

这些模式的影响或后果是什么？它们是如何困住我的？

七号防御策略的讽刺之处在于，他们试图始终保持快乐，这恰恰限制了他们体验人类所有情感并且有所成长的能力。当你只对快乐感兴趣，就无法开展超越人格模式（“橡子”）的内在工作，因为你没有“深入地下”破开外壳的愿望或毅力。正如第二章里所讨论的，对我们所有人来说，要成长到更高层状态，必须彻底地体验恐惧、痛苦以及所有我们回避的情绪——我们为了在这个世界上生存而采取的各种应对策略。当我们（有意识或无意识地）决定只去体验生活积极的一面时，便阻碍了自己去经历“灵魂之暗夜”，而这是任何觉醒和回归真实自我的内心旅程所必须经历的。如果你无法直面黑暗的情绪，彻底地感受它们，接收它们带来的“你是谁”的信息，并放下它们，你就无法破开橡子壳，让内在的未来橡树得以彰显。

自我发展：追求更高层级的意识状态

对于所有寻求觉醒的人来说，善用基于型号的相关知识来发展成长的下一步，就是把更多有意识的努力投注到我们所做的一切中，无论思考、感受、行动上都带着更多觉察，更有选择性。当七号观察到自己的核心模式，并审视其形成根源、运作模式和影响后果后，可参考如下建议。

1. 能做什么来化解三种主要的七号人格模式

聚焦快乐以逃避痛苦

对自己避苦趋乐的动态更有觉知。只有当七号持续观察自己是如何自动地逃离痛苦、寻求快乐的时候，他们才能看清楚，这种逃避的途径其实是一种幻觉。学习忍受不适的第一步，是放慢逃入快乐的过程，并观察它是如何发生的。七号越能用心地观察到自己一有些许痛苦就否认、回避或逃离，就越能够保持开放，有意识地选择与艰难体验共处，并了解到自己是能够在痛苦中生存和成长的。

别把一袋风错当成一袋财宝。正如奥德修斯和他的船员们的例子，水手们因贪图那袋财宝会带来的享乐而打开袋子，结果被一路吹回伊奥利亚；七号在如此孤注一掷于享乐的同时，也面临着为自己制造更多痛苦的危险。[32] 在脑海中精心描绘的那些美丽画面，是想象中虚构的逃避，玄妙的可能性实际上并没有太多意义。仅仅因为你能专注于快乐并想象那围墙外更生机盎然的东西，并不意味着你在现实生活中就不必经历痛苦。只要七号还相信，通过沉浸在愉悦的体验、头脑想象的积极画面和开派对的计划中，就能避免处理困难情绪，那他们就无法在内在旅程中取得很大进展。

认识到苦中有乐，唯乐则苦。虽然七号喜欢重新定义，但当他们意识到痛苦中亦有快乐，太多快乐带来痛苦时，他们就能够醒悟这至关重要的真相。虽然看似矛盾，但面对自己的恐惧，接触自己的痛苦，的确可以带来更多生活和关系方面的快乐。太多美好事物通常反而会导致某种痛苦。定期提醒自己这种效应，可以帮助七号扭转原本所持的必须通过快乐来避免痛苦的信念，并下功夫进一步打开自我，让所有的内心地带一览无余。

把放纵和带着爱的无拘无束相混淆

焦虑是解脱的副作用。哲学家索伦·克尔凯郭尔（Soren Kierkegaard）曾说过："焦虑是自由的眩晕。"七号可以用这个理念来提醒自己，焦虑是自由固有的一部分，你无法通过寻求无限自由来逃避它。走向焦虑而非远离，并理解它的根源，可以帮助七号穿越焦虑，从而真正地脱离它。

了解爱和快乐的区别。如果接收快乐是七号早年生活中少有的感到被爱的方式，他们就很容易混淆爱和快乐。七号经常聚焦在快乐上，认为这就是关系中幸福的方式，但真正的爱和关系需要全身心投入到与对方相处的体验中去，而非仅仅投入快乐或愉快的部分。七号的成长也意味着，看到自己用追求乐趣和享受快乐来替代爱。现代心理学家已经超越了弗洛伊德的"快乐原则"，即人类的主要动机在于追求快乐。虽然快乐是七号的主要动机，但弗洛伊德派理论家明智地指出，人类幸福满足的首要关键不在于快乐，而在于与他人接触的质量。

以他人为参照，平衡自由与连接。如上所述，七号的主要参照或关注对象，是他们自己的需求、感觉和欲望。学会有意识地更多关注他人，有助于平衡七号对自由的强迫性需求，发展出与他人相处、更为他人着想的能力。虽然七号并不缺乏人际交往，也会主动接近他人，但他们与人接触的动机，可能与激发其诸多关键人格习惯的防御性动机相同，都是出于寻求快乐。对七号来说，重要的是让自己有机会学习更深地融入关系中，不再把关系看作是借由刺激寻求庇护的方式，而是通过关系让自己的体验更加完整，能够与其他人拥有更亲密而全然的连接。通常这是有趣而令人兴奋的，但很多时候也难免不尽如人意。七号要想成长，就需要学习真正地与朋友和伴侣"在一起"，与自己的喜悦同在，也与自己低落的情绪同在，与自己痛苦的挣扎同在。

活在未来，或者为将来而活着，避免活在当下

看到你从"现在"逃到"以后"的所有方式。对七号来说，观察和检视自己如何趋向快乐以远离痛苦是很重要的，同样，留意自己是如何聚焦未来以逃

避当下也能够让七号变得更有意识。如果你是一个七号，当你注意到自己被一个未来幻想所吸引时，试着明了你怎样才能把自己所渴望的带入到当下。把注意力集中在今天，而不是明天或下周。意识到当你计划出游或想来一场理想化的旅行时，这样的冲动是个信号，表明你可能正难以接受当下的现状。我最喜爱的一位诗人 T.S. 艾略特在他的四行诗《四个四重奏》中强调了活在当下的重要性，在这些诗中，他优美地传达了一个可能值得七号注意并有所裨益的观点：当我们逃避当下，我们是在剥夺自己的生命，我们唯一可以真正活在的地方，唯有此时此地。专注在这一刻，放下回忆或想象吧。艾略特写道，“过去的时间和未来的时间 / 只容少许在意”，重在当下。对于此刻，他将其称之为“旋转世界的静止点”。艾略特诗意地说明了逃避现在是种非常危险的倾向，现在是我们有意识地活着和爱着的唯一可能所在，他写道：“欲望的本性是躁动的 / 并不值得向往 / 爱的本性是静止不动的 / 是运动结束的缘由。”[33]

允许更充分全然地体验痛苦和其他不舒服的情绪。驱动大多数人做内在成长功课的正是他们痛苦的经历。身为心理治疗师，我一直在探寻以最直接、最有效的方式帮助人们，许多更为资深的治疗师都向我建议要“跟随痛苦”。如果你不允许自己充分体验痛苦情绪，就很难有动力去做成长过程所必需的功课。因此，这种不愿完全感受痛苦的情绪是七号有关“幼稚”原型的一部分，对彼得・潘——一个“永远的孩子”的描绘，也表现出这一原型。确实，七号的人格层面之一就是不想长大。所有人格类型都以自己的原型方式抗拒成长过程，对七号而言，就是想要保持美好感受，而不愿进入不良感受。既然知道了这一点，七号就需要全力以赴，寻找能够更充分地体会痛苦的办法，这将激励他们开始“回家”的旅程，活出全部潜能，成为他们真实的样子。无论是通过冥想、他人的支持或是结合支持性练习，当七号学会感受痛苦，就会受益匪浅。

冒险活在当下。有一个简单（但并不总是容易）的方法，可以让七号开始为自己的痛苦情绪腾出更多空间，那就是练习活在当下。不断地提醒自己回到身体里，通过呼吸安住在当下，或者去检查自己有些什么样的感受，这可以帮助七号尝试着不逃离现在正在发生的事情。当发现自己沉溺在对未来的幻想中时，有意识地保持观察，并努力自己去发现当下的美好，这也有助于七号放慢下来，活在此时此地。如果这类事情让七号觉得很困难（或无聊），那寻求他人的支持协助

可能会很重要。随着七号学会更加平静，更加安住当下，他们可能会需要进一步的支持，帮助他们抱持练习中可能产生的困难情绪。这可能有助于七号明白，更深层地去体验当下浮现出来的感受，会打开通往“橡树真我”的高层能力和更大喜悦的入口。

2. 七号的内在流动：运用箭头连线绘制成长路径

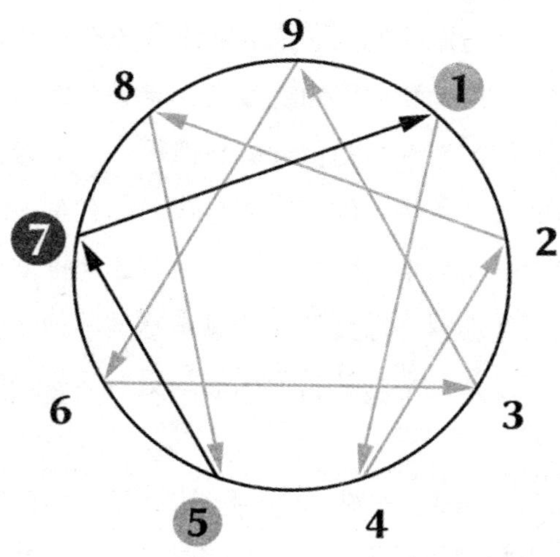

七号去到一号：更有觉知地善用一号“压力成长点”来发展和拓展

七号的内在流动成长路径，要求其直接面对一号位置所代表的挑战：对什么才是理想的和“对的”建立更广泛的理解和更清晰的认识，从而稳步而专注地采取行动，为更高利益服务。不难想象，当七号向一号移动时，可能会因感到焦虑和沮丧（并可能变得完美主义或自我批评）而觉得不舒服。然而，如若有意识地加以运用，一号的经验能够帮助七号从梦境和幻想中出来，更现实地接受标准和限制。如果七号是无意识地去到一号，可能会导致焦虑地抵制规则和惯例所带来的约束。但如果他们更有意识地前进到一号，则可以开放地接受基于标准和精确的支持性架构，来协助自己实现理想。与其陷落在想象出来的或理想化的未来中，七号可以找到办法接受特定的限制，在当下就务实地把计划付诸行动。因此，七号可以从一号的高层状态中获得鼓舞，这种方式既有助于他们表达对创造性发明的灵感，也有助于他们在更大范畴的“好”或“完美”中实现自己实际所做的事。七号对计划和玩乐的关注，在极端情况下，会阻碍他们以认真而有纪律的方式向前推进。去到一号可以帮助七号所想象的可能性得以更实际、更可行、更完善。

当七号有意识地这样修炼，将能够随时使用一号在健康状态下的工具：勤奋、自律、有责任感，以及将结构用于建设性目的的直觉。一号的理想主义是致力于更大的社会利益，而非自我利益，这点可以启迪七号在健康的自我关注和无私之间趋于平衡，从而使他们的愿景能够更有效地契合并服务于更崇高的事业。一号天生对秩序、结构和节律的赏鉴力，能够帮助七号将计划和创造性的想法付诸实施，为他们实现梦想提供架构和惯例。当七号去向一号时，他们可能会抗拒因对细节的关注所带来的无聊或乏味；而有意识地整合一号的高层品质，则可帮助他们学会将热情与实用相结合，有效地推动事态发展。尽管热爱自由的七号一开始可能会对一号爱评判的倾向感到不适，但一号客观、批判性分析的天然技巧，可以帮助七号让自己的愿景更有架构，并克制他们对一切限制的叛逆。

如果七号能够就此减少因为去到一号、承受压力而产生的挑剔和控制倾向，在自己似一号的能力中找到一种力量感——守时，信守日程安排，在有结构性（和支持性）的约束下工作——便能达致一种高层的整合，将自己的创造性思维才能与适当的控制感和纪律性整合在一起。当七号能够平衡一号过度控制和七号欠缺控制的倾向时，就能实现认真和轻松的完美结合，这种结合代表了更高层、更健康的发展水平。

七号回到五号：更有觉知地善用五号“孩童之心点”和解童年主题，找到支持自己前进的安全感

七号的成长之路，敦促他们重新找回健康的克制，以及退缩和反思的能力，而这正是五号人格的特质。七号可能在童年有过这样的经历：他们需要退到一个私人空间来回避恐惧，却不被允许。他们可能因此觉得，自然的恐惧感和相关的退缩愿望是不可接受的，因而变得更主动地管理外部世界，通过魅力来解除外部权威潜在的限制。出于这样或那样的原因，七号认为表露出恐惧，或表达自己想要抓住宝贵资源的愿望并不安全或不可取。因此，七号会在压力或安全的情况下回到五号，将其作为一个资源点，在那儿他们可以撤退到一个安全的地方休息，或巩固自己的立场，并获得内在支持。就此，向五号移动可以代表一种渴望，即少一些社交，少一些“对外”，让自己更有边界，更安全地远离社交纷扰。

出于这些原因，回到五号可能是七号从人群中退出的一种方式，来减少过度社交的需要。有意识地汲取五号的高层品质，可以帮助七号找到一种健康的方式去进入内心，以一种不那么狂躁的方式进行自己的思维。但是，由于五号位置也代表了七号在童年时期不得不压抑的自然部分，因而强迫性地回到五号位置，可能会导致七号在过于乐观、过于热情的爱社交和五号的完全退出之间摇摆的风险。当七号出于焦虑或是无意识地返回到了五号，可能无法恢复健康的隐私感和内在的平静，因为他们只是暂时性关闭，来避免过度承诺和过量活动。此外，正如桑德拉·迈特丽所说的，当通常无忧无虑的七号受到害怕失去和内心空虚感的驱使，产生一种幼稚的内在匮乏感时，便会转向五号。[34]

然而，在有意识的引导下，七号可以通过向五号的移动，来建立一种健康的平衡，缓和参与社交世界刺激的愿望，适时健康地退出社会舞台，让自己休息并恢复活力。七号可以专注于自己曾经不得已压抑了的内在小孩的五号高层品质，比如需要放松，不必通过交际手腕和幽默来应对外部世界。这需要有意识地尊重自己内在可能需要回退、躲藏和享受私人乐趣空间的那一部分，而不担心内心枯竭。七号可以选择有意识地提醒自己，可以偶尔退后一下重拾自己的内在资源。当他们用这种方式让自己安心的时候，就可以重新整合渴望内在平静的五号冲动，以支持自己在去向一号的成长道路上向前推进。通过这种方式，七号可以有意识地将注意力从外部世界转移到内部世界，并更客观、深思熟虑和周全地决定，如何分配精力以及更经济地使用精力，换言之，如何更用心地照顾好自己。这将使七号学会尊重自己偶尔需要独处的习惯，能够静下心来思考生活中发生的事情，通过这种方式，重拾过去可能不得已压制了的需要，将其作为一种内在支持的来源，帮助自己面对成长性的挑战，有意识地向一号方向移动。

3. 从陋习到美德的转化：借助饕餮，成就清醒

从陋习到美德的发展路径是九型图的核心贡献之一，它揭示了每种型号为

达到更高的意识状态都可以运用的“垂直层面的”成长路径。对于七号来说，他们的陋习（或激情）即是饕餮，其对应面——美德，则是清醒。

随着七号越来越熟悉自己的饕餮体验，并逐渐发展出对其更强的觉察能力，他们便可进而致力于彰显自己的美德——其饕餮激情的“解药”。对于七号而言，清醒这一美德代表了一种通过有意识地展现高层能力所能达到的生命状态。

清醒是这样一种生命状态：超脱了渴求更多的欲望及其无法满足的压力。人格是围绕着填补内心空虚这一需要而构建的，它帮助我们得到自认为为了感觉良好必需的东西，来缓解一种基本焦虑或不安全感。七号表现出一种所有人都有的渴望：只想要美好的感觉，而回避不好的感受。他们对快乐的追求代表了人们抵御恐惧——害怕自己没有足够的安全和保障——的一种方式，遵循自己想要得到更多的冲动，想要更多（自认为）会让自己感觉良好的东西——食物、性、欢乐时光或者智力刺激，希望由此能获得内心的满足感。但问题在于，这种满足感永远不会到来。七号的困境展现出，人们是如何寻觅让自己感觉良好的东西，却永远无法得到满足，因为当我们的人生观被有限的人格观（即“橡子壳”）所束缚时，永远无法得到真正需要的东西来感到满足。

鉴于此，清醒代表了更高层次的态度，并为七号人格所展现的问题提供了答案。通过变得清醒，他们超脱了对快乐的沉迷以及逃避痛苦的需要。他们看穿了那些基于人格的信念的虚假性，即他们试图用越来越多的良好感觉填满自己，来找到所需要的。正如桑德拉·迈特丽所解释的：“不再把自己当作需要被填满的空虚来看待，而是把自己当作旅程本身来看待。”[35]

因此，对于七号来说，专注于清醒意味着做出努力放弃对愉悦体验的追求，转而深入当下更为真实的体验。他们并不需要远离痛苦，奔向快乐，只需要让自己意识到当下的现实与真相，不必向外伸手去获得更多或者逃离。清醒能够激发七号放弃寻找愉悦体验的“高潮”，不管它们是关乎身体的欲望、智力活动还是灵性发展。因此，尽管“清醒”这个词通常指不喝酒或不摄入其他影响精神的物质，但作为七号的美德，则有着更广泛的含义。迈特丽引用了伊查索的话，将清醒描述为给予身体“轻重缓急的分寸感”，处于一种“牢牢扎根于当下的状态，在这种状态下，你所需要的东西不多也不少”。[36]

作为七号，能体现出清醒意味着你已经做了细致的自我观察，对自我下了功夫，意识到了你对享乐主义的偏执。你已经可以做出选择，调节对快乐的追求，把你“从不足的此岸带到有希望的彼岸”。[37] 实现清醒也意味着可以更加立足于当下真正的情感、想法和感觉，你开始明白，真正的满足感在于珍惜真实的自我体验，而非寻求短暂的快乐。

当七号能够展开从陋习到美德的转化工作，觉察到自己是如何为美好体验所吸引以回避不良体验时，他们就能清醒地看到自己的恐惧和不安全感，正是它们滋长了七号对积极事物的需求和抓取。在拥有并充分体验自身的恐惧及任何其他痛苦情绪的过程中，七号为所有人树立了榜样，告诉我们如何克服自己企图抵御痛苦的压力，转而敞开心扉，去认识“我是谁”的深层实相，相信自己能够在感受完整自我的过程中体验到喜悦和幸福。

三种七号副型在从陋习到美德道路上的具体功课

自保七号：可以通过观察并承认自我中心的利己倾向，从而由饕餮走向清醒，以免以支撑安全感为目的的利己主义导致你无意识地关闭自己，而无法接触到更大范围的体验。如果你是这个副型，就要去觉察，你可能怎样出于无意识的恐惧和焦虑，限制了自己对生活中真正重要事物的关注，然后再下功夫打开自己，去体验这些深层动机本身。以保持清醒为目标，留意到自己怎样总是对机会保持机警，要看到这种倾向可能表明，你内心深处害怕没有足够的资源来保证生存或保持舒适。在人际交往中，要察觉到影响你行为的所有动机和潜在情感。允许任何焦虑和痛苦浮出水面，这是减少自我保护和享乐主义动机的第一步。认识到追求自身需求和个人利益有时可能会给他人带来负面影响。观察你是如何合理化你想做的任何事情，得到你需要的任何东西的，哪怕这让你的视野变得狭隘，或者为你（无意）造成的伤害作辩解。通过更有意识地与完整的自己保持连接，你将能够在与亲近的人交往时进入更深层的喜悦中。当你学会接受并允许自己的所有感受，你将会意识到，最大的喜悦源自对自己和他人全部体验的完全开放。

社交七号：可以通过更有意识地觉察自己所做事情背后的动机，从而由饕餮走向清醒。如果你是一个社交七号，试着更清楚地意识到，你希望自己所作出的牺牲或帮助被认可，希望被视为“好人”，不要批判自己利己或以自我为中心。观察并就你内心饕餮 / 反饕餮的两极矛盾下功夫，试着敞开心扉，看看哪些恐惧和需求可能潜藏于内在动力底下。当心那些你可能不愿承认却驱动着你的情感和动机，并支持自己，认同你所有的需要和感受是可以存在的，是重要的。看到你是如何将自私视为犯罪，避免内在的冲突和阴暗的动机。诚实面对这一点：自己可能在用一些方法混淆了利他主义和利己主义。揭露你深层动机的真相，同时努力不要因为你掩盖的任何私利而评判自己是“不好的”。不要因为害怕不被视为“好人”，而妨碍了自己去意识到什么才是真实的。认识到你是如何通过热情来操纵，以及把你的理想主义当作一种智力药物。看到你是如何紧抓着自己的理想主义和为团队服务的理想不放，来避免内心的空虚感。支持你去感受或者持有任何对自己价值感或根本良善的恐惧。嘉许自己的良好意愿，并带着同情心去观察自己的所有意图和局限性。

一对一七号：可以通过观察自己何时会活在想象而非现实中，探索自己为什么这样做，以及这样做时内心发生了什么，从而由饕餮走向清醒。如果你是这个副型，你要学会区分幻想和现实。花些功夫理解你美化现实、理想化人事物的需要，探索这些倾向背后的动机和感受。警觉地识别出你支撑自己幻想的逻辑论点和合理化辩解，了解它们怎样阻碍了你成长和前进。你必须意识到什么时候你用乐观主义掩盖了更深层次的沮丧或恐惧，下功夫发掘这些更深层次的感觉。学习如何忍耐挫折，这样你就可以在现实世界中得到更多想要和需要的东西，而不必依靠幻想来维系。留意到你是否正在进行任何消极攻击式的叛逆，并挖掘可能的动机。尽量去接触更深层次的感情，包括恐惧、悲伤或愤怒。诚实地面对自己，当你以为自己在开展一段关系时，实际上你可能只是在想象中“自行开展它”。当某件事不符合你对它的理想化，对其现实感到失望的时候，察觉到你的失望。当焦虑模糊了你对正在发生的事情的看法时，察觉到你的焦虑。支持自己接触任何你可能感觉到的焦虑，而不是通过热情洋溢和寻求快乐去释放出来。

总结

七号原型代表了这样一种模式：为了应对一个似乎会把我们困在糟糕情绪

和恐惧中的世界，我们回避痛苦，专注享乐。七号的成长道路向我们展示了，如何善用对痛苦的觉知从而完全觉醒过来，唤醒我们完整自我中的“好”与“坏”，成长为所能成为的全部。七号的每一种副型都在以其特定的个性特质教导我们，当我们通过自我观察、自我发展和自我认知，将对恐惧的忧惧和对痛苦的无意识厌恶转化为一种完全清醒的能力，活在我们真正所是和真实感受的实相中，开启通往更高层能力的大门，将拥有无限的可能性。

六号原型：主型、副型和成长道路

六号原型代表了这样一种模式：出于感觉安全的需求，保护自己不受他人和世界伤害。六号的成长道路向我们展示了，如何将恐惧激情及其所有表现转化为勇气和目标的力量，在自己内心找到更强的安全感，从而觉醒过来，成为所能成为的全部。

即使在最好的时光，“安全”也从来都只是暂时性和表面上的。

——艾伦·瓦茨《不安全感的智慧：给焦虑时代的信息》

勇气不仅仅是一种美德，更是任何一种美德的试金石。

——C.S. 刘易斯（C.S.Lewis）

六号所代表的原型，是那种出于对潜在威胁的恐惧，托庇于他人或自身力量来寻求安全的人。这个原型的驱动力是在这个可怕的世界中扫描危险，通过战斗、逃跑或结盟来防御性地应对恐惧和焦虑。

因此，六号是我们所有人身上都有的这种倾向的原型：当我们面对人类与生俱来的、自然升起的恐惧，（尤其是）我们想与自己的人格模式不一致而感受到的恐惧时，需要在世界上找到一种安全感。所有的人格类型都会以不同方式感受到恐惧，但是六号所传达出的理念是“只要我认同自己的人格结构，我就活在恐惧中”。[1]“橡子自我”并不了解没有恐惧的生活，只有“橡树真我”才能超越恐惧和焦虑。

六号代表我们为了超越小我所必经的转变之路上的一个基本步骤。在观察到我们的习惯性模式，从而得以不认同且脱离小我人格（即三号位置所象征的）之后，我们必须全力以赴地找到方法面对恐惧，穿越失去小我所升起的焦虑，与人格最初为了保护我们而防御性地隔离开的情绪再次连接起来。

六号位置揭示了我们放下防御时的心理恐惧，那种当我们鼓起勇气，允许自己变得脆弱和不设防备时必然会产生的焦虑。而如果我们想要成长为真实的自我，就必须克服这份焦虑。桑德拉·迈特丽强调了这样一个事实：虽然在当今时代，“生存问题已远不及之前的时代那么重要”，因为大部分人已经不再把温饱作为生活的主要焦点，“但是这并没有减少我们的恐惧”。[2]

因此，六号代表了这样一种人类普遍倾向的原型：在恐惧中紧缩，并发展出一种能在年幼时期保护我们的人格模式，它是对“身为大千世界中的小人物理所当然会产生的恐惧”的回应。心理学家把“基本信任”描述为：在世界上感受到幸福所必需的一个早期成长阶段。[3] 如果无法在环境中获得某种程度的信心和信任，我们就很难（或不可能）安定地生活，发展原本的能力。

六号原型，就像广为人知的说法“战斗或逃跑”，体现出人类对恐惧正常反应的基本模式。（有时“冻结僵住”也被包括在对恐惧的基本反应中，所以也会说“战斗、逃跑或僵住”。）正如所有动物一样，恐惧显然也代表了人类的一种重要生存机制，因为它会警醒我们危险的存在。在六号的三种副型中，我们将看到三种应对恐惧的基本反应是如何塑造人格的。[4]

这三种六号反映出对恐惧的特定反应，无论是在自然世界还是在文明社会：当我们感到恐惧时，我们要么逃跑，要么变得强悍并战斗，要么寻求我们认为更强大之人的保护。这使得要用一套特性来描述六号颇有一些难度，同样，这也解释了为什么六号的三种副型有着如此显著的差别。与恐惧相关的复杂情绪、思维和行为模式，是驱动三种副型的三种迥异方式的核心所在。

在社会层面，我们发现六号原型的主题在权力动力学中表现为“我们对抗他们”的态度、威权主义和各种形式的等级制度。纳兰霍将恐惧与权威和权力联系起来，因为恐惧源于一种童年经历，即小孩子在父母面前显得渺小，而父母在小孩子眼中则看起来像巨人。父亲形象是大多数家庭中权力的典型象征（如果不是权力的实际执行者的话），因此从那时起，父子关系就成了我们所经历的权力关系（上下级关系）的模板。[5] 正如纳兰霍所说：“恐惧是把社交世界引向独断专横或俯首称臣的一种激情。”[6]

六号有很好的分析头脑，他们可以成为自己信任之人极为忠诚和坚定的朋友。他们是出色的战略家，善于解答疑难，解决问题。他们学会了在潜在的焦虑感中生活，在处理危机时冷静而老练。他们能够奋起反抗剥削民众的权威，也会真诚拥护受压迫者的事业。出于一种天生的直觉，他们能够很好地读懂人心。洞察伪装、发现别有用心和隐藏事务的天赋，是他们特有的“超能力”。

然而，与所有原型人格一样，六号的天赋和力量也代表着他们的“致命缺点”或“要害弱点”：六号人格是伟大的批判性思考者，却可能因此陷入怀疑、无休止的质疑和过度分析中。他们擅长计划和准备，但过于关注最坏的情况和可能出错的地方也会导致他们止步不前，无法采取行动。他们杞人忧天，任凭自己受焦虑的驱使，或者通过攻击性和冒险的行为来否定自己的恐惧。他们可能在一些重大方面质疑权威，或者对权威产生怀疑、不信任或反叛。他们会陷入逆向思维，变得犹豫不决，也会混淆准确的直觉与自己投射到他人身上的恐惧。

如果他们能用真正的洞察力和思路清晰的分析，来平衡其表现出的无意识的恐惧和焦虑倾向，六号可以是明智、周全、忠实的朋友、同盟和顾问。

《荷马史诗·奥德赛》中的六号原型——莱斯特律戈涅斯人

尽管奥德修斯和他的手下在旅途中历经千难万险，但其中与莱斯特律戈涅斯人的遭遇却是最可怕、最灾难性的。

连续六天六夜划桨行进后，奥德修斯带着他的十二艘船停泊在一个看似平静的港口，也就是莱斯特律戈涅斯国。三个船员登陆探查，遇到了国王的女儿，她指引他们去王宫。当这三个人进入时，被身形巨大的王后吓坏了。她立即呼唤国王，两人开始攻击船员们，把其中一个撕碎了吃掉。

幸存的船员逃回船上，但数百名巨大的莱斯特律戈涅斯人紧追到港口，举起巨石攻击十二艘船。只有从绝望的恐惧中产生的力量才能拯救奥德修斯的船队：

> “埋头划桨吧，不然就死定了！”在死亡的恐惧下，他们破浪奋进——齐心协力如同一人——当我们冲向大海、摆脱了那些崎岖陡峭的悬崖，我们是多么高兴啊……只剩下我的船。其余的船只都惨遭不幸，我们的中队沉没了。[7]

莱斯特律戈涅斯人足够强大，不必惧怕任何人。但他们的反应却过于激烈，而且很快就假定任何接近他们的人都是敌人。就像是六号低层状态的一个夸张象征，他们专注于消极预测而只看到威胁。莱斯特律戈涅斯人对麻烦威胁的警惕到了偏执的程度，他们不会停下来做理性解释，一旦恐惧来临，便不会再调查事实真相到底是什么。[8]

六号的人格结构

六号位于九型图内三角的左下角，是脑中心三元组的“核心点”，主要围绕着恐惧这一核心情绪，以及对安全的忧思。他们感到世界是一个充满危险和不确定性的地方，因此把注意力集中在思考可能会出现的问题，并为潜在的问题制订策略，做好准备。他们的思维所关注的，既有实际可能的陷阱，也有在头脑中想象出来的麻烦。但无论是哪一种情况，他们往往发现自己很难停止对内心产生的负面预测的担忧。

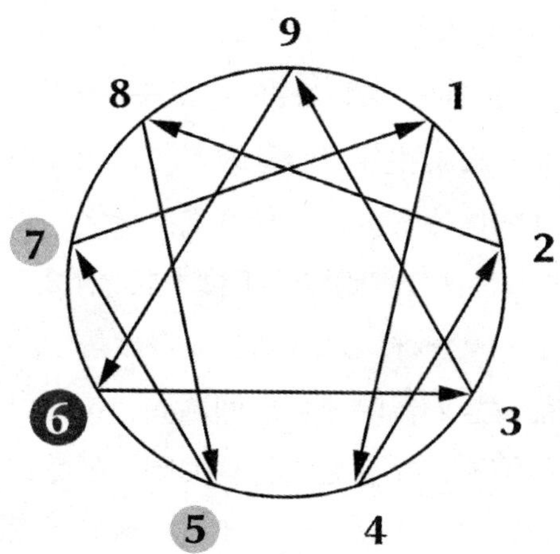

虽然恐惧既代表了脑中心三元组的核心情绪，也是六号的激情或主要特征，但六号对自己“出于恐惧而有所举动”的觉知程度却各有不同，有些六号可能根本没有意识到是恐惧驱动了自己的许多防御习惯。脑中心三元组的每一种型号都与其早期的恐惧经历有关，也是这种经历塑造了他们的人格。五号变得脱离人群，把对他人的需求降到最低；七号专注于积极和令人兴奋的事情；六号则试图理解威胁和不确定的结果，以防患于未然。

六号的童年应对策略

六号人格通常始于孩子在生命早期经历了某种持续性威胁，这类个体在很小的时候就意识到世界是一个危险的地方。很多六号会诉说他们与酗酒、精神病、暴力或无力保护他们的父母生活在一起的故事。他们可能曾经期望落空，面临客观存在的危险，或时常遭受惩罚等。

由于与不值得信任、不可预测或反复无常等的看护者生活在一起，六号孩子发展出了一种应对策略，其核心即成为一个能够见微知著、捕捉危险或威胁信号的专家。他们擅长发现蛛丝马迹来预知下一步会发生什么，以让自己能够应对挑战性的或可怕的情况，及时做好准备或者先发制人。这种技能塑造了孩子接受和处理外界信息的基本方式。

因此，基于对他人负面或威胁性意图的迹象——无论细微的还是明显的——的警觉，六号发展出一种收集和分类信息的方法，能够预测是否以及何时有人会伤害他们，这是其试图保持安全的一种方式。最终，六号大脑的自动分类过程，被调整到探测不一致性或任何隐藏在事物表面之下的东西。

不论有意识地还是无意识地，六号都会变得聚焦于感知外界负面信息，预先察觉并未雨绸缪可能发生的危险或会出问题的状况。借由想象，六号发展出了一种可以探测问题的雷达，并且无法将其关闭。虽然这种习惯使他们具有了高度的直觉和分析能力，但这些倾向也会让他们偏向于设想最坏情况、投射和自我实现的预言。六号擅长洞察假象背后的东西，但也会在头脑中制造出不存在的危险来证实内心的威胁感或怀疑感。

如上所述，六号对恐惧的生存反应类似于“战斗或逃跑”的应激反应。“逃跑”（或认同恐惧，“恐惧型”）策略是逃离、隐藏、以某种方式撤退，或者寻求他人的保护。“战斗”（或否认恐惧，“反恐惧型”）策略是迎向感知到的危险源头，并通过力量或威慑来控制它。在这两个极端之间，还有第三种基于恐惧的生存策略，它代表了恐惧反应和反恐惧反应的混合，在服从或依附权威中寻求安全。这个权威可能是某个实际的人，但往往也可能是由一组指导原则或参考点所形成的非人格权威——一套有关个体应该如何行事的知识体系或思想观念。

鉴于他们过往与反复无常或威胁性权威人物打交道的经历，六号既希望（有时是无意识的）有一个真正好的权威，又质疑和对抗他们生活中的权威。由于六号习惯性地怀疑任何权力凌驾他们之上的人，他们对一般不熟悉的人，尤其是对权威人物保持警惕或怀疑态度。然而重要的是，这三种副型在对待权威的方式上有很大不同：自保（恐惧型）六号倾向于以最安静的方式回避；社交六号最为服从和屈服；一对一（反恐惧型）六号是最具竞争性和反叛的。尽管如此，如果情况需要，这三种副型都有怀疑主义和反权威主义的倾向。

六号与权威的主题，通常源于早期与独裁父亲或过度保护的母亲相处的经历。威胁性的父亲形象强化了孩子对拒绝或惩罚的恐惧，而焦虑或过度保护型的母亲可能给孩子传达这样一个讯息：世界不安全，你没有内在资源来应对外部威胁。但是，六号的父亲也可能缺席或是软弱的，父亲的特定状态会影响六号的主导副型。纳兰霍认为，倾向于英雄崇拜和不安全感（自保或社交）的六号往往表现出对一个未曾拥有的“好父亲”的过度需求，而自大、把自己视为英雄的六号（一对一六号）则可能经历了与父亲的对抗或竞争（或代替了软弱的父亲）。[9]

因此，六号孩子经常因为缺乏一个好的“第一权威”而受苦，这个权威本该在他们面对威胁时提供信心和安全的典范。有鉴于此，六号的应对策略也可以看作是对缺乏一个强大、保护、仁慈的父亲形象的补偿。

杰克，一位六号，描述了他的童年处境和应对策略的发展：

杰克是三个孩子中的长子。从他出生起，他母亲就患有偏头痛，在工作日她通常还能够应付，但每周五都会因为偏头痛发作而虚弱无力。当时，没有任何药物可以减轻她的疼痛，所以她整个周末什么事都做不了。杰克的父亲（五号）严重缺席。由于母亲常常不在身边，父亲也不在身边，杰克体验到了生活的不确定性和权威人物的不可靠。在这种情况下，杰克觉得他必须独立，因为他真正能够依靠的只有自己。

杰克的母亲是位恐惧型六号，杰克把她的信念内化了，认为这个世界是个不安全的地方。她对安全感的焦虑使杰克也产生了一种潜在的恐惧感。而他的父亲并非一个坚强的好榜样，当母亲在别人面前斥责父亲而父亲却不为自己辩护时，杰克会感到生气。他会因为母亲羞辱父亲而生母亲的气，也会因为父亲如此被动而对父亲生气。他可以看到，自己想要坚强和独立的动力，来自目睹父母的冲突，以及为了逃避父母而需要独自离开的痛苦经历。

杰克很早就知道，他不得不成为自己的权威。虽然他非常希望在生活中找到一个强大的权威，但他承认自己很挑剔，总是保持警惕，并在他人的言行中寻找不一致之处，无论是潜在的权威人物还是在其他人际关系中。他的一生中，只有少数权威人物受到他高度尊重，因为他总忍不住认为别人是不可信赖的。他找寻自己可以信任的好权威、好人，但又总是预期对方会让自己失望或证明他们是不值得信任的。即使对待朋友，他也总是"等着另一只鞋再掉下来"。他妻子是他生命中唯一能够与之放松相处的人。

六号的主要防御机制：投射和分裂

六号的首要防御机制是投射。和向内投射的情况一样，当一个人把投射作为一种心理保护时，自我和世界之间的心理边界就消失了。当六号开始"投射"时，他们会无意识地否定源于自身内在的东西，并将其"投射到"外在的其他人身上，或觉得那是属于别人的。

正如心理学家南希·麦克威廉姆斯（Nancy McWilliams）所解释的那样，"投射是一个'将内在的东西误认为是来自外部'的过程。在其处于良性和成熟的状态时，它是共情的基础……但在其恶性状态时，投射则会导致危险的误解。"[10] 六号以察觉威胁为导向，出于在心理上保护自己不受内在恐惧伤害的缘由，他们无意识地将自身的恐惧"投射出去"或者"摆脱掉它"，想象它是起源于外部世界，通常是由另外一个人引起的。例如，当一个六号对自己有评判或不安全感时，她可能会想象其他人在评判她。通过将恐惧的源头定位于外部的某个人，她可以避免评判或不安全感带来的痛苦，然后以某种特定方式将内在批判的痛苦与那个人联系起来，以管理（或试图控制）内心批判的痛苦。

就像四号利用向内投射的防御机制来应对外部的威胁，通过把外在的威胁内化为自己的内在体验，以便更好地控制它；同样，六号在处理不舒服的感觉，比如恐惧和自我怀疑时，会把它们当作是别人造成的。通过将自己不想承认的动机、感受或想法归因于另一个人，他们将其从内在体验中驱除出去，并在内心感到更安全。如果是别人让六号体验到不好的感受，他们可以离开，或者友好地对待对方。对于六号来说，管理一种来自内在的不良感受也许更加困难，或更具威胁性。故而，投射可以让六号通过把这些感受放到自己之外，而逃避与自己感受和想法相关的责备与威胁，因此也让六号相信，不舒服的感觉是由其他人引起的。

尽管投射起到了防御的作用，缓解了内心的威胁感，但它也会引发许多问题，正如麦克威廉姆斯所指出的："当投射的态度严重扭曲了投射的对象，或者当投射的内容是由自我不愿承认或者极其负面的部分构成时，可想而知各种困难将接踵而至。他人会因被误解而感到愤恨，当他们被视作诸如爱评判的、嫉妒的或迫害的人时，可能会报复。"[11] 将恐惧和其他内心体验投射到他人身上的习惯，也会导致一些本质上猜疑或多疑的情感和行为，因为当你习惯性地将自己的恐惧和不适的来源投射到他人身上时，你就无意识地制造出了怀疑他人、不信任他人或认为他人是危险和潜在威胁的理由。

除了投射，六号也会使用第二大防御机制：分裂。分裂起源于童年的早期阶段，该阶段的婴儿需要用"好的"和"坏的"来组织自己对于"客体"（外部世界的他人）的感知。早在幼儿时期，孩子们就已能够理解这样一个事实，即好的和坏的品质可以在一个人或一个体验中共存（这被称为矛盾心理，会在后期实现），分裂作为一种防御性的运作，可以减少焦虑和保持自尊。[12]

当有人将一个人或一个群体视为全都好或全都坏时，我们就可以发现分裂的迹象——既可以在个人层面也可以在集体层面。这也会发生在政治中，比如一方将对手妖魔化，以及在战争中，当我们认为敌人是完全邪恶的时候。在个体心理学中，或者更具体地说，在六号个体的心理学中，可以用分裂来明确区分谁是好的谁是坏的，以此来减少恐惧感——他们清晰地定位"坏"或恐惧的来源，以便更容易地应对它。如果你认为自己是坏的，别人是好的，那你可以试着变得更好，依靠别人来保护你。如果你认为自己是好的，别人是坏的，那你可以保持你的自尊，用积极的内部资源来保护你免受来自外部某处的特定威胁。

分裂是许多六号体验到很大程度的内疚和自责的心理原因，也是他们坚信自己总有不好的原因。然而，这也可以是双向的，六号也会把他们不喜欢或认为不值得信任的人看作是全部都坏，即使客观上那些人同时具有"坏"和"好"

的特质。

六号的注意力焦点

六号习惯于选择性地关注潜在的威胁，以及在想象层面解读发生的事情，基于这种习性，六号发展出一套处世之道。他们倾向于对事物的复杂性保持警惕，将头脑集中于感知、理解人和事态的方方面面。六号的焦点还集中在怀疑、质疑自己、他人以及来自外在世界的信息。根据副型的不同，怀疑的具体焦点也会有所变化。

在这个他们认为充满潜在危险的世界中，出于对安全的基本需求，六号将注意力聚焦于环境中（或他们自己头脑中）的负面信息上，这些信息可能预示着他们的安全会受到威胁。当遇到其他人时，六号起初往往持有一种谨慎和不信任的态度，质疑他人的动机，直到弄明白对方的意图为止。他人都在六号的观察之中，直到通过经验或证据赢得六号的信任。由于六号是通过对负面信息的感知和直觉来寻找危险的，由于专注于寻找本身，结果有时会制造出危险。

如果六号感知到有什么东西引起了他们的怀疑，他们的思绪就会转移到建构最糟糕的情况上。一般来说，六号很信任自己扫描问题的雷达，以及从环境中获取细微信息的直觉能力，来确定可能发生的情况和可能需要做的准备工作。这种注意力习惯在有些时候的确可以带来对境况准确而有洞见的解读，或者对正在发生的事情深刻、直觉性的理解，然而也有些时候，六号会用基于恐惧的想法来填补他们收集到的客观信息中的空白。也就是说，他们会在不经意间（无意识地）投射他们基于恐惧的、充斥想象力的思维，创造出一个本不存在的威胁。

六号也倾向于把注意力集中在权威上，要么找寻一个好的权威来指导他们的行动，要么以怀疑的眼光看待那些处于权威位置的人。他们经常对掌握权力的人感到怀疑，怀疑其是否会善用权力。六号也通常自然而然地积极关注弱势群体以及相关事业，因为他们理解脆弱，理解被那些想要支配或压迫他人的权威人物威胁是种什么样的感觉。

聚焦于并采取“挑刺儿”或唱反调的立场，是六号注意力焦点的另一个方面。六号尤其会质疑或反对表达强烈意见的人。他们习惯性地专注不同的观点或相反的立场，作为获得真相的一种方式，把问题的复杂性具体化，或者通过拥护一种被否认、被忽视的观点来挑战或测试他人。对所有事情不断地质疑和分析会使六号感到更加安全，因为他们在收集更多的信息，可以产生或证实确定性。他们在争论中寻找漏洞，既是为了迫使他人证明其可信赖（或更深层的意图），也是为了弄清真相。这种挑刺的角色，关注哪里可能出现问题的习惯，使得六号成为很好的问题解决者，他们在工作场合中经常扮演这个角色。

对于其他性格类型的人来说，六号可能显得过于负面或猜疑、偏执、悲观，但六号通常并不认为自己的观点是悲观的。相反，他们倾向于认为自己是现实的，甚至是理想主义的，因为他们试图通过对每一种情况进行彻底分析，并评估可能出现的错误，来达到最佳状态。

六号的激情：恐惧

恐惧是所有动物确保生存的一种核心情绪，这也正是六号的激情。作为塑造六号人格模式的激情，恐惧有很多种形式，人们会在不同程度上意识到它们。它可以表现为一种对未知的恐惧，可以诱发跟幸福的潜在威胁有关的焦虑和强迫性担忧，或者感觉像自我怀疑或变化不定。它可以表现为与自我意识有关的内疚和羞耻感，或者表现为一种确信，认为某人不可信任或有意想要伤害你。恐惧可以是持续的、麻痹性的；它可以促进服从规则和秩序，以维持控制和安全；又或者，可以表现为出于恐惧的攻击欲望（或冲动），对侵犯的一种有力反抗。

与恐惧密切相关的焦虑，也是六号人格的核心特征。焦虑是一种“出于对危险的预期而忧惧、紧张或不安”的状态。[13] 它与恐惧的区别在于：恐惧被视为是对一个“意识到的、通常是外在的威胁或危险”作出的情绪反应，而焦虑主要是“起源于内心的”。[14] 也就是说，焦虑是我们大脑对未知或未被识别出的威胁的一种反应。

很多情况下，即使没有明确紧急的威胁，焦虑也会产生，因为焦虑常常源自对恐惧本身的恐惧，或者源自我们想象的或仅仅是朦胧感知到的恐惧。纳兰霍把焦虑比作“冻结的恐惧，或是对不再具有威胁性的危险（虽然对它的想象仍在继续着）的冻结的警报”[15]。当六号想象到可怕的情景，或预见到自己将会遭遇危险、受到威胁时，往往会感到与恐惧有关的焦虑。焦虑常常与社会情境相关，六号可能担心会被他人评判、批评或威胁。他们在社交场合的犹豫不决或不适感，可能与自我怀疑或习惯性地怀疑他人的动机和评判有关。面对焦虑时的疑虑或无能为力会进一步加剧他们的焦虑，因此六号的焦虑倾向会变得循环往复、自我强化，并且难以摆脱。

无论是哪一种形式的恐惧或焦虑，无论他们是经常感到被威胁淹没，还是仅仅模糊地感觉到，这些情绪体验以及六号为了应对它们而做的内在努力都会导致一种防御结构，它建立在能在面对威胁时找到生存方法这样的模式的基础上。

六号的认知错误

从外部来看，那些通常驱动着六号的想法和信念可能过于负面了。然而在六号眼中，它们却是对可能出现的问题有所准备或有技巧应对的聪明办法，能够给他们带来一种（可能是虚假的）控制感。六号的核心信念反映了他们在不同情况下的主题：如何感知和管理威胁与风险，在面对现实中真正的危险时创造安全感并找到安全保障，以及如何应对在恐惧驱使下活跃想象力所激化的焦虑。

为了支撑恐惧激情，六号会持有以下核心信念作为其心理组织原则：

· 世界充满危险，为了保持安全，你必须警惕并察觉到问题的迹象。

· 通过想象可能发生的最糟糕的事情，你可以做好准备，这样就有可能保护自己或提前避开。

· 通过预期和预测可能发生的错误，你可以防止犯错、受伤害或陷入糟糕的境地。

· 迫在眉睫的灾难随时可能发生，如果不做好准备，就无法预防或应对它。

· 在一个不确定的世界中寻找确定性和收集信息是感到安全的一种方式。

· 很难完全相信任何东西（或任何人），因为总有值得怀疑的地方。

· 对人们可能如何威胁你、伤害你或利用你保持警惕是好的，这样你就不会措手不及，以至无法保护自己。

·（恐惧型：）通过关注自己容易受他人伤害的地方，可以采取措施减少我的脆弱性。

·（反恐惧型：）通过关注我在生活中必须面对的挑战，可以思考如何积极主动地用力量和强势来克服这些困难。

虽然六号着迷于管理风险和危险的想法，最初是为了借此来保持安全感，在不确定的可怕环境中获得控制感；但成年以后，这些想法实际上却会导致更多的焦虑和压力，因为六号想要永远感到确定或足够的安全看起来是不太可能的。

六号的陷阱

如同其他型号一样，六号的认知执念或“思维迷障”是导致人格模式原地打转的原因。它呈现为一种人格局限无法化解的固有“陷阱”。

鉴于他们的生活策略和关注焦点，六号会体验到这样的困境：尽管他们的习惯是为了帮助自己在一个充满威胁的世界中找到安全感，但事实是，这些防御性的计策让他们陷入了焦虑、恐惧和不安全感。

六号的核心信念令其始终坚信世界充满着威胁，因为他们对恐惧和相关想象的不懈关注很可能会强化而不是减弱对威胁的感知。六号对“哪里可能会出错”这种念头的过分关注，会导致自我破坏和自我实现预言，因为在头脑中制造出这些恐怖的情景，再就其采取行动，这种做法往往无意间让恐惧成真。从某种程度上说，我们的现实往往是由我们的信念和观念所塑造的。通过那些本来旨在帮助自己逃离危险的念头，六号可能在不经意间制造了更多的危险。

六号的关键特质

过度警觉

与六号的焦虑密切相关的是他们的高度警惕性。无论是否有意识，恐惧都是他们的核心特质之一。恐惧会驱使六号对任何危险、威胁或出错的迹象时常保持警惕。由于生性多疑、过于谨慎，六号往往对可能暴露隐患的线索过度敏感。在纳兰霍所描述的“长期警醒状态”下，他们持续地收集数据以减少不确定性，保护自己免遭负面意外，解读现实中潜在危险。

通过不断找寻问题的迹象和其他负面信息，六号形成了习惯性的防御行为.对于一个经常想象会发生最糟糕情况的人来说，保持持续的警惕状态是有意义的。怀有自己生活在一个危险世界的信念，自然会导致始终高度警惕，这种信念往往是由痛苦的经历所支撑的。正如有创伤后应激障碍（PTSD）的人倾向于保持高度警惕，并且对再次经历之前的创伤感到焦虑，六号也会基于对过去遭受的事情的恐惧而保持警觉。

理论导向

恐惧会导致对于该做什么以及该如何做缺乏确定性。所以六号为了做决定，会不断地寻找合适的信息作为决策的基础，然后在头脑中处理这些信息，运用逻辑、推理和理性来做出该做些什么的最佳决策。

正如纳兰霍所指出的，六号“不仅是理智型型号，而且是最为逻辑性的型号，一种致力于理智的型号”。他继而说道：“当需要得到答案来解决问题时，六号比任何其他型号都更加会质疑，因此也是潜藏的哲学家。”[17] 六号生活在理智的领域，理智于他们而言不仅仅是一种解决问题的方法，也是一种为了感觉安全而“寻找问题”的方式。

专注于理论的倾向，为六号提供了一种对抗恐惧和优柔寡断的心理手段，也代表了一种因恐惧而退缩的后果。六号试图通过思维过程本身——过度思考和抽象概念——来寻找安全感，但往往被困在其中，陷入一个无休止的循环中：思维、逻辑运用、质疑自己的结论，然后又需要进一步的思维和推理。如此，六号在抽象和理论中寻得庇护，但这一倾向也代表了一个陷阱，阻碍他们在现实世界中采取行动。

权威导向

权威导向是六号最显著的特征之一。通常，根据早期与权威人物——一般情况下是父母——相处经历的影响，六号对待权威的态度会随三种副型而有所变化。六号生活在一个等级制度的世界里，他们对权威既爱又恨，反映了他们早期的体验：既爱父母，又恨被父母支配或被其以某种方式惩罚。

纳兰霍总结出，与父母权威的体验如何导致了三种副型截然不同的权威问题：

> 一对一副型的好斗安全策略，社交副型的尽责安全策略，以及自保副型的慈爱安全策略，共同点在于都与权威有关。可以说，六号的恐惧最初是由父母的权威以及被掌权的父母——通常是父亲惩罚的威胁引起的。这种恐惧最初导致了他们对待父母的态度：自保副型的甜蜜，社交副型的顺从，或一对一副型的违抗（通常很矛盾）。如今，在面对由他们赋予权力的他人时，他们延续了相同的行为和感受。[18]

大多数六号，包括自保六号（可能不会公开反对权威），都提及他们曾体验到某种反专断的情绪。通常六号会描述，在与权威人物相处时感受到了某种怀疑、质疑和不信任，部分六号还可能经常反抗或反对权威。当然，这种对权威的怀疑可以是一种力量——有些权威可能并不仁慈，而六号能够表现出挑战不公正权威人物的巨大勇气——但在其他时候，在低层状态，这种特征可能表明了他们的多疑和不能接受任何权威，哪怕是心怀善意的权威。由于他们倾向于质疑正在发生的事情，以及天生不信任当权者，在六号的一生当中，也许没有几个权威能够通过他们的信任测试。

怀疑与矛盾心理

疑心也是六号性格的一个重要特征，其思维方式天然带有一种怀疑和质疑几乎所有事情的倾向。这既反映了对他人意图的焦虑，也反映了通过测试和心理上评估他人及想法以获得安全感的需要。六号倾向于既自我怀疑，又怀疑他人，他们对威胁迹象保持警惕的应对策略，就是出于他们对什么都怀疑的习惯，以此来寻求安全感。我们会看到，六号既通过不断的自我怀疑来否定自己，又通过表达猜疑来怀疑他人，这种倾向根据不同的副型略有差异。

纳兰霍描述过六号在怀疑状态下的样子："他怀疑自己，也怀疑自己的怀疑；他怀疑别人，但他又害怕自己可能是错的。这种双重视角的结果，当然是长期性的在行动上犹豫不决，以及随之而来的焦虑。”[19]除了这种对自我和他人“非难式审讯者”的态度外，六号性格中的怀疑还反映出他们对自己观点的不确定性：他在否定自己的同时又认为自己是对的。六号可能既感到困扰，又有些沾沾自喜。

矛盾心理和犹豫不决是怀疑的自然结果，因为怀疑导致了既无法从矛盾中脱身，也无法理清矛盾。正如纳兰霍指出的，尽管模棱两可会引起六号的焦虑，但他们却是所有性格类型中最明确的矛盾心态者。矛盾心理是六号早年时期的主题，当你对童年的权威既爱又怕时，它会导致一种深刻的矛盾感。因此，怀疑和矛盾心理反映了六号体验到的持续的内在冲突：取悦他人又反抗他人，钦佩他人又否定他人。

逆向思维

怀疑和寻求确定性在六号身上的另外一种明显表现是他们逆向思维的习惯，这一特点在六号发声反对当下主流观点时尤为淋漓尽致。作为寻找正确答案和防止在不经意间接受他人支配权的一种方式，每当六号听到一个陈述或意见，他们往往会无意识地说到其反面，也许这就是为什么六号有时被称为“挑刺儿”或“唱反调”的原因。

对六号来说，立即接受别人的观点是很危险的，因此他们的逆向思维习惯构成了一种防御策略，一种防止被别人的错误想法快速接管的方法。他们能瞬间为任何论点的反面张目，这种逆向思维的倾向使他们能够对抗那些试图说服他们——实际企图支配他们——的人。

逆向思维也造成了这样一种情形：通过对什么才是终极真相的直接辩论，怀疑（以及潜在的、无意识的恐惧）驱使他们展开了一种强迫性的调查。作为一种避免被人控制的方法，一种寻找正确答案的方法，逆向思维让六号觉得他们不会轻易被带偏或受影响，以免遭受可能的危险。

这种思维方式也凸显出六号人格的智力和逻辑性。如果你偏好理论和抽象，你自然能够很容易地产生相反的论点。然而像怀疑一样，逆向思维的习惯也可能导致六号在无休止的争论中迷失方向。尽管这种思维方式有助于防止一个观点轻易压倒另一个观点，但它往往无法带来确定性，只会导致更多的争论。

自我实现的预言

因为投射既是六号的习惯，也是其主要防御机制，而投射的根源是恐惧，所以他们也倾向于造成自我实现的预言。它是这样运作的：六号体验到一种威胁性的感觉，也许是对自己的恐惧，一种自己太软弱或者人们不喜欢自己的感觉，为了保护自己免受这种感觉所致的痛苦或恐惧，他无意识地把它投射到别人身上。所以，六号首先怀疑自己，对自己的不足感到恐惧，然后他将这种恐惧和相应的负面自我评价投射到另一个人身上。接着六号会从那个被投射者——其对六号可能根本没有负面的感觉——身上感觉到对自己的负面看法和威胁，然后他基于这种感觉/投射来决定他对那个人的行为方式。然后，作为对六号这种行为的回应，那个人对六号产生了负面情绪。如此，六号起初的情绪体验，一开始不真实的感觉，最后却变成真的了，变成了一个自我实现的预言。

这样，六号的恐惧和焦虑会导致在实际上创造出问题和负面境况，而这些一开始本来是不存在的。六号的恐惧和自我怀疑（以及一对一六号的攻击性）对他人和外部环境造成的影响，实际上反而导致了六号基于恐惧的怀疑和预期变成了现实。

六号的阴影

与六号人格的很多其他维度一样，被放逐到阴影中的部分，也会根据所涉及的副型，以及不同副型在处理恐惧和焦虑时所偏好的策略而有所变化。

通常来说，六号的关注点是恐惧和思考，以及担忧如何应对威胁，这可能会让他们把勇气、信念、力量和自信都遗留在阴影中。六号聚焦于对可能出差错的事情的想象，作为在世界上行使控制权的一种方式，这意味着他们在处理问题时往往没有意识到自己的权威、力量和能力（这一点尤其适用于自保六号）。

即使是反恐惧的一对一六号——他们可能没有觉知到恐惧感，并且诉诸力量对抗焦虑——也只不过是看上去很自信或有勇气。纳兰霍说，六号的美德“勇气”可能是一种“拥有武器”的勇气，并不是深层意义上的一切都会好起来的信心。对于一对一六号来说，由于他们需要表现出强大和有威慑力，脆弱和恐惧可能在他们的阴影中。这与自保六号形成鲜明对比，他们陷入自我怀疑之中，并有意识地感到非常脆弱，因此他们的盲点可能是在权力、自信或攻击性等方面。社交六号有意识地关注对非人格权威的服从，所以健康意义上的怀疑和矛盾心理可能是他们的盲点。

六号主要活在头脑中，依靠思考和分析作为第一道防线，这意味着对于某些六号来说，许多情感和“直觉”能力可能成为他们阴影的一部分。他们试图依赖逻辑和理性思考问题的习惯，可能意味着他们并不承认自己的情感真相和直觉（或本能）的“智慧”。自保六号可能会避免意识到自己更为攻击性的情绪，社交六号可能不让自己活在不确定或多愁善感的情绪中，一对一六号则可能将自己更加柔情的一面掩入阴影。

生性多疑的六号也很少意识到自己内在拥有信任和信仰的能力，而是更喜欢有意识地怀疑、测试和质疑他人所说的东西，以免对错误的人或想法枉费了信任。

无论一个六号投射到其他人身上的是什么——按照投射本身的定义——都可能是无意识的，因此即是阴影的一部分。通常，六号会把自己的权力投射到别人身上而非自己拥有。纳兰霍解释说，自责和内疚是六号人格的主要特征，他们让自己变得 “不好”的内在习惯（例如：他们可能因为被权威迫使而感觉自己不好）造成了不安全感，进而触发恐惧。[20] 由于害怕坏事会因“他们活该”而发生到他们身上，六号可能会真的将自己“坏”这一潜在假设变成现实，却从未意识到这种内疚感和“自我反对”是如此强烈地在驱使着他们。

六号也可能对“恐惧在怎样激发他们想象事态的发生”这一方面视而不见。当六号感知到危险或风险时，他们往往会认为看到的就是实际发生的情况，并假设无论恐惧激起了他们什么，都是现实的、基于证据的。然而，他们可能并不知道，自己在想象灾难和威胁方面的能力有多强大。同样，他们也可能完全没有察觉到，自己是如何陷入一种反馈循环的——当恐惧使他们以特定方式感知现实时，怎样激发出更多的恐惧，这又怎样进一步影响到他们对真实与否的认知。

六号激情的阴影：但丁地下世界里的怀疑

恐惧（如同愤怒）是一种基本的人类情绪反应，在某些情况下完全是恰当的。因此，在《神曲·地狱篇》里，恐惧并不作为一种单独的罪过而被惩罚。但地下世界确实以一种对六号人格的阴影面来说应当的方式，惩罚了恐惧的激情。

地狱的前厅（或外层）负责惩罚那些强迫性的怀疑者，那些太过害怕以至于永远不能真正忠实于任何事情的人：

> 我抬头望了望，只见有一面旗帜，在翻舞着向前疾行，好像永远不会停下来。在它的后面，一长串望不到头的灵魂紧跟着，这么多，我惊叹死亡竟能毁灭如此之多的灵魂……这些可怜虫，他们从未真正活过，光着身子，被围绕着他们的胡峰和大黄蜂蜇了又蜇。[21]

六号阴影中的反射性怀疑，就像被夹在两难之间：一边是冒着受伤害风险的冲动，另一边是随之而来的强烈恐惧。六号永远被困在一种两难的习性之中：既想要信任或行动，又找理由不这样做。在但丁的地下世界里，这种犹豫不决是终极性的。现在，无情的螫刺迫使这些阴影无意识地追逐着一面旗帜，表达出毫无意义的忠诚，象征着他们在生活中无法克服自己的怀疑，站稳脚跟。

六号的三种副型

六号的三种副型有着应对恐惧激情和相关焦虑的不同方式。自保六号感受到寻求保护的需求，所以通过与人建立联盟来应对恐惧。社交六号通过寻求规则和参考点来应对一种社会性恐惧，该恐惧使他们害怕被权威看到自己做错事。一对一六号通过否认自己的脆弱和诉诸力量来对抗恐惧。

纳兰霍观察到，六号的三种副型之间的性格差异极其明显，事实上，比任何其他型号都更明显，“很难相信他们是同一种主型型号”。[22] 虽然这三种六号在童年都有过不得不应对焦虑的经历，但其方式不同，自保六号是“希望建立互惠互利的保护性联盟”，社交六号是“希望通过理性、思想观念或其他权威标准找到生活中问题的答案”，而一对一六号则是“希望变得更强大，对别人更有威慑力”。[23]由于受三种不同的主导本能及相应处理恐惧方式的支配，这三种副型有着不同的“能量温度”：自保六号是温暖的，社交六号是冷酷的，一对一六号则是火热的。

自保六号：“温暖”

对于自保六号来说，恐惧表现为不安全感。自保六号有一种与生存有关的恐惧，担忧缺乏保护，从而引发了一种通过交友和其他形式的联盟来寻求保护的强烈需求。这是三种副型中最为恐惧的一类，也是对恐惧最敏感的一类。

自保六号将世界视为危险的，他们寻求友谊和关系的联盟，为此努力表现得友好、值得信任和乐于支持，就像一个好的盟友应该表现的那样。正如纳兰霍所说：“他们对自己没有足够的信任，如果没有外界的支持，他们会感到孤独和无能。”[24]自保六号希望感受到家庭般的拥抱，待在一个没有敌人、温暖的、受保护的地方。他们想要找到一个“理想化的他人”来保护自己，可能会出现类似分离焦虑的问题。像一个需要抱紧母亲不放的孩子，这一类六号对保护自己的利益和生存没有信心。

这类六号通过寻求被保护的安全感来逃避焦虑，因此，他们会变得依赖他人。他们有一种补偿分离恐惧的激情，表现为一种热情友好的气质。所以，类似（神经质的）友谊或温暖之类就成了他们的强烈需求，这使他们成了六号中最为温暖的。自保六号往往表现出心平气和，并呈现出一种大体上令人愉悦的气质。他们在人际关系中寻找亲密和信任，害怕让别人失望，尤其是那些与他们关系最亲密的人。表现得温暖是他们让人们变得友好的方式，这样他们就不会受到攻击。

自保六号害怕愤怒、攻击性、挑衅和对抗。害怕别人的攻击性意味着他们自己的攻击性也无法表现出来。正如纳兰霍所解释的，让人们喜欢你意味着做一个好人，做一个好人意味着不生气发火。他断言：“对依赖的需求而导致的对攻击性的禁忌，使六号在面对他人攻击时变得软弱，并助长了他们的不安全感和对外部支持的需求。”[25]

在自保六号人格中，有许多犹豫、优柔寡断和不确定性。这些六号会问很多问题，却不回答任何问题。他们怀疑自己，也怀疑自己的怀疑。[26]他们感到不确定，又找不到令人满意的确定感，很难做出决定。他们用模棱两可的方式看待世界，将世界看成“灰色的”而不是“黑白分明”的。这种副型无法消除他们的怀疑和不确定性，由于其根本性的不安全感以及质疑和怀疑的习惯，他们从未感到自己准备好了或有能力了。他们也会感到很多责备和内疚，甚至假设或感觉到别人的责备。

对于自保六号而言，有两种现实：一种是温暖、温柔、平静和安宁的外在现实，另一种是恐惧、内疚、痛苦和折磨的内在现实。他们的头脑和心是分离的：他们感觉到外在是以心为中心的，而内在是以头脑为中心。

作为三种六号中最为恐惧的一个，自保六号把爱等同于保护，当寻找爱的时候，他们是在寻找一种安全感的来源，以弥补内心的不安全感。这种六号想找一个强大的人依靠，他们可能会显得过于友好和付出，以此来防止外部的攻击。为了感受自身所缺乏的力量，自保六号会吸引一个强大的人来爱或保护，对方的存在越是强大，就越是有助于他们感到安全。

因此，自保六号可能看起来像二号，因为两者都是温暖的、友好的，并把很多精力和关注放在发展与他人的关系上。与二号一样，这些六号倾向于以情感及迎合他人为主导，作为建立关系的一种方式。但与二号不同的是，他们最深层的动机是创造安全感，而不是获得认可来维持骄傲。

琳达，一位自保六号，说道：

我住在一个由业主委员会管理的小型社区里。一开始，让我感到欣慰的是，我们可以作为一个团队，共同制订指导方针和规则，我想这样可以减少邻居之间的冲突，提高安全性。我特别重视和每一位邻居见面，并建立一种舒适的关系。我自告奋勇参加了理事会，甚至愿意提供我的专业知识，与整个团队合作，制订社区的价值观和愿景。

然而，随着时间的推移，我发现大家对治理原则的遵守是松懈的，执行是选择性的或根本不执行。四年前曾发生过一个情况，一个邻居侵犯了我的权利，我不知道是什么原因，理事会选择了站在邻居一边。在这个致命的打击中，我精心培育的盟友变成了危险的敌人，使我失去了防御能力，因为我害怕如果我试图捍卫自己或自己的利益，就会引发进一步的攻击。

我对他们背叛的震惊和愤怒很快变成了一种罪恶感、羞耻感和焦虑感，它是如此深刻，以至于我无法再参加业主会议，和邻居说话，甚至在街区溜达，因为害怕被“攻击”。我脑海中总有那些挥之不去的幻觉对话，构思着恰当的演讲来赢回他们的心，或者要对这些人说些什么、做些什么来复仇，如果我有勇气这样做的话。外表上，我尽量表现得友好，但内心却感到恐惧和鄙视。这种不协调令人筋疲力尽，我现在只想卖掉房子，逃离这个地方和这些人。

社交六号：“责任”

由于缺乏对自己的信任（如同一对一六号），或缺乏对他人的信任（如同自保六号），社交六号处理恐惧激情及其相关焦虑的方式是根据抽象理性或特定的思维方式，作为一个客观的参考框架。他们依靠权威或理智、规则、理性思维的“权威性”来寻找安全感。

伊查索给这个型号的名称是“责任”，但这并不意味着他们是“尽责的”（尽管他们往往是这样的），只是说他们所关注的是“自己的责任是什么”。在应对焦虑时，社交六号会去咨询与他们所遵循的任何权威相关的指导方针。他们专注于了解什么是标准，并遵守游戏规则。他们觉得有必要知道所有的参考点：什么才是正确路线，谁是好人，谁是坏人。

无论有意还是无意，社交六号害怕权威的反对，相信获得安全的方法就是做权威所决定的正确的事情。知道什么是正确的事情意味着，有明确的规则告诉你应该如何思考和行动。这种取向会促使他们发展出哲学性的头脑，因为当你不知道该如何生活时，当你不相信你的直觉或关于人类生命的智慧可以指导你时，你就必须变得非常理性。但这种责任感也成了安排你生活的一种方式：有人给你规则，你只需要遵循规则。

从原型上看，社交六号所遵循的任何体系的指导原则，都会成为人生第一个权威——即父母，通常是父亲——的替代权威。虽然他们可能对他们真正的父亲有所反抗或感到失望，但依然想要在生活中寻找一个好的权威，以此寻求安全感。完全归顺和服从权威（以及与权威相关的规则）有助于他们在世界上感到安全。然而纳兰霍指出，对社交六号来说，选择错误的权威可能是一个问题："他们没有相信对的人，而是倾向于相信那些说得好像自己是对的人，以及那些有着能够令人信服的特殊天赋的人。"[27]

社交六号代表了恐惧和反恐惧的混合呈现。这种六号比自保六号更加冷酷。他们在精准而恰到好处的为人处事中寻找安全感。他们有很多预感型的焦虑，相信一切都会出错。因此，他们精确地遵循规则，作为应对焦虑的一种方式。当他们头脑清晰，事情也能够清晰地分门别类时，他们会感到最大限度的安全。社交六号是出色的童子军，一心致力于遵守团队准则，以身作则，非常称职。

相比自保六号，社交六号是一种更加强大的性格，这种更强大的力量与他们有更多的确定性有关。自保六号没有安全感，他们因为不确信而犹豫不决。但社交六号却在抵御与不确定相关的不安全感中变得过于确信，在极端情况下，他们可以成为"真正的信徒"或狂热分子。对于反恐惧的一对一六号来说，由于他们采取了一种有力量的姿态，恐惧变成了他们需要对抗的东西。但是对于社交六号，"他们要对抗的不是恐惧，而是怀疑"。

社交六号也可以非常理想化，通过依附于崇高理想来构建生活。这种性格类型的人会牢牢抓住某种理念、思想体系以及看待事物的特定视角，以此让自己感到安全。

与陷入矛盾心理、无法做出决定的自保六号相反，社交六号无法容忍模棱两可。他们害怕矛盾，几乎丝毫不容忍不确定性，因为对他们来说，不确定性就等于焦虑。因此，他们对精确有一种热爱，看待事物的眼光也更多是黑白分明，而不是灰色的。

社交六号也有点墨守成规，他们有着立法者的头脑，喜欢明确的范畴。从文化层面来看，德国人提供了这种原型的一个很好的例子，他们喜欢精确、有序和高效。社交六号具有强烈的责任感，他们把权威理想化，表现出一种严谨的组织性——服从法律，履行外部权威所界定的责任，遵循规则，重视文件和制度，以及一种刻板性和组织性。

社交六号既害怕犯错，又渴望得到确定性，这种副型“希望对方以确定的态度与其交谈，以便自己可以感到说话的人是知情的，说话的人是正确的”。[29] 他们具有高度的理性取向，其思维模式会以图表和流程图的形式呈现。

六号不是很自发性的，他们过的是一种更程式化的生活。由于头脑中有太多的东西，他们与自己的本能或直觉没有太多的连接。他们往往很害羞，几乎没有什么社交能力，也很少因为某人或某事而触动、感动。他们可能会对不加限制的动物本能或者与性有关的体验感到不舒服。

社交六号倾向于掌控、不耐烦、容易评判和自我批评。他们对自己的要求很高，坚持每一件事情都要按照自己的准则和观点去做。在他人眼中，社交六号可能是冷酷或者冷淡的，因为他们做什么事情都非常正式。

这种副型与一号，特别是自保一号，有着许多相同的特征。和一号一样，他们遵循规则，倾向于受控制、挑剔、勤奋、守时、精确和负责任。然而，一号是由自己的内在标准以自信的方式引导的，而六号对犯错误的恐惧更多是与害怕惹上外部权威的麻烦有关。

这种热爱精确及效率的特点，也会让他们与三号有些类似。但是，社交六号的主要动机是通过参考点来找到权威感，从而避免焦虑，而不是通过效率来实现目标，或让自己具有良好的形象。

A.H，一位社交六号，说道：

成年以后，我最快乐的时光是在我调整了生活方式之后。那是在我三十岁的时候，我撞见了肯·威尔伯的作品，发现自己轻松进入了一种清晰与平静的感觉，一切终于有了意义。我对不同事物之间如何联系的所有困惑都突然消失了。这是一个我可以信任的系统。几年前也发生过同样的事情，当时我极为震惊地发现我的体脂率接近 25%，我立即研究如何改善。当发现了一个似乎值得信赖的饮食和锻炼体系，我就开始坚持执行。在这两种情况中，不仅仅是我有规则可循，而且这些规则实际上给我带来了一种目标感和舒适感。

故事的另一面是，如今我有了一套关于如何保持身体安全的内在规则，并且当其他人不遵守这些规则时，我会感到不安。我都不记得有多少次，当妻子抱着我还是婴儿的儿子穿过门道的时候，我对她说："当心他的头！"在这种情况下，我身体的威胁反应会进入高速挡运转。不仅仅是我感觉到了危险，我还能看到有人没有遵循避免危险的规则。在这种时候，本来冷静的家伙会变得刻薄甚至冷酷。

一对一六号："力量 / 美"［反型］

作为六号副型中的反型，一对一六号是最为反恐惧的一类，他们通过实力和威慑的姿态来对抗恐惧激情。他们不会主动体验恐惧的感受，而是持有一个内在信念：当你害怕的时候，充分的进攻就是最好的防守。正如纳兰霍所解释的，在面对潜在的攻击时，这种六号通过未雨绸缪和技巧应对来缓解焦虑。他们往往显得大胆甚至凶猛，果断甚至激烈地对抗危险，以此来否认并应对自己（通常是无意识）的恐惧。

通过在某种程度上否认自己的恐惧感，一对一六号以一种实力的姿态对抗危险。因此，他们的热切激情在于寻找或确保一个有力量的强势地位。并且，他们所追求的不仅仅是坚强有力的性格，而是那种会让别人害怕的力量。他们想要用足够强大的姿态，让敌人不敢靠近。这种六号呈现出一种力量，它来源于不愿自己软弱。

一对一六号的力量往往是身体层面的。他们会通过运动或锻炼来发展这种身体力量，以培养肌肉，让自己感到身强体壮。他们倾向于对自己的身体有明显的控制力，以此培养一种内在力量感，避免感受到那种与释放暴怒或其他冲动关联的混乱情绪。

这类六号也寻求坚韧的耐力，他们试图在面对疲劳、压抑、羞辱和痛苦时感到坚强（在这方面，他们可能会像自保四号）。对于一对一六号来说，力量往往与一种能够独立的幻觉，一种能在遇到麻烦时"毫发无损"的感觉直接相关。他们内在也可能有某种"坏"的感觉，但他们的力量可以保护其免受内心的攻击。

一对一六号不仅需要力量，而且需要威慑。正如纳兰霍所说，这种威慑力的表达是这种性格的主要本质：如果他看起来很强大，就不会受到攻击。纳兰霍解释说，伊查索给这种副型的名称为“力量与美”，原意是男性的“力量”和女性的“美”，但也许对于男性和女性的一对一六号来说，美都是力量的一个源泉。

这类性格在生活中认为任何人都可能变得危险，所以他们尽一切可能，不让自己感到被欺骗、被操纵、被利用或被攻击。如果你是如此思考和感觉的人，那你自然需要做好准备，变得强大并发起抵抗。这就是为什么一对一六号除了发展力量之外还要有威吓性，用于抵抗、吓走敌人、反叛或对抗。

一对一六号给人的印象是，他们随时可能对任何人有暴力行为，但这并不意味着他们没有恐惧。正是出于一种恐惧感，他们总预感到危险即将到来。他们对危险有一种偏执的想象，认为任何人都可能变成威胁。然而，这些六号通常看起来并不害怕，从外表上看，他们的明显特征很难被称为“害怕”。

与远离威胁的自保六号相比，反恐惧的一对一六号倾向于迎向风险，在实际面对危险中感受安全，而不是躲避或避免危险。他们说服自己（和他人）不做恐惧的受害者，他们相信恐惧是一种应该被系统性消除的情绪。

尽管攻击性是一对一六号试图通过力量吓倒他人的一部分，但他们往往不承认自己有攻击性的一面，或者未曾觉知到这一面，至少不曾觉知到它的强度。他们的攻击性主要表现在社交场所，而较少在私人生活中，因为他们通常也需要与亲近的人建立某种程度的信任。他们倾向于隔离自己的情绪：攻击性与恐惧是失联的，爱与亲密的感觉和性也是不相关联的。

这些六号经常对抗危险（或认为的危险），这一事实有时会让他们看起来像叛逆者、胆大妄为者、爱冒险的人、肾上腺素成瘾的人或爱捣乱的人。在某些情况下，一对一六号可能有狂妄自大的倾向或英雄情结，他们想要以自己的方式做个“好人”，以避免受到惩罚。他们可能会有一种错觉，认为自己是自发的，但往往不是。

一对一六号倾向于“唱反调”“反着来”，他们总是可以手到擒来地反驳一个看法。他们不是从“最好的情况”或“最坏的情况”的角度来思考问题，而是从相反的角度来思考的：如果其他人趋向于关注最坏的情况，他们就会关注最好的情况；但是如果每个人都关注最好的情况，他们就会坚持最坏的情况。

尽管他们的坚信显得确定无疑，但一对一六号可能会在头脑中犹豫很长一段时间，疑虑该走哪条路，并因而左右为难。他们往往认为真相只有一个，且更喜欢具体和务实的思想方式，因为这会让他们感到安全，并对世界有所控制。他们害怕犯错误，并害怕犯错带来的后果。

一对一六号看起来会像八号，因为这两种类型都显得有威慑力、强大而有力。然而，八号往往是无所畏惧的一类人，相比之下，一对一六号是受潜在的恐惧所刺激，即便他们没有意识到或表现出恐惧。另外，八号喜欢创造秩序，而一对一六号则往往喜欢挑起麻烦来打破秩序。一对一六号也会看起来像三号，因为他们同样行为导向、行动迅速、自信坚定和勤奋努力。但是比起三号，他们有着更为偏执的幻想，并且他们的自信是基于恐惧，而不是源于需要实现目标，让自己看起来很优秀。

理查德，一位一对一六号，说道：

对我来说，世界是一个充满危险的地方，因此我时刻保持着警惕。扫描和搜寻周围人和世界的不一致性，是一项持续不断、永无止境的任务。结果，与外界打交道的事让我筋疲力尽。

社交场合尤其费力。最近一个晚上，我和妻子出去玩，参加了一个聚会，有二三十对夫妇参加，每个人都沉浸在欢乐和节日的气氛中。然而我很快注意到，我的妻子很轻易地就和周围的人打成了一片，而我却至少在开始的一个小时内，周围似乎有个三英尺的“禁飞区”。

我意识到，在应对不确定性和潜在威胁时，我的自动和无意识方式是把自己变成潜在威胁。当然，我并不是真的威胁到别人，它更像是一种能量散发或氛围，我在自己周围把它创造出来，并不总是知道自己在做什么。我常常想知道，当我呈现那种矜持沉默、坚忍克制、挑剔又警惕、身体紧绷的模样时，别人是如何看待我的。从内在来说，我感觉自己随时都可以投入行动。最近，通过心理治疗，我意识到对于过去的我，激烈地、坚定地甚至带着偏见地压制恐惧（哪怕只是恐惧的潜在征兆）是多么重要。

六号的“成长功课”：规划一条个人成长道路

随着六号在自己身上下功夫，并变得更有自我觉知，最终他们将学会逃离这一陷阱：试图减少恐惧，结果反而加剧了恐惧。其方法是：设法体现信心和勇气，意识到自己是如何创造了自我实现的预言，学会更多地信任自己（以及他人），承认并拥有自己的权力和权威，而不是把它投射到别人身上。

对所有人来说，要从习惯性人格模式中觉醒过来，都需要付出持续的、有意识的努力来自我观察，反思所观察到的结果有何意义，源自哪里，并积极精进，努力消解自动倾向。对于六号而言，这个过程包括观察他们遇到恐惧和焦虑时的应对方式，探索他们感到害怕时的行为方式（以及行为背后的动机），主动地努力发展信任、信心和勇气。

下面我将介绍六号需要留意和探索的地方，以及需要精进的目标方向，旨在帮助他们超越自己的人格限制，展现他们主型和副型所对应的高层品质。

自我观察：不再认同你的人格模式，在行动中观察它

自我观察即是创造出足够的内在空间，让你用新鲜的眼光，保持足够的距离，真正看到平时的自己都在想什么，感受到什么，在做些什么。六号在观察自己所想所感和所做时，可能需要留心以下几个关键模式：

试图通过观察、怀疑、测试和质疑，在一个危险的世界找到控制感和安全感

观察你自己扫描危险并保持超级警惕的倾向，看看它是如何在你的行为、能量以及你与他人的关系中表现出来的。你所警惕的是哪些类型的情况？有没有可能，这种“找麻烦”的方式并没有帮助你放松和感到安全，反而诱导了压力？在行动中观察你的怀疑心理，注意其中涉及的思维模式。注意你质疑自己和他人的习惯，它帮你做了什么？它又会如何妨碍你？注意你可能测试他人的方式，这种倾向是帮助你理清了事情，还是阻碍了你与他人连接？检视你的思维，看看你是否陷入了循环往复的模式，并探索一下为什么你会感到很难摆脱

这种心理循环。

将恐惧、焦虑和权力投射到他人身上，尤其是投射到权威身上

你可能很难在自己身上觉察到投射活动，但是试着在“否认自身的恐惧和力量”的举动中捕捉到自己。哪些时刻你会想象恐惧是由外部根源引起的？换言之，你会在什么时候找寻那些可以投射你焦虑的人和情况，以说服自己相信对方才是罪有应得，而不去承认你的情绪及其背后的原因？你是不是对“某某人才是造成我问题的根源”这种想法耿耿于怀，认为他们所做的都是坏事，以此转移你的内在焦虑？仔细观察你的感受、想法和与权威人物的关系，你可能从你的恐惧和否认自己的权力两个方面向他们投射了什么？这些投射是如何影响你的感知和正在发生的事情的？

任凭恐惧驱使，而非拥有、抱持、管理恐惧

当我们对驱动自己行为的情绪仍处于无意识状态时，就会倾向于任凭这些情绪“宣泄”出来，以避免感受那些不愿感受的事情。这会让我们陷入困境，因为我们仍然没有意识到自己对事情的观点和处理方式背后的真正动机。当六号过分思考情况，编造最坏情境，对他人的不良意图产生负面幻想，变得优柔寡断无法采取行动或拖延时，他们可能会出于恐惧而行动。如果你是一个六号，重要的是有意识地留意，你是怎样看待“恐惧和焦虑触发了你的行为”，并寻找那些表明你在无意识地表现出恐惧而不是在全然体验它的迹象。留意你是否感到恐惧和焦虑，它是以什么形式呈现出来的？也要留意你是否并未感到太多恐惧或焦虑，因为这可能表明你在以其他方式表达它，如抑制、回避、想象或偏执地幻想、投射、过度分析或过度理性化等。

自我问询与反思：收集更多信息来扩展你的自我认知

当六号在自己身上观察到上述这些以及其他相关模式，成长的下一步就是更加深入地理解这些模式。为此，六号可以问自己如下问题：

这些模式是如何形成的？为何会形成？如何帮助我应对？

通过了解防御模式的根源及其作为应对策略的运作方式，六号就有机会更清楚地认识到，自己应对恐惧和焦虑的主要策略是如何在生活中运作，帮助自己找到安全感的。如果六号可以讲述他们童年生活的故事，理解自己如何以及为何发展出这些习惯性应对恐惧的方式，他们就会对自己有更多的慈悲。考察这些模式（它们助长了六号用施加控制来应对恐惧的习惯），可以帮助他们洞察诸如过度警惕、疑虑、过度分析和偏执等倾向是如何发展成为他们的特定应对策略，来管理恐惧、风险和威胁。

这些模式的产生，是为了保护我免受什么样的痛苦情绪?

我们所有人的人格运作都是为了保护我们免受痛苦情绪，包括心理学家卡伦·霍妮所称的“基本焦虑”——基本需求未被满足时所盘踞的情绪压力。具有讽刺意味的是，六号所用的试图在这个可怕的世界里控制恐惧和焦虑的策略，可能在掩盖深层恐惧和焦虑感的同时，又加剧了它们。因为这些策略总是让六号把焦点放在威胁上，而又往往无法成功地抵挡它们，尤其是当质疑和怀疑这样的习惯变成一种恶性循环时。根据副型的不同，六号的一些典型模式也会用于抵御愤怒、悲伤、内疚或孤独等情绪。尤其是自保六号，可能会对自己的攻击性有一种禁忌感，他们的防御习惯可能会让他们更加无法连接到愤怒。他们对恐惧的关注，也可能是避免内疚或羞耻感的一种方式——六号由于早期的经历，觉得自己不值得被保护，他们倾向于在更深的层面体验这些内疚或羞耻感。

我为什么在这么做? 此刻六号的模式在我身上如何运作?

通过反思这些模式的运作机理，六号可以开始更加深入地觉察自己的防御模式在日常生活中和当下是如何升起的。如果他们能够有意识地觉察到，何时自己在为求得安全感而陷入怀疑、质疑、不信任或猜疑，他们就能认识到，在其有时弄巧成拙的、想要减少风险和应对威胁的企图中隐藏着更深层次的动机。当六号看到自己是怎样努力应对问题和危险，却反而增加了不安全感，会大受启发。通过理解什么样的重复模式促使他们表现出如过分警惕、对着干、反叛甚至偏执等，他们能够获得大量有用的、可实践的自我认知。

这些模式的盲点是什么? 我不想让自己看到的是什么?

要想真正地增强自我认知，重要的是在人格模式上演的时刻，提醒自己去关注原来没有看到的地方。虽然六号的盲点会随着副型而变化，但如果他们能够一开始就更多地意识到自身的防御所掩藏着的体验——他们的恐惧、焦虑和攻击性的真实本质和源头——将有助于他们的成长。六号倾向于不让自己看到恐惧的程度和背后的原因，因为这可能会加剧他们的焦虑。倾向于用反恐惧模式来响应潜在恐惧的六号，可能会忽视他们更为脆弱的感受和恐惧；而更偏恐惧型的六号则会主动回避看到和承认他们的攻击性、权力和权威。六号倾向于把自己的权力投射到他人身上，这有助于他们看到并拥有那些被自己无意识地否认了的权力和自信。

这些模式的影响或后果是什么？它们是如何困住我的？

由于怀疑、质疑、自我指责和不安全感潜在的反复性，六号应对恐惧和焦虑的努力往往都是自我挫败的。如果你出于在某种确定性中寻求安全感的需要，而忍不住怀疑每一件事，甚至怀疑自己的怀疑，那么你可能很难停止这种质疑，并找到一种切实的确信感。或者，六号可能出于对抗不确定性和怀疑所致的不安全感而变得过于确定，太快、太彻底或太刻板地与错误的权威结盟。太不确信或软弱，太容易被权威体系或个人所诱惑，太具攻击性并用恐吓来抵御威胁，这些都是“造成的问题比解决的问题还多”的模式。把恐惧投射到他人身上，并在脑海中制造出可怕的情景，这样做可能会导致自我实现的预言，而愈加削弱六号正在试图寻找的安全感。

自我发展：追求更高层级的意识状态

对于所有寻求觉醒的人来说，善用基于型号的相关知识来发展成长的下一步，就是把更多有意识的努力投注到我们所做的一切当中，无论思考、感受、行动上都带着更多觉察，更有选择性。当六号观察到自己的核心模式，并审视其形成根源、运作模式和影响后果后，可参考如下建议。

1. 能做些什么来化解三种主要的六号人格模式

试图通过观察、怀疑、测试和质疑，在一个危险的世界找到控制感和安全感

认识到不确定性是生活中不可避免的一部分。正如一号会从承认“不完美是人类生活中所固有的”中受益一样，六号也可以通过承认“不确定性是生活的一部分”来帮助自己。六号有着机敏的分析性头脑，因此不可能或几乎不可能根除所有的不确定性。想必六号也很明白，从根本上来说，现实的本质本就取决于环境，因此想要达到“理想的确定性”的努力很可能是徒劳的。

不要让自己在搜寻事实真相的证据时陷入无休止的质疑，要记住，搜寻本身让你知道自己在害怕。与其不断地试探，不如让自己从头脑中出来，拉开一定距离来观察自己在做什么。审视你的内心，问问自己感受到了什么，情感上有什么需求，听听你的直觉在告诉你什么。提醒自己，对确定性的追求将无济于事，所以重要的是有意识地转移你的注意力，远离那无用的漩涡。

记住，我们所搜寻的，往往也正是我们将会找到的。在某种意义上，警惕地搜寻危险迹象的习惯可能会导致你看到危险无处不在。如果说我们通过自身观察世界的棱镜创造了自己的现实，六号则可能因为找寻麻烦而真的找到麻烦。他们可能因为头脑习惯性地寻找问题来解决，而看到世界的问题。因此，对六号来说，重要的是能够留意到什么时候他们正沉迷于搜寻威胁和问题，并有意识地将注意力转移到生活中更为积极的方面。尽管六号倾向于视自己为现实主义者，但在他人眼中则可能被视为悲观主义者，因为他们“寻找问题加以解决”的模式让他们看起来像是只关注负面。试着看到杯子是半满的，而不是半空的（或找寻杯子上的漏洞）。

从头脑里出来，进入身体。六号是非常基于头脑的、理性的一类人。他们倾向于思虑和想象最坏的情况，并计划如果发生最坏的情况该怎么办，因此而产生出恐惧和焦虑。恐惧作为一种对负面的预期存在于六号的头脑中，即使他们把这种主动的预期想象成是一件好事。因此，要应对所有那些预备性思维、焦虑以及它可能产生的负面循环，一种方法就是从头脑中完全跳脱出来，然后进入你的身体。运动锻炼可以帮助你把觉知“落地扎根”于一种身体本身的“当下”体验中，把你从困住你的默认思维活动模式中转移出来。重视有规律地锻炼身体，有意识地用腹部呼吸，并把注意力放在腹中心，以此提醒自己，你需要启用你自己的其他部分，以便平衡所有的思维。

将恐惧、焦虑和权力投射到他人身上，尤其是投射到权威身上

学会辨别直觉和投射的区别。六号既有着天生的直觉能力，又会习惯性投

射，所以对他们来说，学会辨别“基于内在认知的信息”和“基于他们所否认并归咎他人的信息”之间的区别是很重要的。投射是六号“既与威胁性因素或感觉隔离，又防御式地与其相联系”的一种方式。当他们将投射混淆为直觉时，他们可能会认为自己知道别人在做什么或说什么，但事实上他们并不真的知道。他们无意识地将自己的感受归咎于他人，没有觉知到自己的盲点和被否认的情绪，并以潜在的偏执或疏远的方式与他人连接。因此，对六号来说，重要的是不断地检查并询问自己：“这是我通过直觉知道的东西，还是我投射的东西？”然后，尽可能客观地检验这些迹象。如果仍然难以断定，可以询问自己信任的人对这些迹象怎么看。如果你是一位六号，当你觉得有人在生你气或者在评判你时，在你脑补一个完整故事之前，直接询问他们吧。

*有意识地承认你所投射的任何东西。*通过留意到自己对他人的看法，并观察它们如何反映出自己不愿承认的情绪、体验和特性，六号可以抵制将恐惧、权力和其他东西投射到他人身上。如果你是一个六号，并对他人感到高度的评判、焦虑或不安，检验一下那些脑补的关于“他们在干什么”的故事。探索一下，为什么你可能在对他们投射，以便解释为什么他们是危险的，而你是无辜的。又或者，留意何时你把权力投射到某人身上，并把自己视为无能为力的，注意到你可能低估了自己的力量，这是一种寻找英雄或把威胁归咎于外在的方式。

*更多地觉知你与权威的主题。*正如纳兰霍所指出的，六号的三种副型都有他们各自的权威主题——他们都想要权威，又都不信任权威，对权威又爱又恨。因此，等级关系和权力关系是六号深入认识自己防御习惯的重要领域。他们会密切关注生活中在与权威的关系中激起的情绪和思想，要么尝试更多的信任（当证据确凿时），要么拥有自己的独立性、权力和智慧。如果六号能够克制自己，不通过过度依赖外部权威来补偿自身的不安全感，并拥有自己的权力、脆弱性，表现出“能够脆弱”所带来的力量，将有助于他们沿着有意识的成长道路，走向本质层面更强大的“橡树真我”。

任凭恐惧驱使，而非拥有、抱持、管理恐惧

*识别出“战斗”“逃跑”和“僵住”实则是恐惧反应。*如果你学会了在恐

惧升起时看到自己的特定反应，就可以清楚地认识到，你何时会感到害怕，出于对恐惧的反应你会倾向做什么，以及如何就你的恐惧反应作出更有意识的选择。如果你能就恐惧出现的特定方式，为自己创造更多的清晰、空间和慈悲，你将能更有意识地疏导恐惧的体验。无论逃跑、躲藏、因过度思考或过度依赖规则而停滞，或者反叛，都有必要多多益善地了解恐惧是如何在你的体验中显现的，并培养解读线索的能力，以确切地知道恐惧是如何驱动你的想法、感受和行动的。

学会感受、管理和释放恐惧。针对恐惧下功夫，是六号自我成长功课的一部分。观察并反思你的恐惧是如何产生（或被回避）的，以及你与恐惧的关系及其后果，这些是观察你的人格模式如何运作的关键。当感到恐惧时，检查一下迹象。真正（客观地）在发生的是什么？对你来说，重要的是诚实地评估，你的顾虑是否杞人忧天或者是虚构的，而非现实的真实表现。当你学会认识到恐惧是如何产生的，你便可以更有意识地审视它，探索它，调节它，或使它平静下来。

有些六号也许没有显著的恐惧体验。这些六号更多觉知到的可能是愤怒的感觉或他们的行为方式，即出于恐惧采取了行动，但并没有认识到这是恐惧所驱使的。他们可能在努力地做某件事，或担心某件事，或积极地进取于某件事，而不清楚是什么情绪在驱动他们的行为。在这些情景下，重要的是看到自己当下的任何积极的努力、攻击性或挑衅情绪的背后可能潜藏着恐惧，他们通过对抗行为来回避这些恐惧，并下功夫理解和管理这些反应。

回应恐惧时有更多的信心。正如恐惧是一种预感，认为事情会出错；信念则是一种能力，让你能够放下恐惧，相信事情总会好起来的。作为一个六号，如果你能从头脑中走出来，进入腹部或心，就可以有意识地把注意力从头脑分析中转移出来：脱离思考的模式，进入情感和直觉认知，从而提供其他类型的信息，打破对自我安慰式的、用理智寻求确定性的依赖。

2. 六号的内在流动：运用箭头连线绘制成长路径

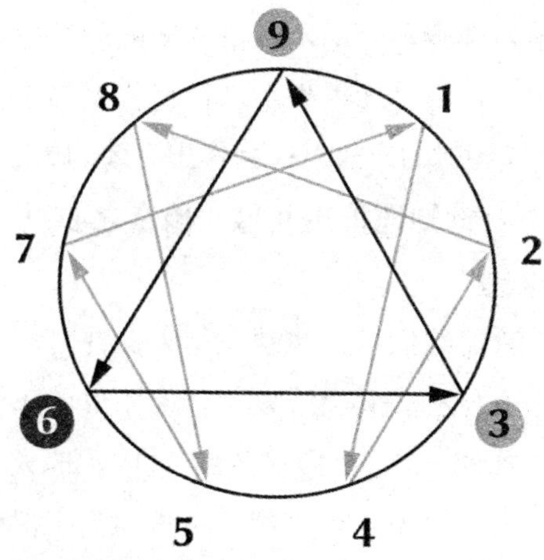

六号去到三号：更有觉知地善用三号“压力成长点”来发展和拓展

六号的内在流动成长路径，要求其直接面对三号位置所代表的挑战：培养这样一种能力，利用目标和人际关系来支持其克服恐惧、采取行动和取得成果。在极度压力的状况下，六号的防御行为可能表现出三号的低层状态，陷入忙乱的行动或急切的奋斗。然而，通过有意识地引入三号位置，并寻求体现三号的高层品质，如生产力、诚实和希望等，六号就可以克服阻碍他们前进的恐惧。鉴于他们往往会因恐惧、过度分析或投身于紧张艰苦的工作而变得麻痹，六号可以善用三号位置，把注意力从恐惧和焦虑中移开，转而专注于目标的价值、用出色的工作给人留下好印象，以及对成就真诚的自豪感等相关的积极方面。由于陷入恐惧（在极端情况下甚至会）威胁到六号的幸福，学会使用三号在向前推进和实现目标时所感受到的自然动机，以避免陷入不作为或优柔寡断的习惯，这对他们是有益的。

当六号有意识地这样修炼，将能够使用三号在健康状态下的工具：自信、管理情绪的能力和致力于成果。三号的高层状态是基于诚实的自我表达，在有效实现目标的过程中享受行动的乐趣，以及对真诚努力必将有所回报的希望和期待。这些方面有助于抵消六号总担心有什么要出错的成见（它会削弱他们的行动力）。通过着重实现这些三号的高层能力——主动关注驱动力、勤奋、对前景的乐观展望，以及对获得认可的健康的渴望——六号可以克服他们通过不安全感、怀疑，以及害怕吸引注意力、成为别人攻击标靶等方式来自我削弱的倾向。当他们不再把精力耗费在扫描外在世界中的危险或者对抗内在焦虑上，就可以把精力放在努力支持自己在世界上进行自我表达上，用希望和信心来平衡自己的恐惧和疑虑，以积极的方式对社会作出有效的贡献。

六号回到九号：更有觉知地善用九号“孩童之心点”和解童年主题，找到支持自己前进的安全感

六号的成长之路，敦促他们重新找回在与人交往时放轻松的能力，顺其自然，而不必担心环境中有什么威胁，或发生什么不好的事情。六号可能无法通过与他人的连接找到内在的支持，因为在他们眼中，他人可能总是在威胁、惩罚、难以捉摸、缺席或可有可无。六号通常不得不为了保护自己免受危险人物的伤害，或寻求一种独立中的安全感而远离他人，不能与他人共处，在关系中找到一种舒适的融入感。九号通常很容易信任别人，但许多六号在年幼时期未曾有过这样的奢侈，因而陷入了不信任和猜疑，以此作为一种生存策略。

六号可以回到他们的“孩童之心点”九号位置，通过与某个安全的人或事相融合，来找到安全感——在舒适的地方或与人连接中寻求庇护。桑德拉·迈特丽解释说，每一个六号的内在都有一个懒洋洋的、九号似的孩子，“只想躲在隐蔽处，不想出去面对世界，只想要舒适和娱乐”。[30] 这个九号位置代表了一个安全舒适地，六号可以退避到那里，以在危险的世界中找到安全感，但也会在压力下进一步陷入无法行动的状态。如果六号坠入九号的低层状态，无意识地整合九号具有而自己为了生存不得不压制的品质，那么当焦虑驱使他们从生活中退出并关闭时，他们会陷入不作为、惰性以及与他人无意识的混合。

在有意识的引导下，六号可以通过向九号的移动，建立一种健康的平衡——既留心对其幸福的威胁，又在支持性关系的安全感中放松。六号可以着力于这个“孩童之心点”的诸多特质，以了解他们本来需要从早期关系中得到而未被充分满足的是什么，然后去找到这些东西，以此来缓和他们迫于生存发展出的恐惧和不信任。因此，“回到九号”可以恢复他们失去了的、与他人的计划或意愿融合时的舒适感，让他们在人际关系中找到更多抚慰，而不用时刻警惕。通过这种方式，六号可以借由某些九号特质，来努力克服他们需要推开他人以抵御威胁的做法，并学会更深入地领会他人的观点。如果他们能重新整合九号的一些高层特征，就可以摆脱一些基于恐惧的习惯，这些习惯阻碍了他们朝三号位置前进。

通过重新引入九号的信任、与人相处舒服等天然品质，六号可以有意识地提醒自己：有些时候放下警戒并放松是可以的。他们不再需要通过保持警惕来保护自己不受他人伤害，相反，他们可以重新向他人敞开心扉，培养一种欣赏他人观点和生活方式的态度。这样一来，六号能够在更深的存在感及与他人的连接中找到安全感，从而平衡他们对他人隐藏意图的恐惧。

3. 从陋习到美德的转化：借助恐惧，成就勇气

从陋习到美德的发展路径是九型图的核心贡献之一，它揭示了每种型号为达到更高的意识状态都可以运用的“垂直层面的”成长路径。对于六号来说，他们的陋习（或激情）即是恐惧，其对应面——美德，则是勇气。

随着六号越来越熟悉自己的恐惧体验，并逐渐发展出对其更强的觉察能力，他们便可进而致力于彰显自己的美德——其恐惧激情的“解药”。对于六号而言，勇气这一美德代表了一种通过有意识地展现高层能力所能达到的生命状态。

勇气是这样一种生命状态：对世界固有的危险保持警醒，同时也能在面对这些危险时获得自然的信心。这种高层美德蕴含了直面最深切的恐惧和焦虑的能力，确信我们拥有应对它们所需的一切。勇气也象征着自身拥有的内在支持，使得我们能够摆脱小我的防御，超越狭隘的、局限性的（橡子壳）人格结构。伊查索将勇气定义为“承认自身存在的责任”，并作为身体保存自身的自然活动。[31] 勇气不需要思考、警惕或攻击性，相反，它来自内在了解的深层源头——你能够照顾好自己。

作为六号，呈现出勇气意味着你有能力自信地面对外部危险，同时也意味着你有能力去开放并探索你的内在世界。正如迈特丽所指出的，由于强大的无意识的驱使（九号位置所象征的），人类最困难的事情之一就是致力于了解自己内在的实相。因此，勇气代表着我们拥有的这一品质：尽管我们不断地试图保持舒适，避免感受到任何痛苦和恐惧，我们依然会尽一切努力去关注内心发生的事情。我们是如此容易陷入沉睡，很难持续不断地认识自我，但正因如此，

我们必须有勇气对自己保持觉知和清醒，因为清醒势必会让我们直面自己的痛苦。勇气意味着愿意了解你真正是谁，你可以成为谁，即使这意味着穿越你的恐惧和所有其他痛苦可怕的情绪，那些你在童年时期为了生存而采取人格模式时不得不遗忘（并转移到你的阴影中）的东西。

我们所有人都有想要进入沉睡的惯性，对于放下保护性防御会感到恐惧；我们所有人都必须有勇气对人生早期被我们撇开的、深层的痛苦和恐惧努力保持清醒。变得更有勇气，让六号（和我们所有人）可以直面自己的恐惧和痛苦，真正成长。六号的美德象征着一种深切感受的能力，能让你自信地、更深入地投入生活。因此，六号的勇气美德既反映了“我们是谁”这种真正的内在资源，也反映了这样一种模式：当试图摆脱与条件性人格有关的保护性防御时，我们能够更自觉地发展和拥有什么。正如C.S. 刘易斯所说：“勇气不仅仅是一种美德，更是任何一种美德的试金石。”

三种六号副型在从陋习到美德道路上的具体功课

自保六号：可以通过这种方式，由恐惧走向勇气：直言不讳，而不是含糊其词；做出决定，而不是在质疑中迷失方向；有实现自己需求的坚强意志，而不是总指望他人的支持和保护。如果你是自保六号，你可以通过有意识地、建设性地表露你的攻击性来践行勇气。冒险去相信，你可以更主动地汲取自己的攻击性和自信心来支持自己。尝试打破总是想要表现出良善和温顺的强迫性冲动，并练习允许自己愤怒。有勇气更清晰地说出你真正的想法，特别是当你害怕别人会不赞成的时候。表明你的观点和偏好，不是被逼无奈才如此，而是采取自信镇定的姿态，这种姿态来源于与你的权力和力量更多的连接。不做抱歉或怀疑地去冒险表现出“坏”、生气，以及更多地表达“你是谁”。有勇气拥有你自己在这个世界上的权力和权威，而无须把它投射到他人身上。与其期待别人的支持，不如拥有自己的许多积极品质，从而对自己更有信心。努力让自己更多地意识到自己和愿景的力量，明白你有勇气以任何可能需要的方式在这个世界上支持自己。

社交六号：可以通过这种方式，由恐惧走向勇气：别再想着自己的职责是什么或不是什么，转而从初心和愿景出发，与自己的本能、直觉和生活连接。如果你是一个社交六号，要认识到，单凭理智生活只能让你达到目前的程度，你的大脑不见得能告诉你如何全然地生活。让自己疯狂一点儿，忘掉所有的规则和参考点。如果你能学会放下你的思维体系、你对自己职责的看法，以及泾渭分明的分类，并培养成为自己权威的能力，你就能成长为更有勇气的自己。探索你是如何使一种思想体系甚至理性本身成为一种非人格权威的，你依靠它作为支持的来源或父母的代理人；转而冒险承认自己的权力。意识到你如何对你曾经拥有一个让人失望的父亲形象做出补偿。你其实无须如此强烈地依赖你在生活中作为指导权威的东西。不要被你的智力地图引导太多，更多地凭直觉行事。除了义务以外，要有勇气去追求快乐。要懂得，在所有层面与自己的权力和满足感连接，是显化你高层品质的王道。

一对一六号：可以通过学习如何变得更脆弱，由恐惧走向勇气。如果你是一个一对一六号，你可能有时觉得自己很勇敢，但不要把源于恐惧的攻击性和所谓的“力量”误认为是真正的勇气。正如纳兰霍所说，一对一六号的勇气就是拥有武器的勇气。放下你的武器，学会汲取你的脆弱情绪，作为真正的力量、真正的权力和真正的勇气之源泉。注意到坚强是如何掩盖了你的恐惧和其他脆弱感受的，努力去接触这些情感，而非总是借助你的能力压制恐惧，让外在看起来很强大。努力鼓起勇气，更经常地在更多人面前放下你的防卫。让自己不带犹豫地去感受快乐，毫无保留地去体验温柔。留意到“害怕失去自由和独立”可能导致你把人们推开，花些功夫学会以更脆弱的情感去信任更多的人。让自己更多地被本能、直觉和更柔软的情绪所引导，这样你就可以拓展与自己连接、向他人敞开心扉的方式。认识到这一点：通过看到并接受你不必总是如此强悍和警觉，你可以摆脱曾把你锁在“橡子自我”硬壳里的恐惧。

总结

六号原型代表了这样一种模式：出于感觉安全的需求，保护自己不受他人和世界伤害。六号的成长道路向我们展示了，如何将恐惧激情及其所有表现转化为勇气和目标的力量，在自己内心找到更强的安全感，从而觉醒过来，成为所能成为的全部。六号的每一种副型都在以其特定的个性特质教导我们，当我们通过自我观察、自我发展和自我认识，能够将恐惧转化为一种完全觉醒的能力，从而有勇气面对内在和外在的让我们害怕的东西时，将拥有无限的可能性。

五号原型：主型、副型和成长道路

五号原型代表了这样一种模式：通过自我封闭，不与世界接触，来保持安全和控制。五号的成长道路向我们展示了，如何将我们对恐惧的恐惧以及向后退缩的冲动，转化为分享更多自我的意愿，并更深入地与自己和他人建立连接。

独自旅行的人旅行最快。

——拉迪亚德·吉卜林

我还没有发现过比独处更好的伙伴。

——亨利·戴维·梭罗《瓦尔登湖》

了知是一种狂喜。

——卡尔·萨根

五号所代表的原型，是那些从情感中脱离出来，退缩到思考中，在内心世界中寻求保护的人。这种原型让我们在这个看似充满侵扰、忽视或者情感过于充溢的世界中寻找到隐私和自由。这种原型的核心驱动力是通过最小化自己的需求和经济地使用资源，限制和控制对外部的需求，从而寻找安全感。在五号看来，人类对人的自然需求可以转变为对知识的渴求，这样，信息和坚固的界限就可以取代社交连接，成为内在支持的来源。

我们在荣格的“内倾”（introvert introversion）概念中看到了这一原型的一个主要特征。内倾即主要以内在世界为导向，而不是外在世界。它是任何一种人格类型都可能拥有的普遍态度，但荣格所描述的“内倾”非常贴切地反映出了五号原型的定义性特征。

荣格分析学家兼作家琼·辛格（June Singer）认为，内倾的人“主要倾向于理解他所感知到的事物”。[1] 他的注意力主要集中在“自己的存在”上，“自己的存在”是他“所有兴趣的中心”。外界的人之所以重要，是因为他们可能对内在带来影响，而内倾的人“对自我认识的兴趣使得他们不会被客观环境的影响压倒”[2]。内倾的人会“保护自己不受外界的侵害，巩固自己的安全地位”。[3] 用纳兰霍的话来说，内倾涉及“一种从外在到内在的移动，以及对内在体验的敏感性”[4]。

五号是我们所有人将自己视为与其他事物分离和失职的原型倾向，它会使我们感到有必要撤回来，坚守赖以生存的一切。[5]我们都认同自己的小我，因此更容易相信自己是孤立的个体，而不是一个相互关联的整体的一部分，这会导致我们执着于那些我们认为维持自己所必需的东西。

在日常生活中，这种普遍的原型可能表现在需要有时间独处休息或“充电”，远离别人窥探的眼睛和情感需求。它代表了我们内心中偏好观察而不愿参与，并且喜欢定期撤到避难所的那一部分。五号的原型代表了一种倾向于将理智的相对安全性置于社会和情感生活之上的模式，将知识视为最安全、最令人满意的权力形式。在面对冲突、困难或感到受伤时，这种立场认为退缩和保持距离是最好的策略。

在描述五号原型的特征时，纳兰霍引用了卡伦·霍妮对一类人群的描述：他们主张将“认知”作为解决生活冲突的方法，保持一种“漠不关心”的态度，宣称自己对社会上正在发生的事情不感兴趣，以此寻求内心的平静。[6]走向他人或对抗他人会令他们感到不安，他们将自己从充满爱和攻击性的“内心战场”中解脱出来，放弃了为得到自己所需要的东西而斗争，降低让自己满足的要求，但这有可能引发内在的“收缩、限制、缩短生命和成长的过程”。[7]

五号有着分析性的头脑，往往会花很多时间追求自己的智力爱好，通常在特定的学习领域拥有大量的知识和专长。他们会自动脱离情感，非常擅长对问题或情况进行理性客观的分析，这种习惯也让他们在危机中保持冷静。五号也非常看重人际关系中的边界感，重视并尊重他人的边界和隐私。虽然他们通常没有大量的亲密朋友，但却非常愿意和那些高品质、忠诚、值得信赖的朋友建立关系。五号有一种自然的简约朴素，极简和经济是他们的形式风格，这也反映出他们重视充分利用自己拥有的资源并依托少量资源生存的能力。

然而，与所有原型人格一样，五号的天赋和力量也代表着他们的“致命缺点”或“要害弱点”。他们会将自己与他人隔离开来，在人际关系中感到不自在，在社交场合表现出超然和孤僻。虽然五号擅长客观分析，但他们可能会过于爱分析，缺乏情感，以至于很难与他人沟通。他们保持了一种冷静的作风，但可能难以表达自己的情感。他们可能有太多或过于严格的界限，看起来漠不关心或难以接近。他们可能会因为害怕自己的精力被社交活动耗尽而不参与社交活动。然而，如果他们能够学会平衡自己对时间、空间的需求与对他人、自身情感的更大开放性，他们将会成为好知己、好伙伴，既能尊重健康人际距离，又能够以明智和体贴的方式参与关系。

《荷马史诗 · 奥德赛》中的五号原型——赫尔墨斯和基尔克

赫尔墨斯（Hermes）和基尔克都反映了与五号相关的个性主题。首先，两人都是守护和使用密意知识的人。赫尔墨斯是众神的使者，负责保守众神的秘密。他也象征着边界及其带来的保护。只要赫尔墨斯愿意，他有能力把秘密带到阳光下［迄今为止，密不透风的外壳被称为“赫尔墨斯的封印”（Hermetically sealed），而识别文字背后含义的过程被称为“诠释学”（Hermeneutics）］。[8]

基尔克的意思是“鹰”，这个名字让人想起一个目光敏锐的观察者从远处观察的画面。她是一个神秘的巫师，拥有一根魔杖，会调制迷药。她比任何人类旅行者都更了解世界的路线和危险：“她是如此智慧，如果有谁知道如何接近她，如果她有意，她可以为任何探索者提供关于前路的权威指导。”

基尔克住在密林深处的宫殿里，周围遍布着她豢养的动物，但没有人类。奥德修斯派遣的侦察队打断了正在歌唱织布的基尔克，她随即邀请他们进入宫殿，端上掺了迷药的美酒。很快，这些人就变成了猪——贪婪食欲的象征。这凸显了人类的饥饿感和渴望，这种渴望导致他们出于对失去的恐惧，紧紧抓住并暴食自己拥有的东西。

奥德修斯得知消息后赶来寻找手下，并在赫尔墨斯赠送的仙草的帮助下，抵御了基尔克的迷药，智胜了基尔克。她真的很惊讶，也许是第一次：

> 我感到奇怪，你喝了我的迷药竟未被迷住！
> 往日从未有人能抗住这迷药的力量，
> 只要他一喝下，迷药流经他的唇齿，他便会迷倒。

而你，你有一颗不受魔法迷惑的心！[10]

基尔克随即邀请奥德修斯同床共枕。再一次，幸亏了赫尔墨斯的事先指点，奥德修斯没有落入基尔克想把他变成猪的圈套。他要求基尔克先发誓绝不会再伤害他。基尔克发了誓，欢好后并将奥德修斯的船员从猪变回人形。然后，她开始传授他需要的秘密知识，以便他穿越冥府，继续回家的旅程。

像五号一样，赫尔墨斯和基尔克都是独自保守秘密知识的人。他们有策略地分享他们保有的智慧，并且只分享给那些他们认为有智力价值的人。赫尔墨斯向奥德修斯展示了如何保护自己不受贪婪的诱惑，基尔克看到奥德修斯能够抵御贪婪的陷阱，便奖赏了他丰厚的回报，并且为他提供了进入冥府的方法。象征性地，奥德修斯经历了两种不同的恐惧体验：面对庞大、恐怖的怪兽的恐惧，以及害怕被贪婪、圈套和保密的需要所吞噬的恐惧。现在，他已经准备好进入他的地下领域了。

五号的人格结构

五号属于“脑中心三元组”，他们的主题围绕着对安全的担忧，核心情感是恐惧。三种脑中心型号（五号、六号和七号）的人格都是由其对早期恐惧经历的反应形成的。脑中心的首要作用也意味着，这些型号主要是通过头脑功能，也就是通过思维和分析外部世界信息，处理来自环境的信息。七号通过寻求刺激和愉悦的体验来过度补偿，从而避免恐惧和焦虑。六号在面对早期的恐惧时变得警觉、谨慎、多疑和有策略。而五号则变得内倾，与世隔绝，专注于对内部资源的保护和有效管理。五号逐渐学会了避开恐惧可能产生的地方。

五号比其他型号都更加“生活在自己的头脑中”，思考和积累知识会让他们感到更舒服，而面对情绪则不然。尽管他们的外表看起来是冷漠无感的，但五号的内心其实非常敏感，他们通过创造厚厚的边界来保护敏感的内心，使自己不受外界要求的影响。在人生早期，五号通过自动远离他人，保护自己的内在生活，并在必要时从情感上撤离出去，来适应环境和处理焦虑。

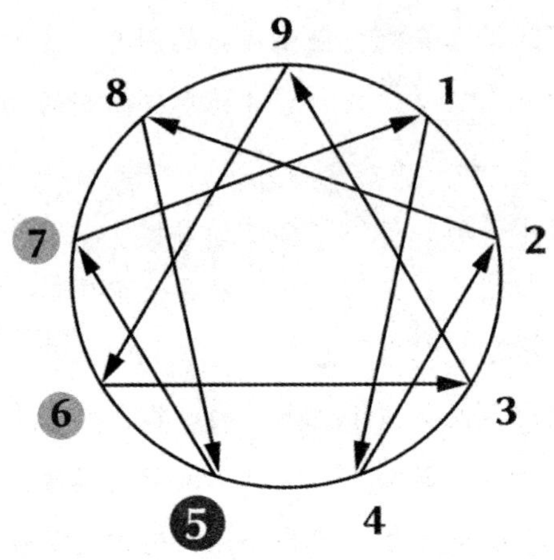

五号的童年应对策略

五号在早年依赖他人来生存的时候，经常有过被遗忘或淹没的经历。看护者不知何故对五号的需求没有反应，故而他们渐渐明白了，自己无法通过力量或诱惑来实现任何目标。[11] 生活在贫瘠中，他们别无他选，只能学会紧抓住自己微薄的资源。

为了在一个未能满足自己需要的世界里生存并寻找庇护，五号撤退到他们的内在里，保护幼小的自我意识不受外部威胁。于五号而言，他人不是威胁者就是剥夺者，他们基本上放弃了人际关系所提供的滋养，而是在知识和智力兴趣上寻找满足感。有些型号的生存策略是通过把注意力投向外在，寻求别人的认可或滋养来获得安抚，但五号决心自给自足，从人际关系中退缩，以此来拯救自己，并保护他们所拥有的寥寥无几的内部资源。

为了避免对他人的需求，避开依赖性的关系，五号尽量减少自己的需要，采取了一种经济的生活方式。这导致了一种保留有限资源的倾向，以及在涉及时间、精力、信息和物资供应等方面时的“贪婪”或囤积心态。他们常常以禁欲主义或极简主义的生活方式自豪。

某种程度上，五号所有的应对策略都源于适应对爱的需求而造成的剥夺或伤害，他们把希望寄托在自己身上，放弃了将关系作为爱和支持的来源。如此一来，五号的应对策略就建立在一种稀缺模型的基础上——为了面对资源匮乏的状态，他们无意识地决定不要对外在的东西有太多需要，于是转向内部，减少自己的需求，保存内部资源，走向内向和独立。这就是他们解决早期被剥夺（或被入侵）的一种方法，表现为一种紧紧抓住自己内心生活的感觉，以及对节约使用精力、能源和资源的关注。

这种防御性的策略自然会让五号养成与他人保持距离的习惯，使得他们看起来冷漠和漠不关心，但其内在的敏感度要远远高于表面。这种应对策略不仅包括让自己远离人际关系以及对人际关系的需求，还包括将自己与情绪隔离开来，这样做的部分原因是感觉到自己的情绪可能会驱使他们想要接触他人。就这样，通过强迫性地回避生活、回避他人，五号不仅让自己离开了“充满侵扰的世界”，也离开了自身。

托马斯，一位五号，描述了他的童年处境和应对策略的发展：

从很小的时候起，我就喜欢一个人独处，没有他人作伴。我经常看书或在幻想的游戏中自娱自乐，对我来说，弄清楚事情是如何运作的比和兄弟姐妹或其他孩子玩耍更重要。实际上，我觉得读百科全书和其他包含大量有关世界信息的书籍很有趣。虽然我被周围的人认为是个聪明的孩子，但我发现做个孤独者要容易得多。我小时候交往的为数不多的朋友通常也都是“孤独者”，我们有着共同的智力爱好。

我记得我九岁的时候和最好的朋友玩“思维游戏”，我们会分析周围的人，根据颜色、动物、名人和一般原型对他们分类，并编写问卷来验证我们的理论。我们为所写的东西创造了一套秘密语言，这样我们就可以通过层层编码的信息私下交流。

我从不喜欢谈论自己，我知道通过提问和仔细倾听可以转移别人对我个人情感和内心世界的注意力。在一个层面，我感到匮乏，但在另一个更深的层面上，有一些有关我自己身份的珍贵要素，我需要尽可能多地抓住它们。当父母带我们去购物时，我总是会放低我的需求，或者出于避免成为他们负担的想法而选择最便宜的商品。我还会把妈妈给我们的糖果藏在橱柜里的大罐子里，但却不吃它们。

五号的主要防御机制：隔离

心理学家南希·麦克威廉姆斯对隔离这种防御机制的定义是，通过“将感受从认知中隔离出来，以处理焦虑和其他痛苦的心理状态……”。[13] 当使用隔离作为防御时，一个人就可以无意识地分离出与想法本身相关的情感。思想比情绪更让五号感到舒适，所以他们会自动关注情境中思想或心智的部分，让任何与自己所思所想有关的情绪变得无意识。防御性地降低对感受的觉知，可以保护五号去体验那些令人不安的情绪，同时也限制了他们对他人支持的（具有潜在危险性的）需求。

如同许多其他防御机制一样，隔离这一防御机制也有着积极的作用：面对可能造成伤害的情感，隔离是有价值的，比如外科医生需要远离自己的情感，以便能够对病人做手术；军事将领需要计划战略，而不被淹没在战斗的恐怖中。然而，隔离也会导致完全失去感受情感的能力，特别是当五号过分重视思考却低估情感时。五号在谈论情感时也会理智化，而不会真正地去感受它们。

为了保护自己不受悲伤、恐惧或孤独这类痛苦情感的伤害，五号会远离那些可能激起这些情感的人，将自己的思想与情感分开，并认同自己的思维功能。

五号的注意力焦点

鉴于五号的早期经历以及随之发展出来的应对策略，他们专注于管理内部资源和外部对隐私的潜在侵犯。这有助于形成一种只观察而不参与的常态，聚焦于精神层面而不是情绪层面或“直觉”层面的生活。

从内在来看，五号侧重于最小化需求、分析和思考，以及对能源和资源的节约和明智使用。我认识的一位五号把他的精力比作油箱。当他早上醒来时有一种感觉，自己“油箱”里的这一定量能量，必须得持续一整天。他不想耗尽汽油，但经常担心自己会耗尽，为此他变成一个能耗专家，知道什么时候何人或何事可能会耗尽他的能源供应。一旦确定了什么人或活动可能会过度消耗他的精力，他就会采取措施避免，或以其他方式消除这些威胁。

五号喜欢知识体系，他们的精力会消耗在思考某个项目、爱好或感兴趣的特定学习领域上。这在某种程度上反映出他们对“知识就是力量”这一理念的坚持，因此也是一种潜在的安全形式。五号渴望在心智层面上掌握关于周围人和事的知识，以及他们喜欢知道的特定主题。

五号重视对内在的保护，把注意力放在限制对内部资源和私人空间的侵入和威胁上。五号不喜欢惊喜，也不喜欢置身于不得不处理情绪或情感主题的情况下。有一些型号，比如二号和九号，很难在自己和他人之间建立起界限。相比之下，五号在建立和保持界限上没有问题，事实上，他们往往有着相反的问题：他们可能有太多的界限。最重要的是，五号希望自己的边界是有所控制的，不至于在自己想要独处的时候被他人侵犯或打扰。

五号的性格特质是内倾型的，他们可以很快地评估自己是否愿意与某人交往。当他们真的与他人互动时，一点点人际交往就可以让五号获得很多，因为他们能够非常当下地、真挚地与他人进行社交，但前提是有所限制。此外，五号可能具有高度的选择性，因为他们希望在社交活动中仅仅对自己真正喜欢和信任的人投注精力，而且限制在他们选择的时间。

五号的激情：贪婪

五号的激情是贪婪。然而，五号的贪婪，未必是指通常所理解的囤积金钱、财富或物质商品之欲望。对于五号来说，作为核心动机的贪婪，是基于他们早期无法从他人那里得到太多东西的经历，所以紧紧抓住自己所拥有的东西。五号在早年没有得到足够的爱、关心或回应，自然害怕被剥夺，这导致了对贫乏的防御性期望。这种贫乏的心态反过来又促使五号减少自己的需求，并阻碍了他们向他人付出：“如果要给出仅有的一点点，他们将会觉得自己一无所有。”[14]

我曾经从一个五号那里听过一个辛酸的故事。他和前妻之间的主要问题是，在他们的婚姻中，妻子觉得他压抑了自己的情感和感受。他说前妻是位四号，如果情感就是金钱的话，那她会是一名百万富翁，而他只有几个便士。当他把十便士中的六便士给了她，这对他来说是一笔不小的数目了，但在她眼中这根本不值一提。

因此，五号的贪婪意味着充满恐惧地抓紧时间、空间和能量，其动机是一种潜在的、无意识的幻想，认为如果放手就会导致灾难性的消耗。在他们想要囤积自己聊胜于无的东西背后，潜藏着一种对即将到来的贫困的深层恐惧，其根源在于没有得到足够的滋养。[15] 与此同时，他们也可能有一种恐惧，担心被太多或太繁重的承诺所过度拖累。

在贪婪的影响下，五号变得紧缩、极简主义，后撤到自己的内在世界，以此避免他人把自己掏空。他们既恐惧不够，又恐惧太多或自己负担太重。他人可能会感受到五号是退缩的或冷漠的，也可能会认为他们没有充分参与。这导致他人评判五号为冷漠、无情或傲慢，但其实在五号这种后撤和紧缩的习惯背后，是对没有足够生存资源的恐惧。

五号的应对策略是围绕贪婪展开的，通过最小化可能消耗能源的互动，他们相信自己可以节约能源，囤积宝贵的资源。因此，与人们通常理解的贪婪——贪心地获取越来越多潜在的多余资源（如金钱和物质商品）——相反，五号的贪婪激情呈现为执着地认定自己仅有最少的资源，因而必须抓牢，并感到有被耗尽或者损失的危险。

有的激情会促使相对应的人格非常强烈地趋向他人，而贪婪则会激发人们远离他人。贪婪会导致五号建立起稳固的边界，远离他人，或者避免可能耗尽自己精力的情况。他们不愿受外界干扰、侵犯或要求的欲望演变成了一种激情，导致他们在内心寻找其他人会在外界寻找的东西。[16]

五号的认知错误

五号的核心信念反映了孤立、压抑情感、能量保留、重视知识，以及匮乏等主题。这些信念作为一种组织原则，强化了以下基本理念：在一个充满侵扰或感受迟钝的世界里，你需要有后撤到自己内在的能力，在你的头脑中寻求庇护，并对与外界的互动有所控制。否则，你将会被彻底耗尽。

为了支持贪婪激情，五号将以下核心信念作为心理的组织原则：[18]

· 人们可能会对我的舒适感造成干扰和威胁。

· 世界并不总是能够提供你所需要的，所以有必要找到自给自足的方法。

· 他人想要得到的比我想给予的更多。

· 我必须通过坚定的界限来保护时间和精力，维护我的私人空间。否则，别人将会耗尽我。

· 别人对我的情感要求会耗尽我的内在资源，因此应该避免。

· 如果我对人际关系敞开心扉，他人对我的期望和要求会超出我所能给予的，与错误的人发生太多关系将会导致完全耗尽的风险。

· 对他人的承诺是我无法承受的负担，最好是轻装上阵。

· 我无力为了自己的需求和愿望讨价还价，反正他人也不太可能听进去，因此最安全的行动方针就是后撤。

· 总的来说，与他人分离比其他选择更让我感到舒适。

· 如果我允许自己的行为或感觉都是自发的，其他人会反对我，我会感到尴尬或失控，感到自己以一种无法忍受的方式暴露在外。

· 当我独自一人的时候（而不是当着别人的面），可以更好、更安全地感受我的情感。

· 知识就是力量。

· 获取知识最好的方式是观察、研究以及收集和划分数据。

面对一个看起来有太多索求的世界，五号认为他们没有足够的能力以持续的、参与的、相互联系的方式出现，所以最好避免与他人接触。他们将注意力集中在他人的要求上，将其视为潜在的消耗，也会关注从关系中撤出的能力，认为这是智慧。他们以这样的方式不断确认自己的信念，即为了避免内在被耗竭的威胁，最佳和最安全的解决方法就是观察、脱离情绪、囤积能量，以及固守边界以保护他们的私人空间。

五号的陷阱

如同其他型号一样，五号的认知执念或“思维迷障”是导致人格原地打转的原因，它呈现为一种人格局限无法化解的固有“陷阱”。

五号的核心信念导致他们陷入一个稀缺的世界中，因为这些自我限制的想法削弱了他们的精力，使得他们难以认识到自己潜在假设的虚假性。与这种受思维定式影响的想法恰恰相反，世界确实提供了丰盈，尤其是当你相信它是富足的时候。

如果相信与外部世界的情感接触是可以被支持的，那么你就更有可能敞开心扉，接受他人对你的期望。由于不相信富足和外部支持的可能性，五号被卡在能够让他们感到安全的心理模式中。由于切断自己与其他人潜在的滋养关系，五号无法认识到，他们的内在资源也可以通过社交活动得到更新和恢复，而不仅仅是耗尽。由于坚守着一种切断了补给的生活策略，他们其实剥夺了自己的享受。

五号的关键特质

思维的中心性

五号的“认知导向”意味着他们大多数时间“生活在头脑中”。他们主要通过思维功能与世界连接，往往都非常聪明。对思维的关注能够支持五号观察和反思生活的愿望，取代用自发的方式主动参与生活。因此，纳兰霍把五号在思考中寻求的满足比作“通过阅读来替代生活”[20]。五号的思维取向支撑其形成“真正的力量在于获得理性知识”的观念。紧张的思维活动也有助于五号为生活做好准备——他们总是觉得自己没有准备好。

思考也会让五号很舒服，因为思考的时候可以躲起来。大多数人不会知道别人在想什么，但是当他们感受到强烈的情绪时，往往都会写在脸上——无论其是否愿意，都会与别人分享自己的感受。对认知的强调以及对感觉和行动的抑制，反映出了五号一心想要成为一个生命的观察者，试图在头脑中搞清楚事物的含义，了解正在发生的事情，而不必在生活和关系中露面。体验和表达情感会让五号感到不舒服，所以他们依赖于思考，思考允许他们待在自己的舒适区里。

五号的思考倾向于把事情搞清楚，为互动做好准备，也会涉及智力性的分类和组织。他们被思考所吸引，也因为它让人看起来很有能力，这也可能是一种隐藏的或者在不暴露太多自我的情况下传达自己价值的方式。纳兰霍还强调了这样一个事实，五号往往“沉浸在抽象中，同时避免具体化”[21]，这种对具体化的回避是一种保持隐蔽性的方式。如此，他们能够向世界提供他们的感知，而不必暴露情感依恋、动机和这些观念背后的价值观。

五号也会被知识体系和工具所吸引，收集数据和用智慧解决问题是他们感觉最舒服的时候。因为有收集和组织信息的倾向，他们通常对科学、技术或专门知识领域表现出浓厚的兴趣。对他们来说，与他人建立连接的一种更简单的方式就是通过分享信息和专业知识，这种方式既能提升自身能力，又能以一种威胁较小的方式参与关系。

情感上的超然和无感

五号会自动地、无意识地从情感中分离出来，这种习惯起源于早年时期被剥夺或被入侵的经历，它在几个不同的方面支持着五号的防御结构。情感上的超然可以让他们避免不舒服的情绪以及体验它们带来的能量消耗，保持与他人的冷淡和分离（仿佛感到可以跨越空间和时间与人们连接），抑制对关系的需求。脱离情感的习惯有助于五号避免情感负担，避免意识到自己的需求，以及避免发生“不想要的”关系。

重要的是要记住，五号不会有意识地脱离情绪，相反，他们会较为自动地放下情绪，缺乏更普遍意义上的情感意识，或者无意识地干扰了产生情感的过程。[22]在五号有意识的体验中，更突出的是希望跟过度的情绪负担保持安全距离，并维护自主感和控制感。

五号缺乏对自己情绪的体验，也会导致他们几乎不能容忍他人的强烈情绪。虽然这一特点可能会让五号显得冷漠、无情或缺乏同理心，但明显的同理心缺乏仅仅反映了五号的防御姿态，而不是有意或刻薄的漠视。大多数五号表现出来的缺乏情感，其实代表了一种想要保持隐藏的强烈愿望，想要在不受打扰的情况下管理内部资源，以及在关系中保持安全距离。

害怕被吞没

也许是由于早期的创伤体验，感觉自己的界限被侵犯或被忽视了，五号通常害怕被其他人吞没、掌控或被以某种方式耗尽。这往往是一种半意识的恐惧，就像他们对依赖他人的恐惧一样，会促使五号逃避人际关系。五号也会出现焦虑（也许只是隐约地体验到），这导致他们抓紧自己所拥有的东西，并通过确保自己拥有必要的隐私和保持独立所需的独处时间来维持牢固的边界。正如纳兰霍所解释的："在某种程度上，关系意味着需要疏离自己的偏好和真实表达，这会产生一种隐性的压力，以及从中恢复过来的需求——一种在独处中重新找回自我的需求。"

自主权和自给自足

五号既会感受到理想化的自主权，同时也需要理想化的自主权。24 他们高度重视自给自足的价值，因为它巩固并且合理化了他们与他人保持距离的偏好。五号喜欢自给自足，也与他们有关应对策略的价值体系有关：如果你喜欢把自己隔离起来，那么你就需要能够在没有外部供给的情况下生活，或者做好储备工作。五号放弃了让他人满足自己欲望，他们需要能够建立起自己的资源。

因为他们既需要又重视自主性，五号不仅制订了自己特有的应对策略（旨在在人际关系中拉开距离，以减少被耗尽的威胁），而且会为他们觉得最舒适、最吸引人的生活方式找到理论支持。五号认为独处是一件好事，因为独处可以让他们过自己的生活，不必依赖他人或与他人过多接触。纳兰霍指出，这正是赫尔曼·黑塞所著《悉达多》一书中，佛陀说"我可以思考，我可以等待，我可以禁食"时所表述的生活哲学。年轻时候的佛陀表达这样的理念是有道理的，因为佛教可以说是五号的一条灵性道路，其基本特征是以头脑为基础的修行，聚焦于不执着的高层目标（五号的高层美德）。

高敏感性

五号在外表上显得超然或冷漠，但这种姿态恰恰反映出（并保护了）他们内心深处的敏感性，五号的防御结构正是为了保护这种敏感性而设计的。正是因为对痛苦情绪如此敏感易伤，他们出于保护自己免受其苦的需要而发展出了情感超脱。

五号的习惯是自动脱离情感，这有助于防止孤独、恐惧、受伤、无力和空虚带来的痛苦体验。五号在日常生活中通常不会有意识地去感受或了解这些情绪，但他们的防御结构却是为了回应这些情绪而发展出来的，或是源于对它们的恐惧。纳兰霍指出，五号有保护内在和极简主义的倾向，这是为了服务于他们内在对被剥夺感的敏感性，因为“一个感到充实和富足的人比一个感到空虚的人更能忍受痛苦”。[25]

五号对他人也很敏感，尽管他们通常不会表现出来。他们的退缩倾向可以视为一种防御反应，表达了避免感受他人痛苦的愿望，这也正是因为他们的超敏感性，对他人痛苦的同理心可能会让他们感到气馁，有被耗尽的可能。他们毫无异议地接纳界限也显示出这种敏感性，因为五号基于自己对隐私和保护的关注，也会考虑到其他人对个人空间的需求。

因为五号没有生活在自己的情绪中，所以可能更容易受到痛苦情绪的影响。他们没有发展出对自己情绪的容忍或安慰，可能不知道如何处理痛苦的情绪。有鉴于此，五号可能感觉不到和经受不住情绪的影响，他们表面上的不敏感，反映出他们需要对强烈情绪进行大力保护。

五号的阴影

五号的盲点与他们的情感、对爱和关系的需求、丰富资源的可能性以及自身的力量、攻击性和权力有关。鉴于他们所采取的策略——脱离情绪和保护自己的边界以保持能量，以及与他人保持安全距离——五号可能会习惯性地将自己与自身感受及他人分开，这样一来，他们人际交往和连接的潜力就被隐藏在了阴影中。五号可能会低估自己的情感生活，以至于放弃发展自己的情感和表达能力。虽然在更深的层面上，他们对情感是非常敏感的，但他们可能会觉得将情感表达出来并不安全，而不再相信自己感受深层情感的能力。

当五号能够自给自足、自主自治，能够避免接触到自己对他人和外部支持的需求时，他们感到最安全。不过，一些五号并不认为，自己是在有意识地避免这些事情，因为它让自己感到威胁；而是以为，自己只是不愿意与太多的人亲近，因此放弃与他人的连接或只维持很少的亲密关系。由于这让他们感到安全和舒适，五号可能没有动力去改变他们对他人的有限需求。和所有人一样，他们其实也需要支持，但因为他们对于人际关系所提供滋养的渴望仍然是一个盲点，所以他们并不总能意识到这点。

虽然很多五号确实想要爱和连接，但大多数还是将注意力放在保持牢固的界限上。他们把自己的能量视作一种稀缺商品，无意识地预计不久将被耗尽。因为他们防御性的“自我系统”让他们相信，自己内在的能量是贫瘠的，需要把自己封闭起来，只依靠很少的能量过活。所以他们拥有丰富能量的潜力存在于他们的阴影之中。他们没有看到的事实是，他们有能力产生更多的内部资源和更大的能量源泉，特别是如果他们允许更多来自外部的支持和滋养的话。五号对自身内在稀缺性的信念，蒙蔽了他们成年后获得丰裕的可能性。

冲突带来的威胁可能迫使五号消耗他们认为匮乏的能量，因此他们会避免冲突，一声不吭地消失。虽然五号在建立边界时会带来巨大的力量，但内心的贫瘠感使他们对自己（健康的）攻击性、真正的力量和个人权力视而不见。

纳兰霍写道，五号“可能会因为在与他人交往时无法公开示爱而遭受很大的痛苦”。[26] 由于他们性格内向，自负，缺乏情感，在别人看来，他们似乎对爱情没有兴趣。五号可能也觉得自己不如别人会爱。五号在独自一人时感到最安全，他们尽量减少与他人连接或依赖他人，这一习性抑制了他们从别人那里得到爱的愿望。他们通常不相信自己值得接受爱，毕竟他们对他人的漠不关心导致了他们相信自己付出的不够。[27]

当五号认可了自己的局限性时，他们可能会觉得，自己对与他人有深层次的连接并不感兴趣。而这可能成为现实。正是五号的限制性人格而非他们真正的自我，局限了他们主动表达和接受爱的能力。只要五号还相信他们爱和亲密的能力是有限的，真正的爱和被爱的能力就会隐藏在他们的阴影中。

五号激情的阴影：但丁地下世界里的贪婪

五号激情是一种内部囤积的形式，其传统名称是“贪婪”。在贪婪的形式中，它是一种对获取和紧抓物质财富和资源的迷恋，尽管在五号心灵中，它意味着一种出于害怕耗尽而进行的压制。在《神曲·地狱篇》第七章中，但丁通过一连串相反的惩罚，表达了对资源的迷恋终究是徒劳的。因此，那些吝啬和挥霍的人——那些表达出贪婪的人（主要是教皇和红衣主教）和花钱无节制的人——注定要在一个永恒的循环中轮回，遭受互相推搡的惩罚：

> 他们一边尖叫着，一边绷紧胸膛，面对面滚动巨大的重物。当两方撞到一起，就各自原地掉头，往回滚动重物。一方尖叫着："为什么要囤积？"另一方尖叫着："为什么要浪费？"他们就这样绕着昏暗的圈子回到了原点。
>
> 正是挥霍无度和囤积夺走了他们美好的世界，使他们卷入了这场争斗：我可不会浪费美妙的言辞来描述它！[28]

在但丁的地下世界里，吝啬这种原罪的基础以及对其的惩罚，都表达了贪婪这一激情的阴暗面。但丁诗意地说明了当我们关注于被耗竭的威胁时，物质财富便可能成为沉重的负担。[29]引导朝圣者的诗人维吉尔解释说，没有人能够对抗财富分配不均的命运，这意味着贪婪者犯的部分错误是他们不理解"命运"，生命会带给人们足够的资源来维持自己，不必如此紧握不放来扰乱事物的自然秩序。[30]

此外，但丁还强调了五号的另一个特点。他把吝啬的人描绘成"不可辨认的人"：朝圣者无法认出这些罪人中的任何一个，因为对财富的关注使他们在生活中面目全非。由此，但丁象征性地传达了贪婪对个人的阴影效应：因为紧抓着不放，你最终会背负一个更重的包袱（而不是更轻的那个），结局是在他人的世界里被除名。

五号的三种副型

五号的激情是贪婪。三种副型都有贪婪的激情，以及减少需求和与他人连接的倾向，但有不同的关注焦点来维持自己。自保五号采取了建立和维护边界的方式表达贪婪。社交五号的做法是坚持与群体和理念相关的特定理想。一对一五号则是通过寻求一个值得信赖的伴侣来体验信任，表达浪漫的理想。

与其他一些型号相比，如四号和六号，五号三种副型之间的差异相对较小。正像纳兰霍所解释的，在五号这里，三种副型都更单调，看起来比较相像，很难区分。对于更加激烈的四号来说，不同的本能导向非常明显，好像是不同的性格一样，差异也比较容易区分，而五号不同副型的个性表达看起来则很相似。不过，这三者之间也有一些不同，根据纳兰霍的说法，自保五号和社交五号更远离情感，而一对一五号的内在则更加激烈、浪漫、敏感。

自保五号：“城堡”

自保五号是最“五号”的五号。这类五号通过对隐居或拥有庇护所的激情来表达贪婪。这类副型被赋予了“城堡”的名称，揭示他们需要被围起来——能够躲在围墙后面，或者被围墙保护起来。自保五号会在心理上（有时也会在身体上）筑起厚厚的城墙，来保护自己不受世界和他人的伤害。

自保五号需要有明确的界限，这种人格是对孤立和控制的原型最清晰的表达。他们需要躲藏在能够控制的边界之后，并且要知道自己有一个安全的地方可以撤退，以避免在这个世界里感到迷失。在专注于寻找庇护所的过程中，他们学会了在围墙内生存，并想把所有的东西都藏在围墙内，这样就不必冒险进入这个世界。对他们来说，外面的世界可能看起来充满敌意，贫瘠而残酷。

由于他们有保护清晰边界的需要，自保五号将大量的注意力集中在如何摆脱来自外界的冲击或意外，自由地生存。他们感觉必须始终有所防备，也很难表达愤怒，尽管他们可能会通过退缩、躲藏或沉默来被动地表示愤怒。

一般来说，自保五号对躲藏的需求会导致其自我表达困难，是三种五号中最不善于交流的。他们对躲藏的激情也体现在采取秘密行动上：秘密行动就不会损害他们保持防备的能力。

这种立场的问题在于，尤其是当它趋于极端的时候，生活在一个封闭的环境中与拥有并满足人类的基本需求本来就是不兼容的。自保五号是五号中最孤僻的，他们的部分天性想要放弃需要和欲望，试图只依靠很少就能过活，尤其是在依靠关系所提供的情感支持方面。自保五号限制了他们的需要和欲望，因为他们相信，每一个欲望都会打开依赖他人的大门。因此，欲望要么在特定的兴趣或活动中被升华，要么被从意识中抹去。自保五号“活得很少”，意思是他们靠很少的资源过活，或者说渺小而穷困地活着。

纳兰霍解释说，通常情况下，人们有能力说“我想要那个”——表达欲望，完成自己需要做的工作，以获得想要的东西。但自保五号无法做出这样的要求，也无法接受。因此，他们必须努力保存他们能够获得的东西。[31]

你可以在弗朗茨·卡夫卡的作品中清晰地看到自保五号的特征（卡夫卡本人就可能是一位自保五号），特别是在他的书籍《城堡》《我脑海中巨大的世界》，以及讲述一名表演饥饿的艺术家的《饥饿艺术家》中。

在与他人的关系方面，自保五号避免对他人有所期待或产生对他人的依赖。他们也会避免冲突，这是他们脱离人际关系的另一种方式。然而，他们确实会对一些地方和人有着极其强烈的依恋感。为了防止冲突，管理与他人的关系，他们也可能会为了不被人注意到而融入群体。

我认识的一位自保五号，外表看起来非常有条理。她解释说，她观察别人如何互动，然后以类似的方式行动，见机行事，利用自己的能力来适应人们对她的期望，以此作为一种伪装。她继续解释说，如果人们不认为她特别保守，就不会挑战她的界限。然而，这种适应的需要会导致自保五号感到愤慨，因为他们觉得自己不得不花费精力去适应别人。

自保五号有时会选择与生活中值得信任的少数人分享情感，但他们表现出很强的抑制能力，尤其是在表达攻击性方面。他们很少表现出愤怒。不过自保五号确实有一种温暖和幽默感，这既是他们内心敏感性的真实表达，也是一种防御结构或社交盾牌。在社会交往中，当自保五号仅仅想要学习或安抚他人，而不需要开展一段关系时，这种温暖幽默会带来一种表面上的客套，让人感到双方建立起了关系。作为五号副型中最“五号”的一类，这个副型不太可能被误认为另一个类型。

斯泰西，一位自保五号，说道：

我经常听到别人说我是一个很好的倾听者。事实上，我长于提出正确的问题，这些问题能让对方保持谈兴，同时也能远离任何可能需要我更充分参与的话题。大多数情况下，我不喜欢谈论自己，在这方面催促我的人会让我感到被打扰。不过，在由亲密可信的朋友组成的小圈子里，我会和大家深入分享话题。对于这些人，我会征询他们的观点，研究他们的行为，这样就可以在情感世界中找到方向。

我很少寻求帮助，虽然我很乐意帮助有需要的朋友，但这种互惠的行为让我感到窒息。我会努力工作以确保生活是有条不紊的，不需要别人的帮助。只有在最极端的情况下我才会寻求帮助，然后就会购买一份感谢礼物，来免除自己亏欠他人的感觉。一般来说，被别人需要的感觉就等于感到别人索取太多。

我最平静的时刻是当我只有有限义务，可以根据自己的时间来生活，独立且在家里。独自一人的时候可以让人恢复精力，在家里度过的时间尤其能使人恢复精力。入侵和意外访客很难对付。我会与邻居保持一定距离，对于一年一度的集体聚会避之唯恐不及。当我们刚搬进新家时，有一个邻居一再邀请我加入由社区妇女组成的读书俱乐部。说实话，这感觉就好像她要我跟她一起私奔、去参加马戏团似的，这种想法既奇怪又不吸引人。直到现在，当我看到她在我附近的时候，仍然会躲着走。

社交五号：“图腾”

对于社交五号来说，贪婪的激情与知识有关。这类五号不需要人际关系所提供的滋养，因为对知识的激情某种程度上补偿了他们从与人直接接触中可能获得的东西。就好像他们有一种直觉，可以通过头脑找到所需要的一切，（对人和情感寄托的）需要被转移到了对知识的渴求中。

这个副型的名称叫作“图腾”，它表达了社交五号对“超级理想”的需求，或者是与那些在理智价值观、兴趣和理想上志同道合的人建立连接的需求。图腾的意象既暗示了高度，也暗示了一种构建出来的存在（像一个物体），而不是一个人类。这类五号与日常生活中的普通人没有太多来往，他们交往的对象是那些和他们有着共同的理想、容易理想化的专家们；那些在共同的价值观和知识的基础上，表现出他们所认为的卓越特征，与他们能够保持一定距离的人。我认识的一位社交五号说，他“收集”与他有共同兴趣和价值观的人。

对于社交五号来说，贪婪是通过贪婪地寻找终极理想表现出来的，这些理想将他们与一些特殊的东西联系起来，从而提升他们的生活，提供一种意义感。社交五号的激情是对本质、崇高或非凡的需要，而不是当下的需要。正如同他们需要与志同道合的人建立关系一样，社交五号也倾向于向上看，看向更高的价值观。用纳兰霍的话来说，他们仰望星空，对地球上的生命漠不关心。

与反偶像崇拜的一对一五号不同，社交五号崇拜那些以卓越的方式表达自己理想的人。在寻觅和坚持超级价值观的过程中，他们可能会蔑视普通生活和普通人。心灵的生活让人觉得更有吸引力，而远方那些非凡的人对他们来说，似乎比在日常生活中遇到的人更具诱惑力和趣味性。

社交五号寻找的是生命的终极意义，其动机是一种（潜在无意识的）潜藏的感觉，感觉除非找到终极意义，否则一切都毫无意义。这类五号寻找不平凡事物的动力，强化了他们眼中平凡和非凡之间的对立。他们寻找意义以避免一种“这个世界没有意义”的恐惧感，但在寻找的过程中，他们太倾向于寻找生命的精髓——超凡脱俗的东西——以至对日常生活变得不感兴趣。他们看到理想和日常生活之间的差距，在对终极意义的渴望中燃烧着。在为贪婪服务的社交本能的驱使下，普通的、平凡的自我已无法满足他们对意义的追求。

随着他们对意义的寻觅，这类五号会成为灵性人士或理想主义者，但这实际上与真正的灵性成就背道而驰，因为它绕过了慈悲和同理心，以及人们在日常生活中如何相互连接的实际层面。这种倾向是有时被称为“绕道灵性”的原型，意即想要寻找并致力于更高的理想或有价值的知识体系，来避免个体成长和发展所必需的情感和心理工作。他们可能相信自己正在超越小我，但对自己灵性价值观和修行的坚持，恰恰是在逃离日常情感现实，进入自己理想化的“崇高”理智系统。任何类型的人都会通过灵性来绕道而行，但社交五号代表了将此方法作为防御策略的这类人的原型。

社交五号不喜欢去感受。他们可能是神秘的、难以接近的，或者在趣味和智力上迷人的。他们可能以专家的姿态躲在外面，通过发挥他们的智力获得一种无所不能的感觉。这类五号可能会因为他们有更高的价值观和理想，而认为自己比其他人优越。尽管从不（故意）表现出来，但他们也寻求认可和威望。他们想要成为一个重要的人，通常会通过与他们敬仰的人结盟来实现这一愿望。

社交五号可能看起来像七号，因为两者都比较外向，对有趣的想法和人表现出极大的兴奋。社交五号通常比其他五号更“向外”，更具社交性和参与能力。他们和七号的不同之处在于他们比七号更保守，没有那么自我中心，较少情绪化。

斯科特，一个社交五号，说道：

最初知道九型人格时，我以为自己是七号。因为我认为自己很善于交际，而且很容易与人沟通。但经过更深入的思考，我意识到我的人际关系主要是与“专家”或有共同兴趣的人。我会根据智力来选择朋友，我们在一起的时间主要就是在分享想法。我意识到自己是五号而不是七号，是因为我发现自己会把人分类，并且通过隐秘的形式在自己和他人之间制造屏障。我会问很多关于对方的问题，以避免被其调查。我经常会想：“我是谁？我内心这神秘的东西到底是什么？”

当我还是个孩子的时候，会仅仅出于兴趣而一直看百科全书——“它的工作原理”和“目击者”。对我来说，内心的幻想世界比我之外的世俗世界更重要。在一次与家人一起前往度假地的长途旅行中，我想象着用巨大的动物雕像和埃及建筑主题重建一座城市。当大家都去海滩的时候，我只想看书。

我一直想要大规模地改变这个世界，把它变成我想象中的理想世界，不论它是否切实可行或现实。

为了理解整个宇宙，我研究了玄学、天体学和不同的密意、灵性系统。我希望研习的每一个新课题都能给自己提供一块新的拼图，用来发现生命的意义。通过大量的自我成长功课，我最终意识到，唯一真实而有意义的经历就是此刻，就在当下。

一对一五号："秘密"［反型号］

对于一对一五号而言，对贪婪的表达在于不断寻找一种连接，满足他们对最完美、最安全、最令人满意（理想化）的结合体验的需要。这类五号从外表上看可能和另两个副型很像，在人际关系领域里有着五号常见的抑制和内倾倾向，但一对一五号会赋予亲密关系一种特殊的价值。

这类五号热衷于寻找一个可以深入连接的特别的人，有时是一个他们找不到或还没有找到的人。和社交五号一样，一对一五号也在寻找一个崇高的理想，只不过他们是在爱的领域寻找。这类五号觉得有必要找到一个绝对的爱之典范。就像社交五号对非凡的追求一样，一对一五号所追求的理想化连接，代表了一个非常高的标准。他们寻觅的是某种终极的神秘结合，一种人类关系中神圣的体验。这也可能发生在寻找好朋友或灵性导师的过程中。

社交五号和自保五号都较为远离自己的情感，但一对一五号则是激烈的、浪漫的、更加感性的。这类五号会遭受更多的苦难，更像四号，有更明显的欲望。这是五号中的反型号，从外表上看可能不是很明显，但是一旦你触碰到他们的浪漫的点，激发出他们的浪漫情感，你就知道他们和其他五号大相径庭。

虽然可能在外表上显得矜持或简约，但一对一五号的内在生活充满着活力，非常浪漫。很多艺术家就是一对一五号（比如肖邦，纳兰霍认为他是古典作曲家中最浪漫的一位），他们透过艺术创作展现出了极端的情感表现力，但在日常生活中的许多方面与其他人断绝了联系。[32]

一对一五号所生活的内心世界，充满了关于寻找无条件爱的想法、理论和乌托邦式的幻想。他们活着是为了寻觅一种情侣之间的爱，体验一种终极或理想的连接。然而，他们所寻找的这种理想化的关系形式，可能并不存在于人类世界中。

信任是一对一五号的基本问题，纳兰霍将这个副型称为"秘密"。它有一个特殊的含义，与信任对方的能力有关，暗示着想要寻找一个无论怎样都会和你在一起的人，一个你可以信任到告知所有秘密的伴侣（或朋友）。这种信任是理想化的，也正是它使得一对一五号在内心深处变得非常浪漫。他们寻找理想化的爱情和关系，作为生活意义的源泉。

一对一五号想要寻找到一段高标准的关系，其要求是如此的严格，如果你是他们关系中的对象，将很难通过他们的一致性测试。一对一五号非常容易失望。这个副型对于信任对方有着极其强烈的需求，要满足这样的需求绝非易事，所以在他们的关系中可能会有很多测试。

五号往往都是很在意隐私的人，但一对一五号在此基础上还非常需要亲密感——如果他们能找到一个自己真正信任的人，便会无视对方缺点地去爱人。这种副型表达出了一种对伴侣完全透明的需求，同样也需要伴侣对自己非常敞开，而这种信任和亲密的理想并不容易找到。正因为如此，一对一五号对交往对象非常挑剔，当他们发现对方只是个普通人的时候，就会变得沮丧。如果伴侣没有达到他们对透明度和开放性的期望，他们也会感到失望，并且还会因为害怕被别人伤害而把自己孤立起来。

一些一对一五号说，他们所寻找的终极连接不仅仅是与爱人或生活伴侣的关系。有一位五号提到了"情感上的滥交"，他说"我想和很多人发生终极的接触"，一对一，一次一个地来。有一些人分享说，尽管他们在面对太多的情感张力时会感到有所戒备，但仍对与少数信任的人亲密相处有着强烈的渴望。有一位一对一五号说，他尤其能够体会那种与某人"心有灵犀"的体验——与对方产生化学反应的感觉——当他感受到这种体验时，会很快迷恋上对方。

虽然一对一五号看起来像四号，但这类五号仍然具有很强的五号特质，所以不太可能被误认为是四号。虽然这个副型是五号的反型号，并且寻觅一种理想化的亲密关系，但可能很难区分这类五号和其他两类五号之间的区别。虽然所有五号副型都会体验到一种后撤的需要，但是，一对一五号所需要的是找到一种能够同时提供安全感和终极爱的特殊关系。

斯蒂芬，一位一对一五号，说道：

直到我三十多岁开始做一些身体方面的功课之后，我才拥有了接触自己感受的完整通路。它们曾经是，有时仍然是非常混乱和淹没性的，特别是像慈悲这样"较软"的情感。我偶尔会发现自己泪如泉涌，而触发器可能仅仅是看到一个流浪者在路边。我的成年生活始终处于一种持续的张力之下，一方面我的观念认为我需要往回拉，节俭使用我（情感上、身体上、智力上、经济上）的资源，另一方面我又感到一种极其强烈的想要向外延伸出去连接的驱动力，不仅仅是和我的亲密伴侣，几乎是在任何地方。

向外延伸是在试图填补一个存在性的精神空洞，它似乎在我出生前就已经存在了。我寻觅与他人的连接，以免感到空虚。这个副型的名称“秘密”，涉及与另外一个人（或许多人，但前提是一对一的）建立一种紧密的连接。例如，当我必须对一个小组讲话时，我会聚焦于一个单独的人，但看起来像是在对整个小组讲话。关系是最令人恐惧的事物，但也是最需要的。

我曾经被叫去做九型人格人版，原因是我看起来不像其他五号——我太张扬，太外向，太愿意谈论内在的美丽风景和居住在那里的恶魔。这是真的，在我年轻的时候，这是（物理层面的）伪装。如今它只是一种存在方式。我明白了自己年轻时候想要消失在背景中的欲望其实是一种虚假的希望，既然我不能消失，那还不如做我真正的自己。

关于一对一五号，人们需要理解的最重要的点在于，我们始终处于一种挣扎之中：主型让我们退缩和克制（吝啬），但在副型本能能量的驱动下，我们需要伸出手去连接。在这种张力的背后，是一种情感层面的敏感性，外在世界没有发现，五号自己也没有注意到，除非他们让对情感的觉知进入日常生活。

五号的“成长功课”：规划一条个人成长道路

随着五号在自己身上下功夫，并变得更有自我觉知，最终他们将学会逃离这一陷阱：把自己封闭起来，无法接受与他人情感连接所带来的滋养，从而强化了内在匮乏感。其方法是：与自己的情感建立更加紧密的连接，学会相信自己的丰裕，敞开心扉接受更多来自他人的爱和支持。

对所有人来说，要从习惯性人格模式中觉醒过来，都需要付出持续的、有意识的努力来自我观察，反思所观察到的结果有何意义，源自哪里，并积极精进，努力消解自动倾向。对于五号来说，这个过程包括观察他们如何降低内在损耗感；探索自己保持安全感的方式，比如建立界限、限制与他人的接触；在社交活动中主动做出努力，扩大自己的舒适区。尤其重要的是，他们要学会挑战自己关于内在匮乏的信念，敞开心扉接受来自外部的更多滋养，通过感受和表达更多的自我，重新获得更大的内在活力。

下面我将介绍五号需要留意和探索的地方，以及需要精进的目标方向，旨在帮助他们超越自己的人格限制，展现他们主型和副型所对应的高层品质。

自我观察：不再认同你的人格模式，在行动中观察它

自我观察即是创造出足够的内在空间，让你用新鲜的眼光，保持足够的距离，真正看到平时的自己都在想什么，感受到什么，在做些什么。五号在观察自己所想所感和所做时，可能需要留心以下几个关键模式：

出于匮乏感和对耗尽的恐惧而囤积把持内部资源

观察你基于对自己的时间、精力和其他资源稀缺性的假设而运作的倾向。你有哪些基于这种想法的理念？当你觉得没有足够的精力去做事情或与人交流时，留意你流露出的任何担心或产生的想法。注意什么样的体验致使你对自己的能量水平抱有成见。观察你囤积时间、物资或私人空间的方式。如果你自我抑制自己对他人的付出或投入，留意你是怎么做的，在这样做时是怎么想的（或作何感受）。

脱离情感和情感生活

观察你脱离情绪的方式（如果你能看到这是怎么发生的）。注意到何时你应该有所感受却没有。你能否在脱离情感、远离可能激起情感的事物或他人的行为中捕捉到自己？观察你的内在领域，寻找任何感受或敏感性的迹象，就像你喜欢从安全的距离观察他人那样观察自己。有没有哪些情绪是你相对更容易感受到的？有没有哪些情绪你更加试图回避？注意何时你把对情绪的感受推迟到独自一人的时候。你当着别人面感受到哪些特定情绪时会相对自在，哪些情绪则不太自在？尤其要留意你是如何将不去感觉自己的感受，以及避免接受和体验他人的感受这些行为合理化的。

惧怕外部要求，想要加以控制，设立过度界限，与人保持距离

观察你与人相处时设立界限的不同方式。留意这种情况是如何发生的，以

及当你建立界限时，是否体验到任何激发你这样做的感受。观察你试图控制局面的方式，以及努力建立控制的背后是什么想法。留意当与他人保持距离的时候，你是怎么做的？有没有哪些人让你比其他人更想与之保持距离？你是基于什么样的想法和因素做出这些选择？当你考虑在特定的情况下与特定的人交流时，观察任何升起的恐惧，或者关于如何避免感到恐惧的念头。

自我问询与反思：收集更多信息来扩展你的自我认知

当五号在自己身上观察到上述这些以及其他相关模式，成长的下一步就是更加深入地理解这些模式。为此，五号可以问自己如下问题：

这些模式是如何形成的？为何会形成？如何帮助我应对？

虽然五号天生就是很好奇的一类人，但有时他们并不会好奇自己是如何出于人格模式相关的防御来限制自己的。其他型号可能会因为自己习性而主观体验到受苦，而许多五号则对他们的防御姿势感到相对舒适，因为这让他们感到安全和有所控制。它提供了一种摆脱困难情绪——不论是自己的还是他人的——的方法，也帮助他们避免感到恐惧。但是，由于五号呈现出一种收缩的姿态，这会主动减少五号与自己和他人的连接，从而制约了他们的成长能力。对五号来说，更深入地了解自己和过往的历史，看到在人生早期为了保护他们宝贵的敏感性，其思维和行为模式是如何不断表现出超过正当需要的过度反应，这是很有裨益的。

虽然这样做一开始看起来像是“自寻烦恼”，但五号可以通过检查自己最开始为何需要如此之多的保护，从而意识到自己是如何躲藏在“橡子壳”里，与生命隔绝的。

这些模式的产生，是为了保护我免受什么样的痛苦情绪？

我们所有人的人格运作都是为了保护我们免受痛苦情绪，包括心理学家卡伦·霍妮所称的“基本焦虑”——基本需求未被满足时所盘踞的情绪压力。为了应对压力，五号采取了一种策略，即从痛苦的感觉中脱离出来，在头脑中寻找庇护所。虽然探寻五号可能回避的痛苦情绪与其应对策略的主要目标背道而驰，但探寻他们由于没有持续地与情感保持连接而可能错过的东西，能够帮助五号在生活中找到更多的意义、丰裕和满足感。通过一开始的思考，最终温和地走向他们习惯性地让自己与之隔绝的感受，五号可以与自己的情感活力重新建立连接，这才是真正的充能。要想知道自己能成为什么样的人，五号必须敞开心扉，面对内心不为自己所知的恐惧、悲伤和愤怒。

我为什么在这么做？此刻五号的模式在我身上如何运作？

通过反思这些模式的运作机理，五号可以开始更加深入地觉察到自己如何保持界限，避免与生活中的情感部分接触，以此来保持安全和不受干扰。对五号来说，重新审视他们模式背后的深层动机不会带来伤害。质疑他们习惯性地保护自己不深度参与生活的原因，可以帮助五号发展更多的自我认知，了解他们是如何以不利于自身的方式克制自己的。通过观察他们如何避开情感纠葛和外部对自己的要求以保持安全，他们可以探究这些习惯是如何阻止了他们成长。五号合理化自己喜爱的特定方式也是一种执着。五号至少要对自己诚实，这很重要，由此，他们才能有意识地选择是否要改变。

这些模式的盲点是什么？我不想让自己看到的是什么？

有些五号可以待在“橡子壳”的安全范围内，这是可以理解的，因为他们建造的围墙能够保护他们，在这个似乎毫无回应或耗人精力的世界里免受有需求和敏感所带来的痛苦。但至少得要考虑一下有可能错失的东西，这也很重要。保持距离的解决之道从某种程度上来说也是对情感的价值视而不见，忽略了与自己的权力和活力更紧密的连接所带来的可能性。如果你是一位五号，弃绝带来的舒适感可能让你无法看到，如果你允许自己与合适的人有更多接触，生活会变得多么美好。一个人是否愿意选择成长取决于自己，但我们有责任充分了解自己都有些什么选择，自身的防御又向我们掩藏了些什么。如果你是一个五号，若你愿意冒着风险敞开心扉，挑战自己僵硬的防御，你的生活将会变得多么美好？

这些模式的影响或后果是什么？它们是如何困住我的？

五号防御策略的讽刺之处在于，在你围绕稀缺感和对耗尽的恐惧建立生活的过程中，也强化了资源稀缺的体验和贫瘠的威胁。五号的应对策略是使用“距离战术”，通过“一堵把自己牢牢围住的厚墙”[33]来制造一种隔离状态的舒适感，但这也可能加剧对被侵犯或被入侵的持续性恐惧。纳兰霍所说的“夸张的消极性，以及无法表达或无法感受的状态所导致的脆弱性和无力感”[34]会让五号感到无力、没有安全感。充分探索自己的防御模式是如何运作的，可以为五号打开一扇门，让他们在更深的层次上与自己重新建立连接，也可以引导他们走出必须收紧自己——这是唯一让他们感到安全的方法——的陷阱。

自我发展：追求更高层级的意识状态

对于所有寻求觉醒的人来说，善用基于型号的相关知识来发展成长的下一步，就是把更多有意识的努力投注到我们所做的一切当中，无论思考、感受、行动都带着更多觉察，更有选择性。当五号观察到自己的核心模式，并审视其形成根源、运作模式和影响后果后，可参考如下建议。

1. 能做些什么来化解三种主要的五号性格模式

出于匮乏感和对耗尽的恐惧而囤积把持内部资源

挑战关于稀缺性的错误信念。挑战他们关于没有足够生存资源的错误信念，五号会从中获益。你需要认识到，早期的一些关键且痛苦的经历，让你看似只有有限的时间、空间和精力。事实上，你拥有资源的多少取决于你相信自己能够拥有多少（或者允许自己拥有多少）。与其他人建立更多的连接实际上会增加可用的资源，因为这能够扩展支持你的来源。提醒自己对富足有信心会引发一个积极循环，让你接触到越来越多你（错误地）认为自己没有的东西。

提醒自己，稀缺会孕育稀缺。我们相信的东西塑造了我们的现实，当今社会里，这已经是老生常谈了。如果你以一种资源紧缺的视角看待世界，觉得自己必须要紧抓一切，那可能会放大你对稀缺资源的体验。把注意力聚焦在为了生存而必须紧紧抓住的东西只会固化你的信念，制造充满匮乏感的现实，贫瘠的心态会让你陷入一种觉得自己只能勉强度日的心理模型。

找一些直接的方法让你的外在生活更加丰富。如果你是一个五号，走上成长之路对你来说是挺困难的，因为做出努力去感受更多情绪，更多地分享自己，更有目的地去接触他人，这些都有悖你的意愿。但正如纳兰霍所指出的：“作为一个观察生命的人，自然会导致一种没有活着的感觉，这可能会激发一种体验的欲望。”[35] 把你可能需要体验更多生活欲望的音量调大，支持自己冒险去寻找体验世界的方式，以这样的方式来喂养并提升自己的生活。无论是接受按摩，让别人带你出去吃饭，还是与信任的人分享更多自己的事情，让自己有更多愉悦地参与外部世界的方式。

脱离情感和情感生活

*对脱离情感的选择更有觉知。*为了能够更多地与你的感受有所连接，与他人产生更多的共鸣，一个重要的开端是注意到何时你与自己的情感分离，或者以其他方式阻止自己去感受。认识到什么时候你可能在思考感受，而不是真正体验情感。在自我成长功课的早期阶段，对情感进行思考可能是很重要的，但要记住辨别两者的区别。注意当你察觉到缺失了某种感受的时候，你可以（逻辑上）启迪自己去感觉一些东西，允许自己将注意力转移到身体上，目的是为了敞开心扉，警觉地捕捉到微妙的情绪迹象。参加体育锻炼也很重要，走出你的头脑，进入你的心和身体。

*努力更经常、更多地去感受情绪。*尽管五号是防御性的人格倾向，但他们仍渴望与他人有更充分的连接，对他们来说，成长需要不断地努力重新融入生活——把更经常地接触和表达情感作为一种练习。允许真正的需求和感觉浮现出来，并温和地对它们敞开心扉，它们能够帮助你意识到那些可能被自动回避了的部分。当一个人的时候，试着去感受你的情绪。当你和别人在一起的时候，努力去关注你的情绪，试着和信任的人多谈论你的感受。

*明确看到情绪和情感连接的好处。*提醒自己与情感连接的所有好的方面，即使你一开始并不完全相信这些好处。如果你确实有过与他人在情感上建立连接的积极经历，把这件事放在脑海最前面，那么当你不愿意去感受自己的情绪时，它可以提醒到你。庆祝情感连接的小胜利，知道当你能够敞开心扉去感受时，你可以更积极一点地来看待关系的可能性。

惧怕外部要求，想要加以控制，设立过度界限，与人保持距离

*认识到“没有什么不对劲”的感觉是固守思维定式的表现。*五号很擅长按照他们的方式来做事情，以至于对自己可能会受到人格定式严重限制的事实浑然不觉。五号看上去是那种安全地生活在精心建造的屏障之后的人，在他们看来，没有什么需要改变。当他们紧紧抓住自己的人格模式时，通常会有一种舒适的控制感。他们善于避开那些过度索取、黏人或过于情绪化的人，善于保持

界限。他们知道如何控制生活，这样就可以避免感觉到自己的恐惧。我在将有过自我观察体验的人作为人版来教授九型人格时，很难找到哪个五号能够清晰地证明，他为什么想要从自己的模式中走出来。看到舒适感和控制力是由这个良好运作的防护屏障带来的，这可能是意识到这种策略固有问题的第一步。

触碰促使你保持距离、筑起围墙的恐惧。虽然五号也是“恐惧类型”，但由于他们是躲藏起来，并不会与自己的恐惧有太多连接。正如纳兰霍（他自己就是五号）所指出的，六号感到恐惧是因为他们没有隐藏太多，五号则擅长避免他们会感到恐惧的情况。如果能让自己减少一些躲藏，与恐惧有更多的接触，他们就能削弱自己僵硬的防御，这种防御被用来帮助他们完全避免恐惧体验。

向生活前进，而不是退缩到自己的世界里。尽管与五号的性格模式背道而驰，但寻求成长的五号必须走进生活，在内心找到更深层的能量来源，并重新与情感建立连接，而不是藏在内心深处。如果你是五号的话，当你产生自我疏远的自动防御冲动时，首先试着保持静止，不要自动断开连接。开始注意你后撤的方式和时间，并练习原地不动。无论是在人际交往中，在冲突中，还是在工作生活中，你都可以选择向人靠近，更多地融入生活。提醒自己，学会冒险去相信外面的世界，是你朝着充满活力的生命迈出的精彩美妙的一大步。

2. 五号的内在流动：运用箭头连线绘制成长路径

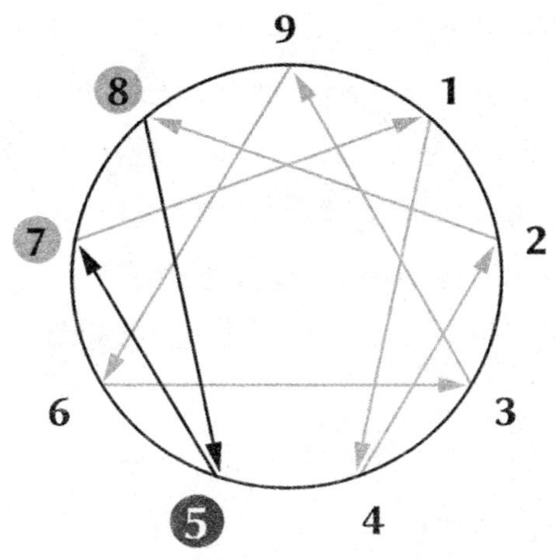

五号去到七号：更有觉知地善用七号“压力成长点”来发展和拓展

五号的内在流动成长路径，要求其直接面对七号位置所代表的挑战：运用七号的轻盈、真挚的智力兴趣、创新的思维和创造性的选择，来与外部世界有更多直接的互动。有意识地利用七号的天然优势，可以帮助五号了解如何更充分地与他人交往，而非消失不见。五号在有压力的时候也会移动到七号位置，他们会在社交场合通过焦虑的笑声或狂躁的谈话方式表现出他们的紧张情绪。他们可以通过有意识地呈现七号的高层特征来缓解这种紧张。五号可以通过有意利用幽默、爱玩和对知识的好奇心，来发展与他人分享自己的能力，缓解他们在社交场合敞开心扉时可能会感受到的焦虑。

当五号有意识地这样修炼，将能够使用七号在健康状态下的工具：创造性思维和对人们的兴趣，支持他们更深入地与他人互动。七号位置的基石是产生选项，能够以不同的方式处理情况，即便在潜在的焦虑中也是如此。七号寻找连接、积极参与观念转变的心理习惯，也可以为五号提供一个很好的模型，让他们更多地与他人分享自己，来拓展自己的舒适区。七号能凭借快速灵活的思维方式，把自己的感觉和想法与他人的联系起来，这同样可以帮助五号找到更多的方法，把自己的想法和情绪更多地与外界联系。

五号回到八号：更有觉知地善用八号“孩童之心点”和解童年主题，找到支持自己前进的安全感

五号的成长之路，敦促他们重新找回更积极、更勇敢、更有效地参与世界的能力。对于允许自己有更多自由以坚持自我主张、坚定所需界限的五号而言，八号位置会是一个舒适的地方。八号原型也代表了五号早期环境中未能起到作用的东西。五号在早年想要直接采取行动以获得自己所需要的冲动——八号式的自我维护——可能在童年时期没有得到支持或被忽略了，当力量不起作用时，他们可能会选择退缩。然而，五号长大以后仍然有可能接触到这种八号式的体验：感到能够自由地以强有力的方式保护自己，竖起墙壁，或推开他人，以找到舒适感。

在有意识的引导下，五号可以通过向八号的移动，在退缩与进入世界之间重新建立起健康的平衡。五号可以关注这个“孩童之心点”的品质和高层特征，了解他们为了与世界和睦相处而不得已压抑了些什么，以及如何能够有效地重新融

入社会，朝着七号的方向成长。

因此，带着觉知回到八号位置，有助于五号重新意识到自己失去的权力和权威，在处理恐惧、处理情绪和与他人互动时感到更强大。五号可以通过有意识地利用八号的天赋，来支持自我功课和发展，这些天赋包括以建设性的方式表达愤怒，推动大事件发生，以及用积极的方式来说服自己去影响别人。他们可以在世界上更果断地采取行动，而无须在做任何事情之前总要从安全的距离去调查和思考正在发生的事情。

通过重新整合八号的特质，五号可以有意识地提醒自己要拥有权威，更充分地表达力量，并利用力量来建立边界，接纳自己的脆弱性，包括与他人更多分享自己。通过拥有这些八号的能力，五号可以治愈任何与不得不躲藏（而不是更有力地表达自己）相关的童年伤害。他们可以利用更现实的权力感，来支持自己面对各种挑战，包括更多的理想主义、乐观主义，以及与七号位置相关的扩张可能性。

3. 从陋习到美德的转化：借助贪婪，成就不执着

从陋习到美德的发展路径是九型图的核心贡献之一，它揭示了每种型号为达到更高的意识状态都可以运用的“垂直层面的”成长路径。对于五号来说，他们的陋习（或激情）即是贪婪，其对应面——美德，则是不执着。

随着五号越来越熟悉自己的不执着体验，并逐渐发展出对其更强的觉察能力，他们便可进而致力于彰显自己的美德——其贪婪激情的“解药”。对于五号而言，不执着这一美德代表了一种通过有意识地展现高层能力所能达到的生命状态。

不执着是这样一种生命状态：不再需要紧紧抓住维护安全所必需的东西，能够敞开大门去更深层次地体验生命的自然流动。对于五号来说，不执着的美德可以激励他们，不再强求在前进之前必须对将要发生的事情有所控制，确保前方的道路是安全的。不执着需要五号去探索他们紧紧抓住并储存时间、空间和能量的方式，挑战自己对稀缺性的信念。作为控制珍贵资源的恐惧类型，五号更深层的焦虑体现在收缩和退缩的习惯上。通过面对和克服对耗尽的恐惧，他们可以朝着更高的目标努力，看穿“生活不会支持他们”这一错误假设，缓解他们对那些自认为独自生存所需东西的执着。

努力不执着，意味着认识到执着的含义，看到你所执着的，并且有信心放弃你的橡子自我认为你需要坚持下去才能生存的东西。桑德拉·迈特丽指出，五号必须学会放弃（如此才能成长）的“依恋”并不是我们通常认为的那种“依恋”：“与某人建立深厚的纽带”。恰恰相反，是一种因为感知到缺乏这样的连接而“紧紧抓住一些事物”的状态。[36] 作为不执着的指南，迈特丽强调了佛教的教义，鼓励我们看到并放下对财产、信仰的执着，直到最终放下小我控制现实的需求，从不可避免的痛苦执着中解放出来。对五号来说，达到一种不执着的状态正是如此。如果他们能够意识到，自己紧紧抓着一些理念和想法不放手，以及需要控制什么来保持安全和供应，五号就已经打开了一扇大门，让自己更深刻地接受生活的本来面目。当他们能够做到这一点时，就可以放下控制和克制的需要，并为与世界更活跃的接触敞开大门。

通过有意识地放下执着、需要隔离的信念以及对控制的需要，五号将能够与丰盛连接，与更广阔、更丰富的自然世界和其人际世界连接。

三种五号副型在从陋习到美德道路上的具体功课

自保五号：可以通过经常放松边界和连接的障碍，更加努力地与他人分享自己的感受——即便这有可能打开恐惧或焦虑的大门——从而由贪婪走向不执着。对于这个副型的人，看到自己有关“人际关系会带来何种可能性和可取之处”的信念，可以有效地帮助他们获得有助于成长的认可或支持。与其固化在弃绝中，不如挑战一下自己的可能性，想象一下，如果你不觉得自己需要如此高的围墙，有哪些能够让自己成长和扩展的方式？提醒自己，你可以敞开心扉，让更多的人更深入、更频繁地参与到你的生活中，同时保持健康的控制感。意识到自己可能“活得很渺小”，明白不一定非得让自己变小才能感觉好。如果你愿意花更多的时间在城堡的围墙外，敞开心扉，你会如何与世界分享你的天赋？

社交五号：可以通过将注意力从知识和信息延展到与真实的人有更大程度的情感接触，从而由贪婪走向不执着。如果你是一个社交五号，注意何时你对崇高理想的热爱遮蔽了对日常生活中发生的事情的开放度，导致你在现实中把自己与他人隔绝。留意到在哪些情况下你可能会变成理想化的或过度理想化的专家，只与一小部分人（可能还是远距离的）接触，间接满足你对关系的需求，你需要敢于更直接地与当下环境中的人交际。注意到你只与他人分享理念的倾向，下点功夫克服这种倾向，有意地与他人分享更多情感和直觉层面的东西。检视你对于创造意义的执着，注意你试图通过特定的价值观和理想来回避对无意义的更深层恐惧。挑战你自己，让自己更充分地体验恐惧，这是摆脱这些执着的第一步。学会欣赏日常生活中的乐趣，以及更全面的人类表达方式，以此扩展你的注意力，让你更丰富地体验生活带来的一切。

一对一五号：可以通过注意到自己以高标准要求他人以避免亲密的倾向，并有意识地调整，从而由贪婪走向不执着。当你发现你在测试他人，或者对关系抱着一种不可能的标准，要认识到这是一种避免恐惧以及恐惧被暴露的方式。注意到在什么样的情况下，即使渴望连接，你也可能会关闭自己。不是通过对爱情理想的执着，而是勇敢地向生活中的人表达你的真实情感，从而努力实现你所渴望的亲密关系。当你向更深层的关系和真实的情感表达敞开心扉时，会产生恐惧，允许你自己感受到恐惧，并与恐惧共存。放下你对与他人建立关系的先入之见，挑战自己，让连接得以发生。让自己对生活感到惊讶，并以更多的方式，更频繁地传达自己深沉浪漫的情感和愿望之美。

总结

五号原型代表了这样一种模式：通过自我封闭，不与世界接触，来保持安全和控制。五号的成长道路向我们展示了，如何将我们对恐惧的恐惧以及向后退缩的冲动，转化为分享更多自我的意愿，并更深入地与自己和他人建立连接。五号的每一种副型都在以其特定的个性特质教导我们，当我们通过自我观察、自我发展和认识自己，将出于恐惧而想要保持分离和收缩的愿望转化为一种完全觉醒的能力，进而更深邃地参与生命之流，将拥有无限的可能性。

四号原型：主型、副型和成长道路

四号原型代表了这样一种模式：当感到自己不完美时，我们都害怕被抛弃，并将注意力集中在自己的缺陷上，从而在这个似乎需要我们变得特别才能够被爱的世界中有所控制，或防止再次失去。四号的成长之路向我们展示了，如何将渴望和痛苦转化为对我们生来值得被爱的信心，从而觉醒过来，更加充分地去体验我们是谁，以及我们能够成为什么样的人。

人只喜欢细数自己的烦恼，却不喜欢计算自己的幸福。

——陀思妥耶夫斯基

只有当处于难以承受的不快乐时，我才能真正感受到我自己。

——弗朗茨·卡夫卡

悲伤使你为喜悦做好准备。

它猛烈地把你家里的一切都清扫了出去，好为新的喜悦腾出空间。

——鲁米（Rumi）

四号所代表的原型，是那些体验到内心的缺失感并对其有所渴望，却又不允许自己得到那些可能提供满足的事物的一类人。这个原型的驱动力是关注缺乏的部分，以期重获完整性和连接感。但是由于他们过度关注“有所欠缺的自我（flawed self）”这部分体验，变得对这种内在缺失感确信无疑，从而阻碍了自身的满足感。这其中包含了一种关乎剥夺的沮丧感，这是可以理解的，但对受挫沮丧、被剥夺状态的过度认同则会导致他们无法接受能够提供满足者。

四号原型也可以在荣格有关“阴影”的概念中找到，它被定义为“人格低下的部分”[1]。三号可以说过于认同人格面具，它代表了我们向世界展示的“公众面孔”中所突显的正向的一面，而四号则过度认同我们身上不希望被别人看到的部分。虽然四号也会将他们的缺失感重塑为“特别的”或“独特的”，在表面上赋予自己价值感，但相较于理想化的自我，他们更认同一个有所缺失的自我。

四号原型也代表了那些为了成全艺术性的自我表达而痛苦煎熬的悲情艺术家。他们从理想主义的视角看待情感的价值，尤其当真情实感通过艺术，以一种启迪、鼓舞、感动和团结人心的方式有效地表达出来。

四号与阴影的共鸣，也体现在他们能够理解更深层次情感体验的天赋，以及从其他型号不愿感受、更不愿承认的黑暗情绪中看到美。正因为四号可能引发人们往往不愿意处理的与真情实感相关的主题，他们会在无意识层面让他人感到危险。

因此，四号是所有人“对自己感到不满意”的那部分的典型。我们都会因为自己的缺点而感到难过，为生活中所缺失的而感到哀伤惆怅并有所渴望。当我们不符合自己所认定的理想形象——相信要得到自己想要的爱，就必须成为如此——都会因为一种不足感而变得沮丧。因此，这种原型代表了我们都可能形成“自卑情结”，从而很难对自我感觉良好，也很难从外部接受好的东西进来。

四号的天然优势包括：在情感敏感度及深度方面的强大能耐，感知人与人之间在情感层面发生着什么的能力，对美学与创造力的自然感觉，以及理想主义和浪漫主义情感。相对而言，四号不害怕强烈的情感，重视真实情感的抒发，当他人经历痛苦的情绪时，他们可以非常关心、尊重和敏感地支持他人。四号有很强的同理心与共情力，能够看到其他型号习惯性回避的痛苦感受中的美与力量。

四号特有的“超能力”是他们天生的情感直觉。四号与自己的情绪有着频繁接触，这给予四号很多安慰和力量，让他们得以体会并包容强烈的情绪，并鼓舞他人也去感受和接受自身情绪。虽然并非所有四号都是艺术家，或所有艺术家都是四号，但他们确实有一种艺术冲动，能够看到并回应生命的诗意，并向他人展示如何通过创造性的甚至超越性的方式来看待和交流日常体验。

然而，与所有原型人格一样，四号的天赋和力量也代表着他们的“致命缺点”或“要害弱点”：他们可能会过度关注痛苦和煎熬，有时是为了避免更深的或其他类型的痛苦。虽然四号天生对情绪敏感，但可能会执着于自己的感受，阻碍了客观思考或采取行动。他们能够如此清晰地看到缺失的部分，以至于有的情势下对好的或有希望的部分视而不见，这往往会对自己不利。然而，当他们能觉察到，自己沉浸在痛苦中或将情绪戏剧化的做法，其实是在试图转移自己对爱的深层需求，他们将会表现出特殊的智慧——一种经由深层的情感真相所传达的智慧。

《荷马史诗·奥德赛》中的四号原型——冥王哈迪斯和塞壬岛上的海妖

当奥德修斯请求女神基尔克帮助他返航时，基尔克告诉奥德修斯，他必须去冥府进行血祭，这样才能与盲人先知特瑞西阿斯的灵魂对话，特瑞西阿斯会给他进一步的指示。奥德修斯于是宰杀牲口献祭，作为回报，先知向他解说了他的未来，好的、坏的，直到人生终点：

> 荣耀的奥德修斯，你渴望甜蜜的归返，而神明会让你充满艰难……即使如此，只要能约束自己的欲望，你们经历诸多苦难之后仍可如愿重返家园……死亡会以一种完全不好战的方式从海上来到你身边，它将在你富态的老年衰落时结束你的生命，周围的人都将繁荣昌盛。[2]

奥德修斯在冥府也听到了其他亡魂的言语，但他们的共同之处是，对生前的选择感到后悔，对那些仍然活着的人感到羡慕。因此，冥王哈迪斯代表了“曾经可能去过的地方，一个我们注定迟早会造访的地方”。然而，哈迪斯也传达了另一个讯息，关于渴望和遗憾在人类生活中所扮演的角色。如果我们不去造访自己心底里这块哀伤的空间，一辈子都带着这“痛楚的失落感和失败了的梦想”活下去，就有可能陷入自己缔造的“冥狱”之中。[3]置之死地而后生，拜访了冥界之后，奥德修斯可以更加用心地选择生活，与他过去的鬼魂交谈。这些鬼魂象征着心灵的偏好和未如愿的渴望，他必须与之达成和解，放下它们，以继续回家的跋涉。[4]

下一个目的地进一步揭示了渴望的本质。离开冥界后，奥德修斯和他的船员驶过塞壬岛，岛上的海妖们可以感受到每个人独特的痛苦。她们会迷住任何一个经过的人，用美妙的旋律引诱旅者，让他们不再有回家的期望。她们向奥德修斯歌唱，说知道他在特洛伊战争中所受的一切痛苦。如果他愿意倾听自己内心的心声，她们会赠予他智慧，向他揭示自己痛苦的根源：“还有比这更甜美的歌声吗？谁不想冒死一听呢？”[5]

奥德修斯自愿决定去聆听塞壬海妖的歌声，了解人类渴望和诱惑的深邃。他事先已经知道了自己会遇到这些诱惑，知道她们优美的歌声会让水手迷失方向，船毁人亡。于是他首先用蜡封住了船员们的耳朵以保护他们，然后命令船员把他绑在桅杆上，无论他多么激烈恳求都不要理睬，直到他们度过危险。

只有凭借如此谨慎的计划，才将奥德修斯从无法抗拒的渴望中解救出来。除此之外，休想探索这幽深莫测的深度情感，就像时常发生的那样，结局常常是完全的自我毁灭。

哈迪斯的冥界和塞壬岛的海妖是奥德修斯的黑暗通道，反映了四号的痛苦和智慧。渴望、嫉妒和懊悔都是诱人的情绪，有些人永远无法从中逃脱。但是，如果我们有足够的勇气去接受这些情绪，它们就会向我们揭示有关自身需求和苦痛的质朴真谛。直面这些重要的情绪，是回归真实自我之旅非常关键的部分。

四号的人格结构

四号位于九型图的右下角，属于心中心三元组，与悲伤或哀伤的核心情绪相关联。这个三元组中，二号与他们的悲伤处于冲突中；三号搁置悲伤，习惯性地麻木自己的感受，这样就不会妨碍他们达成目标；而四号则过度执着于悲痛。这三种型号还有一个共同的中心关注点——形象，即一种有关“自己在他人眼中如何呈现”的自我意识。他们都有一种需要被“看到”的根本性的、潜在的需求，且基于他们为了被他人认可和欣赏而试图实现的理想，有各自不同的表现方式。

心中心三元组的核心——悲伤，反映出他们由于没有以本来面目被爱而感到伤心，以及对失去与真实自我连接的哀伤，因为他们为了获得所需要的爱（或认可），创造出某个特定的形象，而放弃了自己的真实面目。这三种型号共同的核心主题都与一种未被满足的需求有关——以原本的样子深深地被看到、被接纳和被爱，其各自的应对策略旨在通过不同的方式获得他人的认可，以替代他们渴望但又害怕或认为真实的自己所无法得到的爱。二号会努力塑造一个讨人喜欢、令人愉悦的形象，三号会打造一个有所成就的成功形象，四号则会让自己显得独特和特别。

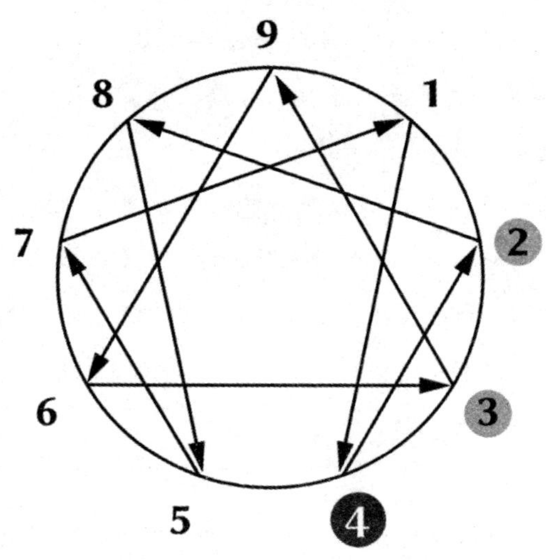

从很多方面看，四号是所有型号中对体验情绪感到最为舒服的，他们重视与他人基于真实情感的连接。四号与情绪的关系既首要又复杂，因为他们的应对策略涉及通过依恋某些情绪而防止体验另外的情绪。如同纳兰霍所指出的，三号会认同他们理想化的自我形象，四号认同的则是“不符合理想化形象的自我部分，总是在努力实现无法达成的目标”[6]。作为以三号为核心的心中心三元组的一部分，四号也表达出了类似三号想要被别人看到和爱的虚荣。但四号渴望被人欣赏的愿望，却因内心的“匮乏和无价值”感而导致了一种失败感。

四号的童年应对策略

大多数四号都分享说，他们在童年时期曾经历过某种爱的遗失，不论是实际层面还是感知层面的。通常一开始都很美好，但在一些特定的时间点，四号孩子经历了遗弃或剥夺，为了理解这种遗失并以此获得一定的控制感，年幼的四号无意识地相信那得归咎于自己。虽然在现实中这往往绝非真相，但这会让他们感觉到可以通过自己的努力，去做些什么来挽回失去的东西。即便与此同时他们还会认为，是自身的某些欠缺导致了拒绝，因而持久地怀有一种不可弥补的内在缺憾感。

为了应对这种遗失所带来的痛苦，四号采取的策略是专注并渴望所失去的对象，同时会让自己"不好"来解释和控制这份伤痛。他们梦想能够找到一种理想化的、特殊的爱的连接，来弥补或扭转所遗失的。但是，因为他们忍不住对重新找回失去的东西感到绝望——这既是对被剥夺感的自然反应，也是为了防止再次体验到失望——他们常常陷入悲伤、忧郁和羞愧的情绪中，这使得四号很难或不可能真正敞开心扉，接受他们渴望的爱。

对所遗失的有价值东西的记忆，也使四号沉湎于过去，继续哀悼他们曾经拥有的东西。正如纳兰霍所解释的："不像那些自我遗忘、自我弃绝的人，（四号）怀有一种强烈的'失落天堂'的感觉。"

因此，四号最终将自己视为因"不够好"而不被爱。这是他们避免对爱的可能性敞开心扉的一种防御方式，因为对爱抱有希望，就容易受到最糟糕的痛苦：再次体验早年的遗失感，进而再次确认了自己毫无价值。他们沉浸在绝望和忧郁的痛苦中，以免感受到由于"相信自己本质上是不可爱的，因此永远得不到需要和想要的爱"所带来的悲伤和羞愧。

同时，四号又忍不住渴望一种理想的或特别的爱与认可，这将会证明自己终究是值得被爱的。他们寻找一种能够弥补内心缺失感的理想化之爱的连接，以平息因为"认定自身缺陷导致了人生最初的失落体验"所带来的羞耻感。四号用幻想被爱的方式来安慰自己的同时，也会阻挠自己在现实世界中尝试接受爱，因为他们如此深信自己不值得被爱。这类型号倾向于追求难以企及的人，并在人际关系中采取"推拉"的模式：他们在幻想中理想化并靠近完美的伴侣，但当他们觉得现实中的关系太平凡或有缺陷时，就会拒绝现实中关系的可能性。

对绝望和忧郁的过度认同，加上对自身特殊或优越性的肯定，阻碍了四号发现真正能帮助他们摆脱特定防御陷阱的方法：主动冒险，重燃对真爱的希望，并敞开心扉接受真爱。四号在渴望得到所需要的爱和接纳的同时，会习惯性地阻碍自己实现对爱的追求，因为其虚假自我坚信，他们无法得到自己所企求的。

所有型号都会出于害怕重复童年无法获得自身所需的体验，而在满足自己需求的路上设置了防御障碍。四号的做法是对自己怀有负面信念，过度认同与遗失或遗弃有关的感受，关闭了自己找到满意而滋养的关系的可能性。他们觉得让自己以本来面目被爱像是个危险的圈套，会导致更多的失落，进一步诱发羞耻感。

在其他型号看来，四号的应对策略似乎有悖常理，因为它建立在对自己感觉糟糕的基础上，以此来避免对自己感觉更糟。正如纳兰霍所指出的，这是一种“通过痛苦寻求幸福”的策略。通过躲藏在痛苦中，通过一种受苦的需要，四号掩盖了自己真正需要做的内在功课，即打开心扉去接受自己真正想要的东西——那些他们错误地、防御性地认为无法拥有的东西。

格蕾丝，一位四号，描述了她的童年处境和应对策略的发展：

我第一次严重失去安全感和控制感发生在呱呱坠地不久。出生才十天，我就在吃奶时噎住了，脸色发青，命悬一线。我被赶紧送往医院，在重症监护室度过了一夜。

我是七个孩子中的第五个，下面的双胞胎只比我小两岁半。双胞胎出生之前，我作为继四个男孩之后的第一个女孩，享受了很多的爱和关注。我有一张照片，其中母亲抱着两个婴儿坐在床边，而我站在旁边，扭曲着脸，绝望地看向她，困惑而伤心。她转过身去不理我，对着镜头勉强一笑。

因为有两个婴儿要照顾，母亲就顾不上我了，我在阳光下的日子结束了。我不再是她疼爱的对象，六个兄弟姐妹争先恐后地抢夺注意力。我的父母都不知所措，心烦意乱，因此我很早就学会了压抑自己的敏感和需要。从外表上看，我独立且自信，而在内心深处，我觉得非常不安全以及羞愧。我必须得变成厚脸皮，通过焦虑和愤怒让他们在混乱中听到我，这样才能保护自己柔软的心。

四号的主要防御机制：向内投射

向内投射是四号的主要防御机制。通过这种心理防御，四号将痛苦的感觉内化为一种保护自己的方式。正如心理学家南希·麦克威廉姆斯所解释的："向内投射是将来自外界的误解变为来自内部的过程。"[9]向内投射是六号的主要防御机制——投射——的相反形式。

向内投射作为一种防御机制，会使得个体认同另一个人，并将其完全"吞入"。当"向内投射"某个人时，你会把这个人收进你的内在，无论这个人对你呈现什么，都会成为你身份的一部分。通过向内投射，你给自己一种能够控制对方以及对方所做、所代表的一切的感觉。例如，如果某个重要的人批评你，而你向内投射了这个人，那么你会觉得这个人的批评来自内在。你仍被批评，但至少有一种有所控制的感觉——幻想自己可以做些什么——因为批评现在是你自己的一部分了。从外部来的东西变成了从内部来的，给你一种可以管控它的感觉，而不是受制于它（或成为它的被动受害者）。

这种防御机制的呈现通常是无意识的过程，表现出想要在整个互动过程中拥有更多控制的潜在愿望。如果我们受到了批评，通过向内投射，便既可以掌控批评，又可以努力做得更好。

通过观察这种防御是如何运作的，我们可以洞察到所有人都会做的事情：把早期所经历的事情当作是针对我们做的，并将其施加在自己身上。如果你曾经受到批评，你就老是批评自己；如果你的需求曾经没有得到满足，你就忽视自己的需求。对于四号来说，向内投射意味着他们会继续让自己承受来自内在的痛苦，这既是一种接受痛苦的方式，也是一种试图管理痛苦的方式，以此保护自己不被类似的情况再次伤害。

四号的注意力焦点

四号的注意力主要集中在他们的内在体验、自己的情绪、他人的情绪，以及人际关系中的连接与失联上。我有次问一位四号，她是把注意力更多地放在自己身上，还是放在别人身上，她回答她把注意力放在"我们之间的空间"上，也就是说，四号相较于他人参照，更多为自我参照。这意味着他们的注意力主要是针对自己的内心体验，而非其他人身上发生的情况。与此同时，四号会自然地去感觉人际的连接状态，关注关系中潜在的情绪基调或情绪状态。

根本上，四号注重的是思考和表达自我的感受。他们也会关注其他人的想法或感觉，以及自己是否与周围的人建立了真实的连接。虽然四号天生具有感知和欣赏各种情绪的天赋，但他们时常会过于专注于自己的感受状态，尤其是失落、渴望、悲伤、忧郁或无望的感受，因而迷失在狭隘情绪中。四号花了大量精力去关注自己的感受，倾向于过度认同自己的情绪，当他们沉浸在某种感受中时，可能很难将注意力转移到其他方面的体验上。

在与他人的交往中，四号有一种既觉得自己不合群，又想要突出自己的独特性和特殊性的倾向。专注于自己不合群的部分，会让他们幻想受到负面评价以及被人发现缺点。而专注于与众不同的部分，往往会让他们产生因为其独特品质而获得重要人物赞扬的幻想。

四号也容易关注到任何既定情况中所缺少的部分。在一段关系中，或者在一个特定的环境下，比如一份工作、一场课程或者一次社交聚会，四号会自动专注于他们认为完美但又缺失的部分——能够让情况变得更好的东西，或者缺少了便无法正常工作的特定物品。

有时候，四号可能会因过于专注于外面的世界或自己的内心世界，而难以在两者之间转换。他们常常会被嫉妒所困扰：拿自己和别人比较，去想别人拥有而自己没有的东西，继而关注他们想象出来的缺陷（有时也会把这种认定归咎他人）。或者，四号也可能会执着于自己的内心状态，过度认同某种特定的感受。那他们可能就很难将注意力再转移到其他方面的体验上，特别是更正向的情绪和观点。

有鉴于此，有时四号可能会想："如果外部环境恰好能够提供我所需要的，一切就会变得更好。"面对不满足的感受，他们往往缺乏主导感，觉得很难通过自己的努力或意志力来改变内心感受或改变世界。他们倾向于把注意力集中在事物的问题上，即便知道采取行动可能有助于他们摆脱桎梏自己的注意力焦点，却很难采取行动。

戏剧化表达也是四号放大他们所感受到的不如意之处的一种方式，通过它来转移自己对痛苦的情感真相的注意力。他们也可能会因为自己不喜欢关注看似平凡或普通的事物而戏剧化事物，将戏剧化融入日常生活或情绪状态的表达，以此来填补让他们感到压抑、平凡或有所缺失的方面。正因为如此，其他人可能会觉得四号过于戏剧化。

最后，四号还倾向于关注过去。他们可能会一再重演过去伤痛或失望的经历，沉湎于过往的关键时刻，以此来解释此时此刻他们不尽如人意的状态。我的一位四号朋友曾经一次又一次地和我谈论，他的父母是如何将他送上了一条糟糕的人生道路，因为当年他们剥夺了他成为职业高尔夫球手的机会。他这样为自己的努力不足找到了安慰或托词：他相信，如果生活条件有所不同，如果没有别人阻止他，他的整个生活本可以更好。

四号的激情：嫉妒

嫉妒是四号人格的激情，它围绕着一种认为“自己没有价值，不被需要，且无法获得价值和被需要感”的感觉来组建人格。嫉妒源于一种个人的缺陷感，一种“别人拥有我想要却没有的东西”的信念。四号还会有一种“别人可以轻而易举得到，但我不能”的感觉。

这种把自己跟别人比较的倾向，导致了四号有关缺失和羞耻的痛苦感受。纳兰霍指出，虽然嫉妒的情绪状态是对人生早期沮丧和遗憾的合理反应，但四号的嫉妒最终会成为其心智中自我挫败的因素，因为伴随着嫉妒会产生强烈的“对爱的渴求，它永远无法回应内心长期的匮乏感和缺憾感，反而激发了进一步的沮丧和痛苦”[10]。

这种嫉妒感一方面带来了对爱和接纳的渴望，另一方面也导致了需要爱却认为自己不值得被爱的羞耻感。四号的内在缺失感还导致了一个痛苦的循环：它强化了一种感知，认为自己必须获得某些好的东西，但这些好的东西并不属于他们，甚至相信自己不知何故有所缺陷，因而不配得到或无法获得所需要的东西。因此，嫉妒会让四号专注于自己没有的东西上，这种注意力焦点助长了他们的缺失感，只会让嫉妒永存。

然而，四号对嫉妒的具体体验和表达方式会因副型而异。社交四号主动地嫉妒他人，这强化了他们的不足感和羞耻感；自保四号通过竭力追求自认为缺乏的东西，从而否认嫉妒；一对一四号则变得具有竞争性，努力证明自己是优越的，以此回应嫉妒的感觉。

四号的认知错误

四号的认知错误围绕着这一潜在信念：他们相信自己缺乏某些会令他们值得被爱的重要品质。四号秉持的信念和想法与一种个人缺憾感有关，他们认为自己必然会因为有缺憾而被拒绝或抛弃。这些信念作为人格的认知组织原则，构成了四号的体验和期望。

如果你认为自己缺乏某些能够使你具有吸引力并被他人接受（因此值得被爱）的重要个人特质，那么从逻辑上讲，你不会想冒着被拒绝或抛弃的风险，向被爱敞开心扉。如果你所料想的是被别人拒绝或抛弃，如果你所预期的是消极结果，那你最终会创造一个证实你消极期望的外在现实。[13]

为了支持嫉妒激情，四号持有以下核心信念与假设：

· 我缺乏一些必要的优良品质，因此必然会被别人拒绝或抛弃。

· 我失去了过去所爱和所需要之人的爱，这一定意味着我有一些根本性的问题。

· 其他人有我想要的东西，但我无法得到，因为我有些不足之处。

· 我想得到的东西无法得到，我能得到的东西似乎又有些无聊或缺少一些本质的东西。此时此地是平淡而无聊的，我最渴望的是理想的，远方的。

· 如果有人真的爱我或想和我在一起，他们肯定哪里有问题。

· 我的浓烈让我与众不同。

· 我最想要的是爱，但因为（经验证明）我不可爱，所以我无法得到我想要的。

· 我缺乏一些能让别人真正爱上我的基本特质，但如果我能找到一个认出我有多么特别的理想人物，那也许我真的可以体验到我所渴望的东西。

· 我很特别，但其他人看不到。

· 没人理解我，我注定被误解。

· 我永远无法融入其中，因为我是独一无二的（或特殊的、不足的）。我感觉自己似乎不属于这里。

· 我预料，大多数人最终都会抛弃我，离我而去。

这些四号的共同信念以及反复出现的思想，支撑、维系着他们的世界观，即他们无法拥有自己最想要的东西。他们通常有许多自我拒绝的想法，但怀着自己有内在缺陷的信念，只会让他们持续感到无望、忧郁或抑郁。基于这些信念，便不难理解为什么四号既寻找会证明自己没缺憾的爱，同时又不让自己敞开心扉接受爱，以免证明自己有缺憾。

四号的陷阱

如同其他型号一样，四号的认知执念或“思维迷障”是导致人格原地打转的原因，它呈现为一种人格局限无法化解的固有“陷阱”。

纳兰霍说，在四号人格这里，“对爱的寻求是为了补偿自爱的缺失，及其长期所处的一种自我排斥和沮丧挫败的强烈状态”。[14] 不过，虽然四号寻求爱是为了找回最初失去的东西，希冀最终能够证明他们的价值和特殊性，但对自身缺憾的坚定信念又不允许他们接受自认为可以救赎自己的爱。

四号自相矛盾地“经由痛苦寻求幸福”[15]，被困在他们制造痛苦的各种方式中，这些方式是一种防御，抵御他们无法获得自己想要的幸福的恐惧。他们在渴望爱、渴望理解的同时，又习惯性地阻止自己接受所寻求的爱，认为自己不配得到而拒绝，觉得自己得到的爱可有可无，制造戏剧和痛苦，给健康关系设置障碍，在被抛弃之前主动放弃努力。

四号的关键特质

低下的自我形象

现在我们已经能清晰地看到，嫉妒是如何为四号自我形象低下的倾向奠定了基础。相信美好只存在于外界，意味着四号认为自己缺乏重要的正向品质和特质。他们的美好感和满足感曾经或者正在受到抑制，内心有一种不值得感。

这些信念根据生命早期真实的境遇产生，并且在此后的人生中不断发展以保护自己，不再期冀情况能够变得更好。低下的自我形象在人格结构中起着保护作用，因为它能防止你再发现什么新的、令人惊讶的自身缺陷：如果你已经认为自己不值得，就不会再面临进一步被拒绝或受挫败所带来的意外痛苦。

聚焦于痛苦

纳兰霍解释说，四号有“受苦的需要”。四号希望通过痛苦获得或吸引爱这一模式，导致他们倾向于受虐或（无意识地）走向痛苦。

四号聚焦于受苦，可以在他们的人格机制中达到一些目的。正如纳兰霍所说，它代表一种无意识的希望，即通过痛苦，吸引懂得欣赏他们情感深度和独特敏感性的父母或其他重要人士的关注和怜惜之爱。这种希望就好似，如果有人能明白四号所遭受的痛苦，他们就会得到一种特殊的理解和欣赏作为嘉奖。

忍受痛苦也可以起到防御的作用，因为如果你已经将注意力集中在了某个特定的痛苦来源上，就可以避免或分散自己对更深层痛苦来源的注意力。如果你已然绝望了，就不会再因坏消息而感到震惊或失望。这就是将抑郁作为一种防御：如果你因为在某个特定情况下没有被理解而沉浸在糟糕的感受中，就不会再注意到，也不用再忍受生活中更深刻的匮乏或缺乏爱的感觉。

苦难也可以是四号独特能力的一种表现：他们能够深刻地感受事物，忍受痛苦，并通过接触痛苦来安慰自己。因自己的艺术而受苦的艺术家原型，或者悲剧性地追求没有回应的爱情的浪漫诗人，他们从痛苦的体验中创造出美丽和特别的东西，因自己受苦（并通过艺术表达出这种痛苦）的能力而被救赎或重视。

情绪敏感性与共情能力

除了二号以外，四号是九型人格中最情绪化的一种。然而与二号相比，四号往往更内倾，有时也更加聪慧。他们容易感受到更广泛的情绪，包括憎恨和愤怒，而二号则总是出于避免冒犯他人的愿望而压抑这些情绪。

四号重视情感的强烈和真实，倾向于深刻地感受情感，比大多数人更能够在忧郁或悲伤等情感中找到慰藉。在四号看来，情绪会指向内在的深度和真实的自我体验，所以真实的情绪不应该被否认，正是它们反映出什么才是特别的、独特的你。

四号也许比其他任何一个型号都更具有同理心的天赋。对于那些可能需要情感支持的人，四号会是很好的治疗师和朋友。其他型号也许会在你情绪低落时敦促你“往好的一面看”，而四号则拥有经验和情感上的勇气，能够与悲伤和痛苦等更黑暗的情绪待在一起。四号天生对于各种各样的情绪感到舒服自在，从喜悦到愤怒，从恐惧到悲伤。当然，他们有时也可能出于防御的缘故而避免感受到自己的一些情绪。四号深入感受自己情感的能力，使得他们对他人强烈的情感体验也能够感同身受，了然于心。

四号在社交过程中也会自动感知情感层面，他们有一种天然的能力，能够直觉性地感受到表象之下，更深刻的情感层面正在发生的事情。

美感

四号有一种天生的能力，可以发现既定情况下与美相关的质感和可能性。这不仅因为他们以情感为基础的性格，也因为他们钟爱以传达情感真相为目的的艺术创作。四号很容易看到事物内在的美，其原型也与悲情艺术家的原型相似，他们在痛苦中看到美，用悲剧感和浪漫感通过艺术创作来表达深情。

关系中的推拉模式

四号在关系中经常表现出“推拉”模式。当所爱之人在远方时，四号会把这个人理想化，关注所爱的人身上正向和心仪的部分，渴望与对方在一起。然而，当同一个人在当下时刻与他们亲密相处，经常出现在他们面前，四号往往会关注到对方身上缺失的、不称心如意的，甚至难以容忍的部分，并感到想要将对方推开。这种模式中“推”的部分，代表其基于对离弃和拒绝的恐惧而主动离弃或拒绝，表现为对伴侣直截了当的厌恶。而模式中“拉”的部分，则代表了他们倾向于理想化那些无法获得的东西，或是渴望却又遥不可及的东西，也代表四号对亲密的真实渴望。而一旦有人真正亲近四号，这种渴望就会变得岌岌可危。

这一动态解释了为什么四号在人际关系中常常感到一种深深的矛盾：他们可能既欣赏和爱一个人，希望与之亲近，但同时也对这个人所缺失或缺陷的部分有着十分敏锐的感知，很难完全拥抱对方。

四号的阴影

四号人格本身就是阴影的一种原型代表，通常把注意力集中在其他型号避免或不愿意识到的情感体验上。他们主动地去感受，甚至可以在愤怒、失望、恐惧、悲伤、羞耻等情绪中获得慰藉，而这些情绪是大多数人希望否认或避免的。

相对于其他一些人格类型，四号的积极层面和属性反而代表了他们很大一部分的个人阴影。被四号转移到无意识领域，不愿承认或看到的，正是关于他们自己优秀的部分。

四号面临的一个主要挑战是，倾向于关注情境中缺失或缺少的部分，这会让他们陷入负面循环，无法过渡到接受目前令人满意和“足够好”的部分。他们没有意识到也无法承认自己的正向品质，比如他们成长（和做出积极改变）的能力，他们拥有的可爱之处，以及他们的美和力量。四号把大部分注意力都集中在了过去和未来，因此容易忽视或不懂得善用眼前生活中的积极因素。

嫉妒作为四号的激情，也部分地在四号的阴影中运作，因为它制造了一种一切“好的”东西都在外面的幻觉。尽管很多四号能意识到自己在嫉妒，但嫉妒也会在四号性格中的无意识层面运作，以激发很多东西，使他们陷入消极和绝望的恶性循环。纳兰霍将四号的嫉妒在无意识层面的运作描述为“过度渴望”。四号对爱难以满足的饥渴或渴求，源于他们内心深处感到被剥夺了生存所需之爱，以及认为自己“不够好”，无法或不配得到爱的这份无意识恐惧。[16]

嫉妒的激情对四号来说挺明显，所以也算不上是“无影无踪”，但它却为四号制造了一种无意识的冲突，很难被意识到并解决：对来自外部的爱和连接的强烈渴望，以及与之相应的羞耻感和内心的缺失感，使得他们无法接受自己最需要和最想要的东西。四号往往怀有一种可怜的自我形象，聚焦于痛苦，这种方式无意识地把他们锁在无法得到自己所想所要的困境里，即便他们明明对这些东西充满了需求和获得的幻想。

因而，四号"正向的"阴影——他们既看不到，也不承认或意识到他们和他人一样值得被爱和有能力去爱的事实——阻碍了他们接近内在部分，更自信地敞开心扉，从而充分参与到自己梦寐以求的爱的连接中去。"自己不配"的这个信念就像一种无意识的障碍，阻碍了他们看到并利用自己与生俱来的爱与被爱的能力。结果，四号可能不但看不到自己天生的优点，还无意识地承接了家庭或集体的阴影——那部分他人不愿承认的更为黑暗的感觉和现实，这可能使得他们更加无法以积极的眼光看待自己。

四号很容易接受集体无意识投射出来的阴影，并不是因为他们实际上在某些方面不好，而是因为他们对悲伤和痛苦等情绪高度敏感。四号也很容易成为他人投射的对象，因为他们会忍不住觉知到并表达出他人不想看到或不想承认的负面部分，这就是为什么很多四号成为家庭中的"情绪垃圾桶"。而这整个过程会加强四号的防御，在某种程度上导致四号躲避在自己的"罪恶"中，以此来回避自己积极的一面——这些积极方面可能让他们抱有被看到、被爱的危险期望。

四号激情的阴影：但丁地下世界里的嫉妒

四号嫉妒的阴暗面会助长他们对竞争、优越、悲伤和轻蔑的关注。这种嫉妒不是单纯的渴望，而是一种深深的忧郁，它反映了一种对受苦的需要，一种基于缺失了什么，如何与他人较量的人生观。在但丁的《神曲·地狱篇》中，人们主要是因为他们的行径而受到判决。我们可以从但丁描绘的"自杀者"中看到嫉妒的阴暗面，他们因违背自然秩序，纵容自己的"悲叹"，并试图通过自杀来逃避轻蔑而受到惩罚。

每一个以这种方式屈服于绝望的灵魂，都会变成幽暗的冥界森林中的一棵光秃秃的树。对这些树的描述只有负面的部分，它们的树枝上布满了荆棘。半人半鸟的哈尔皮埃折断树枝来折磨它们，制造"痛苦，再为痛苦制造一个发泄的出口"[17]。这些伤口缓缓地滴着血，传出被困于其中的灵魂对怜悯的乞求。一个灵魂承认，他自杀是为了回应他人出于嫉妒的诽谤：

那娼妇，公众之祸害，宫廷之恶毒。她那对淫邪的眼眸，永远打量着恺撒的家人，煽动所有人心来反对我，而那些被煽动的人又煽动了奥古斯都，使我欢乐的荣耀变成了悲伤的烦恼。我的心被轻蔑的满足所感动，相信死亡会让我从所有的蔑视中解脱，使本来公正的我对己不公……假使你们中哪一个回到人世，请恢复我的名声，因为嫉妒的打击已使它一蹶不振。[18]

像四号的阴影面一样，自杀者把本人痛苦置于首位，从而对自己施以暴行。上述那个灵魂试图通过结束生命来挽回口碑，以期得到"轻蔑的满足"。由此，我们可以看到这一特点：为了对付在别人眼中的坏形象而一头扎进更悲惨的苦痛。结果会导致一种行尸走肉般的存在（因为他们否认自己在地球上的肉身的神圣性），被困在自己的内在，情感贫瘠，备受折磨。可悲的是，在地狱，这些阴影看不到自己内心的嫉妒。

四号的三种副型

四号的激情是嫉妒。所有的四号都过分关注（与嫉妒有关的）痛苦，但每种副型各有不同。他们的痛苦源于拿自己和他人做比较而感到有所不足的习性——嫉妒地认为身外东西更好或更理想，并体验到一种内在的匮乏感。自保四号内化这些痛苦，并在一定程度上否认或压抑痛苦；社交四号过分地沉湎于痛苦中，并把它作为自己的个人标签；一对一四号则把它投射到其他人身上，转移了（从而抵御了）这种痛苦的自卑感。

纳兰霍指出，这三种副型是所有型号中副型对比最显著的，它们之间有着巨大的差别，因此看起来也比其他型号的副型之间有着更大的差异。

纳兰霍认为，对于四号，嫉妒的激情与人类的三种基本本能结合在一起，创造出一种让四号觉得需要受苦的某种特定驱动力。因此，这三种副型中的每一种都是由与受苦有关的不同需要所驱动的：社交四号承受痛苦，自保四号长期坚忍，一对一四号则令他人受苦。

自保四号："坚忍"［反型］

自保四号是四号副型中的反型，因此可能难以将这类人识别为四号。虽然这类四号也和其他四号一样体验到嫉妒，但相比另外两种，他们较少向他人表达自己的嫉妒和痛苦。这类四号并不谈论他们的痛苦，而是通过学习毫不畏惧地忍受痛苦，从而变得"坚忍"。面对痛苦，这类四号更加隐忍和坚强。

嫉妒在自保四号身上表现得也不那么明显，因为这类四号既没有沉湎于嫉妒之中，也不表达嫉妒，而是努力去获得别人拥有而自己缺乏的东西。他们没有以一种阻碍自己采取行动的方式悬停在渴望中，而是奋力争取会让自己感到重获所失的"那些遥远的东西"。然而，不论他们得到什么，总会觉得不够。

自保四号并不表达敏感、痛苦、羞耻或嫉妒，尽管他们可能会感受到所有这些情绪，而且也与其他四号一样能深刻而敏锐地感受到。他们学会了毫无怨言地咽下很多东西，忍耐对这类四号来说是一种美德。虽然嘴上不怎么说，但他们还是希望自己的自我牺牲能得到认可和欣赏。

与其他的四号一样，自保四号也会不自觉地感到，得要受苦才能带来爱和接纳。但不像另外两种四号，自保四号是默默地受苦。他们情愿毫无怨言地受苦，这是他们寻求救赎和获得爱的方式。因此，这类四号把在困境中保持坚强、一声不吭视为一种美德，并希望别人会看到这一点，钦佩他们，从而帮助他们满足需要。自保四号没有把受苦的需要表现出来，反而倾向于否认自己的嫉妒，因此会承受过多的痛苦和挫折。

正如纳兰霍所解释的，另外两类四号对挫折太敏感了。他们要么让自己太受苦，要么让对方太受苦（作为对他们痛苦的补偿）。自保四号之所以是四号中的反型，是因为他们走到了另一个极端，发展出高度内化和承受挫折的能力，将抵抗挫折视为一种美德。

自保四号对自己有诸多要求。他们有对隐忍的强烈需要，因此发展出了"韧性"，将自己置于艰难境地，考验和挑战自己。我的一位客户说她"把自己扔进了火里”，这类四号对努力奋斗充满激情，他们会参与到高强度的活动中，经常显得紧绷、紧张。如果活动水平下降，他们可能会感到痛苦，强迫自己努力去实现生存所需，哪怕这些努力并无成效。在某些情况下，他们会因为给自己施加了过多压力而不知道没有压力时要如何生活。自保四号不允许自己生活在脆弱之中，或流露出脆弱来。

正如（同为反型的）自保三号，他们希望被视为成功的，但又对自己所做的工作表现出谦卑，因为他们相信外显虚荣会使其不值得被尊重。自保四号内化了自己的痛苦，比其他四号副型付出更多的努力，以更自主的方式获得他们想要的东西。

这类四号往往富有同理心和照顾别人的倾向，容易成为人道主义者，一个为他人而抗议的人，对穷人、被剥夺者和被不公正对待的受害者都很敏感。这是他们向外投射痛苦的方式，即不谈论自己的痛苦，而是透过别人的痛苦表达出来。他们试图照顾他人的痛苦，或者通过努力减轻“世间的苦难”，这样就无须全然面对自己的痛苦了。

另外两种四号的副型可能很戏剧化，相较于情感夸张的戏剧倾向，自保四号更偏向受虐的倾向。对于这种副型，受虐是小我或人格获得爱的策略。自保四号在一些重要的方面贬低了自己，这使得他们更加难以完成为了获得所渴望的安全感和爱需要的全部工作。他们对隐忍的执着从外在看来像是受虐狂，但它源于一种通过强硬和韧劲来赢得爱与接纳的渴望。这一动机来自童年时让父母看到自己没有抱怨，通过不做太多要求来当一个好男孩或好女孩。

这类四号还可能会受虐式地和自己过不去，以此来证明自己。他们一边努力地获取需要和想要的东西，但同时又会无意识地与自己作对。他们可能会有冲动，但会控制和抑制这一冲动以获得认可。他们可能想要快乐，但又会体验到一种无意识的对快乐的禁忌。他们把大量精力花在担心会发生什么上，而不去处理问题和作出改进，因此会习惯性地推迟实现愿望所需的行动，然后又责怪自己拖延。他们在明知道会失败的地方寻求，用明知道会失败的方式奋斗，搞得自己精疲力竭，这就注定了一种努力与贬低的无限循环。他们也许雄心勃勃，但又否认并反对自己的雄心壮志。

以前将这个副型称为“鲁莽 / 无畏”，不过新近也会使用“坚忍”这个名词。这类四号趋向从事那些需要极大隐忍能力的活动来获得爱，不会考虑它们可能带来的痛苦或危险。

这种四号副型类似于一号或者三号。自保四号专注于自主、自给自足和努力工作，这可能让他们看起来像一号。然而，即使这类四号并不总是表达自己的情感，但他们的情感范围比一号更广，起伏也更大。自保四号也会像三号，尤其是自保三号，都通过刻苦工作以获得安全感，都有焦虑。但与三号不同的是，这类四号努力的方向常常与初衷南辕北辙，无意识地阻挠自己的努力，而三号通常会朝着明确的目标努力。并且，四号也比三号更能感受到自己的情绪。

有趣的是，自保四号也会看起来像七号，一个某种程度上与四号截然相反的型号，因为一些自保四号会表现出一种轻盈的需要。尽管他们属于隐忍奋斗的类型，但有时也会有七号的高能量特征，可能也需要乐趣和玩耍，以此来逃避不得不一直做的那些艰苦的事情。这也许可以解释这样一个事实：有些四号看起来不像其他四号那么忧郁，显得更加“阳光”和轻松。然而，他们与七号的区别在于，四号非常容易感觉到自己的情感。

马西，一位自保四号，说道：

生活中大部分的时间里，我都很难感受到自己的真实情感，因为它们被埋藏得太深了。在我长大成人的过程中，表达自己的情感是不被允许的，有一句从小就藏在我心底里的话是“咽下去，然后继续前进”。另外，我一直有一种固执的倾向，好像只有自己知道如何做正确的事。我的同事们曾经因为我需要完美而认为我是一号，而且有时候，我真的很难找到一种有意义的方式与嫉妒的激情有所连接。但有一天，当我想起一个我敬佩的人，以及相比之下的我是如何的不足时，我听到内心的声音说“你不够好”。从那时起，我就知道自己是个四号了，因为我真的感受到了嫉妒。如今，我的情绪能够更加自由地浮现出来，不论是小冲动还是小爆发，但不会有像你听到的很多四号那样巨大、剧烈的情绪波动。

虽然我已经练习冥想很多年了，但是在日常活动中仍然很难放松和平静下来，不做或不完成某件事似乎就是浪费时间。即使是现在，当我意识到自己的感受时，也会发现自己在试图弄明白该做些什么来应对它们。我总是强迫自己努力工作以取得成功，因为我想证明自己无论做什么都很出色。一直以来我也很幸运，因为我的辛勤工作都得到了回报。

我也看到了自保四号的名称“鲁莽 / 无畏”背后的含义，以及它在我过去的行为中的表现。我过着一种似乎与“自保”背道而驰的生活方式，喜欢花钱买精美的东西，帮助别人，有时花的比挣的还多（我妈妈过去常说我以为钱长在树上）。似乎我有一种鲁莽的感觉，认为钱永远都唾手可得，所以为什么不把钱花在自己爱的东西上呢？另外，我倾向于在没有认真考虑的情况下仓促地做出决定。例如我在同一个月内辞去了 18 年的工作，结束了 20 年的婚姻。当然，结果是后面相当艰难的几年，但至少我开始感受到自己的情感了！

社交四号：“羞愧”

社交四号对情绪敏感（或过度敏感），对事物有着深刻的感受，比大多数人经受更多的苦难。这类四号渴望自己的受苦受难被见证和被看到，他们希望，如果自己的苦难得到充分的承认和理解，那失败和缺憾就有可能得到原谅，他们就会得到无条件的爱。

纳兰霍解释说，社交四号有着太多的悲怆，往往把自己置于受害者的角色。他们在用自己的痛苦和受害者身份博得他人同情时，可能会表现出自我破坏，以及因为过分执着于痛苦而贬低自己的价值。

对于这类四号，嫉妒成为一种持续性的痛苦来源，强化了他们对于羞耻和受苦的关注：他们觉得其他人拥有自己想要的东西。然而社交四号相信，正是自己的苦难使他们成为独特和特别的——这其中蕴含了一种通过苦难来诱惑别人的意味。

四号过于沉湎于苦难以及敏感性的原因，可能与他们认为苦难是通往天堂最短路径的想法有关。就像孩子会哭着去吸引母亲的关心一样，他们有这样的想法：通往幸福的道路是通过眼泪。虽然转化之路需要经历苦难这个观点不无道理，但在这里，这种更高层的理念被用来合理化自己通过表达不满来吸引他人帮助的模式。社交四号合理化了他们执着于苦难而不采取行动的做法，从而太过依赖于别人来满足自己的需求。他们表达出的想法是：如果用足够痛苦的方式来表达你强烈的需求，终会有人来帮助你，满足你的需求。

自保四号在嫉妒的驱使下奋力得到他们想要的东西，而社交四号则关注自己情感上的不满和内在匮乏。对于社交四号来说，苦难中有着一丝慰藉和熟悉的感觉——甜蜜悲情的诗歌传达了丰富的含义，惆怅忧郁的音乐演奏出苦楚的凄美。他们无意识地希望，自己所受的苦能以某种方式救赎他们。

然而，社交四号核心的问题不仅仅是受苦，还有自卑。这个副型有一种自我贬低、自我惩罚的需要，他们自暴自弃，自我削弱。社交四号嫉妒的激情，通过一种与他人比较并自居下风的方式表达出来。对其他人来说，这种极端的心态和认为“我有问题”的坚持可能令人惊讶。他们一直延续着这样一种低劣的自我形象，还进行自我破坏：时常低估自己，与他人相比时总是感到自己不如他人。

正如纳兰霍所指出的，社交四号可能会让其他人不禁想问：“你是有什么问题吗？怎么会认为自己有问题？”这种副型的人可能有能力、有魅力且聪明，但仍然倾向于关注并强烈认同一种有所欠缺的感觉。

社交四号会对自己的欲望和需要感到羞愧，在体验到欲望时比其他人更有负罪感。社交四号对任何愿望都感到内疚，羞愧感迫使他们的内心专注于那些激烈而黑暗的情绪，比如嫉妒、忌妒、憎恨和竞争。他们太羞于表达欲望，除非是以一种表现出痛苦的形式。他们觉得自己没有权利满足自己的需求，同时可能认为世界在“反对”他们，或“没有人会为我提供我想要的或我需要的”。

社交四号不（像一对一四号那样）与其他人竞争，而是拿自己与其他人比较，发现自己有所欠缺，就好像通过展示自己匮乏，可以从其他人那里得到所需要的东西一样。然而，在内心深处，他们会体验到一种强烈的竞争，这种竞争可能在很大程度上是无意识的：一种为了获得认可的竞争，一种关乎独特和特殊的竞争，以及想要成为第一名的竞争。只不过，这种竞争感在社交四号比在一对一四号那里更为隐蔽和微妙。

社交四号会反复地探索过去的痛苦，以此吸引那些会照顾并满足他们需求的人。他们把自己的需求定为犯罪，很多人也会这样做，但让这类四号更为受苦的是跟自己的较劲。

这种副型倾向于用情绪去思考。他们被“情绪化”的想法纠缠住，陷入并认同强烈的情绪，以至于无法采取行动，甚至在行动有利于自己时也无动于衷。他们倾向于对他人慷慨大方，为他人着想，但对自己的生活不负责任，可能会把问题戏剧化，分散自己的注意力，不去采取行动来找到解决办法。

在公共场合，社交四号会抑制愤怒或憎恨等“不受欢迎”的情绪，看起来甜美、友好、温柔。但在私底下，他们可能会发泄出在社交场合中压抑的情绪，变得咄咄逼人。通常情况下，这类四号更愿意把这些不好的情绪自己咽下去，而不会外化给身边的人。他们普遍难以在群体和社会中找到自己的位置，可能会觉得自己不合群，但也会制造被拒绝的社会情境来证实自己的羞耻。他们视自己为受害者，可能视他人为“加害者”，却并不总是为自己的行为或攻击性负责。

相比另外两种副型，社交四号不太容易被误认为是其他型号，但是他们关注生活中有所缺失或错误的方面看起来会像六号。与六号不同的是，他们渴望与众不同（与六号对“普通人”的身份认同截然相反），较少待在恐惧中，更多是去感受与悲伤、痛苦和羞耻相关的情绪。

伊丽莎白，一位社交四号，说道：

我一生都被称为“超敏感”的人，我的感情总是很容易受到伤害——即使是在我三四岁的时候，也常常感到被误解或被抛弃。记得四岁的时候我在自己的房间里哭，绞尽脑汁想弄清楚我到底是怎么了，我的家人为什么就不能理解我呢？为什么总是要伤害到我呢？我开始相信自己是有问题的，我是不重要的。一直以来，这些是我生命中最根深蒂固的信念。

感觉与众不同，感觉被误解，感觉沮丧——这些感觉是我忠实的伙伴，就像家一样熟悉。慢慢地，我开始感到被自己的痛苦和苦难所吸引，开始依恋它们，因为它们才是最真实的感觉，而且它们能够与一种（我或我周围的世界）确实有些问题的感觉产生共鸣。体验我的痛苦会让我感觉和自己更有连接，这就消除了感觉被疏远和误解的痛苦。因此，当一种黑暗的感觉袭来时，我的冲动是和它在一起，和它一路走到底。当人们建议我振作起来，锻炼身体，或者去看一部有趣的电影时，我往往会感到恼火，甚至感觉未被懂得。忧郁一直是我最喜欢的感觉，不仅因为它让我感到舒服，还因为它创造了一个通往内心深处和创造力的入口，带来一种待在自己心里的自在感。

尽管我在生活的许多方面都收到了正面反馈，但仍然每天与糟糕的自我形象作斗争。我的朋友、爱人和同事们发现他们对我的看法和我对自己的看法大相径庭时，总是感到震惊。还是学生的时候，每次论文和考试获得非常高的成绩和高评价，也总让我惊讶不已。即使是现在，当我分享自己的创意或专业工作时，听到别人发自内心的正向反馈，我还是会感到震惊。我心中有一根指针评估我在任何领域的工作质量，它严重偏向“这本可以做得更好”的区域，然后又回到“可怜的我——我的指针坏了，你能帮我修一下吗？”

一对一四号：“竞争”

一对一四号副型的内在动机是嫉妒，会以竞争的形式表现出来。这类四号不太会意识到嫉妒，他们更多感觉到的是竞争，这是消除嫉妒带来的痛苦的一种方式。如果能够与他们认为比自己拥有更多的人竞争并获胜的话，他们对自己的感觉会更好。

一对一四号相信成为最棒是件好事。大多数人都想向别人展示一个好的形象，但一对一四号并不太在意形象管理或被人喜欢。对他们来说，最好是成为优胜者。他们极具竞争性，对竞争的强烈关注会表现为主动地力求展示自己是最优秀的。

这种类型的人往往对成功有一种“要么全有要么全无”的信念：如果成功不全归他们所有，那就等于一无所有。这种模式会导致他们为获得成功而努力过度，还会产生恨意。

一对一四号通常是傲慢的，尽管他们有一种潜在的自卑感。面对被误解的痛苦，傲慢的态度会转变为一种过度补偿——竭力寻求被认可。这类四号喜欢成为“被选中”的一批人，他们可能是非常优秀的精英主义者。他们可能会拒绝欠任何人的人情，又会觉得由于他人考虑不周，自己理应感到被冒犯。任何批评或责备都会被他们视为侮辱或没资格。

充满嫉妒的愤怒支配着这一副型的潜意识本能冲动的表达。一对一四号更深层次的本能动机是拒绝忍受嫉妒带来的痛苦，并且通过将满足自己需求的责任投射到他人身上，以及在拿自己与他人相比较时最小化他人的成就来减少痛苦。

一对一四号会“让其他人受苦”，因为他们觉得自己已经被迫受苦了，所以需要某种补偿。他们可能试图伤害或惩罚他人，这是一种无意识否认或尽量减少自己痛苦的方式。纳兰霍观察到，这类四号的倾向可以囊括为“伤人的受伤者”，将痛苦外化有助于缓解他们内心的自卑感。因此，对他们与受苦的关系最好的理解就是拒绝受苦。这种拒绝，表现为主动强调自己的需求必须得到确认和满足（他们愤怒地索要）。他们很少感到羞耻，会直言不讳地表达自己的需求，不接受任何与自己欲望有关的羞耻。这类副型遵循着“会哭的孩子有奶吃”的人生哲学。

由于一对一四号让他人感到苛求，这会导致一种拒绝和愤怒的模式：当他人不能满足其需求时，一对一四号会很愤怒，但是苛求的习性会导致人们回避或拒绝他们，然后他们又会因为被拒绝而感到愤怒。因此，这个副型会陷入拒绝—抗议—再次拒绝的恶性循环。

一对一四号比其他副型更自信、更愤怒，纳兰霍把这类四号称为“愤怒四号”，而不是“悲伤四号”（社交）。一对一四号能够直言不讳地表达他们的愤怒，因为表达愤怒就是他们抵御痛苦的方式。当他们无意识地将痛苦转化为愤怒时，就不必再去感受痛苦了。

这类四号甚至可能试图伤害或惩罚他人，来拒不接受或最小化自己潜在的痛苦。他们感到，指认他人是导致自己被剥夺或受挫折的根源，这是合乎情理的，既能分散他们对自己在受苦的注意力，同时也是在唤求帮助和理解。

纳兰霍说，一对一四号可能是九型人格中最愤怒的一类。当他们在更深层次上感受到自卑时，可能会表达出充满嫉妒的愤怒，以此来建立权力或维护权力，可以说这是一种操纵局势有利自己的做法（法国大革命背后正是这种愤怒的冲动：“我羡慕有钱人，所以我要组织一场革命”）。一对一四号是非常冲动的，他们想要的必须即刻满足、立竿见影，对挫折的容忍度很低。

纳兰霍称这种副型为“竞争”，伊查索称之为“憎恨”。虽然这种副型既可以是满心嫉恨的，也可以是充满竞争的，但重点要记住的是，一对一四号所表达的竞争和仇恨，代表着一种更深层次的需要，即向外投射其痛苦感和不足感。他们所感受到的痛苦的嫉妒感，可以激起一种充满愤怒的愿望，或者一种“我必须得到我需要的东西”的感觉，“这既是在说服自己相信，我的需要并不可耻，也是为了让我对自己感觉更好一些”。他们的竞争和愤怒是对内心伤害的补偿和防御。

这类四号喜欢并且需要情感上的强烈感。没有强度，每件事都会显得枯燥乏味。当一对一四号需要某人的爱时，他们可以非常直接地索取自己需要的东西，又或者变得“非同寻常”，为了吸引爱而让自己显得特别、优越、有吸引力。基于他们天然的激烈性（在其心中心的情感气质和性本能的共同推动下），这类人在人际关系中更加投入，也更人在心在。因为他们不会否认或回避那些会在关系中抑制他人的因素，比如愤怒、需求、竞争、傲慢和要求一直被喜欢。然而，有时要让他们保持一种有爱的态度会很困难，因为他们会把甜蜜、博爱与虚假、不真诚混为一谈。

一对一四号最容易与八号或一对一的二号混淆。和八号一样，他们比大多数人更容易发怒，但与八号的不同之处在于，他们经常感受到的情感范围比八号更广泛。纳兰霍指出，八号通常并不需要发怒，而四号则经常感到被误解或嫉妒，因此可能更经常地表现出愤怒。他们也会看起来像“攻击性诱惑”的一对一二号，因为这两种类型都会在关系中具有攻击性和诱惑性，但一对一二号更倾向于取悦他人。

罗杰，一位一对一四号，说道：

那些太过繁琐的在线测试经常显示我是一个八号或者三号，但是我很清楚我是一对一四号。我在世界上最好的朋友是我五号的姐姐，有一次在九型人格工作坊上，她用手指着描述一对一四号时所强调的“敌意”这个词告诉我，“你需要在这个问题上做功课”。我必须得听取她的反馈，因为她认识我一辈子了，肯定是个信得过的品评者。当然，鉴于我认为她在自己的生活中还有尚未解决的问题，我向她竖了个中指。

在我的个人生活中，我没有任何脆弱的感觉，反而会经常发怒。在我的职业生涯中，我也不认为自己就是个平庸之辈或者技不如人，经常去竞争、挑衅，甚至示以敌意。我不觉得和过度敏感、爱抱怨的（社交）四号有共鸣：面对我的敌人或者那些让我感到有威胁的对手，我会直接上阵对决，不会在不爽中停留太久。我也直接追求我所欲求的东西，而且是很多东西。不论是职业生涯还是个人生活，我都需要处于领先地位，这看上去似乎挺像三号或者八号的。但是，尽管我没有做一个老好人，而且为自己的直率和诚实而感到自豪，但我知道我不是一个八号。因为我的注意力焦点和致命弱点绝对是嫉妒，它促使我去追求我想要的（或拿下那些得到了我没有得到的东西的人）。我也知道我不是三号，因为我更为自己是个独一无二的人而自豪，而不是因为成功。我承认，如果感到威胁，我会显得傲慢甚至充满敌意。无论是在个人还是职业关系中，这都没给我带来过什么好处，这种反应也会让我感到难过。幸运的是，我学会了和柔软的情感待在一起，体验自己的脆弱，和一个很棒的伴侣在一起，还有，做人群中的普通人。

四号的“成长功课”：规划一条个人成长道路

随着四号在自己身上下功夫，并变得更有自我觉知，最终他们将学会逃离这一陷阱：想要证明自身价值而去寻求爱，但又阻碍自己得到爱。其方法是：不再只看到自己缺失的一面，而是看到自己美好的一面。敢于相信自己是值得被爱的，敞开心扉去接受自己所渴望的爱和理解。

对所有人来说，要从习惯性人格模式中觉醒过来，都需要付出持续的、有意识的努力来自我观察，反思所观察到的结果有何意义，源自哪里，并积极精进，努力消解自动倾向。对于四号来说，这个过程包括观察他们怎样通过贬低自己来合理化自身对明明想要之爱的抵抗，探索他们是怎样陷入嫉妒、羞耻和自卑的，并积极努力去看到积极正向的方面，由此让自己向美好事物敞开，善用它们。尤其重要的是，要学会停止相信自己内在有缺失，理解这种信念如何阻挠了自己努力实现幸福，从而超越情感障碍，向自己真正想要的东西敞开心扉。

下面我将介绍四号需要留意和探索的地方，以及需要精进的目标方向，旨在帮助他们超越自己的人格限制，展现他们主型与副型所对应的高层品质。

自我观察：不再认同你的人格模式，在行动中观察它

自我观察即是创造出足够的内在空间，让你用新鲜的眼光，保持足够的距离，真正看到平时的自己都在想什么，感受到什么，在做些什么。四号在观察自己所想所感和所做时，可能需要留心以下几个关键模式：

紧抓认为自己有缺陷的信念，怀有被抛弃的预期，因而与他人（以及爱与美好）隔绝

观察你自我批评甚至自我憎恨的强烈倾向。你对自己有些什么样的想法和信念？你经常向自己灌输的自我信念是哪些？注意到你会如何接受并延续有关自己和自身价值的消极信念。留心你进行自我批评和感到自卑的时刻，这种情况是什么样子的？会在什么时候、以何种方式发生？观察你聚焦于自己的缺陷和自我贬低、忽视赞美和正向反馈的方式。识别出你如何基于对自己的负面看法以及自认为的缺陷和不足，而对自己产生负面感觉。留意到何时你把自己视为特殊、独特或优越的，以此来弥补内心深处的匮乏信念。注意，这可能是一种往复的模式，最终会强化你对自己无价值感的潜在信念。

执着于各种情绪，以各种方式分散自己对成长和拓展的注意力

观察到你会通过有关“自己是谁”的负面思想给自己制造痛苦，沉浸其中，而阻碍了自己采取行动解决痛苦根源。留意到你是否将抑郁作为一种防御：为了回避更深层次的痛苦而把注意力放在事情令人绝望的一面上，或者不采取任何可以带来希望和更积极前景的行动。当沉浸在悲伤中时，要注意你是在逃避什么。观察任何你感到必须放大自己的情绪或戏剧化的倾向，你就是用这种方式来避免内心空虚或直面生活的现实。留意到你为了避免处理当下发生的事情，而把它贬为索然无味或平淡无趣。

太过关注缺失的部分，以至于没有任何东西能够让你满意

观察你的注意力是如何在任何情况下习惯性地转移到缺失的东西上。看看

这是否能够帮助你改善事态，从正在发生的事情中有所获益，还是说这不过是一个借口，用来否定或贬低正在发生的事情，避免建设性地投入当下的现实中。观察你如何倾向于关注他人身上的缺陷，因而造成矛盾心理，让自己保持距离，阻碍潜在的人际连接。留意你是否会因为专注于不够好的事情而陷入矛盾之中。观察你如何通过关注过去，来贬低当下的发生。注意你在自己人际关系中看到的任何推拉模式，想想你为什么推？为什么拉？留意到你会执着于有所缺失的部分，“倒洗澡水时把孩子一同倒掉”，导致你无法接受一个境况或一段关系中好的部分。

自我问询与反思：收集更多信息来扩展你的自我认知

当四号在自己身上观察到上述这些以及其他相关模式，成长的下一步就是更加深入地理解这些模式。为此，四号可以问自己如下问题：

这些模式是如何形成的？为何会形成？如何帮助我应对？

通过了解防御模式的根源及其作为应对策略的运作方式，四号就有机会更清楚地认识到，自己如何以及为何削弱了自己获得爱的能力。如果四号可以讲述他们童年生活的故事，寻找到他们如何通过认同负面的自我意识，执着于特定的感受，以及聚焦于缺失的部分，以帮助自己应对周遭，他们就会对自己有更多的慈悲，并看到这些模式的运作是如何保护了他们的。深入洞察他们最开始为什么会发展出这些模式，以及这些模式如何在作为防御策略的同时也让他们卡在了“橡子壳”中，这有助于四号去挑战他们的假设，用更为广阔的视角看待自己，有能力超越那些令自己止步不前的限制性观念。

这些模式的产生，是为了保护我免受什么样的痛苦情绪？

对于四号来说，回答这些问题意味着看到他们如何过度认同一些情感，以避免或否认其他情感。所以重要的是，他们应该扪心自问，是否过于执着于绝望和忧郁，或过度卷入其中？这种方式让他们置身于熟悉的情绪空间中，也避免了因得不到所需要的爱而体验更深层痛苦。沉浸在绝望或悲伤中会不会是一种防御？阻碍你去真正感受的情绪到底是什么？有勇气去确定和感受这些更深层的情绪，可以帮助四号摆脱对情绪防御性的过度认同，这些情绪会让他们陷入抑郁和渴望的循环。假如你强化某些感受或者戏剧化来分散自己的注意力，你就不会关注到更根本层面上的感受，以及内心深处所在发生的事了。对于四号来说，以这些方式去探究他们的情感领域，可以十分有效地帮助他们，看穿自己利用某些特定情绪来抵御其他情绪的把戏。

我为什么在这么做？此刻四号的模式在我身上如何运作？

通过反思这些模式的运作机理，四号可以开始更加深入地觉察自己的防御模式在日常生活中和当下是如何升起的。如果四号能有意识地在行动中捕捉到，自己的注意力会聚焦在那些未达成效和不称心如意的事情上，他们就能更加意识到，自己是如何将不向爱与接纳敞开心扉合理化的。如果能够对自己陷入矛盾的原因一探究竟，他们就会意识到更深层次的防御动机，正是这种动机使得他们固着于一种模式——主动地不接受自己嫉妒地认为有所缺失的东西。对四号来说，重要的是能实时地检视到，他们如何阻碍了自己接受明明渴望的理解和接纳，继而又对得到接纳和理解感到无望，如此这般，导致恶性循环。

这些模式的盲点是什么？我不想让自己看到的是什么？

要想真正地增强自我认知，重要的是在人格模式上演的时刻，提醒自己去关注原来没有看到的地方。四号非常关注自己、他人以及身边美好事物中有所欠缺的部分，这使得他们习惯性地忽视没有欠缺的东西，看不到所有内在的质地、价值和美好。如果你的盲点是有关自己美丽、善良和力量所在的地方，那如何能发展对自己的自信和信任呢？又该如何采取行动，得到需要和想要的东西呢？如果你无法看到别人的潜力，无法赞许他们的优点，无法欣赏他们即便并非完美但却努力地爱着你的方式，又怎么能接受别人想要给你的好东西呢？把注意力如此集中在缺失的部分上，可是令你对已然拥有的一切视若无睹啊！

这些模式的影响或后果是什么？它们是如何困住我的？

四号防御策略的讽刺之处在于，把想要的理想化为完美的、永远遥不可及的，结果会让你无法在日常生活中得到自己想要的。你沉湎于自己的不足之处，说服了自己，认为没有足够的能力去获得你想要的，并且无意识地阻止了自己去实现它——你的信念塑造了你的现实。由于过度认同了某些情绪，你会分散自己的注意力，不采取行动去获得所需要和想要的东西（也阻碍你相信获得它们的可能性）。虽然你把注意力都集中在你想要的、非常具象的东西上，幻想着可能获得它们的方式，但你所相信的获得它们所需要的理想条件，可能在现实世界中并不存在。因此，即使你花了大量的精力去渴望所想要的东西，但却无意识地主动挫败了自己的努力，让你无法得到自己想要的。

自我发展：追求更高层级的意识状态

对于所有寻求觉醒的人来说，善用基于型号的相关知识来发展成长的下一步，就是把更多有意识的努力投注到我们所做的一切当中，无论思考、感受、行动都带着更多觉察，更有选择性。当四号观察到自己的核心模式，并审视其形成根源、运作模式和影响后果后，可参考如下建议。

1. 能做些什么来化解三种主要的四号人格模式

紧抓认为自己有缺陷的信念，怀有被抛弃的预期，因而与他人（以及爱与美好）隔绝

*挑战你对自身缺陷坚定不移的信念。*只有意识到他们嫉妒—需要—自卑—羞耻的恶性循环，四号才能走出让他们变得自我强化和自我挫败的思维、感受和行为的防御模式。只要四号依旧强烈地相信自己的缺陷，就无法认出并拥抱自己善良和可爱的本质真相。通过观察、探究，然后积极挑战这个信念，四号将会意识到这是一个错误信念，由此不会倒向怀有优越感（这是四号模式的另一极），而是相信自己“足够好”。有意识地将他们对自身缺陷的信念与现有的证据进行比对，挑战自己去关注正向的证据，他们将会意识到自己信念的虚假性，并扩展自己的视角，看到自己的真实价值。通过专注于擅长的所有方面来挑战羞耻感。

*主动通过珍爱自己的练习来扭转自我贬低的倾向。*四号自我发展的另一个重要方面是学习接纳自己，而不是认定自身有缺陷并责难自己。对四号来说，至关重要的一点是逐渐学会在内在找到渴望的爱与接纳，学会欣赏真实本然的自己，并放下对自己不值得或不好的一贯关注。四号因得不到想要的爱而长期感到挫败，很大一部分原因在于他们不爱自己。这种自爱的缺乏，正是四号整个防御性循环得以延续的原因。主动去关注和拥抱所有关于你的积极方面，捕

捉到对自己的苛刻，并尽量加以阻止。

*意识到嫉妒、竞争和受虐是危险信号。*四号容易拿自己和别人比较，发现自己的不足之处。然后，根据不同副型，要么受虐式地努力证明自己，要么沉浸在不足感中，要么变得咄咄逼人。对于走在成长道路上的四号来说，重要的是将这些行为视为过度自我评判和自我贬低的标志，并认识到真正能够“治愈”缺失感的方法是爱自己和接纳自己。如果你是四号的话，留意你的行为是否基于对自己不足的假设，主动做一些欣赏自己和关心自己的练习。时常有意识地转移注意力和行为，可以帮助你最终改变自己的认知信念和情感态度。

执着于各种情绪，以各种方式分散自己对成长和拓展的注意力

*观察并接纳你的情绪，而不对其过分认同。*有意识地认出并接纳你的情绪，不要执着或过度认同某一种特定的情绪（或所有的情绪）。有些四号可能曾因为早年的感受而感到羞耻，他们需要不断地提醒自己，不管别人过去的反应如何，他们的感受都是正当的、重要的。要有意识地注意到何时你陷入某种特定情绪，特别是绝望、悲伤或懊悔。认识到这可能是你在试图避免从真实的遗失中走出来或为之哀悼，从而穿越怀念走向未来。允许你体会自己的感受，穿越它们，倾听它们带来的信息，然后放下它们。最重要的是，认识到你会迷失在情感中而不采取行动，或者不以有效的方式去实际达成需求，在充分感受了这些情绪之后，你需要做出抉择放下它们。有意识地将注意力从感受转移到思考或采取行动上，这有助于避免徒然地徘徊于自己的情绪中，尽管情绪本身可能是正当的。

*留意并面对你制造戏剧和激烈强度的欲求。*如果你是一位四号的话，留意你会通过夸大一些事情来回避如无聊、空虚等特定体验，挑战自己勇敢地去接受和重视“此时此地”的价值，即便在最开始你可能会感到平淡和无趣。如果你发现自己正在让情绪变得更加激烈，以分散你对不愿接受的感觉和现实的注意力，试着允许自己面对想要回避的感受和体验，明白这样做可以让你从防御性的情感姿态中解脱出来。有意识地关注此时此地美好和愉悦的事物，这可以支持你接纳当下体验。去体会并穿越那些你回避的痛苦感受，也会让你对克服它们的能力更有信心。

*认识到绝望、痛苦和渴望这些防御模式，阻碍了生命流动和更多的可能性。*四号倾向于在熟悉的绝望、失望和渴望的感觉中找到安慰，他们对这些感觉的

执着可以说是一种上瘾。对于想要摆脱自己性格陷阱的四号来说，至关重要的是要看到，正是这些情感阻碍了他们获得自己所渴望的爱与欣赏。提醒自己，把注意力集中在希望上和集中在绝望上是一样容易的，集中在让你快乐的事情上而非让你痛苦的事情上也是同样容易的。如果你可以放下对特定感受的在意，就有可能把注意力转移到所有潜在的爱和连接上，看到自己在当下都有哪些积极的选择。

太过关注缺失的部分，以至于没有任何东西能够让你满意

让你的愿望符合其可能性。纳兰霍指出，嫉妒是一种“过度的渴望”。四号的渴望之所以过度，是因为它们是在人生早期挫折的痛苦经历中发展出来的，同样也因为它“所渴求的超出预期可得的”[20]。等待完美的东西或对他人抱有不切实际的期望，是一种防御，阻碍你向自己所欲求的爱敞开心扉。你不愿屈就于差强人意的满足感。试着去观察一下你所要求的是否超出所能得到的，以此作为防止失望的一种方法。同时也尝试调整你的期望和要求。注意到何时你因为忙着找毛病而避免接受好东西，挑战自己去看到所有能让你心满意足和“足够好”的东西。

把理想主义用于发掘自己和他人的内在价值。与其想象你真正需要的东西只有通过实现某个遥远的理想才能得到，不如意识到并欣赏自己和他人的内在价值来支持自己。主动提醒自己，某样事物对你的价值取决于你怎样看待其积极方面。如果总是把注意力集中在缺失的部分上，然后将其理想化，那你永远不会感到满足。但如果你能够在每件事上乃至普通日常中，都能够看到有什么是理想的，就可以在即便平凡的体验中认出并接受馈赠。

主动转移注意力去看到积极的一面。让自己在每件事中看到积极正向的一面，不论是在自己身上，别人身上，还是在生活中。把这作为一项长期的修炼。当你发现自己又在通过把注意力集中在缺失上来合理化挫败感时，列一张清单，记录下所有正在发生的美好，并支持自己去拥抱和走向那些美好。为了得到你想要的爱和理解，你必须有勇气让自己转念，关注什么是可能的，而不是停留在不可能性上。

2. 四号的内在流动：运用箭头连线绘制成长路径

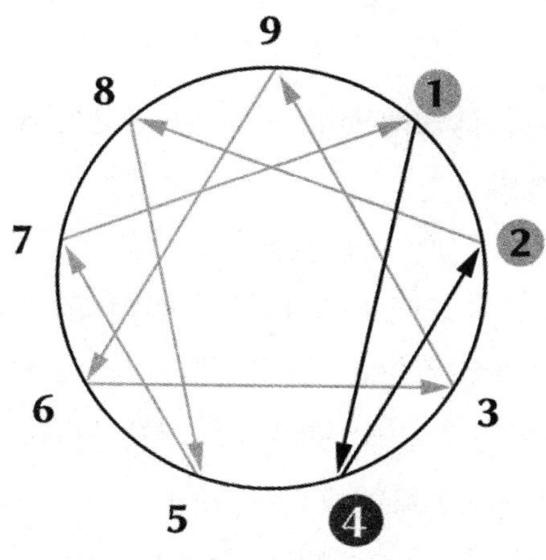

四号去到二号：更有觉知地善用二号“压力成长点”来发展和拓展

四号的内在流动成长路径，要求其直接面对二号位置所代表的挑战：在自我参照和他人参照之间，在满足自己的需要和满足他人的需要之间，以及在做真正的自己和适应他人之间取得平衡。压力状态下，四号被压向二号时会变得防御，表现出二号的低层状态：为了被人喜欢而强迫性地付出，或者为了赢得他人的爱或接纳而放弃自己的需求。但是，当四号能够有意识地应对在二号的“压力—成长”机遇中所体现的挑战时，他们便能利用二号的高层品德，使自己从自我沉溺、强烈情绪和孤立疏离中解脱出来，找到创造性的方式来表达真我，敞开自己，与他人连接。

当四号有意识地这样修炼，将能够使用二号在健康状态下的工具：敏感地知道他人的需要和偏好，积极看待关系中的可能性，根据他人的感受和需要，有意识地管理自己的感受和需要。二号适应和取悦他人的姿态，可以帮助四号学会适应和支持他人，同时也扩展他们对自身价值及他人的看法。四号容易迷失在自己内在的情感世界中，但他们可以通过试着去更多地滋养他人，以缓和这种倾向，从而服务于个人成长。对于四号来说，试着向他人提供支持和理解，可以很好地帮助他们避免过度关注自己有所缺失的内在体验，或某种特定的心情或情绪反应。有意识地呈现出一种为他人服务的态度，可以强化四号乐观、慷慨和快乐的品质，这些品质他们也许没有在自己身上看到和重视。通过有意识地平衡自我参照与他人参照，以及平衡抱持黑暗情感与变得光明轻安的能力，四号可以经由二号位置活出一种更加全然而完整的自我意识，并克服他们“橡子自我”的自贬倾向。

四号回到一号：更有觉知地善用一号“孩童之心点”和解童年主题，找到支持自己前进的安全感

四号的成长之路，敦促他们重新找回自我评估、自我约束和条理清晰的能力，以此来支持自己，而非贬低和惩罚自己。作为孩子，四号可能不得不淡化他们天生运用理想和遵守规则的能力，来采取行动让自己感觉良好，并在现实中富有成效。作为对早期失落或剥夺的反应，四号更典型的做法是躲在一个有缺陷的自我形象，一种对本来可能成为什么的渴望体验中，这样可以将注意力从努力证明自己价值中拉回来。假如他们不得不应对巨大的失落感或深深的缺陷感的话，那么试图以表现良好来获得认可的策略就可能行不通。

四号的应对模式往往执着于绝望或忧郁的感觉，以免对那些自认为不会发生的事情抱有希望。这样做的过程中，他们可能不得不放弃一些一号特质，比如积极实现实际理想的能力，以及对自己有能力通过努力控制局面的信念。他们可能无法通过日常工作以及遵守标准和规则为自己提供条理架构，因为四号必须得要集中精力去应对遗失或被剥夺的特定体验。

四号可以有意识地汲取一号的优势，通过采取行动来实现自己的理想，善用这些优势来获得朝着二号位置成长所需要的支持。通过变得更加完美主义——不是通过控制或抑制情绪，而是经由积极改善自己或环境——四号能够有一种掌控感和成就感。比如，我认识的一位四号，有空的时候喜欢做园艺来放松一下。他种植的蔬菜都很鲜活，花园也极美。在自己的花园里劳作为他提供了一项有条理的活动，让他能够放松下来，给自己一个空间，表达天然的创造力。

四号常常迷失在多变的情绪起伏中，规律的模式和重复的工作可以帮助他们在生活中找到平和与满足的感觉。通过重新整合他们辛勤工作的能力，支持自己或他人的进步，四号会拥有更好的执行力，感到更加强大和自信，这也将支持他们的成长和发展，不再因寻找过往遗失的东西而阻碍前进的脚步。

3. 从陋习到美德的转化：借助嫉妒，成就泰然

从陋习到美德的发展路径是九型图的核心贡献之一，它揭示了每种型号为达到更高的意识状态都可以运用的“垂直层面的”成长路径。对于四号来说，他们的陋习（或激情）即是嫉妒，其对应面——美德，则是泰然。

随着四号越来越熟悉自己的泰然体验，并逐渐发展出对其更强的觉察能力，他们便可进而致力于彰显自己的美德——其嫉妒激情的“解药”。对于四号而言，泰然这一美德代表了一种通过有意识地展现高层能力所能达到的生命状态。

泰然是这样一种生命状态：既参与到情感生活之中，又超脱于特定情感的起伏和推拉体验。当四号处于泰然的境界时，他们依然能感受到自己的情感，但又不会被痛苦吞噬。他们可以放下那些特定的情感，而不会感到抛弃了自己。他们可以专注于重要的情绪感受，但不会迷失于其中。泰然是一种抱持健康的距离来观照情绪的方式，它蕴含着属于高层自我的内在观察者所具有的智慧和超然。桑德拉·迈特丽将泰然描述为一种看到事物大局观的能力，在这种视野格局之下“一切事物都了然于心”。[21] 她解释说，“泰然”从字面上意味着“平等心”，她将其描述为一种“情绪平衡”的状态，它的特征是对自己和他人有着平等的视角，当我们“学会在生活的无常变化之中保持敞开的心态”时，这一品德就得到了发展。[22]

如果说嫉妒是一种基于他人拥有、你却需要和缺乏的东西而作出的情绪反应状态，那么泰然则是一种开放和接受的状态，其基础是对自己、他人和生活整体更广阔的视角。当你呈现出泰然时，意味着你已经学会了超越你强烈而多变的情绪，这些情绪是建立在人格体验到的由遗失与被剥夺所引发的痛苦之上的。呈现出泰然意味着，你重视自己的情感，因为它们反映了你情感层面的真相；但你也有了信心和理解力，不再被它们淹没，或让它们扭曲你对你是谁和你能做什么的看法。因此，泰然是消除对嫉妒之无止境渴求的解药，泰然使你把注意力集中在大局上，集中在所有情感的价值上，认识到超脱特定情感或缺失感的重要性，让你敞开心扉去体验丰盛。

随着四号开展“从陋习到美德的转换”的功课，留意到嫉妒所激发的痛苦情绪是如何使他们陷入恶性循环，泰然的宽广视野可以唤醒他们认识到自己本质上的美好，看到所有的情绪都是同样有价值的，逐步体认到自己本自具足的完整性。

三种四号副型在从陋习到美德道路上的具体功课

自保四号：可以通过更多地放松情绪，与他人分享感受，让自己得到更多来自内部和外部的支持，由嫉妒走向泰然。嫉妒导致自保四号相信，他们必须得依靠自己，但其实，通过积极寻求他人的帮助，他们可以让自己有更多呼吸和放松的空间。通过有意识地寻求活出泰然，这类四号可以在自己的内在发展出一片平和之地，感受并释放痛苦，允许自己带着脆弱生活，治愈那些需要治愈的部分。自保四号要想积极释放嫉妒，不是靠刻苦努力来证明自己，而是允许更多的轻松、乐趣和喜悦。克服默默受苦、把一切都挺过去的需要，意味着对自己更宽容一些，接纳自己的全部，而不仅仅只是你的忍受力。

社交四号：可以通过做必要的功课来释放自卑感，认可自己身上的正向品质，增强自信，由嫉妒走向泰然。如果你是一位社交四号，不妨冒个险，看看你和你的生活中有哪些积极的部分，不再陷入充满嫉妒的比较和羞耻中，这样做有助于松动你的自我评判和负面的自我感觉。彰显出一种泰然的感觉，意味着平等地珍视你所有的感觉，同时也不过分认同你的感受。这会让你明白表达愤怒是可以的，直接地表达愿望和感受也是可以的，带着对自己的慈悲去表达，不必再通过受苦引诱别人了。最重要的是，不要把如此之多的精力投注在痛苦情感中，体察所有的感受，有意识地分析整个情况，并采取行动得到所需要和想要的东西，由此支持你自己活出泰然。

一对一四号：可以通过增强自己承受痛苦的能力，而非将痛苦外化或投射到他人身上，由嫉妒走向泰然。如果你是一对一四号，无论你感受到的是嫉妒和愤怒，还是悲伤和脆弱，要看到所有的情绪都是同样有价值的、重要的，这会让你有所成长。你柔和的情感和竞争的冲动同等重要。对你而言，泰然意味着认识到你的本然价值，即使你不是最好的或不比别人优越。没有人需要证明自己是最好的才能有价值——我们天生就是足够好的。允许自己把愤怒、沮丧和不耐烦看作一种重要线索，触探你可能正在经历的或隐入无意识中的更深层痛苦。允许自己去体验所有的感受，记住它们都是重要的，都能够反映出有关你是谁的情感真相，可以对自己和他人培养更多的慈悲心，并让自己更加敞开，去接受来自周围人的爱与接纳。

总结

四号原型代表了这样一种模式：当感到自己不完美时，我们都害怕被抛弃，并将注意力集中在自己的缺陷上，从而在这个似乎需要我们变得特别才能够被爱的世界中有所控制，或防止再次失去。四号的成长之路向我们展示了，如何将渴望和痛苦转化为对我们生来值得被爱的信心，从而觉醒过来，更加充分地去体验我们是谁，以及我们能够成为什么样的人。四号的每一种副型都在以其特定的个性特质教导我们，通过自我观察、自我认知、自我发展和自我接纳，泰然如何让我们珍视情感层面的真相的和本质上的完整性，进而实现自身的进化。

三号原型：主型、副型和成长道路

三号原型代表了这样一种模式：我们都专注并认同一个人格面具——在一个似乎对“被社会接受的形象”青睐有加的世界里，我们将人格面具误认为是我们的真实自我。三号的成长道路向我们展示了，如何将虚荣转化为希望。它揭示了学会不再认同有限的“橡子壳”人格的重要性——无论它多么有吸引力，或在社会上多么光彩夺目。

我们真正为之受到惩罚的谎言，只有那些我们对自己所说的谎言。

——V.S. 奈保尔《自由国度》

三号所代表的原型，是那些寻求创造一种成功且有价值的形象，通过在工作以及外表方面的积极努力来获得他人赞赏的人。在一个奖赏成功和吸引力，看重事情外在表现的世界里，这种驱动力提供了一种防御性的保护。

这个原型也存在于荣格关于“人格面具”的概念中，即个体“对世界的适应系统，抑或为应对世界所采取的呈现”[1]。这个词语取自描述演员所戴面具一词，是我们有意识的外在社交面貌、我们扮演的角色，或者我们向他人展示的形象，以“形成我们对外的自我感”[2]。人格面具的形态和功能均取自外部的集体现实。

三号原型代表了这样一种处世方式，即我们为了在这个世界上生存，以及实现内在自我与社会环境的协调，都会采用一种人格模式作为对外界公开的面目。它所代表的是一种欲望典型，即我们都希望“有一副好面貌”，或者戴上一副社交面具，作为保护和营销手段。这一原型的立场比较看重良好形象，符合社会理想的价值和地位，以便感到被接纳和赢得认可。

这种努力也必然会牵涉抑制或掩盖真实自我中不符合已构建的社交面具的部分。三号往往会与他们天性所具有的深度情感失去连接，以免妨碍他们为他人而创造的形象，因此他们可能会过度认同自己的人格面具，而不够认同自己真正的样子。

我们还发现在美国文化中，三号原型强调的是“市场”的价值：重视包装、广告和销售产品等，主要关注于凭借吸引最多的客户而在竞争环境中“取胜”，以及通过把工作和公司利益放在首位而达到利润最大化。“美国梦”就反映了这种原型的核心主题，它依靠展示如何获得传统意义上的成功象征（房子、豪车、度假别墅），讲述了一个通过努力工作向上进取，最终“白手起家、脱贫致富”的故事。美国大众传媒往往为突显表面的吸引力，而牺牲了深度。

因此，在所有强调竞争、取胜文化以及一般的重商主义——市场和销售成就是社交互动的核心组成部分——的社会中，都会看到三号的原型。与三号位置相关的原型主题在企业界尤其明显：企业界聚焦于竞争和努力工作，追求受欢迎、赚利润和超群登顶[3]等形式的成功。

三号工作非常努力，并知道如何留下一个好印象。他们是极其有能力和高效的实干家，能搞定很多事情，而且看起来轻而易举就做到了（尽管这需要付出很多努力）。三号善于利用目标来激励自己的努力，并且在实现这些目标的时候显得足智多谋，富有成效。他们知道怎样向他人展示自己，无论处于何种情境都能让自己的形象与之相符。他们特有的“超能力”在于使事情落地的天赋——通过找到达致目标最直接的途径，消除可能的障碍——并能始终保持良好的形象。他们知道如何借助勤勉的工作，完成实现目标所必需的任务，以及树立一个成功和有能力的形象。

然而，与所有原型人格一样，三号的天赋和力量也代表着他们的“致命缺点”或“要害弱点”：他们会因太过努力工作而耗尽自己的精力；他们会与真实自我中除了为实现目标而采用的人格面具之外的部分失去连接；他们在冲向终点的竞赛中，可能会对其他人铁石心肠、麻木不仁。然而，如果三号能够学会在关注工作和成就与关注真实自我的需求和感受之间找到平衡，就可以将实现目标的技能与自己真正是谁的创造性和深刻性结合起来，带来提升自我和他人生命的积极成果。

《荷马史诗·奥德赛》中的三号原型——驶过斯凯拉和夏比迪斯，停靠特里纳基亚海岛

女神基尔克告诉奥德修斯，他和他的船员在经过塞壬岛后，将航行通过一个狭窄的海峡。基尔克建议奥德修斯尽可能快速高效地穿过这道危险的海峡，因为要经过海峡就必须至少牺牲六名船员来喂养怪兽斯凯拉的六个头。

奥德修斯和他的船员在奋力返乡途中面对了许多领导力的挑战。在这段关键的旅程中，我们既看到了他一心一意地致力于实现目标，也看到了非法夺取权力导致的灾难性后果。

奥德修斯知道他必须在两侧崖壁的可怕怪物之间小心地驾驶船只：一侧是六头怪物斯凯拉，另一侧是夏比迪斯，会喷出致命的无法逃脱的漩涡。他无法回避这两个障碍，所以他全神贯注地让船保持航向，实现一个可怕但实际的目标——径直穿越危险。他决定不把斯凯拉的事告诉他的船员，因为他知道，为了保持航向和避免在漩涡中全军覆没，至少要牺牲 6 名船员。

奥德修斯是这项任务的合适人选。他知道必须控制好小我，保持高效、始终如一和不屈不挠地朝着目标前进。他熟练地行使自己的权力，掌控信息，作出重要的决定。船员们在关键时刻毫不犹豫地服从了他的命令。六名船员牺牲，其他人都得以生还。

当他们穿越海峡，到达特里纳基亚海岛时，奥德修斯明确警告船员们，不得碰岛上放牧的牛群，它们是太阳神赫利俄斯的财产，赫利俄斯“能看见和听见所有一切”。[4]

船员们一直遵守着命令，但不久后他们的食物消耗殆尽。在奥德修斯睡着时，他的副手尤利略游说船员，说在海上被神杀死总比饿死好。于是船员们大肆吃起了赫利俄斯的牛，窃取了这只属于太阳神的权力和特权。

奥德修斯醒了，但为时已晚。他命令船员们一有风就出海，然而宙斯亲自出手，顷刻间船毁人亡，只留下了奥德修斯这唯一的幸存者。

这些遭遇象征着三号人格的力量和陷阱。奥德修斯心无旁骛、赤诚相待的领导力，在惨烈的境况下尽可能多地拯救了船员。但趁他不在场时，船员们篡取了超出其真实本性的权力，将自己引上绝路。

三号的人格结构

三号属于“心中心”或“以情感为基础”三元组，其人格结构是以悲伤或忧伤的情绪为核心的。三号会专注于为自己塑造一个特定的形象。每种心中心型号（二号、三号、四号）都主要是通过情感共鸣与他人连接。这些类型共有的“情感意识”使他们更加需要与他人连接，并赋予他们在情感关系层面读懂

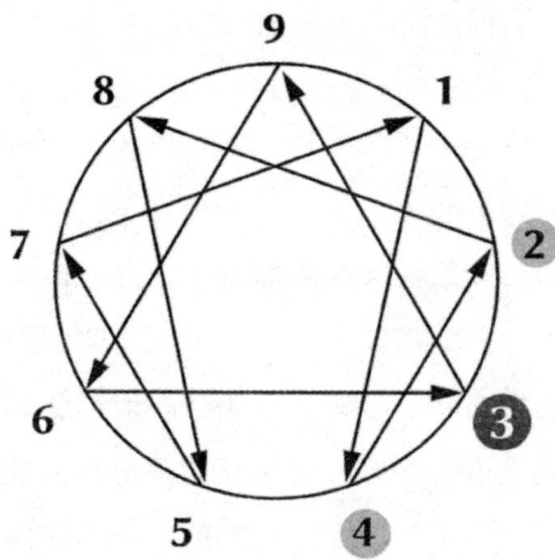

人情世故的能力。人际关系是他们最突出的关注点，因此心中心类型的人尤其注重需要呈现什么样的形象，以吸引他人的喜爱或认可。

相较于四号过度执着依附于悲伤，二号与自己的悲伤陷入矛盾冲突，三号则会淡漠搁置悲伤，习惯性麻木自己的感受，这样它们就不会妨碍自己为达到目标而努力工作。

达成目标和良好形象，对三号来说感觉就像是通往生存与幸福之路。他们利用自己的“心智”自动地衡量出他人眼中钦佩的模样，然后成为那个样子。他们在工作中表现出色，努力达成目标，并根据普遍认可的成功标准塑造其完美形象，从而向他人证明自己的价值。

三号的童年应对策略

三号分享说，他们在小时候接收到了这样一个讯息：他们是因为所做的事而被爱。无论是明示还是暗示（也许是由于父母对孩子特定成就的善意表扬），作为孩子的三号开始相信，获得他人支持、认可和赞赏的途径就是完成任务并取得成功。三号产生一种感觉，觉得自己不是因为自己真正是谁而被爱的，而是因为他们所做的事情。这导致他们采取了一种符合父母期望和传统成就理念的应对策略，因此三号对被赞赏的需求，源于他们童年因获得成就（而不是因他们的“真实自我”）被称赞的经历。

或者说，三号的孩子也许没有得到所需要的关注，所以他们想要做一些让人印象深刻的事情来吸引别人的注意，出挑以博得关注。他们努力避免被忽视，从而让自己变得成功。例如，一些三号在小时候缺乏父母的支持或保护，为了生存，他们学会了成为实干的人。尤其是如果一个孩子失去了父亲，他可能会觉得需要变得超有能力，以填补因阳刚原型（主动、保护的和富有成效的）的缺失而留下的空白。

持有“要赢得爱就必须以某种方式证明自己值得称赞”这样的观念，三号发展出认同并成为他人所重视的模样的生存策略。他们拥有敏感的雷达，知道别人喜欢什么，欣赏什么，认为什么是成功的。任何在他人眼中与成功、成就有关的东西，他们就会去做或拥有。类似于二号的策略——先确定他人需要什么，喜欢什么，然后去变成那样的人——三号会着力塑造一种精干、有吸引力、地位高的形象。因此，三号不仅以达成目标和良好外表为导向，还有很强的竞争力，注重取胜。

由于童年缺乏关注，或感知到认可与表现相联系，三号有一种需要被肯定的驱动力，因此他们的应对策略同时具备了对表现的关注和对痛苦情绪的抵御。这样，对三号来说，“做”优先于“存在”和情感，似乎能够带来他们所渴望的、被他人认可的回应，而“存在”则成了一个盲点。避开了情感，就可以避免产生任何妨碍“做”的情感障碍，这（自然而然地）导致三号变成了“人类做（Human doing）”而非“人类存在（Human being）”。[5]

因此，三号发展出一系列策略来应对一个没有给予他们无条件爱的世界：认同自己的形象和工作，把自己等同于自己创造的形象，相信他们就是他们所做的。由于形象和工作代表了他们可以控制的事情，三号努力让自己去符合他人所赞赏的形象。他们为了获得认可而努力工作，去达成社会意义上认可的成功定义，并不惜一切代价避免失败。

坎迪斯，一位三号，描述了她的童年处境和应对策略的发展：

妈妈过去常常告诉我，我是个好孩子，因为当她追着我哥哥到处跑的时候，可以把我一个人留在有护栏的婴儿床里好几个小时。虽然那时我还小，但我也为此而感到自豪。只有当看到别人对我母亲的行为感到多么震惊时，我才意识到这种自给自足的“自豪感”是被误导了。我既害怕被忽视，又留恋在母亲侵入式的互赖共生模式下低调生活的安全感，在这两者之间摇摆不定。

我哥在二十出头的时候被诊断为精神分裂症，二十九岁时自杀了。我常常感到是躲在他的身后——没人注意到我，能做自己的事情——拯救了我。在那些日子里，精神病医生们都责怪母亲，我的母亲——比很多母亲要好得多——背负着巨大的内疚感，而我的勤奋和可靠让她不是很“担心”。

在我的家庭里，能力总是胜过出生顺序。尽管我在四个孩子中排行老三，但每当出了什么事情，我的电话总是第一个响的。我刚帮助手术后的95岁父亲回到家里安顿下来，尽管我的弟弟和姐姐都比我先一步到医院。父亲的一个朋友对我说：“你进城来，事情就办成了。”

作为一个自保三号，我有一种本能的直觉，知道需要做什么，以及如何做更有效。很难接受的是我把周围的人训练得总是期待我去接管，所以近些年来退居二线的经历倒是很有趣。如今，在我投入之前，我会问自己以下问题：这是必须要做的吗？必须现在就做吗？必须由我来做吗？看到有这么多并非必要而只是满足我“为做而做”的事情，实在令人瞠目。

“我很好”是我多年的口头禅，每当听到关于三号“想显得好看”的描述，我总会愤愤不平。但当我了解到自保三号是想要看起来什么都搞得定，但却不想承认他们的形象意识——对“没有虚荣的虚荣”时，我知道我找到家了。尽管对此不是很高兴，但我知道这是真相。最近发生的脚踝骨折给了我一个机会，去观察自己和对提供帮助的反应。我感觉到“我很好”从身体层面升起，因此必须有意识地抵制它。

我面临的另一个挑战是接受和感受自己的情绪。我常开玩笑说：“情绪不符合空气动力学，三号不喜欢被迫慢下来。”一个极好的发现是J. 露丝·詹德勒（J. Ruth. Gendle）的《心情国度》（*Book of Qualities*）。她用拟人的手法描述了几十种情绪，帮助我进入了一个（最初）为了不让母亲担心而回避的领域。它打开了一扇大门，让我得以真正地去感受失去哥哥的感觉，为我去感受其他情感开辟了一条道路。现在，我终于可以安于我的不安了。

三号的主要防御机制：自居等同

与三号早期应对策略相应的防御机制是自居等同／认同。通过自居等同——确定并将自己等同于一个特定的形象或典范——成为他人所看重的模样，三号力图满足对认可的需求，以替代他们想要被看到、被爱的潜在需求。三号创造出一个如此引人注目的形象，来抵御原本的样子不被看到和不被爱的痛苦，以至于他们逐渐把自己的形象误认为是自己真实的全部。三号过度认同创造出来的形象，以此来掌控人们做出的回应，而在这个过程中，他们可能会忘记了自己并不等同于所创造形象。这就是为什么三号原型代表了所有人都会有的一种做法：认同于自己的人格，以至于意识不到自己并不仅仅是自己的人格面具。

但自居等同究竟是如何作为一种防御机制运作的呢？也许有人会觉得奇怪，为何自居等同竟被视作一种心理防御，因为认同或模仿某人看起来是一种正常的、良性的活动。尽管某些身份认同的确含有一些防御性的成分，但许多自居等同的情况是由避免焦虑、悲伤、羞耻或其他痛苦情绪的需求所激发的，这也是一种支撑不稳定的自我意识或产生自尊的方式。[6]

因此，自居等同是对人生早期意识到“爱是有条件的”而产生的痛苦情绪的防御：个体只有刻意地（虽然至少部分是无意识地）让自己变得像另一个人或某种特定理想类型的人，才能得到爱。通过采纳另一个人的特点或一个受他人赞赏的形象，你就可以减少因“担心真正的自己不被看到和不被爱”产生的困难情绪所带来的威胁。

但三号到底通常认同于什么呢？纳兰霍解释说：“三号类型的核心是认同一个理想的自我形象，这个自我形象是为响应他人的期待而建立起来的。”[7]它通常始于防御性地努力让自己符合父母所重视的理想化特质，将自己转变成重要的他人——周围那些自己想给对方留下深刻印象的人——所赞赏和认可的样子。通过发觉并采取他人认为有价值的特质，三号试图让自己符合某种外部的典范，以确保获得认可。

三号的注意力焦点

由于三号接收到的讯息是“爱和认可与其表现紧密相关”，因此他们的注意力会集中在实现目标，完成任务，以及树立一个在他人看来成功的形象上，自然也就能够像激光一样聚焦在无论什么任务或目标上。这样有助于他们成为符合社会定义的成功人士或有价值的人，因此，大多数三号取得了世俗意义上的高度成功。然而，由于在这个过程中，三号并没有把太多的注意力放在除形象以外的真实身份上，他们牺牲了自己的切实感受和真实的自我意识。三号的关注点主要是导向他人的，所以不太注意自己内在发生了什么。

三号变得如此专注于那些为了实现目标必须做的事情，以至于往往对可能阻碍他们达成想要成果的障碍超级敏感。我认识的一位三号把自己对潜在障碍的警觉性描述为一种快速评估任何“阻力系数”的倾向。三号如此热切地聚焦在实现目标的道路上，以至于他们会自动地导向目标，并处理环境中任何可能减缓其进度的因素。

对于三号来说，即使是假期和休闲时间也会按照要做的事情来安排。他们是那种经常列待办清单的人，注意力通常集中在需要完成的任务、需要产生的结果，以及如何把时间填满（这样就可以避免在活动过程中出现间隙，引发感受），并以此来安排他们的生活。完成任务后把事项从清单上划掉，会带给他们极大的满足。

三号经常同时进行多项任务，他们擅长把注意力分配到一系列活动中。三号精通于尽可能以最快最有效的方式完成任务，他们分享说，同时做许多事情既是必要的，也是相当容易的。他们经常是快节奏的，因为快速和高效让他们能完成尽可能多的任务而不浪费时间。

三号的注意力也会集中在“表现给人看”上。他们是天生的演员，为了赢得认可，三号会把注意力与精力投放在关注其他人，以及他人对他们表现的回应上。纳兰霍将三号描述为具有“营销导向”。一个好的营销者擅长确定目标受众的需求和看重的价值，然后根据受众的反应调整自己的呈现。这就是为什么三号往往被称为“变色龙”的原因，他们能够自动在任何环境和情境下呈现出应该有的完美形象。三号也正是凭借这种创建人格面具的天赋，构建了自己的“橡子壳”，它既具保护性，又具实用性，但如果他们无法突破它的话，最终还是会受其限制。

三号的激情：虚荣

三号的激情是虚荣。虚荣是一种“为他人眼光而活”的激情。[8] 虚荣的激情促使三号向他人展示出一个虚假的形象，以激发他人的赞慕，并活在“对另一个人的体验的期待或幻想中”[9]。虚荣因此使得三号（无意识地）为一个虚幻的形象而活，想象自己的外表在他人眼中是什么样子，而没有活出内在的真实自我。

虚荣被理解为这样一种驱动力：“要熠熠生辉、引人注目，无论是通过培养性感的魅力，还是通过获得成功或成就”[10]，这种驱动力是基于确定的、已被普遍接受了的标准。这需要付出很大的努力，因此三号是行动导向、努力把事情做好的人。他们具有“表演天赋，喜欢登台表演并博得掌声”。[11] 由于虚荣是导向外在呈现的，所以在虚荣的支配下，三号“几乎没有向内看的能力”[12]，他们必须始终在做着事情，这样就不会“留给自己自处的时间”[13]。

在早期基督教关于沉思的教诲中，我们看到了最早的类似于九型人格中这类激情的描述，其中虚荣被称为“虚无的荣耀”，并被描述为包括“幻想社交场合中的偶遇、假装表现出勤劳、与真实相悖……渴望特权、最高头衔，（并且是）赞美的奴隶”。[14]

三号的虚荣表达了一种想要被正向看待的深层需求，即人格试图通过培养一个特定的形象去满足的需求，该形象旨在凭借传统价值观意义上的吸引力、品质和地位等来吸引他人。为外表而活，通过外表而活，使三号始终陷于一种“我在他人的眼中看起来怎样”的纠结中，他们变得擅长角色扮演或装模作样，通过良好的包装进行自我营销，并把自己打造成受人尊崇和钦佩的那种人。

三号的认知错误

欺骗是三号的认知执念。这意味着，三号形成其思维的核心原则是“伪造自我”，亦是其为公众塑造形象时所必然使用的方式。作为三号人格正常运作的一部分，他们向世界“谎称”了他们是谁，但大多数时候并非有意这样做。三号的思维过程，就像他们的核心情感动机一样，是受到“想要给人留下深刻印象”这一深层需求所驱使的。

因此，很多时候，当三号塑造出某个特定形象向外界展示时，便卷入了一场自欺欺人的游戏之中。他们自动地、无意识地呈现出一个虚假的外表来影响人们的评价，并且通常相信这个虚假形象就是他们的真实自我。他们可能并不总是能够清醒地看到，自己为了给人留下深刻印象而伪造的形象和其内在是谁之间的差别。三号的缺乏真实性可能并非我们通常所认为的“欺骗”，他们的欺骗发生在更深的层次：在“我真正是谁”这个问题上对自己撒谎。因为三号迫切需要相信，自己就是任何他们需要成为的那个人，以让他人用积极正向的眼光看待他们。

与三号的欺骗或伪造自我的心态立场（或“自我催眠”）相关的核心信念、假设和思维，包括一系列的理念与合理化，以支撑三号人格的核心策略：通过高产高效的方式，把事情搞定，从而维护形象。三号的认知组织原则，或指导其思维、感受和行为层面习性模式的关键信念包括：

· 人们赞赏并崇尚成功和成就，要想博得他人的赞慕，你必须取得成功和成就。

· 如果你位高权重，就是一个在社会上有价值的人。

· 努力实现确切的目标，能让我控制自己所做的事情并获得成功。

· 把事情高效地完成能让我有幸福感。

· 设定目标是保证有条不紊、完成任务、取得成功的重要方法。

· 实现特定的目标取决于努力工作。所以我要尽一切努力达到我的目标，排除任何障碍。

· 形象和外表很重要。

· 你的外表和所做的事在告诉人们应对你做何感想。

· 重要的是在每一个场合都呈现出恰到好处的形象，这样人们才会对你有好感。

· 情感不如完成事情重要。情感会妨碍事情的进展，所以是浪费时间。

这些三号惯常的信念和反复出现的想法，支撑并延续了他们娴熟的自我展现的做法，其目的是为了引起他人的积极关注。三号愈是紧抓着这种思维定式，活在他们的“自我催眠”中，就愈是难以停止对其人格的认同，无法回归到真实自我的感受和思想中。

三号的陷阱

如同其他型号一样，三号的认知执念或“思维迷障”是导致人格原地打转的原因，它呈现为一种人格局限无法化解的固有“陷阱”。

当你为了得到爱而创造一个形象时，得到“爱”的乃是这个形象，而不一定是其背后的那个人，这就强化了三号认为他们不可能以本来面目获得爱的信念（以及为了获得爱而建立一个形象的必要性）。

三号认同于一个有价值的形象，以便在别人眼中得到正面的评价，但并没有在其内在接受他们所获得的爱或赞赏。三号切断与自己情感的连接，做所有为了赢得他人认可所需做的工作，因此他们没有扎根在自己的体验中，也就无法人在心在地与那些通过自己的努力赢得支持的人产生共鸣。正是由于三号需要如此努力地工作和如此完好的外表，他们把自己变成了众人推崇的样子，看不到真正的自己到底是什么样的。他们成为自认为“为了创造与他人的积极连接而需要成为”的人，但因为三号活在一个为得到重视而成为的形象中，而不是真实的自我中，所以往往与真正的爱和连接无缘。

三号的关键特质

他人导向

在他人看来，三号根本上一定是以自我为导向的。因为他们为了达成自己的利益做了这么多事，知道如何展示自己来吸引人，设定并实现目标，似乎轻易就能实现个人的愿望。

不过基本上，三号人格是围绕着“表演给观众看”而形成的。基于吸引他人注意力的需求，并凭借他们精准解读受众，而后表现出或变为他人所重视样子的能力，三号发展出了为得到赏识而创造相应形象的策略。因此，就像任何精明的营销专家一样，他们会在仔细评估别人可能赞赏什么的基础上，去做一些事情或创造一个形象，从而给别人留下深刻印象。

成就导向

三号是以成就为导向的，这意味着他们是高成就者，努力工作，根据社会或文化对成功人士的概念设定并实现目标。专注于成就也意味着三号重视效率，快速行动，以完成尽可能多的工作而不浪费时间。对于三号来说，成就的驱动力是如此强烈，以至于他们会成为工作狂，无法放慢速度，或停下脚步，或从“正在做”的事务堆里抽身去度个假。

三号的成就公式真的很管用。其他型号可能有某些习性模式会抑制他们在外部世界的运作，而三号的核心应对策略则与西方文化认为的高效高产（因此被视为好的）运作风格相当吻合。他们以目标和任务为导向，乐于长期努力工作，有强烈的抱负感，乐观地相信自己能够实现任何想要的目标，这些都意味着三号通常可以成功地达成他们的目标。

专注成功

三号天生能够理解在特定文化或环境中构成成功的因素有哪些，尤其是成功的外在标志。他们总体上抱有这样一种观念，认为如果你知道成功需要什么，那你还等什么呢？赶紧去享受物质成就的成果，和那些随之而来的他人的赞美吧！三号对什么构成了“成功”的敏锐眼光，以及为实现“成功”做所要做的事情的意愿和动力，使他们常常成为任何文化背景下的成功人士。

为了确保成功，三号会确定 A 点和 B 点（目标）之间的最短路径，并尽一切可能以最有效的方式达成目标，除此以外的事情对三号来说都是不可理喻的。当你明明可以努力实现目标并取得成功时，又怎么会容忍失败或半途而废呢？去做你设定为目标的事情，并且你明明可以找到实现它的方法，又怎么会失败呢？耐克的口号“只管去做吧（Just Do It）”恰到好处地捕捉了三号惯有的观念。

竞争性和求胜心

作为获得成就的驱动力的一部分，三号会变得冷酷无情和争强好胜，不惜任何代价也想要赢，在他们认为必须行使权力搞定事情的情况下操控形势。三号务实并讲求实际，擅长瞄准特定的目标成就，并竭尽所能达成它。这意味着他们所做的一切都是为了赢，极具竞争性，为了问鼎夺冠投入大量的精力和努力。事实上，三号常常分享说他们是如此想赢，以至于根本不会参与那些明知赢不了的活动。

操控形象与自欺欺人

三号非常善于操控自己的形象，以确保在公众舞台上的成功和观众的赞赏，因此在形象和成就之外，他们很难看到更深层次的自己。三号会自动地挖掘其他人觉得有吸引力的东西，并根据这个形象创建一个完美的人格面具。无论是在工作，在健身房，还是在晚上外出，三号都很擅长衣着得体，为每一个场景打造完美的形象。他们承认外表的重要性，把思维和精力都放在了理解别人可能想要或期望的东西上。

然而在这样做的过程中，关于“自己真正是谁”，三号不仅（无意识地）欺骗了别人，也欺骗了自己。他们强烈地专注于保持恰当的形象（并否认自己的情感以支撑这种虚假的外表），这造成了一些困惑：他们的形象止于何处，真实自己又始于哪里？当三号在人格固守的“催眠状态”中时，他们会把自己真正是谁——其情感、需求、渴望和偏好——与为了影响他人而创造出来的外表相混淆。与这种人格模式相关联的欺骗，即创造一种伪装，来代替一个有可能会失败，可能会被评判为有欠缺的或不够胜任的真实自我。

我有一位成功而有魅力的商人朋友，她曾一本正经地对我说：“我就是我所做的事业。”因为知道她是一位三号，本着对九型人格的了解，我决定与她辩论一番。我说：“不，不是这样的。”（我心想她比她所做的要重要得多。）她说：“是的，就是这样的。”我说：“不，你不是。”她说：“是的，我就是。”这样僵持几个回合之后，我决定不再和她争辩。但后来我注意到自己很难过，她有充分的理由认为“她就是她所做的事业”，或者有理由就是想要如此认为。她有一份位居高层的好工作，收入也十分可观，看起来她也非常擅长自己选择的职业。我能理解她为什么要把自己等同于事业上的成功，但是，尽管她的职业生涯的确很了不起，但我知道她远不止于此。

三号的阴影

三号的天生优势与西方有关成功的理想一致，因此可能在其他人看来，他们似乎没有内在挑战。但对三号来说，最大的挑战是认识到他们的真实自我和他们的形象、角色或工作之间的差异，因为三号的盲点在于他们不知道自己的真实自我在哪里。三号太过于相信自己的形象，以至于认为自己的形象和真实自我是一体的，是同一回事。

只要三号把自己的形象当成真实自我，他们就无法真正以个人的方式呈现，无法从自己的真实情感和需求出发而活。要真挚地活出真实自我，需要拥有你的情感，并认识到你并不等同于你的公众形象。

三号的另一个阴影元素是他们作何感受。三号经常回避体验自己的真实感受，因为他们习惯了为完成工作而把情感束之高阁。因为三号所依赖的应对策略需要回避情感，他们变得担心，如果为情感的浮现留有余地会发生什么。尤其是如果三号处在忙碌、成功的状态下，他们会认为没有必要去感受自己的情绪，因此对事情真实情感的反应会被整个置于阴影中。这也常常被这样一种合理化所强化：感受情感“太花时间了”或“太影响效率了”。

行动几乎成了三号生活体验的主旋律，以至于他们本身的“存在”感也成了阴影元素之一。对于三号来说，放慢速度并允许自己“就只是存在着”是非常具有挑战性的。事实上，对他们来说即使想象“就只是存在着”也是困难的，因为他们习惯了一直不停地做和工作。什么都不做，只是坐在那里，这会让他们感到奇怪、不舒服，或产生焦虑。有些三号会变得眼里只有成效和行动，他们马不停蹄地“做，做，做”，以至于根本无法理解“存在”的真意。

在他人看来，三号像是处于一种“不在自己内在家园”的状态，由于他们往往与自己的存在和内心的情感世界没有连接，所以与他们连接也显得有些困难。三号把太多的注意力和精力放在了按照别人认为积极的、有价值的东西来塑造自己上，最终导致了他们在自我意识上的空虚感。他们把太多有意识的努力放在了探测什么是别人认为成功的样子，然后去符合这个形象，以至于其真实自我依然是个盲点。

与此相关的是，三号在脆弱性方面也存在盲点。他们如此专注于竞争以赢得胜利，以至于失败是无法忍受的。他们非常关注如何成功，避免挫折，以至于从未留有余地去有意识地体验不安全感、失去或者失败。由于三号通常没有什么失败的体验，因此，失败对他们来说可能会是晴天霹雳。

三号激情的阴影：但丁地下世界里的虚荣和欺骗

三号的激情是虚荣。虚荣是吸引和培养他人的注意力和认可，“为他人的眼光而活”。虚荣是靠自己如何在别人眼中显现的幻觉为生，与欺骗这一心理执念有着密切的关系。三号虚荣激情的阴暗面激发了一种需求——需要培养并向他人呈现一个虚假的形象，并通过欺骗来激发人们的赞赏。

在《神曲·地狱篇》中，地狱的第八层，即倒数第二层是欺诈主题，朝圣者在此遇到了弄虚作假者。这里的罪人通过欺骗别人来树立自己的形象：炼金术士、冒牌者、造假者和恶谋士。与地狱里的其他层不同，对弄虚作假者的惩罚来自内在而非外在的折磨。但丁依然保持诗意的手法：让“罪人”自己表现出他想要证明的特定无意识问题的关键所在。与伪造自己相关的惩罚是使罪人的外表令人厌恶。炼金术士都有麻风病；冒牌之徒患了狂犬病；伪造者有水肿，身体因为大量的积液而膨胀，以致无法移动；臭名昭著的恶谋士因老是发着高烧而散发着恶臭。虚荣和欺骗的阴暗面在这里达到了极致，正如但丁用象征的手法表现的欺骗性伪装自己的后果一样。忽视真实自我的真相和美德，而一味追求欺骗性的外表，被揭示为一种赤裸裸的内在腐糜。通过这种方式，但丁就不忠实于真实自我会带来的阴影面给了我们戏剧性的忠告。

三号的三种副型

三号的激情是虚荣。三号的三种副型都是通过造就并维护其成功形象的需求来表达虚荣的，不过体现为三种不同的方式：自保三号是高效、自主的工作狂，以使自己有安全感，他们通过努力变得优秀来对抗虚荣。社交三号表达虚荣的方式是创造、利用和推销一个光鲜的形象，在社会舞台上得到认可。一对一三号是富有魅力的取悦者，他们对虚荣的表达在于吸引和支持他人，并经由对方获得成就。

三号的三种副型代表着非常不同的类型：自保三号更专注于努力以尽可能最好的方式行事，而不太注重成为众人关注的焦点；社交三号更喜欢站在舞台上，渴望获得对他们表现的认可；一对一三号则是通过吸引浪漫伴侣，以及促进和支持生活中的重要人物，而不是仅仅展示自己的成就来寻求关注。

自保三号："安全感"［反型］

伊查索与纳兰霍均称此副型为"安全感"，因为这些三号努力工作以获得安全感，既注重物质和财务资源，也知道如何有成效地做事。自保三号对安全感的在意表现为需要感到独立自主和自给自足，即知道如何照顾自己和他人。

这种副型在童年时期通常没能拥有足够的保护和资源。为了应对这种情况，自保三号学会了积极高效地做事，在无人帮助的情况下照顾自己。由于安全感受到威胁，他们发展出对自主的特别侧重。

这种对安全感的挂念也会延伸到对其他人。他们散发出一种安全感，是那种你可以寻求建议的可靠之人。他们看起来外表冷静，有条不紊，似乎一切都尽在掌握，但其内心是焦虑不安的。这些人很有主见，擅长解决问题，以高质量的方式完成任务。并且他们在非常努力地工作时，不会表露出有什么压力。他们在财务方面通常是安稳、富有成效的，并且"一切尽在掌控中"。但是这类三号也分享说，自己有一种潜在的焦虑感，与他们想要努力得到渴望的安全感有关。

无论做什么，自保三号都力求成为某种品质的理想典范。他们想成为自己所扮演角色中最好的：最好的父母、最好的伴侣、最好的职员，无论做什么都是最好的。他们觉得不仅要被认为是好的，而且要真正做个好人。这样做既是为了获得安全感，也是为了引发别人对他们的赞赏，但又不能让自己的虚荣过于明显。他们希望自己是因事情做得很好而受到赞赏，想以最好的方式去完成自己所做的事情——不仅是为了有一个让人们觉得有吸引力的好形象，也是为了活得符合这个形象。迎合“模范”的形象，也会促使他们忘记自己的情感。

完美遵循做事规范意味着成为一个品德高尚的人，也就意味着没有虚荣。从这个意义上来说，自保三号“有一种没有虚荣的虚荣”[16]。就是说，虽然这类三号希望在别人眼中看起来是成功的、有吸引力的，但他们并不想让别人知道自己想这样——他们不想让别人看到，自己主动创造了一个看起来不错的形象。他们不想让别人发觉，自己在刻意地想要或努力变得看起来很好，因为他们有一种道德观，认为“好”或“品德高尚”的人是不会爱慕虚荣的。一些自保三号意识到（并且会承认），他们希望人们赞赏自己的好形象；不过一般来说，他们想保守这个秘密。但是也有一些自保三号坚信，期待他人的认可是错误或肤浅的，因此他们甚至不会承认自己有这种渴望。这些人渴望变得如此完美，甚至不允许虚荣出现在其荣誉准则里。

鉴于他们否认虚荣的存在，所以自保三号代表了三号副型的反型，是“反激情”的型号，看起来不一定像三号。虽然自保三号也由虚荣驱动，就像其他三号一样，但会在一定程度上否认自己的虚荣，因此他们的性格更多是围绕着对抗虚荣的激情牵引而形成的。在吸引注意力的虚荣欲望和导向安全、自我保存的首要本能驱动力之间有着天然的对立。不同于会公开吹嘘自己成就的社交三号，自保三号会避免谈论自己的优点和身居高位的资质，因为他们认为宣传自己的优点是不得体的做法。即便他们希望别人看到自己的成功，但可能会显得谦虚，或者假谦虚。

就欺骗的思维习性而言，这一副型也具有反欺骗性：他们会试图说出真相。这类三号的欺骗更多是在无意识层面进行的，当涉及了解自己的真正动机时，他们经常会把基于形象的做事理由与真实的情感和信念混淆起来。

自保三号表现出强烈的工作狂倾向，他们被驱使着努力工作以获得安全感，有一种自力更生、掌控自己生活的冲动。他们也觉得有责任使所有事情发生，甚至会有一种无所不能的感觉。由于他们对控制的需求和潜在的焦虑，他们在需要帮助或失去自主时可能会感到恐慌。

这种副型对安全感的强烈诉求导致了他们在生活上的过度简化，节省注意力和兴趣以用到“实用和有用”的事情上。这些人迫切地需要知道自己能够处理好所有事情，并且对周围所有人都会是有利的。他们不会暴露自己的弱点。他们可能会觉得“我必须凡事亲力亲为，因为我做得更好”。失控的情况会令他们在内心感到困惑和迷失，导致他们不知所措，而在重建控制的努力中，他们会变得有侵略性。这是三号中最刻板的一种副型。

由于他们把如此多的精力都集中在工作、效率和安全上，他们几乎没剩多少思想和情感空间与他人有深入接触。尽管他们可能会为维持关系做出努力，但难以建立深层次的连接。当自保三号，尤其是自我意识不强的自保三号确实在与人连接时，他们也只是浮于表面。他们会认为感受自己的情感是在浪费时间，这抑制了他们建立亲密关系的能力，因为真正的关系需要每个人都与自己的情感和真实自我有所连接才能建立。

自保三号也许很难被认出是三号。他们很容易与一号或者六号相混淆。这类三号看起来会像一号：刻板，认真负责，自给自足。像一号一样，他们努力在所做的事情上成为美德的典范。他们和一号的区别在于他们的行动节奏更快，注重打造形象（即使他们不承认），并让自己完美符合社会一致认可的规范，而不是像一号那样，按照内在对错标准行事。他们与六号的不同之处在于，自保三号基本上是以形象为导向，更努力地工作以应对不安全感，而六号则是通过其他方式寻求保护。尽管三号可能会质疑他们的身份感，但一般不会允许自己的效率因太多的怀疑或质疑而降低。

维吉尼亚，一位自保三号，说道：

一直以来我都是个有成就的人。在学前班里，我总是很早就完成了任务，因此老师为了让我有事可做，便指派我去帮助别人。才一年级时，学校辅导员向我自豪的父母解释说，我对完美作业和模范行为的坚持，早早地预示了我日后的焦虑。工作后，我一直都非常努力，现在是一家财富 500 强公司的高管。我结婚两次，离婚两次，每次都陷入同一模式：在最开始的三到五年内我是个完美的妻子，但之后我觉得情感耗竭，丈夫则感到愤怒。脆弱或依赖别人会让我不舒服，我喜欢别人指望我去应对困难的挑战，努力做到超级负责任、公平和慷慨。虽然渴望因为这些特点得到赞赏，但我会避免被看作太在乎这些肤浅的表象，我必须是有这些优秀特质的人。第一次学习九型人格的时候，我否决了自己是一个注重形象的三号的想法。我认为自己是六号，甚至还在一次九型人格工作坊里做了六号人版。我现在的目标是平衡脆弱性（相对于强烈的自主性）和安定（相对于过度活跃的行动）。

社交三号："名望"

社交三号渴望被看到，对人们产生影响。这类三号的虚荣表现为想要在全世界面前发光闪耀，他们享受登上舞台的感觉，是三号中最爱慕虚荣的，也是最厉害的变色龙。

这个副型的名称是"名望"，反映出他们需要得到每个人的赞赏和掌声。相比其他两种副型，社交三号更喜欢且需要被认可，所以他们往往会在台前出风头，在聚光灯下发光发亮。童年时期，对社交三号尤为重要的是能够"展示"一些东西，让自己看起来很优秀，他们会在做事情的时候表现出实力以获得爱，父母赞许的表情可能就是其最大的支持来源。

社交三号在社交方面很出色，他们知道如何与人交谈以及往上爬。这类三号觉得有必要斟酌措辞以获得最大的效益——留下恰到好处的印象，得到他们想要的东西以及需要达成的目标。他们的动力源自想要在社会获得成功，尽管"成功"的确切定义取决于其所处的历史和时代背景。他们中有些人会展示出聪颖、有文化、有品位，有些人则会有学位和头衔，还有一些会以物质作为社会地位的象征——豪宅、豪车、名牌服装或昂贵的手表。

社交三号非常关心竞争和取胜，这是最有竞争力的一类三号。他们也会关注权力，不论其是否是掌权者。他们往往是要求苛刻且具有权威性的人，虽然这些特点可能隐藏在圆滑、得体和幽默的外表背后。社交三号看人的方式，取决于他人对自己实现目标的进程是推进还是阻碍作用。他们看待事物的方式则取决于自己对其有多大程度的控制，他们不允许自己生活中出现意外。

社交三号也是三号中最强势而咄咄逼人的，具有很强的独断性。由于他们擅长麻痹自己的情感，所以会在极端情况下显得冷酷。

社交三号有一种公司式的思维，他们热衷于以最好的方式完成工作，尤其对外要看起来漂亮。他们会考虑什么对团队最有利，尤其是什么商品好卖，什么产品看起来不错，什么业务会对他们产生良好的影响。做有利于团队的事情也有助于提升他们的成功形象。对社交三号来说，形象和赚钱可能会凌驾于善意或德行之上。在当今时代，公司最主要的目标就是赚钱。在社交三号身上，这体现在注重寻找一种有效的方式来实现团体的目标和提高下限，而不见得会考虑对他人造成的广义上的破坏性后果。

三号对带领一个团队达成想要的目标也很有信心。如果一个领导者不能很好地领导团队，社交三号会有强烈的接管欲望。因为对他们来说，看到前进的道路却无法以更有成效的方式引导人们，会让他们感到沮丧，社交三号喜欢处于事态的中心。

三号在塑造形象方面有着很高的天赋，并且在自我推销（或者他们想推销的任何产品）方面也有很强的能力。根据纳兰霍的说法，三号看起来如此优秀，几乎让人感觉他们没有缺点。因为他们在塑造恰如其分的形象方面做得非常好，所以很难看出他们的缺点。社交三号看起来这么优秀，事情办得这么漂亮，以至于让人感觉任何存在的问题或被遗漏的部分都无伤大雅了。

然而，社交三号确实会对过度曝光感到焦虑，对被视为无价值特别敏感。他们把给他人留下好印象看得如此重要，批评对他们来说可能是致命打击，不过他们不太可能会表现出来。想要人前完好，也意味着他们很难向别人充分展示自己，所以可能会觉得有必要不让别人靠近。他们非常希望只被看到好的一面，害怕如果走得太近，人们可能会看穿他们的形象。他们很难敞开心扉，放松对自己形象的管理。这种对表面光鲜的强烈需求，也会阻碍社交三号对他们真实自我和真实情感的了解和连接。

社交三号不太可能与其他类型混淆，因为在很多方面他们都是最明显的三号，尤其符合各类九型人格书籍长期以来对三号特质的描述。

威廉，一位社交三号，说道：

小时候，我和祖母住在一起，总是和比我年纪大的人一起玩。我想要用我的形象带来声誉，被他们所接受。每当他们选队友打橄榄球时，我都是第一批被选中的球员之一。有一天，在一场激烈的社区比赛中，我打四分卫的位置，来了一个向右横移突破战术加假动作双变向传球。我本来是要传球给堂兄罗伯特打防守的，但我假装传球，把球往下拉就开始跑。有个家伙的位置本可以拦住我的，但我跑得更快。当他靠近我时，我一个低扑绕到他身后，触地得分。我听到一位比我大的孩子说："噢，该死，桑尼太厉害了！"我被比赛吸引，因为我知道这是我可以做得好的事情。来自大孩子们的赞扬证实了我想要听到的，也让我感到自己很特别。那天之后，无论是在社交上还是体育上，我知道我应该处于食物链顶端。

我继续在球场上表现出色，最终成为一名NFL职业橄榄球运动员。作为一名跑卫，人们经常问我怎么受得了一场接着一场比赛的高负荷。当你打球的时候，不论是什么级别，你都不能三心二意，必须要么全力以赴，要么就退出别玩。有人称之为内在的刚毅或魄力，也有人称之为意志……我称之为心！我知道，这需要付出艰苦的努力，一次又一次跌倒，再一次又一次地站起来，以最高的水准赢得比赛，而我已经为此做好了准备。伴随着打橄榄球而来的那种感觉自己是个"人物"的渴望是巨大的，成为某种更大的存在的一部分，在那样一个大舞台上得到结果并取得成功，是激励我的动力所在。几年后，通过治疗和学习九型人格，我改变了很多。我意识到真正的自我接纳并不是来自我做了什么或者我在他人眼中是什么样子，而是内在的修炼。

一对一三号："魅力"

一对一三号感兴趣的胜利或目标（也是这类三号表达虚荣的方式）是性吸引力和美感，而不是金钱或声望，但他们在追求这些方面的目标时，却如同企业高管在工作中一样具有竞争性。对于这类三号，虚荣并不是像自保三号那样被否认，或者像社交三号那样被拥抱。确切地说，是介于两者之间，用来创造有吸引力的形象，以及帮助重要的他人。

一对一三号是甜蜜而害羞的，不像社交三号那样外向，尤其是在谈论自己这方面。对这类三号来说，推销自己是困难的，所以他们经常会把注意力放在自己想支持的人身上。

尽管他们和其他三号一样，擅长通过自己的能力和努力获得世俗的成功，但他们并不觉得有必要在外部世界实现目标，因为他们更注重自己讨人喜欢和具有吸引力，以此来赢得爱。这类三号从身边人的成功和幸福中见证自己的成就。

伊查索将这种类型称为“男子气概 / 女性气质”，但纳兰霍认为，这并不是好莱坞式的男子气概或女性气质，甚至不一定是非常性感的男子气概或女性气质。这种类型的人更在意以男性或女性的形象展示自己的魅力，而且常常是很隐晦的，以经典的男子气概或女性气质展现出魅力来取悦他人。虽然三号是心中心三元组的型号，但在这个副型中，取悦很少是通过情感连接或性诱惑而产生，更多的是一种心灵层面的连接或者热情的支持。纳兰霍将其名称改为“魅力”，以反映一对一三号通过“个人魅力”来引发、激发他人爱慕之情的特殊方式。[17]

一对一三号的成就是在关系中取得的。这类三号是取悦者和助人者，他们往往致力于支持某个人，花费大量精力提升对方。一对一三号也会很有抱负，辛勤工作，但总是为了使别人看起来好。这类三号经常看起来不像是三号，因为他们不太注重自己的地位和成就，对他们来说，更重要的是要有吸引力和支持他人——对他们来说美美的就足够了。他们不必为了得到爱而追名逐利，为其带来认可或爱的是取悦对方，所以他们不必是传统意义上的成就者。

一对一三号会花很多精力去引诱和取悦他人。他们可能会害怕让别人失望，因此会为自己找借口辩解，以避免冲突。这类副型可能梦想着一个理想伴侣，他们会想改变伴侣，使之成为自己所希望的那样。他们也许幻想着“白马王子”（或“白雪公主”）从天而降，“从此过上幸福的生活”。

这类三号取悦他人的倾向在于一种家庭或团队心态的感觉。他们可能只注重对家庭（在家里或工作中）有好处的事情，从而投射出一个擅长打理家中大小事务的形象。他们非常依赖自己对别人的吸引力，认为要得到爱就必须变得出色、完美。他们往往也很乐于通过助人来证明自己是值得被爱的，渴望拥有

“最佳情人 / 爱侣”或“完美妻子 / 完美丈夫”的形象。

获得他人的爱慕或向往成了一对一三号的目标、成就和战利品。为了支撑这一点，他们热衷于塑造一个英俊、漂亮或性感的形象。他们迫切地想被自己希望（浪漫地）吸引的对象视为并认可为一个有吸引力的人——也许这反映出他们缺乏父母的关注与赞赏。

在这类三号的身上有一种与感受、真实自我脱离的倾向，他们经常与自己或他人没有真正的连接，在情感、性和身体层面都存在这种脱离。有一位一对一三号解释：“这就像我们挂了一个‘外出午餐’的牌子。”这是一对一三号的主要主题。他们有一种典型的空虚感，像虚空一样。这类三号会体验到由于缺乏清晰的自我意识或身份意识而导致的空虚感，这与他们难以真实地存在、感受和表达有关。虽然他们可能很有吸引力，但也可能自尊偏低，不能爱自己。面对这种情况，一对一三号可能会掩藏自己的力量，同时“摆出一副好面孔”显得甜美自得，以保持在他人眼中的良好形象。

一对一三号是三号中感情最丰富的，所以你也更容易看到他们表达自己的情感。他们不会戴着社交三号的那种社会面具，其内心里有一种深深的悲伤。他们的早年生活常常很艰难，用“断开与自己的连接”的方式来忘记或补偿过往所受到的伤害，或者将其减少到最低限度。他们很害怕感受到痛苦和悲伤，所以学会了与深层的情感体验脱离。他们对批评也感到很具威胁性，因为它破坏了他们“完美佳人”的面具。

一对一三号会看起来像二号或七号。他们像二号是因为他们通过讨人喜欢和吸引人来寻求与他人的连接。然而与二号不同之处在于，他们更多地注重有身体吸引力的特定形象，而较少注重变换形象，骄傲地自吹自擂，以及满足情感需求。他们也可能会被误认为七号，因为他们倾向于积极而热情地支持他人，可以成为优秀的啦啦队长。然而，七号基本上是自我参照的，而三号则会以他人为参照来决定自己做何表现。七号通常较为清楚自己需要什么和想要什么，而三号与自己的关系更为疏远。

塔迪奥，一位一对一三号，说道：

从记事起，我做事的目的就是吸引别人的注意。虽然我有点害羞，但要令他人倾倒倒也不是什么难事，我懂得如何一言不发就把别人吸引过来。在阿根廷没有啦啦队队长，但如果有的话，我肯定是啦啦队队长。我努力成为一个有魅力、有爱心、讨人喜欢、热情的人，最重要的是，成为一个让每个人都欲罢不能地想要和我在一起的人。

我不得不承认，我这辈子都是透过别人的眼睛看自己的。有一点我很清楚：没人喜欢丑八怪。小时候，人们常说我很完美，很可爱，很漂亮。我就像一个被父母向全世界炫耀的洋娃娃。但随着时间的推移，他们太疲于应付自己的问题（以及另外三个孩子），甚至都不再看我一眼，尤其是我的母亲。从那以后，我对不受关注变得极端不能容忍。我神经质地想要去取悦和被喜欢，神经质地对奉承谄媚失去抵抗力，这使我变得只要谁对我说了几句好话，我就会把自己"出卖"给对方。有很多次，我陷入了受虐的关系中，却完全不自知。

我因此产生了一种癖好，只想展示自己身上美丽的东西，而掩藏别人可能认为丑陋的东西。这导致了自我疏离和一种幻象中的生活——幻想我是好莱坞电影里的明星。同时，老是专注于外界也让我产生了一种内心的空虚感，一种无法忍受的内在虚空。由于只从外表上看自己，我变得与自己完全脱离，到了完全不知道自己的感受是什么的程度。在外表上，我可能是迷人的、甜美的、诱人的，但内在（和在亲密关系中）却是冷漠、冷酷无情和极度缺乏同理心的。

找到"理想"伴侣成了一种执念。我关心成功、形象、工作，以及所有三号通常关心的其他事情，但如果没有人和我分享，它们对我来说毫无意义。我欺骗自己相信爱是一切的答案。

当我开始灵性旅程时，我面临的两个最大的问题就是：我的生命毫无意义，以及我无法感受到多年前遭受的伤害对我产生的影响，这些痛苦源自我与身体、情感和性断开连接。我很痛苦地意识到，我就像一个廉价的复活节彩蛋，外面用糖霜装饰包裹，里面却完全是空的。

三号的“成长功课”：规划一条个人成长道路

随着三号在自己身上下功夫，并变得更有自我觉知，最终他们将学会逃离这一陷阱：隔绝自己想要的爱，排挤自身的真实情感。其方法是放慢下来，为“只是存在”的脆弱腾出空间，接触他们的真实自我。

对所有人来说，要从习惯性人格模式中觉醒过来，都需要付出持续的、有意识的努力来自我观察，反思所观察到的结果有何意义，源自哪里，并积极精进，努力消解自动倾向。有时，三号可能很难认识到在自己身上下功夫的必要性，因为他们的人格防御模式与社会价值观是如此一致。他们可能察觉不到所打造的形象会阻碍其成长，因为那个形象非常成功地说服了所有人相信他们是“值得的”。也正因为此，九型人格就显得尤为重要，它能够穿透人格表象的吸引力去看到其限制性的本质。

对于三号来说，成长功课包括观察他们怎样通过强化“做”以避免情感；探索他们如何靠形象生活，而与人格面具之外的真实自我失去连接；以及除了他们想给别人留下的印象之外，还积极努力地去接触他们真正的想法和感受是什么。尤其重要的是，要学会去接触自己的真实感受，用回归“存在”来平衡“做”，欣赏自己的本来面目，而不仅仅是他们所构建的形象。

下面我将介绍三号需要留意和探索的地方，以及需要精进的目标方向，旨在帮助他们超越自己的人格限制，展现他们主型与副型所对应的高层品质。

自我观察：不再认同你的人格模式，在行动中观察它

自我观察即是创造出足够的内在空间，让你用新鲜的眼光，保持足够的距离，真正看到平时的自己都在想什么，感受到什么，在做些什么。三号在观察自己所想所感和所做时，可能需要留心以下几个关键模式：

努力工作以支持对任务、目标和成就的（狭隘）专注

观察你如何把工作任务和目标置于首位，而忽略了生活中的其他因素。留意在一天的生活中，什么东西对你来说是最重要的，并观察你对“任务清单”

有多执着。注意你实现目标的动力有多强大，以及你做了哪些事情来扫除障碍。观察你的竞争倾向，诚实地告诉自己，取胜有多重要，以及为了成为最好，你还愿意付出多大的代价。察看成就在你的日常生活中扮演着什么样的角色，以及你为达成目标做了哪些事情。

建立和维护一个特定的形象，以便给他人留下深刻印象

观察你为了寻找线索来设计恰当形象，都会用哪些方法来评估你的观众。留意你会在哪些时候需要得到关注，是对什么的关注？注意你是如何战略性地打造一个特定形象的。你思考的是什么事情？会做些什么来管理你的表现？你会如何伪造自己（以不同于你真正想的或做的方式展示自己），以符合想要别人对你产生的印象？当你成功得到别人对你的形象的正面回应时，观察你作何感受。

用繁忙的工作代替内心的感受

观察你的工作节奏，以及你努力保持不断推进并避免慢下来的方式。注意什么时候你会加快活动节奏，可能发生了什么导致这种加快。留意你会做些什么来避免日程中任何可能会让情感浮现的空隙，并观察你不小心在活动中留有空隙时所感到的焦虑。当你慢下来、有情感浮现的时候，注意那是什么样的体验，你会如何回应。体察当确有情感浮现时你的内心发生了什么，会如何描述它。或者，如果你从来没有（或者几乎从来没有）让深层的情感浮出水面，注意你是如何将其抑制的，是什么促使你远离自己的情感。

自我问询与反思：收集更多信息来扩展你的自我认知

当三号在自己身上观察到上述这些以及其他相关模式，成长的下一步就是更加深入地理解这些模式。为此，三号可以问自己如下问题：

这些模式是如何形成的？为何会形成？如何帮助我应对？

通过了解防御模式的根源及其作为应对策略的运作方式，三号就有机会更清楚地认识到，自己如何以及为何如此努力地去成就，保持一个特定的形象以吸引他人的关注和赞赏。如果三号可以讲述他们童年生活的故事，并探索促使他们去成就和管控自己形象的原因——也许是想要通过积极地实现一个渴望的自我形象来证明自己的价值——他们就会对自己有更多的慈悲，并认识到这些模式是如何为深层需求服务的。如果三号能看清自己为什么如此努力工作，力求让自己看起来如此优秀，就有助于了解这些策略是如何起到保护作用的，同时也有助于了解这些策略是如何将其困在有限的“橡子自我”中的，即使他们的橡子壳看起来确实十分闪耀而有吸引力。

这些模式的产生，是为了保护我免受什么样的痛苦情绪?

我们所有人的人格运作都是为了保护我们免受痛苦情绪，包括心理学家卡伦·霍妮所称的“基本焦虑”——基本需求未被满足时所盘踞的情绪压力。三号采取的策略，让他们能够避免或“麻木”痛苦的情绪，这样它们就不会威胁到自己努力工作和实现目标的能力。有些三号可能除了不耐烦和愤怒以外，什么情绪都感受不到。需要关注而未能得到关注，自己真正是谁未被肯定地看待，以及必须争取才能得到爱……诸如此类的难过感受，都可以通过坚定不移地专注于做而轻易地绕过。三号通过只承认和表达“正确”的情绪，避开了有意识地关照任何与缺憾或孤独有关的情绪。三号为了并靠着一个被向往的自我形象而活，如此，他们回避了与内在深处的真实接触，也回避了最开始激发他们“行动和给人留下深刻印象”这一防御模式的痛苦情绪。

我为什么在这么做？此刻三号的模式在我身上如何运作?

通过反思这些模式的运作机理，三号可以开始更加深入地觉察自己的防御模式在日常生活中和当下是如何升起的。如果他们能有意识地捕捉到自己正在加快节奏以躲避情绪，或者为了维护表象而对自己（或他人）隐瞒真实的自我，他们就可以反思，这些模式是如何让他们一直处于工作状态，并专注于自身人格防御倾向的核心顾虑。如果他们能够挖掘自己对认可和赞赏的潜在需求，他们就会看到，保持良好形象和高效状态的习性是如何让他们专注于“橡子自我”的限制性目标的：通过维持一种（基于社会共识的）积极的自我意识来保持安全。

这些模式的盲点是什么？我不想让自己看到的是什么?

作为自我反思过程的一部分，对三号来说，重要的是在人格模式上演的时候，提醒自己去关注原来没有看到的地方。当三号陷入强迫性行为时，他们会转移注意力，不去看关于自己真正是谁的一切——那些实际上更值得爱和赞美的东西，尽管他们连这一点也不明白。三号主动地不让自己看到自身情感的内在价值、人性的脆弱，以及与他人真实连接的愿望。也许是因为三号的防御模式与西方文化的价值观太过吻合，他们可能很难看到自己的策略——通过成就和符合任何能带来最大赞赏的形象以证明自己——中存在的瑕疵。三号是如此地被自己职业道德和形象管理的成效所蒙蔽，以至于完全错失了真实自我的力量与美妙。

这些模式的影响或后果是什么？它们是如何困住我的？

三号防御策略的讽刺之处在于，他们试图通过努力工作和操控外表来赢得他人的认可，实际上反而疏远了那些他们本想留下深刻印象的人。如果三号能了解到，驱使着他们追求成功和光鲜外表驱动力的力量，实际上却阻碍了他们去表达更多真实的（且与生俱来的美好）方面，就会感到醍醐灌顶。当看到那些如此符合社会眼光的防御模式——努力工作，获得地位，显得有吸引力——实际上是如何限制了他们获得真正渴望的深度赞赏，三号会由此而获得成长。由于没有活在真实的自我感受里，三号把自己困在了橡子壳的表面吸引力中，而妨碍了他们展现出所能成为的全部“橡树真我”。他们如此确信自己遵循社会认可的策略的有效性，甚至于对自己遗漏了什么都不自知。

自我发展：追求更高层级的意识状态

对于所有寻求觉醒的人来说，善用基于型号的人格知识来发展成长的下一步，就是把更多有意识的努力投注到我们所做的一切事情中去，无论思想、感受、行动都带着更多觉察，更有选择性。当三号观察到自己的核心模式，并审视过其形成根源、运作模式和影响后果后，可参考如下建议。

1. 能做些什么来化解三种主要的三号人格模式

努力工作以支持对任务、目标和成就的（狭隘）专注

*拥抱失败，作为一条通向深化自我体验的道路。*失败对三号来说是难以忍受的，因为会撼动他们通过获得成功、赢得胜利而挣得爱的整体应对策略。如果你是一个三号的话，试着腾出一些空间更透彻地考虑一下，如果你失败了会发生什么——你会作何感受？你会怎么想？你会做什么？警惕你想要有所变通

的努力，真正去面对“失败的可能”对你来说意味着什么。如果你真的经历了失败，就对自己有些同情心。不要把它看作是坏事，而要看作是一个与你的脆弱相处的机会，允许那些你大费周章去避免的部分进来，试着更有意识地去体验在失败时会有的情绪反应。

*重新构建你对成功的定义。*允许你质疑自己对“什么是成功”的假设。开放地接受这样的想法：你可以也应该因真实的自己而被爱，而不是仅仅因为你成就了什么，或者因为你外在的、物质上的成功标志而被爱。探索一下，当你通过竞争获得胜利或取得成功以吸引积极的注意力时，你真正想要的其实是什么？从你对爱和认可的需求方面考虑一下，成功更深层的意义是什么，并让自己朝着这个方向前进。认识到更真实、更令人满足的“价值”实现是通过真实性，而不是通过身份地位和世俗成就达成的。

*留意当你朝着目标奋力前进时会遗漏什么。*当三号专注于一个重要的目标时，他们会像激光一样聚焦在为达成渴望的结果所需要做的事情上。虽然这在很多方面可以是一种优势，但也会导致他们疏于注意自己的体验这一重要方面，比如那些发生在内心世界，可能阻碍他们前进的东西。

建立和维护一个特定的形象，以便给他人留下深刻印象

*质疑你基于他人的价值导向建立对自己的认知这一倾向。*正如纳兰霍所说，三号都会苦于身份认同问题，他们感觉失去了他们的角色和明确的特质，就不知道自己是谁。除了取悦他人和高效表现以外，他们可能不知道自己想要什么。[18] 虽然三号不太可能主动担心“不知道自己是谁”的问题，但他们的防御模式表现出的是用寻求外在的认可取代内在的存在感。因此，审视自己基于外部典范构建身份认同的方式会对他们有所帮助——有意识地质疑自己以某些特定的价值观和性格特质作为指导原则，去设计公众形象的这一做法。

*辨别以塑造形象为目的行为与旨在满足真实需求和愿望的行为之间的不同。*对你为了形象而做的行为变得更有觉知，找到并巩固你对真实自我的意识。经常问自己：“我这样做是因为我真的想，还是因为我相信这会提升我的形象？”随着三号越来越多地认识到自己真实的情感、需求和渴望，他们将需要寻求支持，以帮助他们接纳和拥抱真正的自己，尤其是当其与他们认为应有的形象不同的时候。如果三号在勇于感受情感并更多地表达自己是谁时，能听到

人们说：“我们更加赞赏你这样”，这对他们会很有帮助。

*探索一下：抛开你的形象，你是谁？*由于在形象的培养上倾注了这么多的注意力和精力，你很难认识到这个形象其实并不等于你的全部自我。要主动地去练习辨别你的形象和你真正是谁之间的差异，花些功夫去问并回答这个问题：“如果我不是我的形象，我是谁？”提醒自己，不必为了更多地展示自己真正是谁而放弃在生活中的成功，你可以同时在世间和内心层面上都取得成功。你可能会担心，如果你允许自己在没有社交面具保护的情况下亮相，是否不会被世界接受。正视这种恐惧。记住，你可以通过接触你的情感、需求和脆弱性，找到你的真实自我，你可能认为是弱点的东西往往可以成为力量的源泉。当你去拥抱真实情感的力量，愿意去活出真正的自己时，你的“橡树真我”就得到了滋养。

请记住，只有真正的你才能在当下被爱、被接纳。虽然你可能认为，你是在通过创造一个形象寻求爱，但人们希望体验到的和爱的是真正的你，而不是挡在你面前的诱人造型。

用繁忙的工作代替内心的感受

*不要等到崩溃时才猛然意识到需要成长。*很多时候，三号直到经历了某种重大失败或崩溃之后才认识到自我功课的必要性。这可能会以一场意想不到的抑郁形式出现，这时，深层的悲伤或孤独感打破了他们不带感情做事的习惯。或者，也可能在他们最终完全精疲力竭时，以一种身体疾病，或者“撞南墙”的碰壁感的形式出现。有时候，某种客观上的麻烦事发生了，而他们却无法体验到自己对其的情绪反应。如果你是一位三号的话，在上述情况发生之前就请留意到，并主动地去质疑你完全专注于做事的模式，特别是当你已经感受到与抑郁颓丧、精疲力竭或情感麻木有关的压力时。要勇于向周围的人求助，他们可能无法看到你有什么需求，因为你的形象掩盖了你遇到麻烦的事实。

*重拾并珍重你的情感。*留意你是如何回避某些特定的情感的。允许你在感受不到自己情绪时保持好奇：你为什么要回避情感？如果乐于接受自己的情绪，你会有什么感受？留意一下你是否会在情绪受到威胁时加快做事的节奏。有意识地给自己留出时间和空间去充分地接触、拥有和体验情感，注意由此升起的任何恐惧和焦虑，并找到化解它所需要的支持。留心那些你可能感觉到的（情

理之中的）孤独感，它关乎“必须活给别人看”的长期沮丧感，或者“你所取得的任何成功都可以归功于一个虚假的自我和操纵”这样的事实。[19] 保持开放，看看恐惧是如何驱使你的，无论是害怕失败、暴露，还是被拒绝。

提高你“只是存在”的能力。对于三号来说，发展感受和“存在”的能力是接触真实自我这个大进程的一部分。挑战一下自己，试试静心，或者什么都不做，只是坐在那里看着窗外。如果这很困难，就让自己体验它有多困难，思考一下为什么它会如此具有挑战性。提醒自己，真正的你不应该用你做了多少事情来衡量或评估，更重要的是允许多一些的存在，少一些的忙碌，因为这将会让你接触到你的真实（“橡树”）自我。

2. 三号的内在流动：运用箭头连线绘制成长路径

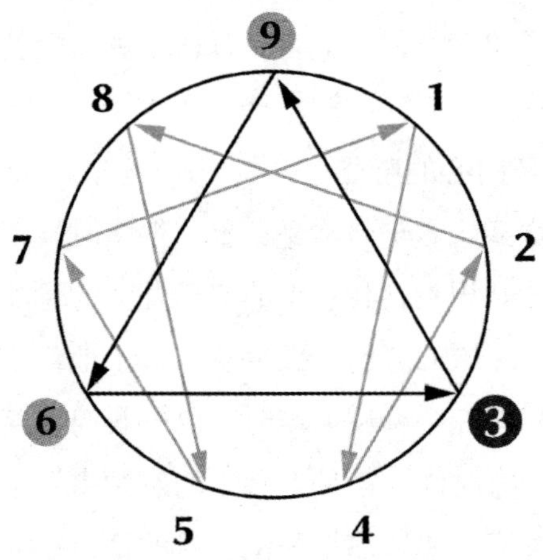

三号去到九号：更有觉知地善用九号“压力成长点”来发展和拓展

三号的内在流动成长路径，要求其直接面对九号位置所代表的挑战：允许不做任何事而只是存在，优先考虑其他人而不仅仅是目标和任务，以及与他人保持连接又不迷失自我。三号会发现自己很难去到九号，但常常会在工作到崩溃而感到压力的时候无意识地去到那里。而在有觉知的情况下，三号可以把九号作为一条成长路径：学习更多地安住在自己的身体里，在完成一项任务时允许不同的观点，慢下来并拓展自己的关注视野。九号特别擅长随大流，而三号通常不情愿这么做，除非是由他们引导潮流，控制着朝向目标的进程。三号可以善用九号位置，有意识地放下掌控事情的需要，让事情以特定的方式、特定的速度进展，允许自己更多地跟随他人。

当三号有意识地这样修炼，将能够使用九号在健康状态下的工具：依靠包容和共识作为把工作做好的关键因素，跟随他人的领导，而不必总是要成为被关注的中心，发展一种"身体知道"的直觉力，并以此来指导行事。有觉知的九号能够深入理解他人想法，并结合自己的直觉来指导前行方向，进而采取"正确的行动"——这些能力可以平衡三号那种盯着目标使劲往前冲冲冲，而不停下来看看其他选择的倾向。九号更为被动的姿态，可以有效地对抗三号通常采用的主动方式。九号放松以及只是存在的能力，可以帮助三号学会如何放慢步伐，勇于"存在"。

三号回到六号：更有觉知地善用六号"孩童之心点"和解童年主题，找到支持自己前进的安全感

三号的成长之路，敦促他们重新找回感知恐惧的能力，从而慢下来，更仔细地考量实现目标的途径。出于对早期缺乏保护的回应，三号往往会成为实干的行动派，即使这需要他们埋藏自己的焦虑以找到安全感。年轻的三号可能觉得，自己似乎没有那种奢侈去感受恐惧，所以他们积极地完成事情来应对恐惧。对他们来说，带着觉知回到六号位置会让他们得以接触恐惧和焦虑，这些情绪会以有益的方式迫使他们放慢脚步。停下来思考潜在的威胁和问题，会让他们有更多的空间去关注自己的感受和直觉。基于这些原因，"回到六号"对于三号来说会是一种健康的方式，可以让他们留出空间，从比通常更多的方面考量其计划。

在有意识的引导下，三号可以通过向六号的移动，在向前迈进和停下来思考之间重新建立起健康的平衡。他们可以有意识地在快速前进之前插入一轮健康的质疑，并且确保比通常所做的更加深入地评估正在发生的事情。关注他们所害怕的事情，也可以帮助三号深入挖掘其内在情感层面，由此警醒他们有必要允许他人的支持。如果三号不必总是要掌控一切，并汲取六号的高层品质，对别人有更多信任，允许别人带头解决问题，提供保护，他们就可以更加放松。质疑和自我怀疑对三号是有好处的，因为这为常常被隐藏在自信形象背后的脆弱打开了一条通道。[20] 所有这些增强“回到六号”觉知的努力，可以为三号提供一个深层的自我意识的基础，为他们向九号高层状态精进发展做好准备。

3. 从陋习到美德的转化：借助虚荣，成就希望

从陋习到美德的发展路径是九型图的核心贡献之一，它揭示了每种型号为达到更高的意识状态都可以运用的“垂直层面的”成长路径。对于三号来说，他们的陋习（或激情）即是虚荣，其对应面——美德，则是希望。

三号功课的重点是：越来越清楚地觉察到不同形式的虚荣如何塑造了他们的注意力焦点和人格模式。随着三号越来越熟悉自己的虚荣体验，并逐渐发展出在日常生活中更有意识地去体验的能力，他们便可进而致力于彰显自己的美德——其虚荣激情的“解药”。对于三号而言，希望这一美德代表了一种通过有意识地展现高层能力所能达到的存在状态。

希望是一种信任的生命状态，相信一切都会好起来的，一切事情都有其解决之道。这是一种乐观的体验，“一种对展现在我们面前的事物喜悦开放、信任接纳的态度”[21]。在但丁《神曲·天堂篇》中，朝圣者就希望所隐含的确定性更进一步地说道，“希望就是对未来幸福的确信期待”。[22] 希望是放下小我想要推进事情，看到结果的需要，知晓并信任好事终将会发生。

灵性导师、作家阿玛斯（A.H.Almaas）进一步解释说，希望是“领会到现实是‘自我实现的’，并不依赖于我们想象中的自主权”。[23] 当三号学会实时地看到，他们的虚荣是在掌控事情的发生和掌管自己在人前的表现时，就可以开始消解“为了成就和给人好印象而想要控制事物的流动”这一需求，然后他们可以放松下来，体验到希望。这意味着他们开始明白，生活的进程将会如其本来地展开，不必赶着它向前或“做”得太多。当三号被虚荣驱使时，虽然知道如何增进自己的利益，却隐含了对事情的不信任，认为事情不会自行化解或自然发展。[24] 当他们理解“希望”这一美德的真谛时，便会放松下来，不再让自己如此辛苦地工作。因为希望会启发一种乐观和信任的意识，相信如果他们能够停止“做”，接纳事物的自然流动，就会得到自己所渴望的。

作为三号，要活出希望意味着你能够放松对控制的需要，对强求某个特定结果的需要，以及掌控他人如何看待你的需要。这也意味着你对所发生的事情

是开放和接纳的，因为你有了这样一种觉知：事情会遵循创造的力量，以它该有的方式运作，而这股创造的力量，我们并不总是能看到或理解得了。如果拥有希望，如果能允许自己放下，并与事物的流动和谐相处，而不再按照小我对“什么是最有效的”固有成见采取行动，我们就可以从所有的努力中退出来休息一下，并最终仍然圆满。希望是虚荣的解药，因为虚荣试图控制事件来满足小我的需求，而希望则让我们从更高的维度去看，让我们相信，一切都会是安好的。

三种三号副型在从陋习到美德道路上的具体功课

自保三号：可以通过放慢脚步，腾出更多的空间去体验“待办事项”以外的事情，由虚荣走向希望。给自己留下更多的空间去感受并表达那些情感，从而发掘自己内心体验的节奏，找到希望。对自保三号来说，重要的是留意到，当你不给更深的情感和相关的需求留有空间，你会合理化自己的做法。允许自己通过与他人发展深层的连接找到安全感，而不仅仅是靠自己和刻苦的工作。允许自己认识到，其实你不必对每件事都负责。与其只靠自己单干，刻意力求自主，不如通过分享彼此信任的感受来创造安全感。了解你的焦虑是一个迹象，说明你有更深的感情和需求没有得到化解。不要一味地努力工作，要照顾好自己：倾听你的真实自我，允许自己放松休息，在希望中寻求庇护。对未来的期待会保佑你不必事事都亲自去实现，允许自己保持定静，这样你才能够腾出空间来体验脆弱和更多的真实自我。

社交三号：可以通过有意识地善用挫折、失败和对自身脆弱性的体验，来拓展对于自己本来面貌的意识，由虚荣走向希望。当社交三号减少为获取认可而做的努力，学会相信“如果允许自己更多地接纳本来的样子，人们会看到并欣赏自己的价值”，他们就可以放下试图控制事情发生的欲望，进入一种顺从“希望之指引”的状态。如果你是一位社交三号，活出希望意味着挑战任何你可能有的关于被曝光或被拒绝的恐惧，并学会看到，你比你的社交面具使得你成为的还要深厚得多，丰富得多。对于社交三号来说，表达更多真实的情感就是一种希望的举措，因为要让他们放下想象中的或理想化的自我，让他人喜欢自己真实的样子，实在是太难了。基于这一点，对于社交三号来说，重要的是把失败和挫折看作是更深地体验生活、感受真实自我的一份邀请。

一对一三号：可以通过学习为自己而活，而不是为真实的或是想象中的伴侣而活，由虚荣走向希望。这类三号可以通过更多地了解和体验他们的真实自我，迈向希望。这种副型是一个悖论：他们是美妙而热情的朋友和支持者，却不能像对待他人那样爱自己，支持自己。一对一三号可以学着把他们如此慷慨地奉献给他人的信任和爱，同样地给到自己身上，从而去往希望。对真实自我展开一场彻底的探索，找到一种身份认同，并相信它会指引你正确的方向，正是这类三号的希望所在。如果你是一位一对一三号，有意识地与你倾力支持的人分享你的情感吧，要知道希望会引导你去建立你所渴望的深层连接。

总结

三号原型代表了这样一种模式：我们都专注并认同一个人格面具——在一个似乎对“被社会接受的形象”青睐有加的世界里，我们将人格面具误认为是我们的真实自我。三号的成长道路向我们展示了，如何将虚荣转化为希望。它揭示了学会不再认同有限的“橡子壳”人格的重要性——无论它多么有吸引力，或在社会上多么光彩夺目。希望的觉醒之路指引我们褪去外表的伪装，打开真实的情感，成为那个我们注定会活出的“橡树真我”。三号的每一种副型都在以其特定的个性特质教导我们，当我们通过自我观察、自我认知、自我发展和自我接纳，能够将虚荣转化为全然觉醒的能力，放下对我们在他人眼中形象的管控，成为本来的样子，将拥有无限的可能性。

Chapter 10

二号原型：主型、副型和成长道路

二号原型代表了骄傲的能量，它推动了一种需求，即通过付出“更多”来诱惑他人提供情感支持。它也代表了这样一种模式：在一个似乎会拒绝我们的世界里，通过自我膨胀感来支撑自我价值。二号的成长道路向我们展示了，如何将虚假的骄傲转化为帮助我们展现出谦卑的能量，让我们不需要提供帮助、取悦或吸引他人，依然对真实自我的价值充满信心。

谦卑不是看低自己，而是更少为自己着想。

——C.S. 刘易斯（C.S. Lewis）

二号所代表的原型，是那些试图取悦他人以唤起爱意的人。通过诱惑和技巧性地付出等间接方式赢得他人的认可，这一驱动力旨在无须索要就能获得情感和物质的支持。这种策略也使得二号在让别人照顾自己的同时，仍旧保护了自己免遭拒绝（向某个重要人物直接提出满足需求的请求却遭到拒绝）的痛苦。

当然，二号可以是任一性别，但其原型反映出了荣格有关“阿尼玛（Anima）”的概念，意即内在的女性气质。荣格将阿尼玛描述为一个“有迷人魅力、占有欲强、喜怒无常、多愁善感的女诱惑者”[1]。与伟大母亲或伟大女神的原型有关，女性气质的原型代表了人类关于全能的、提供生命滋养的神圣女人的根本理念，展现出温暖、承载、柔和、细腻敏感和对他人开放的女性特质。

这类二号原型的元素也可以在“犹太母亲”的人物漫画中找到，她表面上是无私的，以此来对身边的每一个人进行情感控制。它也符合经典的“相互依赖”的共生模式，即一方沉迷于依赖别人，一方沉迷于支持和照料别人。不论是怎样的形式，在其表面之下，这种给予并非是一种无私利他的帮助。这类个体寻求自身价值的方式是被其看重的人所需要，并（无意识地）寻求满足自己的需要作为回报。他们的帮助是一种战略手段，通过相互照顾的互惠承诺来满足需求，而这种承诺有时超出了可以兑现的范围。

因此，二号所代表的原型，是我们所有人身上都会有的：为了让他人喜欢我们，而过高或理想化地看待自己以及自己的能力。自我夸大或自我膨胀的倾向维系着二号的人格面具，他们往往表现出无边无际的、责无旁贷的慷慨、帮助、吸引力和支持性。二号模仿的虚假自我通过有吸引力的、诱人的呈现，来寻求与他人建立积极的连接。

这种虚假自我设计出与他人积极正面的情感联盟，而对方则会为他们提供赖以生存的支持。一旦建立了友好关系，这种人际关系就可以作为资源以备不时之需。二号原型现身说法了这样一个观念：当你想从别人那里得到一些东西来支持你的幸福时，“用蜂蜜比用醋能捉到更多的苍蝇”。当前示以魅力和帮助，好为将来开口求助打下良好的基础。

二号天生的优点包括能够真心地倾听他人，共情他人的感受和满足他人需求。他们通常开朗、乐观、热心、友好。二号生来就擅长用积极沟通来创造亲和，很有社交手腕，善于用人们能听取的方式传达信息。二号特有的“超能力”在于他们可以成为极好的朋友，往往能够不遗余力地照顾和支持所爱的人。二号也是动力十足、精力充沛、极为能干的一类人，他们会做很多事情，并努力把事情做好，尤其是想要以此给他人留下深刻印象的时候。

然而，与所有原型人格一样，二号的天赋和力量也代表着他们的“致命缺点”或“要害弱点”。他们致力于表现出足够强大，好似能为他人“做任何事”，而导致了自我膨胀。这种膨胀就是一种骄傲，而骄傲正是二号的激情。我们将会看到，这种骄傲感也掩饰了二号对想要激发诱惑这一特殊需求的否认。其结果则导致他们最终否定了自己的需求，丧失了对自己真实感受的清晰认识。

二号可以是乐观、友好和真挚付出的，但有时他们可能会过度在意调整样态以取悦他人，因而妨碍了自己的发展。举个例子，二号常认为其他人和他们一样对批评很敏感，所以可能会出于害怕伤害某人而粉饰或掩盖事情的真相。此外，二号的欢乐也会让人感觉虚假，因为有时它是为了掩盖悲伤、怨恨或失望而作的一种过度补偿。

要完全理解这一原型，重要的是理解这个“讨人喜欢”的人设所蕴含的阴暗面，会是类似于美丽、诱人但又危险的红颜祸水。尽管他们并不总是能够觉察到自己的潜在动机，但他们提供的帮助和支持往往是策略性的。互惠是这一生存策略的关键。二号模式的运作通常是基于一个心照不宣的假设：“如果我对你好，你就会对我好。”

《荷马史诗·奥德赛》中的二号原型——卡吕普索

在《荷马史诗·奥德赛》的开篇部分，奥德修斯被困在卡吕普索的岛上，这是他回到家乡之前经历的倒数第二个地方。根据他讲述的自己的经历，我们得知这个岛是奥德修斯返家之旅的第八站。

荷马把卡吕普索描述成一个“闪耀的女神”，一个“女王般的天仙”，“女神中的光明”。[4]她是美丽而优雅的女性，也是养育者的原型。她悉心照顾奥德修斯，给他最好的食物，为他提供所需的一切。但她也想从奥德修斯那里得到一些东西：她不想让他离开。奥德修斯想回到妻子佩内洛普身边，但卡吕普索想嫁给他，让他像她一样长生不老。

在宙斯亲自命令卡吕普索让奥德修斯回家之前，她一直用岛上的奢华生活囚禁奥德修斯，为他提供各种感官享受，其目标是引诱他放弃回家的梦想。她的殷勤款待实在令人流连忘返，但这些也监禁了奥德修斯。当他可以拥有一位不朽的女神时，怎么会想回到他那凡人妻子身边呢？当他可以成为卡吕普索家的主人并且长生不老的时候，他为什么要忍受回家所必须承受的诸多苦难呢？她打着帮助的幌子，想控制他，永远拥有他。[5]但由于卡吕普索在关系中的主要动机是她想要得到的东西，而不是对方的真正利益，所以她无法得到自己真正需要的东西。

当卡吕普索最终允许奥德修斯离开时，她展示了二号原型的高层状态。她知道他要离开自己，但还是帮他做出行准备。没有任何附加条件，也知道他不会像她所希望的那样回报自己，她终于能够以一种更诚挚的方式爱他。

二号的人格结构

作为心中心或以情感为基础三元组的一员，二号的人格结构与悲伤或忧伤的情绪有关。二号专注于为自己打造一个特定的形象。心中心三元组（二号、三号、四号）的每一种型号都会优先通过情感共鸣与他人连接，这些类型共有的“情感知觉”使得他们更需要与他人连接，并有能力在情感关系层面很好地理解人际关系。人际关系是他们关注的焦点，因此心中心的人会特别注意需要呈现怎样的形象来吸引他人的喜爱或认可。四号会过度沉迷于忧伤，三号会搁置自己的忧伤，二号则与他们的悲伤处于冲突状态。

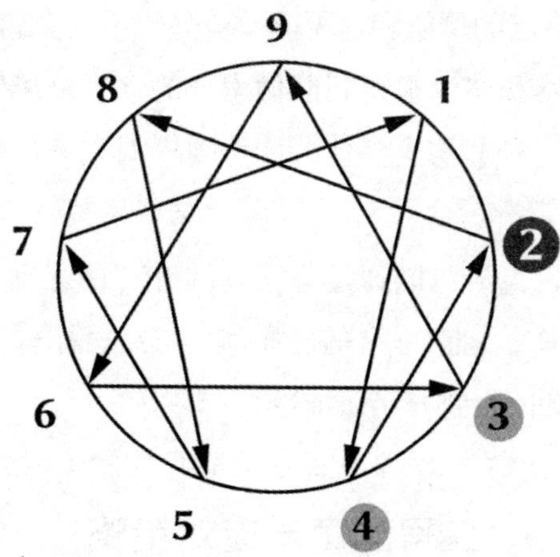

心中心型号的核心——悲伤，反映出他们因没有以本来面目被爱而感到伤心，也反映出他们对失去与真实自我连接的哀伤，因为他们为了获得自己所需要的爱（或认可），创造出某个特定的形象，而放弃了自己的真实面目。这三种型号共同的核心主题都与他们未被满足的一种需求有关——以原本的样子深深地被看到、被接纳和被爱。他们各自的应对策略旨在通过不同的方式获得他人的认可，以之替代其渴望、但又害怕或认为真实的自己所无法得到的爱。三号会打造一个有所成就的成功形象，四号会让自己显得独特和特别，二号则努力塑造一个讨人喜欢、令人愉悦的形象。

取悦生命中的重要人物似乎是二号赖以生存和通往成功的途径，他们利用自己的“情感智能”，主动地、自动地（不假思索地）察言观色“读懂”身边的人，并与他们所感知到的情绪、需求和偏好保持一致。[6] 通过满足对方的需要和迎合对方的感受来与他人建立连接，二号努力与生活中的重要人物建立积极的关系，以支持自己的幸福感。

二号有时被称为“给予者”或“帮助者”，但他们并非总是恒定地或者无偿地向任何人提供帮助。这个类型根本的无意识习惯就是有策略地付出，以使人们亏欠他们。二号自然而然地感到必须为他人付出，而且他们通常相信自己是以真诚而坦率的方式为他人付出的。但这种人格模式是将付出作为诱饵，实则是为了诱惑、自我抬升和自身利益。对他们来说，自我觉察包括意识到，自己的付出在多大程度上是一种不求回报的想要助人的简单愿望，又在多大程度上反映出了他们关于自己的价值和是否值得被爱的不安全感。

理解这种不安全感和“为了得到而付出”的动态，能够让我们触碰到二号人格核心处的悲伤。这种悲伤来自他们因为自己对别人的付出而被爱，而并没有因为自己的本来面貌被爱。

像卡吕普索一样，二号可以通过谦卑地放弃“诱惑别人满足自己需求”，从这种模式中解脱出来。当他们这样做的时候，会显露出真正慷慨的高尚所在，并为接受他们渴望已久的爱打开了可能性。

二号的童年应对策略

二号的故事开始于这样一种经历：通常是在很小的时候，他们的一些关键需求没有得到满足。这往往涉及缺乏经验或不知所措的照料者，未能提供给孩子一些基本的爱和照顾。未能提供的可能是各种基本需求，尤其是早期的情感需求，如感到被认可和无条件被爱的需求。

由于这种需求未被满足的体验，二号开始基于这样的观念来适应他人：自己的需求对别人来说太多了，因此不能以原本的样子被爱。于是二号发展出了一种生存策略，他们抑制自己的需求，转而体恤他人的需求。他们希望，通过全力以赴地支持他人，将会激发他人以互惠的方式满足自己未言明的需求。

整个二号性格可以看作是一种防御策略，目的在于防止不得不承认自己需求这一屈辱。二号在早年时期体验到自己的需求“太多了”，这导致他们因为自身需求被忽视，从而在潜意识层面得出结论，认为自己不知何故是不值得爱或关心的。从那时起，任何对需求满足的公开拒绝，都会唤起原先那种最初需求未得到满足而引起的心灵痛苦。二号将这种拒绝视为羞辱，因为这佐证了他们对“自己不值得”的认定。

这种童年的情形也导致二号发展出一系列无意识的策略，通过间接的方式来满足自己的需求，这样就可以避免需求（以及“自我”）被直接拒绝的痛苦体验。一方面，二号似乎不敢想象，明确要求自己的需求得到满足，因为这似乎肯定会招致进一步的拒绝。另一方面，二号发现，抑制这些需求似乎既能减轻需求不被满足的内在压力，又能让自己更容易地与他人相处。（因此，二号可能会想："如果我想连接的对象不喜欢愤怒的人，那我就不生气！"或者"如果需要我照顾的父母不喜欢悲伤的人，那我就戒除悲伤。"）通过成为别人想要的模样来获得他人的认可或喜爱，二号建立了一张由积极的连接织成的关系网，（但愿能够间接地）透过这些关系，满足他们如此小心翼翼地隐藏起来、不为人知的需求。

这种童年应对策略保护了二号，但却代价高昂。尽管二号外表乐观友好，但他们常常因为相信自己不值得被爱而感到深深的悲伤。这让二号处于一种不幸的境地，需要否认某些部分的自己，以确保其他人喜欢他们。这种压抑需求的习惯，让二号对依赖他人变得很敏感，甚至厌恶，哪怕是以一种正常的、非侵入性的方式。但是，随着奉承和支持他人以获得爱或认可变成了一种习惯，二号也逐渐变得越来越提防潜在被拒绝的风险，越来越无法以真实的方式敞开心扉接受他人的爱。

克里斯，一位二号，描述了他的童年处境和应对策略的发展：

我是家里唯一的孩子，也是唯一的孙子辈。在我很小的时候，因为父母都是全职工作，所以经常是爷爷奶奶照顾我。出生两年后，我和父母离开了美国，到海外去寻求更好的经济机会。我们离开了父亲的大家庭，搬到希腊，外公外婆抚养着我。七年后，当我们再次搬回美国时，我又不得不离开母亲的大家庭。

虽然在我的印象里，我未曾有意识地感到过特定的未满足需求的痛苦，但我知道从爷爷奶奶身边迁转到外公外婆身边，没有父母常伴左右照顾，十岁前就失去了两家祖辈照顾者的支持，这些都会对我产生影响。一方面，我因为是独生子女而受到了很多关注，但另一方面，我想，当父母不在身边，当我（两度）不得不离开所依赖的人时，我可能感到了被拒绝或被遗弃。

我的母亲是个非常挑剔的一号，父亲是位非常有保护性的八号。从很小的时候，我就采取了取悦他人的策略，主要是通过娱乐消遣的方式（我以前就会这样，现在依然会！动不动就来上两嗓子）。这确保了我是注意力的中心（而不会被忽视），并且，这让我在某种程度上与其他人连接在一起。（这也是我让大家的话题从时政事务转移的方式。）我投射出一种快乐的外表。基于妈妈对八号父亲的调教，我也学会了控制自己的愤怒。但这种“缓和脾气”的建议，也让我隐藏或压制了自己的负面情绪。我的奶奶也强化了我不表达负面情绪的做法，她总是担心“邻居们会怎么想”。

作为家里唯一的孩子，我是在一群成年人的包围下长大的，从小就被鼓励要独立和自给自足。读小学的时候，我总是会多带一份备用的物品，随时准备匀给其他同学。我常常感到自己是一个外来者，因为我是在另一个国家长大的，而且是新来的，操着外国口音，所以我想向任何可能有需要的人提供这些生活用品来试着结交朋友。我很快就改掉了在国外学来的英国口音，因为我想顺应主流文化，让自己被接纳。友好、乐于助人、慷慨大方是我能与每个人相处并让他们喜欢我的唯一方法。我也隐藏了自己的同性恋倾向，因为没有任何榜样让我知道，作为同性恋仍然可能被喜欢和接纳。为此，我甚至一直等到搬出父母的家之后才向他们出柜，因为我害怕被他们拒绝，毕竟那时我还住在那里（仍然需要他们）。

二号的主要防御机制：压抑

当有痛苦的时候，麻醉剂就有了用武之地。[7] 二号的主要防御机制是压抑，它的运作就像一种心理麻醉剂。压抑将特定的感知或情绪置于无意识中。它有助于将一个人的心灵与更深层次的痛苦隔离开来，这样人格才能维持人的继续运作。压抑并没有抚平伤痛，只不过让人能够忍受得了它而已。但不幸的是，在这个过程中，除了痛苦和羞辱，其他感觉也一同被麻痹了。

二号习惯性地压抑情感也可能会阻碍与重要他人建立连接。例如，二号经常压抑自己的愤怒，因为他们相信愤怒可能会造成与所爱之人的分离，更糟的情况下，会导致所爱之人对他们的不满。

换言之，当二号体验到内在冲突，即当自己的感受、想法与他们认为在与重要他人产生连接时所需呈现的感受、想法不相一致时，他们会压抑自己真实的想法或感受，来保护与对方的关系。他们似乎“革除”了自认为自己身上不会被人喜欢的那些部分。正是这个习惯导致一些人觉得二号虚假或者不真诚，特别是在剑拔弩张的情况下。

压抑这一防御机制会自动地麻醉二号，使他们免遭早期需求得不到满足的痛苦。这种机制也会将悲伤、愤怒和嫉妒等不讨人喜欢的情绪从视线中驱逐出去，且希望其他人能够满足他们因骄傲而无法表达的需求和欲望。然而，但凡被压抑的东西就不可避免地会泄露出来，二号在那些明眼人看来，可能会被视为“索取的”，而自己却看不到，因为那些不被承认的需求已经成为二号人格的盲点（或阴影元素）。

二号的注意力焦点

值得注意的是，二号会把他们的关注集中在关键的人物和关系上，但却不是出于自主的“决定”，而是倾向于“解读”他人，自动地关注他人的需求和感受。二号还会自动根据他们认为其他人的喜好来管控自己的表现。二号是会“变形”的人，他们能够读懂想要与之协同的目标人物，并根据收集到的信息改变自己的形态。例如，如果二号想要接近的人喜欢棒球，他们会强调自己也喜欢棒球的事实，甚至可能会去研究棒球圈里发生的事。

鉴于一个人的能量紧跟其注意力，二号最终会投入大量精力去满足别人的需求，而压制了自己的需求。这种对他人的外向关注，会转移二号对自身内在体验（感受、需求、渴望）的注意，以及对自己的“自我意识”。二号通常对自己的情绪、需要和偏好缺乏清晰感知，但很容易察觉和适应他人的情绪、需要和偏好。

尽管二号将与重要的人建立积极的关系视为首要，但最终反而可能没有在他们“最亲密”的关系中很好地临在。因为二号的焦点在于为他人做点什么和引诱尚未被诱惑的人，而没有做自己，并在自己的生活与人际关系中保持临在。因此矛盾之处就在于，他人会发现这些“给予者”在真正人际接触的重要时刻心不在焉或者顾不过来。二号在关系建立上投入了如此之多的时间和精力，却常常感到不敢冒风险去享受这些关系。

若是认为二号付出的所有服务和慷慨都是策略性的，那就错了。同样地，我们也不能忽视二号在赢得朋友和培养影响力方面下意识的专注。他们擅于想办法得到自己想要的，经常是间接地通过操控人际关系来满足，或者撒谎，甚至是创造性地编造故事。二号有时候也会非常专横、强势，尤其是处于压力之下或幕后操作的时候，或者在对周围的人感到安全的情况下。

二号的激情：骄傲

骄傲是二号的激情，即特定的情绪动机。从这个意义上，“骄傲”并不意味着对自己持有健康良好的感觉，就像因工作完成得很好而“感到骄傲”一样。相反，这是我们所知的七宗罪之一，由自我膨胀导致的虚假骄傲。纳兰霍把骄傲的激情描述为“一种强化自我形象的激情”[8]。骄傲，作为一种“激情”，是无意识的自我膨胀的需要，如此你就能够成为恰如别人想要或需要的人。桑德拉·迈特丽观察到：“我们的骄傲建立在对自己的重视，以及把精力投入到想要看到的自己——理想化的自我形象上——而不是直接地感知自己原本的真实面貌。”

如果你是一位二号的话，一开始就要看到自己的骄傲会很棘手。对于刚刚得知自己型号的二号来说，想要看到自己的“骄傲系统”会往两个方向——膨胀和气馁——发展，这是很难的。通常情况下，二号更能意识到自己的不安全感和希望得到认可（而且永远不会得到足够认可）的感觉，而不太感受得到自我形象的膨胀，或是承诺了超出自己能力范围的事情。

就膨胀这一面而言，当二号相信自己能够满足每个人的需求时，他们就会感到骄傲。因此，即使是在他们感到负担沉重或筋疲力尽的时候，二号也会为了讨他人欢心而承担越来越多的责任。他们倾向于这样想，“咬着牙多做点，总好过说‘不’而让别人失望”。二号会给自己加油打气，告诉自己他们可以满足很多需求——但却不能满足自己的需求，那些被他们忽视了的需求。

慢慢地，二号可能会认识到，他们“通过想象自己有能力满足所有人的需求而感受到力量”底下的骄傲，以及因为“觉得自己没有需求”而产生的优越感。骄傲在二号身上表现为一种独立的力量感——一种幻想，认为别人（在自己的操控之下）需要依赖自己，但自己不需要依赖对方。

当二号骄傲地膨胀时，他们认为自己像是有超能力一般，准备好了并且能够处理任何事情。这种出于骄傲而认为自己是不可或缺的认知，反映出二号的生存策略：他们需要感到比实际状态更厉害，以补偿自己内心名不符实的恐惧。

二号总是幻想着自己魅力十足或不可或缺，夸大自我形象。这一倾向最终将要面对一个与这种自大而错误的自我感不相符合的现实，因为“但凡上升的，必然会下降”，气馁是肯定的。于是二号会转向一种被贬低的形象，认为自己满身缺陷，完全匮乏，毫无任何吸引力。当批评、拒绝、曝光或失败刺穿二号骄傲自大的姿态时，他们可能会感到尴尬，自己竟然会有这样一个自视过高的形象。

对于无意识的二号来说，悔恨感压抑了埋藏在这种模式之下的骄傲，为下一轮的膨胀做好铺垫。

二号的认知错误

二号的认知错误围绕着“必须诱使他人喜欢上自己”这一底层假设而展开。反过来，他们也可能会认为关注自己的需求和欲望是“自私的”。二号早已脱离了自己的需求没有得到关注的童年环境，但在其中习得的对他人需求的关注仍然延续着，他们依旧相信回应他人的需求是好的，而表达自己的需求是不好的。

这些惯性思维形成于生命早期，很难改变，它们对发展中的自我起到过至关重要的保护作用。但是就像橡子壳抑制了橡子的生长一样，即使有事实证据表明应该有所改变了，他们却依然停留在这些习惯性的思维模式中，限制了自己的成长。

以下是二号的一些关键信念和假设。它们反映出二号认知错误的不同方面，致使他们认为，除非努力通过支持他人来赚取价值，否则他们将不会被爱：

· 本来样子的我是不会被爱的。

· 我只能通过满足他人的需求、成为他人希望我成为的人来诱惑他们，建立关系，从而获得感情或关爱。

· 如果我表达了自己的真实感受、愿望和需求（我真实的、不会被爱的自我的核心特质），那我将会被拒绝或羞辱。

· 我没有其他人那么多的需求。

· 我自己没有太多的需求，与其坚持任何需要或愿望，为了满足别人的需要（并使他们快乐）而牺牲自己的需要会更容易一些。

· 冲突会产生不好的感觉，导致不被认可，甚至有破坏人际关系的风险，因此应该避免冲突。

· 我知道如何让人们喜欢我，这一能力确保了我的生存和幸福。

· 大多数人都喜欢奉承他们、满足他们需求的快乐的人。

· 大多数人不喜欢那些通过表达消极情绪、强烈感受或观点而制造麻烦或引起冲突的乞怜之人。

· 当你给予他人时，他们有义务回报你。

这些二号的常见信念和反复出现的思想，支撑并维系着一种自我呈现的姿态：最大化他人的积极感受，而最小化自己的负面意见和反应。

二号的陷阱

如同其他型号一样，二号的认知执念或“思维迷障”是导致人格原地打转的原因，它呈现为一种人格局限无法化解的固有“陷阱”。

对于二号来说，这个陷阱可以用这样的窘境来概括：“变得不像自己，不去做自己，才能让人们喜欢我。”二号难免会因为努力“让别人喜欢他们”而与自己的真实面貌失去了连接。通过努力成为他们相信别人会喜欢、倾慕和认为有吸引力的人，他们最终放弃了自己的需求、感受和偏好，而这些正是他们作为一个真实独特而有价值的个体的本质所在。他们用一时兴起的认可替代了自己渴望的真爱，作茧自缚。通过变成他们认为别人希望自己成为的人，他们失去了自我意识，也失去了在人际关系中安住和接受滋养的能力。

二号习惯性地管理自己的表现，以便更容易与特定的人建立积极关系。但是在这样做的时候，他们会困惑于自己到底是谁，自己真正的感受是什么，以及自己真正想要的是什么。就这样，二号陷入了一个南辕北辙的恶性循环，即为了吸引他人而改变自己，进而需要更多来自外界的支持和认可，以支撑被削弱了的自我意识。只有敢于去发现自己到底是谁，放弃让每个人都喜欢自己的需要，二号才能找到摆脱困境的方法。

二号的关键特质

为变得不可或缺而提供策略性帮助

二号会有选择性地奉献自己，并期待（有时是无意识地）得到某些东西作为回报，这种“为得到而付出”的策略是二号关键的无意识习惯之一。

在二号收获的恭维之中，最能够满足其小我的，即他们是不可或缺的（“没有你不行”）。被别人需要是二号感到最安全的时候，所以他们经常会制造出别人需要他们的情况。

诱惑

二号难以直接提出自己的需要，所以他们会通过魅力和明显的慷慨来诱惑别人，以获得需要的东西。二号身上发展出来的诱惑，是一种无须直接索求就能获得爱或肯定的方式。纳兰霍说的诱惑不仅仅是情色层面上的，于二号而言，更为重要的是，诱惑是“看似可以提供的比实际更多”。为了诱惑他人，他们会做出任何可能需要做出的承诺，但也许无法兑现承诺。所以，虽然二号的确喜欢被人需要，但不一定会落实他们承诺会提供的东西。正如纳兰霍所指出的，二号容易生活在当下，但这并不代表一种健康的“扎根于当下”，而是一种托辞，因为“他们既不想思考自身行为的未来后果，也不想记得昨天的承诺”。[11]

情感起伏和情绪敏感

二号天生就是对情绪很敏感的人，让他们苦苦挣扎的，也正是情绪波动——他们情感的向外表露。通常情况下，二号会通过压抑来回避负面情绪，但当无法再压抑时，他们则会被负面情绪所淹没。虽然二号并不希望被视为一个情绪化的人，但从外在看来，他们依然会变得情绪化。

正如纳兰霍所解释的：“二号的情感表达有点过度，不管是温柔的还是有攻击性的。他们热情起来太过狂喜，愤怒起来又太过操控。”[12]他们有一股悲伤的暗流，源于无法得到自己所需要的爱。作为对其的过度补偿，二号可能会显得欣喜若狂，抑或在别人没有给他们所需要的东西时，暴跳如雷。

并非所有的二号都带有这种明显的情绪波动，但他们在感受情感方面都有很强的能力。二号也可能会因焦虑而受苦，通常是源于一种莫名的感觉，觉得自己原本的样子、本然的状态是不可以的。（他们需要变得有所不同才能感到被支持。）

二号在面对批评、感到受伤，以及被拒绝时，会特别敏感。任何人表示不喜欢他们的信息，无论多么微小，都会令其感到心碎，因为他们的幸福感完全基于别人对他们的看法。二号往往会把事情看作是针对自己的，哪怕事实并非如此，这也让他人难以对他们坦诚相待。他们会把别人对自己的负面看法放在心上，感觉就像自己在获得他人积极评价方面的任务失败了一样。

浪漫主义

和四号一样，二号也算得上是九型人格中的浪漫主义者了。他们对爱的深切需求，对人际关系的在意，是他们浪漫满足感的来源。这使得二号受到一切浪漫事物的吸引，无论是美好的爱情故事，或是幻想着与浪漫伴侣心满意足地在一起，还是传达浪漫感觉的音乐或诗歌。

享乐主义与补偿式的过度放纵

纳兰霍本人坚定地认为，二号是九型人格中最具享乐主义的型号。[13] 与他们的其他特征一样，这种享乐主义也是源自二号早年对爱和支持的需求未能得到满足的经历。对他们来说，享乐主义包括主动寻求快乐和“摄入”感觉良好的东西。二号通过这样寻求快乐的方式来满足他们无意识的需求，并补偿更深层次上的被剥夺感。享受快乐时光，投入令人愉悦的活动，以及总体的过度放纵，都反映出二号只想要感觉好，而不愿做找到自己真实需求的练习。

二号对被爱的更深层需求，被寻求愉悦的体验和感官满足所取代和压抑了。

二号的阴影

因为二号把自己的幸福寄托在管理与他人的关系上，所以他们在面对这些关系时会有很多盲点。二号往往无法认识界限感的重要性，而在一段健康的关系中，必要的界限能够促进自由和连接之间的平衡。例如，二号常常不知道拒绝别人的请求也会是件好事，或者有些时候最好不要主动去帮助别人。

二号没有觉察到，自己无意识的行为源自对爱的深层需求未能得到满足，常常会无限制地强迫自己付出，希望这种努力能赢得别人的喜爱。他们看不出这种方法往往并非建立积极关系的最佳途径。最糟糕的是，二号的过度付出会让他人感到被侵扰，也会让二号有负担，即使他们认为自己“只是想帮忙”或“在维持关系”。尤其因为二号“为得到而付出”的模式本身就可能是一个盲点，如果他人没有回馈，二号最终会耗尽自己，且变得愤怒。这种愤怒直接起因于二号的真实需求处于阴影之中，经由压抑被排除在意识之外。这种愤怒会周期性地出现，有时是被动的，有时是主动的——因为二号未得到满足的需求与他们未言明的、无意识的互惠期望相冲突。而且，由于这种愤怒本来就被压抑（因为二号想要回避冲突与分离的威胁），怨恨可能会在表面之下积聚起来，直到它通过一种看似极其不理性、令人惊讶或操纵性的攻击爆发出来。

二号的一大盲点在于他们的自我意识——他们真正是谁。由于二会根据自认为别人希望他们成为的样子而改变自己，所以经常会失去与自己的连接。虚假自我为了与重要他人建立连接所做的努力，需要压制许多可能被他人认为不吸引人的需求、感受和意见，没有觉察的二号将很难知道自己是谁，以及自己真正的感受、想法和需要是什么。

二号的另外一个盲点则关乎对自我价值的感知。把太多的关注放在他们认为取悦他人所需要呈现的样子上，往往致使他们认为自己不尽如人意，且陷于其中难以自拔。这方面就像一号那样，二号可能会因此把一些自己的积极属性转移到阴影中。在内心深处，二号常常认为自己是不值得被爱的，并且，这种感知以及与之相关的情绪也可能处于其阴影中。

二号在权力和权威方面往往也存在盲点，因为他们的人格赋予了别人很大的权力来界定双方关系。二号的自然倾向是支持那些处在权力位置上的人，并且非常需要从他们认为更强大的人那里获得认可。因此，尽管二号具备成为一个好领导的经验和素质，但可能不会去追求这个角色，他们更愿意处在一个更舒适的下属位置来管理自己的形象，而不是成为那个所有人都马首是瞻等着他来指明方向的人（不过在这点上，社交二号是个例外）。

二号的所有这些盲点都可以追溯到骄傲的激情和压抑的机制———种将需

求和情感推到潜意识最深处的强大组合。

二号激情的阴影：但丁地下世界里的骄傲

但丁在《神曲·地狱篇》中生动地描绘了二号的阴影及其骄傲的激情。在基督教宇宙论中，骄傲是最原初也最根本的罪，它促使路西法将自己抬升至远高于本来的高度，挑战上帝至高无上的地位（就像纳兰霍所描述的那样，他竟敢“在唯一的主面前宣称‘我’”[14]）。骄傲导致了路西法对造物主的反叛，并随后被逐出天堂。

在但丁的作品里，漏斗型地狱正是因骄傲天使（路西法）的坠落而形成的。所以，骄傲创造了地狱本身的结构，它在地狱最底层受到惩罚。

> 这悲哀国度的国王（路西法），半个胸膛露出冰面之上。假使他先前美丽的程度，一如他今日丑恶的程度，而且昂首反对他的造物主，那无怪一切苦恼哀伤都由他产生。[15]

尽管在九型人格地图中，没有一种激情比另外一种激情更好或更坏，但在但丁的地下世界中，骄傲是诸罪中最严重的。路西法本人就是骄傲的象征，他成为一个永远被困在坑底冰湖中的三张脸的怪物，被《圣经》和古典文学中叛逆的巨人们所包围，每一个“头号叛徒”的嘴里都咀嚼着一名历史上著名的叛徒。这一文学形象恰如其分地描绘了骄傲所能造成的深远伤害，以及二号人格模式为了使骄傲的激情保持在无意识的阴影中而压抑的程度。

但为什么骄傲在但丁看来是如此严重呢？骄傲致使骄傲者把自己的意志凌驾于自然意志之上，从而颠覆了宇宙秩序的自然流动，正如二号在骄傲的激情驱使下，把自己的意志凌驾于他人的意志或自然的意志之上，试图控制谁喜欢谁，谁该做什么。

二号的三种副型

在二号人格中，骄傲表现为一种诱惑他人的需要，策略性地引诱他人来满足二号不愿承认的需求——这也是他们骄傲姿态的一部分。每一种副型都代表了一种特定的努力，尽管这三种副型呈现出不同的诱惑方式，但都在试图无须索要就获得自身需求的满足。在这些副型中，骄傲的激情体现为三种满足需求的不同方式：间接地，通过他人的保护和照顾（自保二号），通过个人的知识与能力而获得赞赏和尊重（社交二号），或者通过打造一个有吸引力的形象和顺应的姿态来吸引特定的个体（一对一二号）。

自保二号是最孩子气的二号，社交二号更像是成年版的“权力型二号”，一对一二号则像是一股自然的力量，类似于红颜祸水及其男性版的原型。自保二号通过迷人、俏皮和可爱来诱惑。社交二号通过权力和实力来诱惑群体。一对一二号则采用了一种更为经典的诱惑方式：通过吸引和奉承来吸引他人，引诱特定的人来满足他们的所有需求和欲望。

自保二号：“特权”［反型］

这类“可爱的”二号通过年幼的稚态表达出骄傲和对保护的需要，从而获得关注和爱意。自保二号的策略是像在大人面前的小孩一样“诱惑”。这既代表了一种需要被照顾的无意识需求，同时也流露出一种小孩子生来可爱，天生值得受到关爱，通常比成年人更容易被喜欢的认定。这类二号在形象呈现和情感表达上都有种孩子气的气质，不论多大年纪，他们看起来都很年轻或富有青春气息。就诱惑的通常意义而言，一对一二号可能会显得过于成熟、野性和诱惑性，而自保二号则会无意识地通过可爱和像孩子一样表达需要，来吸引爱和关注。

作为人类，我们对孩子有一种天然的爱，这是一种生物的必然性，它能够确保我们照顾那些依赖我们生存的孩子。孩子们想要和需要被爱不是因为他们为别人做了什么，而是因为其本身的存在。这是任何孩子的基本需要。所以，在自保二号这里，最为突出的就是这种纯洁、稚气的对爱的需求。这类二号以“维持幼小”的方式唤起他人的关爱，无须索求，就像孩子们不应该要求爱和关爱，或者还没成熟到可以直接表达这种要求一样。

因此自保二号无意识地采取一种可爱、年幼的姿态来汲取对孩子的那种爱。这种表现是他们招引人们喜欢和照顾的方式，就像孩子的“可爱”会激发人们去爱他们一样。这表达出他们内心深处的一种想法：他们想要因为自己本身而被爱，想要仅仅因为他们的存在而被爱，不是因为取悦或对他人付出，也不是因为资格、表现或成就而被爱。这种自保二号的模式会让一个人在家庭中处在孩子的位置上，因为孩子的需要自然是置于首位的。

自保二号的名称“特权”，意指这类人格所隐含的想法：“我还幼小，因此我是最重要的。”这反映出这种副型（无意识地）认定了一种孩子般的优先权，想要别人格外重视满足他们的需求。这类二号希望不用证明自己的重要性就显出其重要性。尽管他们想成为人们关注的中心，但他们并没有感到必须为之做任何事情。他们希望无须展示自己就能被人看见。

自保二号需要感到独特和特别，他们有一种想要成为众人皆宠的“可爱”女孩或男孩的冲动。他们会魅惑他人，或者“把自己献给别人”，以保持自己是别人的最爱。他们擅长做老师的宠儿。

在这个副型的人身上不容易看到骄傲。自保二号是二号的反型，看起来不像二号的二号。因为二号（聚焦于诱惑）的能量流动是向上、向外、朝向他人的，而自保的本能使得这类二号对关系表现出更多的矛盾性。他们会走向他人，但同时也会“反其道而行之”，出于自保的需要远离他人。这类二号温柔、甜美，但比其他二号更有戒备心。

正如我们对一个孩子气的性格所期望的那样，自保二号对与他人的关系更加恐惧、不信任，有更多矛盾情感。虽然自保二号可能并没有觉察到自己有多么害怕——毕竟所有的二号都会压抑感受——但他们可能比其他二号更需要在别人面前保护自己。在有些人看来，这像是一堵看不见的“墙”。这个副型所体验到的对关系的矛盾情感，会表现为在与他人建立密切关系时感到混杂、有冲突，特别是在与重要的人或在亲密关系中。

与其他二号一样，自保二号也会在意通过满足他人的需求来获得爱。但他们会感觉到一种强烈的反向拉力，想要躲起来或者撤回来，因为在与他人交往时，难免会遇到被反对、被拒绝的可能。一方面，自保二号感到人和人际关系是令人向往的、重要的。但另一方面，与人亲近似乎充满着危险，因为有可能会失去自我，或被人评判、利用、羞辱、拒绝。

在这类“孩子般”的二号身上，自视过高、不负责任、幽默、俏皮和魅力是最突出的。除非进行自我觉察，否则这类二号很容易受到伤害，他们对轻微质疑或任何听起来像批评、不认可的情况都很敏感。他们可能会发脾气，生闷气，或在心烦意乱时退缩，在感觉受到伤害时会噘嘴赌气，愤怒地指责，或像孩子般地控诉。他们可能会通过表达情感来操纵，而不是站出来表明自己想要什么或不喜欢什么。

依赖性在这个副型中尤为突出，但大多是无意识的。这类二号也和其他二号一样，不想把自己看成是黏人索取或者依赖他人的人，但却可能无意识地依赖他人，希望有人照顾，或者制造出一个人们终究会照顾他们的境地。由于这种像孩子一般（无意识）的依赖性，自保二号没有那么多的自由，毕竟，一个孩子很少会是完全自由的。因此，他们常常渴望自由，同时又以不健康或无意识的方式把自己拴在他人身上。

虽然自保二号和其他二号一样，可以非常有能力，但在更深层面上，他们不想承担对自己的责任。一想到要对自己负责，他们就焦虑不安。自保二号会想：“我该拿自己怎么办？”他们有一种潜在的愿望，想要当一个孩子，那样他们的无知和天真就能得到原谅，也有理由表达那些一时兴起或“我偏要”的感情用事。然而，在更加成熟的自保二号身上，他们对结构和条理的注重会使其比其他二号更有条不紊，井然有序。

自保二号也会是自我放纵和享乐主义的。他们忍不住想要通过聚会、购物、畅饮或沉迷于食物和享乐来获得“快感”，以此来分散自身注意力，回避与自己接触。他们追求感官上的愉悦体验，来排遣内心里自暴自弃和内在匮乏的感受。

这类二号有很多幻想（幻想自己被爱或被倾慕），也会理想化他人，特别是在关系的早期阶段。他们无意识地将自己的力量投射到自认为一切都好的人身上，这样就不必非要让自己“足够好”或对自己负责了，因此会导致他们很难拥有自己的力量，也难以拥有平等、亲密无间的关系。

自保二号看起来会像自保六号，都对关系感到恐惧和矛盾。但六号偏重的是一种更为普遍的恐惧，而二号的恐惧主要表现在关系上。这类二号也会看起来像四号，都有很多情感表达和对爱的渴望，但自保二号比四号更压抑自己的需求和感受，容易把注意力集中在别人身上。

本，一位自保二号，说道：

打小以来，我就一直认为自己是与他人互动的焦点。我优秀又可爱，期待其他人会注意到我，并觉得自己理应得到他们的支持。我常常把认可视为理所当然。我会避免做长期的决定、承诺和成人的行动，比如安顿下来，或努力建立成熟而健康的人际关系。因此，我无法真正地面对和处理事情的后果和代价，无意识地推延自己的独立。在成年人的世界里成为一个成熟的人，面对生活的挑战，独自承担起对自己的全部责任，甚至采用更适合自己年龄的成熟打扮，这些都让我感到非常困难。多年以来，一想到要做这些事情，我就觉得自己好像要失去人生中最大的优势：我被喜爱的魅力和“豆蔻年华”。

社交二号：“野心”

社交二号所诱惑的是环境，他们擅长在群体面前有出色的表现，属于更为成熟的领导者类型。与其他二号副型相比，社交二号的外在呈现是一个有权有势或者才智非凡的人。这类二号热衷于权力，通过影响力和优越性来表达骄傲，打造出一个有影响力的人物形象。

这类二号身上的骄傲是最明显的，因为他们野心勃勃，结交权贵，做关键要事，位居领导要职，而且通常因其成就而受到赞赏。在社交二号这儿，骄傲的激情表现为征服观众的满足感。

比起自保二号的孩子气，以及一对一二号比较露骨的诱惑，社交二号是较为成熟的“权力型二号”。他们往往拥有自己的公司，或在一个企业中位居高层，或是其领域中的领袖人物。

作为二号中最为理智的一类，社交二号需要成为重要人物来喂养他们的骄傲。而要让自己变得重要，也就意味着必须更多地运用头脑。在这种情况下，诱惑是借由社交二号的能力来实现的：他们通过给人留下深刻印象，显得与众不同和知识渊博来影响更大的群体。

社交二号的名称是“野心”，意指这类人热衷于让自己“居高临下”，成为“知情人士”，接近那些被视为有权势的人，或者自己掌握权力。社交二号都有一种优越感，一种高高在上的激情。由于他们对赞美的需要，社交二号也是具有竞争性的，有时可能会对他人的情绪漠不关心，浑然不觉，或者加以否认。他们倾向于（无意识地）相信每个人都想变得像他们一样，或者认为别人的能力不如自己，又或者相信，人们因为仰慕其高超技能而想要得到他们。

社交二号非常善于在幕后工作，以扩大在群体中的影响力，并帮助更大的实体朝着有利于他们的方向发展。他们知道如何通过技巧地给予来调遣团队或社区内的人，以此获得忠心和尊重。尽管经常是在潜意识层面运作，但二号在与他人互动时，最依赖的策略还是“为了得到而付出”。社交二号在表达慷慨时几乎总是出于策略性的角度，他们支持他人，以确保忠诚和互惠关系。他们向周围的人施与恩惠或予以帮助是为了影响对方，通过承诺奖励或者给予积极的关注来让想要的事情发生。

这类二号可能比其他二号更内倾。他们更倾向于有效地缔造出一个让人感到有权有势的公众形象，这使其在受众面前有出色的表现，但也需要在台后有更大程度的隐私空间或暗箱操作。

社交二号也可能是工作狂，有全能的倾向。他们有时会显得热情、自信或过于自信，甚至狂躁。他们倾向于进行权力斗争，可能想要主导和扮演保护者，表达出一种领地意识。他们通常都会非常积极地看待自己的工作和目标，并且相信自己可以完成任何事情。

这种类型倾向于否认脆弱的情绪，如羞耻、恐惧、绝望、不信任、嫉妒和羡慕。他们可能真诚地认为自己在表现出脆弱性，而事实并非如此，或者他们可能会故意表现出脆弱性来影响观众。在型号的低层状态，当他们更无意识和不健康时，社交二号也许会对他人漠不关心或与人竞争。他们可能会以一种自己没察觉的方式掌握权力和控制别人，甚至可能会无意识地剥削他人，即使他们相信自己是在帮助别人。

社交二号可以类似于三号和八号。和三号一样，社交二号也倾向于目标导向，竞争性强，在工作中获得成功。他们普遍会做很多事，大家都认为他们是能够领导团队的厉害人物。然而，二号通常表现得比较温和，在达成目标的过程中会表现出更多的脆弱性、温暖或情感，特别是当这样的表现有利于更大的目标时。而三号往往不会表达出太多脆弱情感。像八号一样，社交二号也是强大、有影响力的，会保护他人，着眼于大局。然而，与八号的不同之处则在于，社交二号更容易表现出脆弱性（或利用显露出脆弱性来获取优势），也更容易在支持他人或施展控制的时候感知到自己的情绪。

卡罗尔，一位社交二号，说道：

我在学校时，总是和老师关系极好。我总是被要求带头参加学校项目和学生体育活动，就像是学校的外交官。我也参与了一些成人组织，在非营利组织做志愿者，还成为最年轻的董事会成员。

我在工作中超越自我，勤奋努力。我会去寻找有影响力的领导人并了解他们。但我并非有意识地这样做，事情就是这样发生了。在我现在的这份工作中，第一天上班我就找到了线上的员工社团，立即加入了两个。在第一次参加每个社团活动后，我就被邀请担任领导职务，我也欣然接受了。我倾向于过度投入，然后感到压力重重。但如果不参与那些我觉得重要的群体，我很容易感到无聊，甚至沮丧。我需要参与进去并造就不同。

经过大量的自我功课和反思之后，我意识到自己想要带领和影响领导者的无意识驱动，其实反映出我对认可的潜在需求。很多时候，这会妨碍我照顾自己或体会自己的感受。慢慢地，我学会了应对低落，我可以借此进行创作，散个步，或者放松一下，但这方面仍然需要有意识的努力。

一对一二号：“诱惑 / 挑逗”

一对一二号诱惑的是特定的某个人。他们的驱动性需求旨在通过诱惑他人来满足自己的需求，一对一二号的主要策略正是这样一种经典的诱惑。这种诱惑通过打造出有吸引力的仪态以及情感表达而实现，这是他们获得对方忠贞或激起对方欲望的方式。

自保二号作为二号的反型，其趋近他人与远离他人的冲动相冲突；社交二号是更为成熟的二号，倾向于权力和控制；相比之下，一对一二号则慷慨、灵活、有点狂野、行动导向，他们不怕以性作为征服的武器来向他人求爱。社交二号试图成为重要人物以满足其骄傲，一对一二号则恰恰相反，他们的骄傲是靠他人炽热的依恋来喂养的。理智或策略会帮助社交二号达到诱惑群体的目标，性和魅力则是一对一二号诱惑特定人物的王牌。

一对一二号以经典的方式表现出最明显的诱惑倾向，利用魅力和性来引诱毫无戒心的，能够提供潜在爱情、宠爱和其他礼物的人。一对一二号将他们对爱的需求转化为一些虚假的需求、一时兴起的念头，以及一种“任何时候只要我乐意，我想做就做啥”的特权感，无须索要就能得到。一对一二号的诱惑旨在解决生活中任何问题或满足任何需要：这类二号与愿意给予他们任何想要的东西的人建立牢固的关系，从而解决有需要但不想表达需要的困境。

一对一二号有一种被人追捧的需求，这助长了诱惑的需要。骄傲激发了他们撩拨他人的冲动，这样对方就会给予其任何想要的东西。当然，如果二号已经在“所爱之人”那里得到满足，他们的骄傲可能就不那么明显了。与一对一四号类似，一对一二号的策略需要让自己非常有吸引力，并且不那么为有需求而感到羞耻。这种模式所反映出的骄傲感在于，因为自己是如此的令人心动，魅力难当，慷慨大方，他人定会争先恐后地来满足自己的需求。

这类二号与法语中红颜祸水（或俊美男子）的原型很像，有一种“危险却又难以抗拒 / 致命的吸引力”。同样的道理，这个副型被予以“诱惑 / 挑逗”名称也暗示着与吸血鬼原型的关联。一对一二号是难以抗拒的：一个美丽的人，但却是一种危险的美。这种美，需要在你身上施展权力，最终可能是在消耗你。诱惑 / 挑逗这个名称也暗示了这个副型在趋近他人时表现出向前进的攻势，一种主动的、有目的性的姿态，其中也可能带有挑逗的因素。

在一对一二号实施经典诱惑的过程中，他们会是直接的，甚至是戏剧化的，欲俘获对方的情感和奉献，本就天生性感的一对一二号会更强烈、有针对性和充满激情地努力。他们通过这种诱惑来确保一段关系，他们在其中表现得慷慨大方，为对方倾情付出，以换取他们想要的一切。由于这种挑逗性的诱惑策略之下所潜藏的动机是满足自己的需求，基本上就是得到了一张空白支票随意填取，所以这类二号很难接受限制或“不”作为回答。

以这样的方式，一对一二号对爱和诱惑的深层需求，体现为用美丽、魅力和对情爱的承诺来吸引另一半。这个伴侣会让其觉得自己是令人垂涎渴慕的，他们的一切需求都会得到满足。一对一二号需要的可能是关注、金钱或宠溺，但无论是什么，获得它的策略都围绕着经典的诱惑，旨在创造一种特殊的连接，二号通过这层关系来满足自己的需求和欲望。

一对一二号以爱的名义为自己的行为、言语、疯狂、狂野、挑逗和自私作出辩护，就好像爱是唯一的情感，是生命的中心；只要有爱，一切都是情有可原的。对于这种类型的人来说，爱可能与喜欢或被渴望混为一谈。于他们而言，“爱”是关于迷住、诱惑、吸引，通过操纵让自己在关系中占据特殊地位，激发别人的激情是其解决生活中一切事情的方法。与此相应，他们也可能会有一种“理想情人”的自我形象。

纳兰霍认为，在“高度情绪化和富有浪漫色彩的（二号）性格”中，“帮助”可以被理解为“情感支持”，从总体上看，“情人”比“帮助者”更能够唤起对这种人格的印象。[16]我们尤其可以在一对一二号身上看到这一点，与通常赋予二号的名称“帮助者”或“给予者”相比，“情人”的原型也许能够更恰当地捕捉到这种人格。

二号的另外两个副型和其他型号看起来有相似之处，而一对一二号可能是二号中最容易识别的副型，某些方面也符合许多九型人格书籍中描述的“经典”二号。即便如此，一对一二号还是可能与一对一四号或一对一三号相混淆。例如，《飘》中的女主角斯嘉丽有时会被视为三号或四号的形象，但纳兰霍认为她是一对一二号的范例。他指出，在追求她所爱的艾希礼时，“在虚假的爱的面具下，有着掩饰不住的剥削和自私”[17]，她展示出这类二号身上“欲望比原则更重要”[18]的感觉。

这类二号的能量可以被看作“加倍的二号”，因为他们趋向他人的时候，是在二号“向上向外”的能量以及以性、融合为导向的本能能量的共同作用下，而本能能量放大了他们的动力。在人际关系中，这类二号可能会在传达兴奋感的同时，也传达了猎人接近猎物的意图。激情热烈、充满诱惑、慷慨大方的一对一二号通常会投入大量精力来建立关系，即使一段关系无法继续下去，他们也很难放手。

泰瑞，一位一对一二号，说道：

我总觉得调情是很容易的。我享受认识新朋友，尤其是男人！就算不为自己调情，我也会为我的女性朋友调情，她们总是惊讶地看着我轻而易举地和一个有魅力的男人搭讪。我会用微笑、眼神和幽默来吸引他们的注意力，也知道我在什么时候勾起了对方的兴趣。我对此感到上瘾。那样的关注简直让我心花怒放。但如果持续得太久，我要么会感到害怕，要么会感到无聊，想要退开好再次出征。我也需要取悦和我交谈的人，以至于我甚至不会停下来注意我真正相信的是什么，而是自然而然地同意，希望他们喜欢我，避免任何冲突。我花了很多年时间，经历过焦虑症，才明白了这种对关注的需要，不惜一切代价也要被喜欢的需要。现如今，我仍然喜欢与人们建立连接，只不过更加真心实意，不是为了作秀，或满足某些功能失调的需要。

二号的“成长功课”：规划一条个人成长道路

随着二号在自己身上下功夫，并变得更有自我觉知，最终他们将学会逃离“为求认可而抛弃自己”的陷阱。方法是认同自己需要被爱的那部分，了解真实自我，学会爱真正的自己。当二号学会勇敢地成为自己，敞开心扉，以真实的自我（而不是为得到别人认可所创造的虚假形象）去接受爱，他们就会意识到那份理直气壮做自己的自由，不必迎合别人的需要和偏好的自由。

对所有人来说，要从习惯性人格模式中觉醒过来，都需要付出持续的、有意识的努力来自我观察，反思所观察到的结果有何意义，源自哪里，并积极精进，努力消解自动倾向。对于二号而言，这个过程包括观察他们如何否认自己的需求，为与他人保持一致而改变自己，夸大自己的形象，让自己人见人爱，八面玲珑，压抑真实情感以获得想要的爱。尤其重要的是，要去探索其努力寻求认可背后的原因，让被压抑的情感得以浮现，主动地去意识到自己的需求，肯定自己本然的价值。

下面我将介绍二号需要留意和探索的地方，以及需要精进的目标方向，旨在帮助他们超越自己的人格限制，展现他们主型与副型所对应的高层品质。

自我观察：不再认同你的人格模式，在行动中观察它

自我观察即是创造出足够的内在空间，让你用新鲜的眼光，保持足够的距离，真正看到平时的自己都在想什么，感受到什么，在做些什么。二号在观察自己所想所感和所做时，可能需要留心以下几个关键模式：

否认需求和压抑情感，以便更容易与他人连接

“观察”到没有显现的事物并不容易，但这对二号来说非常重要，他们需要看到自己如何避免承认自己的需求和感受。这意味着你要留意何时你不知道自己的感受或需要，留心被压抑的情感和需要出现时会发生什么。愤怒或受伤感的升起是一条重要线索，它表明你一直在压抑需求，无意识地期望别人来满足它们。

当有人问“你需要什么？”或者“你感觉怎么样？”的时候，观察你会怎么回答。也定期问自己这些问题。在面对这些问题时，二号常常会体验到内心空虚或者一片空白。带着一探究竟的目的去关注这种“空”或无，慢慢地你会发现自己的感受和需要。另一个帮助你找到自己的好问题是，“你现在在哪里？”[19]

适应、融合、帮助、取悦和改变形象，以便与特定的人建立连接

留意到你即使不想帮助或奉承别人，或者已经筋疲力尽的时候，仍然会强迫性地这样做。注意你如何将取悦他人合理化，即便你明显做了自己不情愿做的事。观察你与他人融合的倾向，或者把别人的感觉和偏好当作是自己的，同时疏忽自己的体验，或者只对其轻描淡写。你是否会避免与想要连接的人表达不同意见？如果有人批评你或对你生气，你会不会过分地为之感到烦恼？你是否很难停止思考与他人互动时的错误？

为了避免被拒绝和分离，保持一个理想化的（膨胀的）自我形象，回避冲突和界限，管理自我表现（包括撒谎和假装）

观察这些倾向也包括注意到你嘴上说“是”但心里想说“不”的时候，注意到你会用一些善意的谎言来维护自己的形象，留意你会为了建立连接而给人构造出错误的印象。注意你如何合理化那些你不愿承担但却仍然作出的承诺，或者在展示自己时为了得到认可而弄虚作假。如果发生了以上任何一种情况，尽量去看到你所作的任何无意识假设，例如，认为建立恰当的边界将会自行导致灾难性的拒绝、分离或不被认可。

自我问询与反思：收集更多信息来扩展你的自我认知

当二号在自己身上观察到上述这些以及其他相关模式，成长的下一步就是更加深入地理解这些模式。为此，二号可以问自己如下问题：

这些模式是如何形成的？为何会形成？如何帮助我应对？

通过了解防御模式的根源，二号就有机会看到他们是如何通过呈现虚假形象来获得认可，而否定、抛弃和限制真实自我的。如果二号能够探索一下，为何他们在童年时期需要通过否认自己需求、与他人保持一致的方式来应对，就会发现，那是因为自己曾经认为，必须顺从他人才能够生存。由此，他们就会对年幼的自己有更多慈悲。二号通常有过“必须先照顾别人，对方才有可能照顾自己”的过往经历。通过理解他们如何放弃自己的需求，以此来应对一个不能满足其需求的世界，二号会朝着重新“接纳和要求自己所需”迈出一大步。当二号看到，付出、提供帮助和压抑情感都是他们在面对一个没有满足其情感需求的环境时的应对策略，他们将开始更清晰地看到，这些策略是如何仍旧以自我限制的方式运作着的。

这些模式的产生，是为了保护我免受什么样的痛苦情绪？

二号对诱惑的依赖源于对爱的强烈需求以及对拒绝的恐惧。对二号来说，不值得被爱和被拒绝都是极为痛苦的感受。在寻求他人认可的同时压抑需求和感受，能够帮助二号回避因为真实的自己没有被看到、被接纳而感受到的悲伤。

二号的防御模式使他们不必去体会这些恐惧：没有得到足够的爱和照顾的

恐惧，因为不够好而被拒绝的恐惧。为了维护关系而管理形象，也有助于二号避免因无法从他人那里得到自己所需而感到的痛苦和愤怒。压抑愤怒让二号感到安全，因为它确保自己不会破坏或损害自我维持所需要的与他人的关系，这会让他们安下心来。

如果二号能够看到他们对爱的（自然的）需求是如何没有得到满足的，并且理解其防御（诱惑）模式是如何构成一种经由认可来寻求爱的策略，同时也避免了被拒绝的痛苦，那么他们将开始看到，这种应对策略如何反映出了自己未被满足的深层需求。如果他们能够接纳自己的需要和感受，也就能够开始找到更为直接、有效的方式来寻求想要的爱。

我为什么在这么做？此刻二号的模式在我身上如何运作？

挑战、干涉防御模式并最终让它们消失的最强有力的方法，就是了解它们在当下时刻的运作方式和原因。当二号看到自我膨胀是维持人际关系中的权力和舒适感的一种方式，将会对自己与他人融合、超出意愿的承诺等倾向更加有意识。如果他们能捕捉到自己其实想说“不”但脱口而出“是”的时刻，或者实际上不同意却与他人达成一致或在不情愿的情况下提供帮助的时候，就会激活觉知和自信，最终说出内在的真实想法。注意到你会扭扭捏捏，担心别人想法，搞清楚来龙去脉和你的惯常做法，这有助于你摆脱自我否定，正是它造成了你改变自己以取悦他人。

这些模式的盲点是什么？我不想让自己看到的是什么？

二号可能会回避自己对亲密关系的恐惧：他们也许会诱惑他人建立积极情感连接，同时又与这个人保持距离，以保护自己不受伤害。对需求得不到满足的愤怒也许是二号的盲点，直到它变得十分强烈，以至于连想要留下好印象的欲望也无法将其克制。二号会为了掌控他人而自吹自擂、自我膨胀，而这个过程中可能隐藏着不安全感和自卑感。为了取悦他人和与他人保持一致而改变自己，也会让二号对“我到底是谁”产生深深的困惑，而其真实自我究竟在哪则变为盲点。

这些模式的影响或后果是什么？它们是如何困住我的？

只有当你活在真实自我中的时候，才有可能获得深层次的连接和真正的爱。这是当二号固守自己的人格模式时避免看到的一个重要矛盾：如果你必须成为一个不是自己的人，依靠诱惑来得到爱，这终究是行不通的，因为那样的话，当爱真的来到你身边的时候，你却无法在“家”接受爱。二号常常会用认可来搪塞自己，而他们真正想要的其实是爱。用打肿脸充胖子的方式来诱惑，只会愈加把自己推向失败。

当二号开始自我反省时，他们可能会发现自己陷入了一个困境：自己最想要和最害怕的都是爱和关系。终极意义上，二号想要的是以自己的本然面目被爱、被看到，但是，他们又害怕以这个真实样子出现在别人身边。二号害怕，如果允许自己有需要、提要求、靠本色出演来得到自己想要的爱，他们一定会失望或被拒绝。但要想有机会满足自己最深层的需求，他们必须要冒风险，让自己既能得到满足，又能够承受被拒绝的痛苦。

自我发展：追求更高层级的意识状态

对于所有寻求觉醒的人来说，善用基于型号的相关知识来发展成长的下一步，就是把更多有意识的努力投注到我们所做的一切当中，无论思考、感受、行动都带着更多觉察，更有选择性。当二号观察到自己的核心模式，并审视其形成根源、运作模式和影响后果后，可参考如下建议。

1. 能做些什么来化解三种主要的二号人格模式

否认需求和压抑情感，以便更容易与他人连接

*经常询问当下是否有需要和感受。*不断地问自己：“我真正需要的是什么？”和“我现在感觉怎么样？”，二号将会从中受益良多。没有觉察的二号可能会机械化地认为，拥有自己的情感就意味着疏远他人，害怕感受自己的痛苦情感。询问自己需要什么，感觉如何，却没有答案，这会让人感到不安。有鉴于此，二号需要通过一个有意识的过程，开始去接触自己的需求和感受。而首先，他们需要容忍“不知道”这个答案，这是对自己的需求和情感持续有意识的第一步。

*真实情感会创造和巩固关系，并不会阻碍连接。*作为一个想做自我功课的二号，如果你能得到别人的支持和理解，将会有很大帮助。当有人能够接受你的愤怒时，你会感到非常的解脱和疗愈。通过与他人分享真实的感受来化解艰

难情绪，是良好关系的基础。

学会接纳情感，接受情绪成长需要一个过程。认识到所有的情感都是有意义的，无关“对”或“错”，这样的认识将有助于你敞开心扉去感受更多的情绪。创造空间来探索、理解和表达你的情感。当你开始更经常地感受到愤怒时，你可能会用爆炸性的、孩子气的方式来表达攻击性。不管体验如何，重要的是明白，这是学习拥有和管理自己感受的过程中很正常的情况，而不必对感受（情理之中）的混乱感到“不好”。

适应、融合、帮助、取悦和改变形象，以便与特定的人建立连接

通过健康的分离来释放自己。这种模式可以通过用心的努力予以对抗，找到并培养一种对自我的独立意识，这意味着主动抽出时间来独处。当二号独自一人时，他们会更容易找到自己，发展自己的重心。当你和别人在一起的时候，要把注意力集中在自己的内在。如果你发现注意力转移到他人身上，在兴高采烈地多管闲事时，那么把你的注意力带回到自己身上。留意到何时你在与某人融合或强迫性地试图建立连接，有意识地将注意力转移到身后两尺的地方。这样你就可以在能量层面断开连接，再次找到你独立的自我感。[20] 认识到融合是在掩饰对亲密关系的恐惧。

从“是”到“不”的路上，先试着说“也许”。试着别再在当你想说“不”的时候说“是”了，用“也许”作为过渡，这会给你时间去想一种说“不”的方式。寻找并停留在你“不想帮忙”的真实体验上。允许自己不想帮忙，看看是否感觉像是如释重负。让自己放心，没有你，别人也能做到。

接受情绪，但也要控制和管理你的情绪。你的情绪是重要的、有意义的，把它们当作你真实自我的表达。但也要注意，当你通过表达情绪给他人施加压力时，要敢于承认这就是情绪操控。不必以此认为自己“不好”，而是认识到这只不过是你应对策略的一部分，并努力克服它。挑战自己去承认你的需求和感受，当你有足够的勇气去感受你的痛苦时，找一些可以抚慰自己的办法。

多活出真实自我，打开自己，接受他人的给予。通过观察到你对互惠付出的隐含假设，你既可以对抗“为了得到而付出”的做法，也可以学会不带期望地付出，不感亏欠地接受。这会让你自由地去享受关系的内在价值，而不只是简单地把它们视为生存的功利途径。

为了避免被拒绝和分离，保持一个理想化的（膨胀的）自我形象，回避冲突和界限，管理自我表现（包括撒谎和假装）

*关注边界所能提供的自由。*独处一段时间可以帮助二号认识到，分离并没有那么糟糕，独处并不一定会导致孤独。认识到边界实际上能使你更自由地在人际关系中安全地表达自己，与他人建立更好、更紧密的连接。有意识地努力学习如何建立和保持良好的边界。记住，“不”其实是个很好的回答。

*找到膨胀和气馁之间的最佳位置。*注意到你的自我感会有膨胀和泄气的趋势，允许自己轻松自在地就做你自己。当你幻想自己成为理想的伴侣或朋友，或者当你想要让所有人都满意的时候，停下来想想，这是否真的可能或可取，认识到不完美或不与他人完美契合是可以的（其实是令人解脱的）。

*让建设性的冲突活跃你的人际关系，增强你的自我意识。*认识到冲突实际上可以让人们更亲密，当你表达真实的观点和偏好时，你是在通过袒露真实的自我来尊重他人。冒着风险向信任的人诉说真实想法，尤其是当你不同意或不想帮忙的时候。注意到你是否为了让社交互动顺利进行而撒谎，并试着更诚实些。尽量不去许下超出你能力范围的承诺，意识到这会让你的关系更加真实和深入。

*有意识地面对你的痛苦，这样才能让它过去。*让自己去感受被忽视、被拒绝的痛苦，要意识到你可以挺过去。学会经受得住情感上的伤害，并认识到脸皮变厚并不代表你所受的伤害是无关紧要的。学会爱自己，接纳自己，如实如是。敢于打开自己，接受别人的爱，知道如果有人不喜欢你，很可能更多的是他们的原因，而不是因为你。

2. 二号的内在流动：运用箭头连线绘制成长路径

二号去到八号：更有觉知地善用八号“压力成长点”来发展和拓展

二号的内在流动成长路径，要求其直接面对八号位置所代表的挑战：掌握自己的力量和权威，允许自己更充分地接触愤怒，更有意识地处理冲突和对峙。二号通常更愿意成为王位背后的掌权者，但向八号位置移动则要求他们更加主动地发起，冒着风险去领导，主动采取行动，而非总是被动反应。对二号至关重要的一点是，转向八号也意味着要学会更直接、更果断地满足自己的需求，而不是通过间接的方式，给信息裹上糖衣，使其更容易被接受。

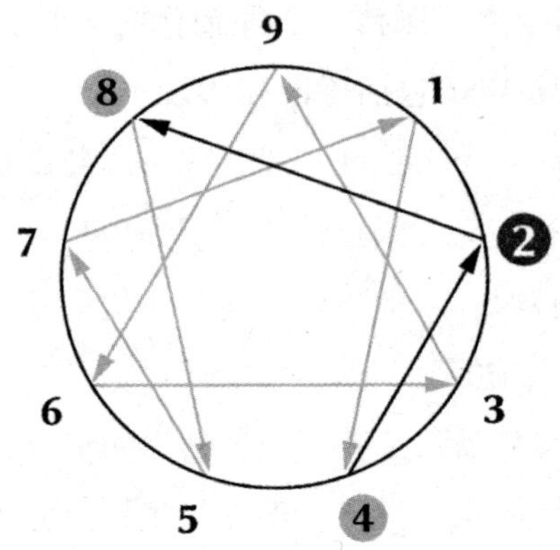

一开始，二号（尤其是自保二号）很难想象他们会对自己适时的权威、攻击性和直截了当感到舒服。但健康八号的行为，可以恰到好处地平衡二号通过诱惑、魅力、策略性的帮助隐秘地满足自己需求的习惯。八号的力量和自信也有助于二号重视自己的价值，在做事情时更加大胆。二号会在帮助和支持他人的过程中看到自己的真实力量，虽然这是一种正当的力量，但他们可能会过度使用情感支持的策略，而低估了更直接地施展权威的方式。专注于更多地呈现八号特质，能够让二号拥有更多影响他人的方式，并允许他们在与人互动时有更多的自由。将冲突视为好事，通过探索合理的差异来进行积极接触，也可以对抗他们在情感上与他人融合的倾向。

二号回到四号：更有觉知地善用四号“孩童之心点”和解童年主题，找到支持自己前进的安全感

二号的成长之路，敦促他们重新找回四号位置所代表的需求和感受。很多二号在很小的时候接收到过这样的讯息：他们的需求和情感太多了。为了维持通过适应他人情绪来应对的策略，二号在维护关系的时候，通常的反应会是压抑自己的情绪，否认自身的需求。通过有意识地汲取四号的优势，二号可以更多接触自己的真实情感，重拾健康的自我参照能力（以平衡对他人的过度关注），并在接受和表达自己需求的时候更有信心。

如果过往经历使得二号对自己的需求和情感感到羞耻，就像很多人都有过的体验，那么对他们来说，结合四号的立场——情感是真实自我的重要且有价值的表达——就显得尤为重要，并且会很疗愈。鼓励自己将注意力从他人身上转向自我，“移动到四号”能够让二号体会到，自己的真实感受和需求是合情合理的，从而加强他们与内在认知和自我意识的连接。二号经常会有一种潜在的焦虑感，这种焦虑感与他们从小就坚信“自己的正常需求和感受会威胁到与生活中重要人物的连接”有关。向四号位置移动也可以帮助他们放松，明白了尊重自己的情感和愿望能够支持建立积极关系，而不会对之构成阻碍或威胁。

在有意识的引导下，二号可以通过向四号的移动，在关注自我和关注他人之间，在表达悲伤、受伤和培养一种轻盈的感觉之间，在满足他人需求和询问自身需求之间，建立起健康的平衡。他们可以有意识地提醒自己，尽管腾出空间来与他人的情绪共情是非常重要的，但自己的所有情绪也是有价值的。

3. 从陋习到美德的转化：借助骄傲，成就谦卑

从陋习到美德的发展路径是九型图的核心贡献之一，它揭示了每种型号为达到更高的意识状态都可以运用的“垂直层面的”成长路径。对于二号来说，他们的陋习（或激情）即是骄傲，其对应面——美德，则是谦卑。

随着二号越来越熟悉自己的谦卑体验，并逐渐发展出对其更强的觉察能力，他们便可进而致力于彰显自己的美德——其骄傲激情的 “解药”。对于二号而言，谦卑这一美德代表了一种通过有意识地展现高层能力所能达到的生命状态。

谦卑是这样一种生命状态：你不再执着于为了知道自己有价值而非要变得比实际更好。谦卑能让你在“原本的我就足够好”的认知中休憩，无须变得完美无瑕或高人一等，也无须以某种特定的方式得到认可，才值得被爱。谦卑意味着学会爱本然的自己，如实地接纳自己，不多也不少。当二号能够超越骄傲的需要——莫名觉得自己比实际情况更优秀，认为自己是不可或缺的、没有需求的，或者能够变成别人最渴望的人——他们便可在谦卑带来的自由中放松：就做自己，并且知道这就是足够好的。

在内心，虚假的骄傲很容易与自信混淆。这对二号来说可能是个问题，他们得试着对骄傲保持意识，同时去真实地体验到自己的良善（而不带任何骄傲）。毕竟，正是早期“不够好”或“太过于……”的经历，开启了以骄傲为生存策略的人生。二号自我膨胀和自吹自擂的倾向致使他们过度承担，以为自

己没有需求，没有极限，但这种模式不可避免地会因二号无法实现理想化的自我形象，无法让自己八面玲珑而导致自我批评、自暴自弃，以及一种痛苦的匮乏感。

为了避免自我膨胀和自我批评，重要的是要有意识地培养一种强烈的谦卑感，能够承认自己的优势、善意和积极处事，同时也意识到自己在压力下或是在试图给别人留下深刻印象的时候是如何自我膨胀的。将谦卑作为成长道路的目标，也意味着观察你的情绪起伏、膨胀和气馁，不偏不倚。着眼于你是谁的真相，发展你的真实力量，且认识到自己的局限性。

谦卑的美德在我们所有人都必须经历的伟大旅程中也起着重要的作用。如果我们渴望成长为真实自我（或橡树真我），就必须有勇气去放下小我的需要，忍耐恐惧和痛苦，意识到让我们感到舒适的人格结构同样也限制了我们的发展。从这个角度来说，谦卑代表了所有人若想成功地从人格习性中超脱出来，都必须要努力发展的品质，让我们得以超越虚假自我的狭隘视角，不再（错误地）相信它就是我们的全部，从而希望继续掌控和控制。

留意自己的骄傲并练习谦卑，教会二号珍爱自己，这是他们成为完整自己的第一步。不是通过努力奋斗、帮助和付出，而是让自己放松，进入这样一种自信的感觉中——现在这个样子就已然足够了。谦卑让二号可以接纳实事求是的自我评估，这样他们才能以真实的自己，充分发挥自己的潜力，并与他人、与自己建立真正的关系。

三种二号副型在从陋习到美德道路上的具体功课

自保二号：可以通过这种方式，由骄傲走向谦卑：对依赖的需求更加有意识，观察并化解人际关系中的恐惧和矛盾心理。看到骄傲和不信任是如何保持戒备，阻碍了真正的契合与亲密关系。最重要的是，学会在情感伤害面前更有韧性，温和地鼓励自己找到方法，长大起来，拥有自己的力量，这对自保二号是非常有帮助的。在成年后扮小孩是行不通的，你和其他人一样有能力掌控自己的生活，成为自己的权威。努力让自己站在一个有力量、有能力的立场去接受别人的给予，而不是自我膨胀或掩藏隐含的需求。坚持自己的价值观，让他人基于对你真实价值的欣赏而自由地给予你，而非通过操纵或无意识的依赖。记住：当你能从内在支持自己而不是依赖他人时，你既可以接受他人的爱，又能经受住偶尔被拒绝的痛苦。

社交二号：可以通过这种方式，由骄傲走向谦卑：认识到并承认，对权力和仰慕的需要在自己的处事中起着怎样的作用；对自己慷慨大方的战略意图更加有意识；在与他人互动的时候更加真心实意，也允许有更多真切的脆弱性。看清自己的领导方式如何在无意识地操纵，下功夫去对抗感到自己比别人更有能耐的深层需求，也会让他们受益。主动地接受也很重要，就像自己付出那样去同等地接受，并放松过于努力工作的狂躁倾向。社交二号可能会体验到一种无所不能的感觉，这是在补偿自己放弃了的、对爱和关怀的更深层需求。放慢下来，确保自己的需求得到直接满足，可以帮助他们观察并克服在骄傲驱使下过度工作的冲动。记得要专注于需求和脆弱的情感，这能够让社交二号带着有意识的谦卑感去缓和他们所做的重要工作。

一对一二号：可以通过这种方式，由骄傲走向谦卑：积极发展真实自我的各个方面，找到更多能够满足自己需要的方法，更有意识地管理好自己与他人连接时的旺盛能量。通过专注于当下，带有觉知地接受和给予，收敛自己的诱惑能量，保持良好的界限，他们可以在自己的意图和对他人的影响中注入更多谦卑的态度，从而缓和他们的骄傲。诚实地看待自己在关系中的真实意图，注意到他们为了诱惑而操纵他人或粉饰自己，敢于冒险成为自己的真实样子，而不是作为理想的爱情对象呈现给他人，也有助于这类二号实现谦卑。如果你是一对一二号，诚实地审视你是否根据自认为能够被爱或令人垂涎的样子来打造你的形象。试着冒险做你自己，允许别人靠近你。

总结

二号原型代表了骄傲的能量，它推动了一种需求，即通过付出“更多”来诱惑他人提供情感支持。它也代表了这样一种模式：在一个似乎会拒绝我们的世界里，通过自我膨胀感来支撑自我价值。二号的成长道路向我们展示了，如何将虚假的骄傲转化为帮助我们展现出谦卑的能量，让我们不需要提供帮助、取悦或吸引他人，依然对真实自我的价值充满信心。二号的每一种副型都在以其特定的个性特质教导我们，通过自我观察、自我发展和自我认知，将自我夸耀的生存策略转变为平静地接受内在固有的价值和力量，将拥有无限的可能性。

Chapter 11

一号原型：主型、副型和成长道路

一号原型代表了服务于美德的愤怒能量，以及这样一种模式：试图控制“内在野兽”，来应对这个要求我们达到一定标准才能被爱的世界。一号的成长道路向我们展示了，如何将愤怒转化为能帮助我们实现理想的能量。

对自以为正确的事情充满热忱也许是我最糟糕的品质了。

——希拉里·克林顿

如果没有了犯错的自由，那自由就不值得拥有。

——圣雄甘地

一号所代表的原型，是那些迫切想要成为高尚负责之人，并避免错误和责备的人，为此他们寻求良善，并致力于做“正确的事”。在一个要求并奖励良好行为、惩罚不良行为的世界里，这种驱动力提供了一种防御性保护。

这一原型也会以“超我”的形式存在，代表了父母权威声音的心理部分。这种内在力量运用它的力量来驯服过度行为，它们是由原始冲动、动物本能和不受限制的自我表现形式所导致的。

因此，一号代表了所有人身上都存在的一种原型：力求达到高标准的良好行为，以证明自己是值得的，并避免责备或犯错。这种原型的立场把遵循规则放在首位，借助更高的秩序来实现更高的良善。

这种努力也必然包括了扼杀或“教化”那些会导致我们破坏规则为自己谋利的天然冲动、本能和情感。一号会保持警惕，绝不让这些势力失控。他们倾向于抑制自己对“内在生灵智慧”的体验，管控自发性、本能表达和游戏的自然节律。由于这种性格原型对公正、公平和良好秩序的信念，僵化、批评和持续的评判成为他们的特征。

一号是可靠、负责、诚实、心怀善意、心地善良、刻苦努力的人，他们真心实意地想要改善自己和周围的世界。他们特有的“超能力”表现在他们的高度正直，以及在实现理想和追求高标准时所带有的热忱和奉献精神。他们有很强的批判力，对自然的完美和事物的本来秩序富有直觉。他们勤奋、务实、节俭。黑白分明和秉持客观的特质，也意味着他们擅长分析情况，澄清问题，同时分离出任何可能卷入其中的情绪。

然而，与所有原型人格一样，一号的天赋和力量也代表着他们的“致命缺点”或“要害弱点”：他们过分注重美德，由于过度控制、自我压抑和过分评判而破坏了自己的自信心、平衡感和内在的宁静。然而，当一号学会缓和自己有时苛刻的批评态度，不再那么严苛地对待事情，他们将能够善用自己在洞察力、可靠性和理想主义方面的天赋，让世界变得更美好。

《荷马史诗·奥德赛》中的一号原型——斯刻里亚的费阿刻斯人

奥德修斯一路披荆斩棘，经历了各种障碍和威胁之后，遇到了斯刻里亚的费阿刻斯人，一群被描述为安分守己、井然有序、循规蹈矩的人。他们彬彬有礼，讲究礼仪，有责任感，做对的事。国王的城堡有着完美的造型，铜墙铁壁环绕四周。他们都是出色的水手，总是小心翼翼地保持在正确的航向上。[1]他们最终感到在道德上有义务帮助奥德修斯回到故乡。

尽管费阿刻斯人如此高尚，但即使是这些“理想的”品质也有缺点。物极必反，任何事情过于极端都会出问题，包括做出道德判断。荷马告诉我们，有些人认为他们是“冷血的行善者”，他们的完美主义非但不是慷慨优雅、有助于人的，反而显得沉重、令人生畏。[2]

费阿刻斯人象征着一号人格，力图成为完美无瑕的道德典范，但也会对那些不道德的人评头论足，表现出严苛和自以为是。

然而，力求完美并不足以保护费阿刻斯人免受命运的反复无常。海神波塞冬怨恨他们有着闪电般速度的快船以及他们留给奥德修斯的礼物。就在费阿刻斯人的船返回港口的时候，他把它变成了石头并准备在斯刻里亚的港口周围建一座山。费阿刻斯人意识到了波塞冬的雷霆暴怒，赶紧跑去拼命地进行大型献祭。我们最后看到的是他们虔诚的祈祷和仪式，只为平息一位强大神灵的愤怒。

一号的人格结构

一号位于九型图的右上角，属于“腹中心三元组”，其核心情绪是愤怒，注意力焦点围绕秩序、结构和控制。

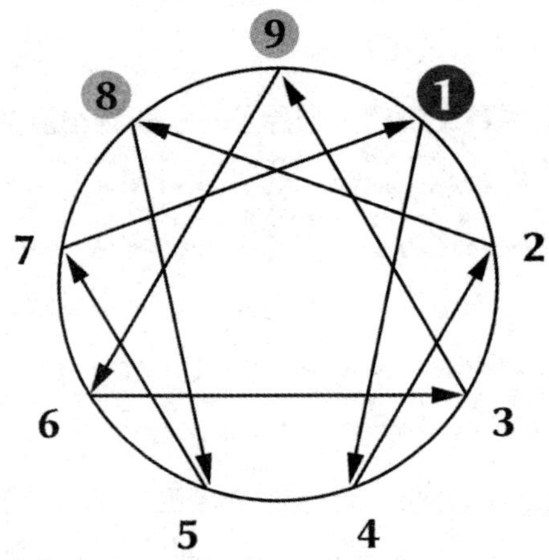

虽然一号是腹中心型号，但对判断和标准的关注会让一号在能量层面上显得更像脑中心型号。这种特质反映出了一种持续的内在动态——动用头脑功能进行评估，予以调节，并时常主动地阻止源自身体的“错误”冲动。

纳兰霍指出，从根本上说，一号是一种过度文明化或过度控制的类型。通常情况下，当他们体验到一种冲动，比如奔跑、发泄愤怒或者拥抱某人，这类冲动会从腹部上升到身体，再被头脑中高度发展的评判机制所拦截并加以判断。如果没有通过审查，一号的批判性思维功能就会将其标记为“错误的”并加以抑制。

大多数情况下，这种压制已成惯例。一号可能常常眉头紧锁。但是，如果一个冲动在更深的道德层面上是“不可接受的”，它会触发“反向形成”的防御机制，即一号通过自动地产生并表达与之相反的冲动，猛力将原初的冲动压入无意识中去。

面对每一个“错误”的冲动，一号对正确和避免错误的执念，都会与其自然自发的冲动、本能或感受相冲突。这种冲突令人感到沮丧，而维持它的批判机制则是无情的。当面对“打破规则”或自我放纵的行为时，这种蓄势待发的愤怒很容易变成怨恨。然而，一号认为一个人充满怨恨本身就是“错误的”或“不好的”，这种认知会把人格封闭在一个评判—愤怒的循环中，也时常伴随反应—后悔的循环。

一号的童年应对策略

一号人格会防止自己受到批评，不论是真实的或潜在的，也回避因“错误”或“不好”而感到羞耻或受到惩罚的体验。他们常会分享说，在人生的早期他们体验到一种需要把事情做好或做对的压力，但当时他们太小而难以承担这一责任。父母或其他人的批评会给年幼的一号带来焦虑感，觉得做事是有一种“正确的方法”的。做“正确”的事，追求完美无缺的表现，才能引起支持性的回应和积极的情感。

有些一号体验到这种提前到来的责任，是因为在童年环境中缺乏结构性支持（或心理上的抱持）。家庭中的混乱、不确定性或焦虑，促使一号承担起为自己和家庭中其他人提供秩序和架构的任务。强烈地遵循规则、惯例和行为标准的应对策略，给予一号内在的凝聚力和安全感，同时也保护一号免受批评。如果一号能够把事情安排得井然有序，他们才可以稍微放松一下，体会到一种安定感。

另一方面，由于事物没有处于正确的秩序中而引发的批评和焦虑，很快教会了一号跟随自发性冲动的危险。小孩子也认识到，做“错误的”事情或者没有付出足够的努力是会，也应该会引起负面回应和痛苦感觉的。

纳兰霍解释说，一号人格结构的形成就基于这种早期的责任负担，以及一号孩子的良善本质未得到充分的认可及肯定。[3] 当孩子小小年纪就必须进行高度的自我控制时，自然会产生挫败感。于是一号的孩子通过向另一个方向过度补偿来否认这种挫折感，他们无意识地远离愤怒和沮丧，并将这种情绪能量转化为追求过分完美的努力。

他们还把“父母”的声音内化，它之后就起着内在批判者或教练的作用。这种主动批评自己，在接受父母检查之前力图把事情做正确的应对策略，可以避免来自外界的批评和惩罚。这个指导系统会根据理想行为的具体标准，保证一号持续走在正轨。但最初为保护一号而形成的内在批判，却变成了一个永不消散的声音或感觉，不断在自己身上和外部世界中发掘错误和不完美。

德里克，一位一号，描述了他的童年处境和应对策略的发展：

他是长子，下面有两个弟弟。父亲是一名八号军官，越战期间担任过飞行员，母亲则是一个九号“嬉皮士”。在他小的时候父母离异，三个男孩和母亲一起生活。作为长子，德里克成了“二把手”，如果在他的监管下出了什么问题，那可是要付出惨重代价的。在母亲的家里，生活很不传统，德里克觉得有责任努力创造稳定，避免尴尬。他很小的时候就有强烈的责任感，这也让他常常身处焦虑中，习惯性地会去关注周围，确保事情“顺利进行”，并评估自己和其他人的职责履行得如何。

一号的主要防御机制：反向形成

反向形成作为一种心理防御机制，是指人类心理上将某个防御对象转变为相反的另一极点，以使其不再那么具有威胁性。因此，面对早年“过分苛求和挫败”的感受，一号并没有感到愤怒和叛逆，而是承担起更多的责任，成为一个非常乖的好孩子。[4]要做好事、做正确的事这一根本执念驱使一号聚焦在积极的感受上，并否认或压抑消极的感受。反向形成有助于缓解艰难的内部冲突所产生的压力。致力于表达更容易被接受的“好”情绪，让一号可以将“坏”情绪推向无意识。

举一个通过反向形成进行主动防御的例子：对他们实际上感到愤怒或不满的人，一号会有一种过分友好的自动倾向，或者，他们可能会将因他人的成功而升起的嫉妒感，转变为对他人的成功表达钦佩。通过反向形成，任何情绪都可以通过（无意识地）带出其“光明面”而予以否定。反向形成也有否认矛盾心理的作用：当遇到复杂的情绪时，比如怨恨你所感激的人或憎恨你爱的人，一号会改变心智的关注点，只让自己感受到这类复杂情绪的积极部分。

反向形成确保一号的情绪表达是可控和适当的，从而保护他们免受外界批评。反向形成也使得一号免遭内在批判者对他们感到“错误”或“不好”的情感——比如“不恰当”的愤怒或自私的欲望——的全部火力。

一号的注意力焦点

一号的注意力集中在使事情尽可能正确上，因而会本能地关注“错误”或“不完美”，然后将其纠正。根据内在的完美理想进行评判的思维习惯已不再是简单地分辨是非好坏，通过内在批判，一号习惯性地依照这个理想评估每件事的好与坏（及其原因）。无论一号的本能将这种冲动引向内在、社会还是个人关系，他们的注意力焦点都是为了避免批评和痛苦而力求完美无瑕。

一号对自己认为“完美”的东西发展出深深的欣赏，这种“完美”源自他们所“感觉到”或“知道”是正确的东西。一号的关注点往往会令人沮丧，因为在实际层面，完美是一个不可能达到的标准。但当事情以一种恰到好处的方式呈现时，一号也描述自己有一种美妙的平静和满足感。他们专注于达致这种感觉，无论这种感觉多么罕见或短暂。它激励着一号辛勤工作，并积极关注他们看重的每件事情的细节，以寻求伴随着最佳结果而来的安全和幸福。

值得一提的是，一号关注完美无瑕的方式并非千篇一律，也不会适用于生活的方方面面。有些一号可能会关注环境中的秩序和整洁，而另一些一号可能并不介意办公室凌乱无序，而是专注于政治或道德领域中更大的主题，比如是非对错或社会公正。有些不同的关注点，是由于在本能层面，自保、社交或一对一关系的侧重点各有不同而自然发生的。

一号的激情：愤怒

激情是一种处于人格核心的特定情感动机。一号的激情是愤怒，但它是以一种特殊的方式运作的。我们通常认为的外显的攻击性在其他型号中更为突出，例如八号、一对一六号和四号，而一号体验和表达愤怒的形式更多是怨恨、沮丧、自以为是或恼怒。一号分享说，他们最常感到的是怨恨，一种低强度的、暗暗的、克制着的愤怒——认为事物没有呈现出其应该有的样子。被加以控制和合理化的愤怒，通常会表现为恼怒或沮丧，做出势必不受责备的承诺。

另一方面，当一号感到义愤填膺的时候，他们也会大发雷霆，因为这个时候表达愤怒是“恰当的”。

一号的愤怒有两个主要来源：首先，它源自因奋力想要达到完美而体验到的挫败感；其次，一号会习惯性地发现他人未能达到，或甚至没有试图达到他们自认为 “对的”“正确的”或“适当的”标准。这种认知，在一号原本就感到要把事情做对实属不易的挫败感上，再次增添了对他人“不好”行为的愤恨。

这种压抑或“闷闷不乐”的样子其实就是一号人格愤怒的形式，只是大多数人可能没注意到。一号远非暴力型或破坏性的人格，他们潜在的愤怒激情实际上会助长一个过度控制或过度文明化的性格。[6] 在他人看来，一号更可能表现为紧绷、挑剔、苛刻或“认死理”，而不会表现出明显的疯狂或粗鲁。

一号的认知错误

一号通常认为，他们所关注的对象是不完美的，不管关注的是自己、爱人，还是整个社会，都必须努力将其改善。他们也倾向于认为犯错是不好的，不好的行为应该受到惩罚。行为上，这些信念促使其刻苦工作、遵守规则和道德准则等。情感上，这些信念和想法会让一号遭受前面讨论过的焦虑、沮丧和怨恨。

例如，一位专注于自身不完美的一号，可能会认为自己不值得、不足够，哪怕生活中的证据表明他在很多方面都非常成功而且绰绰有余。他的认知错误在于，认为自己可以并且应该变得更好，尽管客观上他在道德和勤勉方面一直都在尽最大的努力。

然而这些习惯性的思维定式是极难改变的，它们形成于生命早期，并对发展中的自我起着至关重要的保护作用。但就如同橡子壳一样，停留在这些习惯性思维模式内会抑制成长。

以下是一号人格典型的一些关键信念和假设，而这些观念所主导和关注的方面会因副型的不同而有所差异，我们将在本章的后面部分看到。

· 我必须力求达到高标准的行为和表现，以避免批评和失败感。

· 我有缺陷，远远不够完美，因此常常都很糟糕。

· 如果我不主动抑制自己的情绪、冲动和需求，就可能会说出一些不恰当的话语或做出一些不恰当的事情，给自己带来耻辱。

· 我想要成为人们所信赖的公正、正直的人。如果必须要为某件事感到骄傲的话，我会以这一点为荣。

· 如果出了问题，但我已经尽可能正确地做了所有事情，那就不能算是我的错。

· 几乎世界上所有的东西都可以改进，有些地方绝对应该改进。

· 完美是难的，也应该要有难度。它很少见，而且很难，但这是值得的。

· 如果每个人都尽自己的责任，遵循他们所知道的一个体面社会应有的规则，那么一切都将更加顺利。

这些核心信念帮助一号思考和理解这个世界。但是一号在追求完美的同时太过于关注缺陷，这使他们把对自我的理解与这个努力改善但永远不会完美的世界捆绑在了一起。

一号的陷阱

一号会根据特定的质量标准或完美标准，有意识或无意识地主动进行批评，这一应对策略所产生的模式和习惯会造成一个轮回往复的陷阱。此陷阱反映出了一号人格核心的基本冲突。他们为了避免批评和惩罚，而把自己或他人置于一个惩罚性的高标准之下。然后，他们因为未能达到这一标准而感到愤怒和不满，又助长了这一循环。通过这种方式，一号试图将自己或他人从错误中解放出来的努力，只会强化他们关于不值得或不被爱的惯性信念。因此，一号为了证明自己是可以被接纳、被爱的而努力付出，结果却强化了他们对自己不完美和不可爱的错误信念。很明显，当你只爱完美的东西时，很难接受“刚刚好”对每个人来说真的就已经足够好了，也很难在这样的认知中放松下来。

一号的关键特质

内在批判

大多数一号会说，他们有一个内在批判者，对其所做的几乎每一件事进行评判和分析。虽然其他型号也会在某些时候体验到这种内在批判，但一号分享说，对他们而言这种声音的出现频率高达一天醒着时候的90%到100%。其他向内评判的型号可以减少内在批判的程度，甚至暂时忽视这个声音。但对一号来说，很大程度上正是这一关键功能在支配着他们的内在生活。

一号的内在批判者有时会变得更像是内在父母，而不仅仅是严苛的内在判官。据一些一号说，批判自己没有做好某件事情的冲动，下一刻可能会是鼓舞人心的冲动，仿佛在说："这次做得好很多，下次就这样做。"

过度控制

一号需要在自己的环境中进行控制的部分原因在于，如此他们才能对结果施加影响——往"好"或"对"的方向趋近，而远离"坏"或"错"的方向。

一号常常被别人认为是不知变通或刻板的，这是他们倾向于对自己和自身言行过度控制而导致的自然结果。他们喜欢自己熟悉的仪式、规范、惯例，及强制执行它们所带来的安全感，但是一号很难看到，什么时候控制和遵守规则会变成"过度控制"。且不说别的，这通常也意味着工作必须优先于玩耍，以及他们没有为愉悦、乐趣和休闲留出足够的空间。

由于一号往往会在表达愤怒方面控制自己，他们并不是始终能意识到自己的愤怒程度。他们试图抑制自己的表达，但在其非言语行为中，强烈的愤怒、沮丧或怨恨往往会"泄露"出来。一号可能完全不自知，但他人可以看到在他们控制之下"泄露"出来的愤怒。

高尚

一号不断地尽力成为一个高尚的人。其他型号这样做可能是出于另外的动机，也许还挺享受"坏坏的"，但一号的导向就是成为良好公民，做正确的事。通常来说，这是个善意、道义正直的性格角色。一号真心想要成为好人，做正确的事情，因为他们认为这对每个人都是有益的。

除了对秩序的热爱，完美主义也可能表现为尊重权威，利他行善。在所有这些一号倾向中，秉持规则和理想所提供的指导原则，既可以被视作通过高尚品德来获得青睐的一种策略，也是对愤怒和挫折的反向形成的防御机制。

完美主义和批判性

我的哥哥是一位一号，他的一个评论可以很好地表明一号对完美的渴望。一天晚上，我在他家做饭，当我开始做意大利面酱时，他朝锅里瞧了一眼，说我正在翻炒的洋葱切得大小不一。这种评论表达出一号对使事物完美或统一的在意。一号相信，如果事情不弄完美，糟糕的情况就会发生，也许我哥哥这个时候担心的是没切好的洋葱会让海员酱（一种意面红酱）难以下咽。

虽然完美主义或“无瑕”可以说是一号的核心焦点或根本策略，但并非所有一号都是以同样的方式展现他们的完美主义。我们会在后面探讨，一号的完美主义和批判性是如何随着对自保、社交或一对一的本能关注而变化的。

一号的阴影

一般来说，一号的盲点与他们做好人、做对事、实现崇高理想的努力背后的阴影面有关。因为他们相信自己始终是对的，所以可能会对自己和他人进行过分的批评和惩罚，但会将他们苛刻的对待方式合理化，认为是正确的或正当的。一号对批评也相当敏感，对他们来说，很难从别人那里听取真诚的反馈，因为他们已经在痛打自己，或者对批评的讯息充满恐惧。

相信完美的阴影面在于，容易陷入一种死板、非黑即白的思维倾向。其他人可能会觉得他们不够灵活或过于挑剔，并认为其采用的标准不合理，毕竟完美往往是不可能的，或不那么尽如人意的。

为了抵御不受约束的冲动所带来的混乱，一号依赖于内在批判，这导致他们相信无情的批判主义，认为这是其内在体验的必要特征，并且合理化自己的评判，将其视为对不完美的必要检查，即便这会使他们陷入抑郁和焦虑。因此，一号对自己的批判倾向所造成的负面影响存有盲点，尤其是他们往往无法看到并认可自己高层的积极品质。如此一来，一号将“积极”特质归于人格的阴影元素。

如果一号认为别人不公平、有偏见或道德松懈，那么他们就很难考虑别人对事物的看法也有可取之处。在冲突中，一号会采取自己眼中更高等的道德立场，这使得他们难以放下认为对方“明知故犯”的看法。一号很难接受“并没有绝对的道义”。在这些方面，他们的阴影面在于自己其实有能力超越内心对“好坏”“对错”非黑即白的内在感知。

最重要的是，一号在体验和表达愤怒方面存在盲点。在一些情况下，一号不知道（也不承认）自己生气了。如果他们在抑制可能无法抑制的东西时有太多的压力，那么总会有些什么泄露出来。当一号试图否认、控制或隐藏自己的愤怒时，愤怒就会泄露出来，他人就会发现他们咬紧牙关、草率失礼或唐突生硬的说话方式、紧张的语调或紧绷的身体。

在一种情况下，一号不再试图压制愤怒，那就是正义的爆发。当一号把愤怒转化为针对某种不公正的理由或观点时，他们会感到义愤。由于这种正义针对在他们看来客观上不公正的情况，也可能是为他人出头，所以一号会将自己的愤怒合理化为出于道义。极少数情况下，一号也可能以某种形式的“坏”行为“流露”出自己的阴影面，当他们力求高尚的努力变得过于苛求时，更深层次的冲动或需求（通常是隐藏的，甚至连他们自己都不知道的）就会逃出他们的意识控制。

一号激情的阴影：但丁地下世界里的愤怒

《神曲·地狱篇》“愤怒者”一章中，描述了那些在生活中屈服于愤怒激情的人。作为惩罚，这些生前曾深陷愤怒的幽灵，现在全身上下充斥这种情绪泥泞，互相争斗。他们的脸因愤怒而伤痕累累——那些“克服了愤怒”的人都被泥泞“掩盖”了，在肮脏的沼泽中进行着野蛮的肉搏战。

> 我，站在那里凝神注视着，看到那池沼里有满身泥泞的幽魂，都浑身赤裸，怒容满面。他们在相互殴打，不单用手，还用胸膛，用脚。他们用牙齿相互撕咬，把对方的四肢都撕扯了下来。[7]

当然，并不是所有的愤怒都应该受到这样的惩罚。朝圣者愤怒地对着一个来到船上的坏脾气的幽灵大喊："愿你永远被困在这里，哭泣哀号吧，你这该死的灵魂，因为，尽管你如此肮脏，我却认得你！"[8]陪同的诗人维吉尔赞扬了朝圣者的愤怒，因为那个幽灵的世俗生活让他活该受到这个惩罚，甚至更严厉的惩罚。

在地下世界受到惩罚的极端愤怒和笼罩着一号人格的阴影愤怒，是一种敌意和怨恨的心态，制造了持续不断的挣扎与斗争。正如我们在但丁的地下世界中所看到的那样，这种愤怒永远都会自食其果。[9]朝圣者最后一眼看向他在淤泥中认出的那个被攻击的幽灵时，他正愤怒得发疯，竟转过来咬自己。

一号的三种副型

在一号的三种副型中，愤怒的激情透过力求完美的不同驱动力表现出来。一号要么试图完善自己和自己所做的事情（自保）；要么因自己坚持"正确的处世方式"而认为自己是完美的（社交）；要么试图让他人变得完美（一对一）。

三种副型代表了不同的性格特点，每一种都以其特有的方式表达了愤怒的激情。他们共享大部分一号主题，同时也专长或专注于一号所关切主题的不同子集。

纳兰霍沿用了伊查索的方法，赋予三种副型不同的描述性标题，来暗示他们各自不同的注意力模式。自保副型被称为"担忧"，社交副型被称为"不适应性"或"刻板"，一对一副型被称为"热情"。纳兰霍指出，自保一号是真正的"完美主义者"；社交一号的"完美"在于他们相信自己知道正确的为人处世方式；一对一一号专注于"让他人变得完美"。虽然一号往往被归在"完美主义者"的大标题之下，但这主要适用于自保一号。一对一一号相比完美主义者而言，更像是"改革者"。

自保一号："担忧"

对于自保一号来说，愤怒是最受压抑的。为了使自己的愤怒不那么具有威胁性，反向形成的机制会将愤怒的热度转化为温暖。这是最主要的转变：一个愤怒的人切断愤怒，成为一个温柔、支持他人、心怀善意的人。在这个副型中，一号的愤怒加上对这种愤怒的防御，反而表现出善意、完美主义、英勇之举、遵守规则，以及对完美的执着追求。

这一切所造就的外在结果是一个非常温和、体面、善良的人。在追求自我完善的过程中，自保一号认为生气是不好的，因此会尽可能地表现出容忍、宽容和甜蜜的美德。但在表面之下，这类一号是十分愤怒的，只是控制住了。然而在压力下，他们的愤怒可能会以恼怒、怨恨、沮丧或自以为是的形式泄露出来。

自保一号有很多担忧。这种副型需要预先安排，想要把一切都计划好，并有一种试图掌控一切的冲动。自保一号往往有一个混乱的家庭过往，他们必须在家中提供稳定，即便他们只是年幼的孩子。这类一号通常是家里最负责任的人。也许是因为在早年的环境中，失控的因素曾经威胁到他们的生存，这类副型有很多焦虑。他们对事态的发展缺乏信心，因此表现出过度的责任感，杞人忧天，即使事情在顺利进展中。

这类一号始终感到任何事情都可能在任何时候出错，除非他们高度警惕，确保事情按它应该的方式发生。自保一号对生存相关的安全感也有错误的感知，会暗自焦虑事情进展不顺利以及一旦失败的后果。有时候，如果他们确信自己对某一情况无能为力，他们会让自己放下担忧，但如果有些什么他们能做的来影响局势，他们则很难停止警惕。

在某些情况下，这种焦虑和持续戒备的倾向会引发强迫性的防御。也就是说，自保一号因为试图通过思考某些想法或从事某些行为来减少焦虑，而出现强迫性的思维，在行为上显现出强迫症或仪式化。自保一号这样做是为了对正在发生的事情有一种掌控感，最终放松下来。然而，需要操心和担心的事情实在太多了，因此这类一号很少能够放松。

这种类型是真正完美主义者的缩影，如果他们不能把事情做好，就会对自己特别苛刻。正如纳兰霍所指出的，自保一号很难放松对控制的需求，也很难允许自然流动的发生。相反，他们会觉得如果有必要的话，自己必须得介入，以确保每个重要的细节都得到仔细的检查和完善。力求做正确的事情或找到完美的解决方案，是自保一号寻求安全的方式。

这个副型的名称是“担忧”，因为他们有一种担忧或焦急的激情，或者说强烈的情感冲动。自保一号的特质除了经常担忧之外，也会感受到一种永不满足的焦急。他们通常会在三个方面体验到这种“担忧/焦急”的驱动力，持续不断的焦急通常是为了：1. 无论多么小的事，都要达到完美；2. 无论多么大的状况，都要避免不幸；3. 无论多么微小的错误，都要使自己免于责难。

愤怒隐藏在焦躁之下，它构成了一号“必须首先担忧”的早期反应。年幼的自保一号不允许自己意识到自己的愤怒，因为感受到愤怒（或压倒性的沮丧）本身，对过早承担太多责任的孩子就是个威胁。然而，年龄大些的自保一号通常会有很多愤怒，这种愤怒塑造了其成年后的人格。

在人际关系中，自保一号会表现出对被批评的敏感性，当他们感到被指责时会变得非常愤怒。在出现冲突的时候，这类一号常变得自以为是、死板、倔强。他们容易承认自己的过错（有时太容易承认），当别人承认有错或道歉时，也容易原谅别人。同伴可能会感到被批评，被要求坚持不可能达到的高标准，但也可以指望得上自保一号，他们是十分可靠和值得信赖的人。

自保一号可能会与六号混淆，特别是社交六号，都持黑白分明的思维，服从规则和权威。或者像自保六号，都会感到一种潜在的焦虑和不安全感。然而，自保一号区别于六号的是他们的核心——愤怒，尽管大部分是无意识的，但这是一号的激情所在。六号的动机是恐惧和怀疑，而不是怨恨。自保一号不停地问这样一个问题：“既然所有人都可以从把事情做对以及变得更好中获益，为什么总是我在努力改善现实？”相比之下，六号会全神贯注地应对焦虑。一号对自己所采用的完美标准也更有信心，而六号则会持续地怀疑自己所作所为是否正确。

埃里克，一位自保一号，说道：

我这一辈子都是个爱担心的人，尤其担心因为我没有尽最大努力做好该做的事而遇到麻烦，或者出什么问题。当我还是个孩子的时候，就挺强迫症的，因为在我看来，每当我不保持警惕，就会出问题，而我就会受到惩罚。事实上，我就是父母口中的那个“好孩子”，我总是取得好成绩，因为我会强迫自己认真学习以获得A。当我感到妈妈或爸爸确实不公平时，我会争辩，但我绝不想故意惹上麻烦。我非常惊讶地认识到，原来并不是每个人都有一个“批判性”的声音一直在那里，以确保他们做正确的事情，远离做错误的事情。

社交一号：“不适应性”

社交一号的人不太像是完美主义者，他们更注重成为其他人的榜样。这类一号不是那种力求完美，内心充满焦虑的人，他们是正直的典范，需要通过自己的言行表现出完美的榜样行为来教导他人。伊查索将这种类型称为“不适应性”，纳兰霍将他们称为“刻板”，以形容社交一号有一种好为人师的心态。不适应性或刻板是指这类人容易死板地遵守特定的为人处世的方法和行为方式，以此表达对“正确”的做人、思考和行为方式的独占权。

在社交一号中，愤怒是半隐藏的。自保一号会将愤怒的热度转化为温暖，社交一号则会将愤怒的热度转化为高冷。这种性格是一种更加冷酷、理智的类型，其主要特征是控制。然而，社交一号的愤怒并没有被完全压制，因为他们想要成为掌握真理之人的激情中有着相当的愤怒。在这种类型中，愤怒会转化为对正确或“完美”的过度自信。

社交一号（通常是无意识的）需要感到优越或显得优越（因为有意识地想要优越感会等同于不良行为），就好像他们在含蓄地说：“我是对的，你是错的。”他们有一种潜在的需要，即指出他人有错，以便对其拥有某种权力。如果我是对的，而你是错的，那么我就比你更有掌控局势的权力。就像我的社交一号的父亲常说的：“我从来没有错过，除了有一次，当时我以为我错了，但其实并没有。”

社交一号从很小的时候就学会了克制情绪，他们通常是不会惹麻烦的好孩子。他们可能是那种小大人，常常忘记自己是个孩子。

这种类型的人可能会故意不去适应不断变化的时代或习俗。社交一号也许会坚持以他认为正确的特定方式行事，不顾他人已经发展出不同的方式。这类一号展现出的普遍态度为“就是这样，让我来告诉你它应该是怎样的”。

不难想象，社交一号会自动扮演导师的角色。他们认为以身作则、展示自己要教授的东西，就等同于说教，甚至会更有价值。通过一个好的模范，以言传身教的方式来阐明所教授的观点是十分理想的方法。他们也许并未觉察到自己需要表现得高人一等，但可能会从他人那里收到反馈，说他们表现得像一个“无所不知”的人。

这类一号和五号很类似，都更偏向于内倾，看起来有点“凌驾于一切之上”的感觉，也都脱离情感。他们把自己从人群中分离出来，因为他们是完美的，所以是优越的。他们在经常来往的群体中从未感到过完全舒适，往往感到不合群。但是，五号主要关注的是节制能源和资源，而一号更关注让事情变得完美，他们的愤怒也更接近表层。

在人际关系中，社交一号会有很高的期望。他们往往对自己比对别人更有信心，有时候会显得清高不群，自给自足到似乎不需要别人的地步。事实也证明，伴侣和朋友很难说服社交一号相信，除他们自己以外的观点也是正确的。他们善于雄辩，气宇轩昂地论证自己的观点。他们会通过指出他人的错误来主导局面，而且很难说服他们相信，与其对立的观点也是成立的。

弗朗西斯，一位社交一号，说道：

在日常生活中，我倾向于投入大量的精力去做正确的事情，而当别人不这么做的时候，我会感到恼怒。例如，我讨厌人们把车停在停车位越线的地方，因为那样旁边的停车位就太小了，我的车没法停进去。因此，当我停车时，总是会把车停在恰好两条线之间的位置上，有时这让我的妻子非常恼火：“我从这边下不了车！”但这是正确的停车方式，也是我希望其他人停车的方式。所以，与其说是吹毛求疵，不如说是为其他人树立榜样。

在我作为管弦乐队指挥的职业生涯中，我在准备排练时对细节的关注，让我在演出时可以满怀信心地站在管弦乐队前面。就像你知道自己已经为考试做好了准备那样，我对音乐了如指掌，对每一部分都做了详细的介绍，我相信我能够树立一个好榜样，激励演奏者表演出好的音乐。

一对一一号："热情"［反型］

自保一号是完美主义者，社交一号会无意识地摆出一副"完美之人"的姿态，标榜出正确的方式，而一对一一号则专注于完美他人。比起完美主义者，这类一号更像是改革者，他们需要改进别人，但并不注重让自己变得完美。

这是唯一一个有着明显愤怒的一号副型，所以也是一号人格中的反型。一对一一号没有耐心，可能具有侵略性，会去直追他们想要的东西，并且有一种非我莫属的特权感。愤怒燃起了他们心中的强烈渴望，促使其想要去完善他人。这表现为一种兴奋、激情或理想主义的感觉：如果人们改变自己的行为方式，或者如果他们设想的改革被社会通过的话，事物将会是怎样的？这使得一对一一号勇往直前，慷慨激昂。

这类性格在秉持改革者或狂热者的思想时有一种舍我其谁的感觉：因为自己知道如何更好地生活或做事，所以有权对他人宣示自己的意志。就像征服者的心态一样，他们通过坚持更高的道德准则或号召更华丽的文藻来合理化这种方式（并使之变得高尚）。

据纳兰霍所说，伊查索给这个副型取名为"热情"，意思是"一种特别激烈的渴望"。热情暗示了在想要与人连接的渴望里，充满着激烈或兴奋劲儿，也意味着带着关爱、奉献和热忱行事。

这类一号的愤怒给其渴望注入了一种特别的强度或紧迫感，让人有一种"我必须拥有它""我有权拥有它"，或"我必须改善它（社会或他人），使它成为我所知道的应该是的样子"的感觉。

在集体意义上，这可以从"天定命运论"的观点中看出。19 世纪美国白人从印第安土著居民手中夺走西部土地时，就曾使用这种思想作为正当理由。暂不论我们如何回顾那个时期，这种哲学思想为白人占领"野蛮人"居住的土地提供了正当理由。另一个例子可见于占领南美洲土地的西班牙征服者，他们堂而皇之地宣布："我可以占领这里，因为我是高尚且文明的。"

在一对一一号身上，这种强烈的渴望可以支持他们的冲动：想要改革，完善特定的他人，或者以其认为应该的方式让世界变得更美好。有时这种对完善他人的渴望，源于他们对改革或理想主义的光明愿景的诚挚信念。然而同时，这也有可能受到想要完善他人的需要所驱动。我认识的一位女士分享说，她认为如果丈夫不实行她的改进建议，那她就有理由离开他。因为她觉得有必要帮助对方成为一个更好的人，这样她就能有一个更好的伴侣。

在西方文化里，存在一种反性欲或者反本能的观点，认为不可以按照自己的欲望行事。比方说，社会上广泛存在着对性的罪恶感，以至于如果我们允许自己自由地表达性欲，就难免会感到不得体或者下流。但一对一一号对性欲有着不同的、更加自由的态度，他们有一种"想做就做"的心态，可以为任何想做的事情找到支持其正确性的好理由。他们不像自保一号，对自己没有那么多疑问，反而更关心让别人成为其认为应该成为的人。

这类一号是复仇者，不惧怕对抗。他们也许在控制一种不为其所见的凶狠愤怒，他们的愤怒就像火山爆发一样。他们认为自己很坚强，有很大的力量和决心，可以非常勇敢。他们也很冲动，做事很快。

一对一一号有两面：朝向愉悦的、更加玩乐的一面，以及咄咄逼人的、愤怒的一面。痛苦是他们最为压抑的情感，也是最难表现出来的情感。他们可能会以违反规则的方式过着双重生活，以此来表现出他们未曾知晓的痛苦。有些一对一一号会展现出"陷阱门"的行为，通过"坏的"行为来发泄愤怒和痛苦。纽约州首席检察官艾略特·斯皮策（Eliot Spitzer）就是一个例子。他致力于打击违法者，追捕华尔街的罪犯和妓女，以改革社会。然而，后来他却因被发现与一名妓女长期有染而辞去州长职务。

鉴于这类行为，一对一一号看起来会像八号。像八号那样，他们精力充沛，自我主张，坚强。这类一号相信，他们有权实现自己的愿景，得到他们所需要的东西。同样的，八号也可能会镇压或支配某个局面，强施自己的意愿。但是八号和一号的区别在于一号是"过度遵守社会制度"，而八号则是"不服从社会制度"。

一对一一号会给人际关系带来强度和能量，他们可以是强有力的，坚持已见。他们可能会试图改造伴侣和朋友，在行为举动中传达出一种使命感，或借助更高的权威或号召力。他们擅长指出其他人可能需要做些什么来改进行为或达到特定的标准，但对于改变自己的行为，他们兴趣寥寥，认为自己做的都是正确的。

萨莉，一位一对一一号，说道：

在我的人际关系中，我非常需要秩序。这个秩序是由我的道德行为准则所决定的，它能够让我的内心世界变得稳定。当这种秩序被打乱时（经常会发生），我会变得急躁、挑剔、苛刻和麻木不仁，常常无法觉察到自己想要（并试图）修整或改进他人。通过清晰的沟通和分享见解来维持秩序似乎是天经地义的。

当别人似乎比我更能够享受亲密关系时，我会非常嫉妒。并且，我对伴侣关注哪里是非常警觉的，尤其他投向另一个女人的时候！我的激烈性经常让自己也大吃一惊！如今我可算是看到了，这对我周围的人来说是多么大的挑战。

一号的“成长功课”：规划一条个人成长道路

随着一号在自己身上下功夫，并变得更有自我觉知，最终他们将学会逃离“用过度批评来证实自己无价值感”的陷阱，学会看到和接受自己的不完美，放松对自己和他人的严苛要求，并认识到自己（和他人）本来的样子就是值得被爱的、被接纳的。

对所有人来说，要从习惯性人格模式中觉醒过来，都需要付出持续的、有意识的努力来自我观察，反思所观察到的结果有何意义，源自哪里，并积极精进，努力消解自动倾向。然而，对一号来说，这个过程可能会很棘手，因为他们在自我完善、改良提升和拥有“正确”行为方面已经有些过度了。有鉴于此，对他们来说，采用基于九型图的成长策略就显得尤为重要，因为这些策略会考虑到，他们已然基于“完善改良”这一核心人生策略来进行过度补偿。

下面我将介绍一号需要留意和探索的地方，以及需要精进的目标方向，旨在帮助他们超越自己的人格限制，展现其主型与副型所对应的高层品质。

自我观察：不再认同你的人格模式，在行动中观察它

自我观察即是创造出足够的内在空间，让你用新鲜的眼光，保持足够的距离，真正看到平时的自己都在想什么，感受到什么，在做些什么。一号在观察自己所想所感和所做时，可能需要留心以下几个关键模式：

用一个理想的标准来衡量每样事，经由“内在批判者”的运作，驱使自己、他人和/或外部环境达到完美

这种模式包括不断地自我批评和评判他人。虽然一号批判的主要对象会因副型不同而有所变化，但一号普遍会于内在和外在世界应用他们有关高尚或者正确的标准。这可能会导致拖延（试图使事情更完美而延迟截止点），“只有一种正确的方式”和“非黑即白”的思维，以及自我惩罚的态度和行为。在极端情况下，一号可能会认为，如果某样东西不完美，那么它就毫无价值。他们也许会发现自己在自我贬低，使得自己灰心丧气，从而导致了这样一个循环：努力改进，然后不顾那些努力而严厉批评，于是再根据批评重新努力改进。

自觉遵守社会规章制度，尽一切努力避免犯错误

一号喜欢架构，他们在规则和惯例中找到架构，但过于拘泥于规则会使人变得刻板和不变通。遵循规则可以支持一号认为自己知道“唯一正确的行动方式”的倾向，这一习性可能会制造一种内在的安全感或幸福感——如果你遵守规则，就不会被责怪！但你很难看清自己是否做得太过度，以至于产生了更多焦虑和紧张（这是另一个需要警惕的恶性循环）。

压抑和过度控制情感、需要和冲动

这在某种程度上反映了他们对早期环境的体验，一号对自己的要求太高了。作为九型人格中“自我遗忘”的腹中心型号，一号忽略了他们更深层次的需求和脆弱感受，而把全部精力放在了做正确的事情，努力使事情变得完美上。一号可以留意自己何时会感到愤恨，并意识到这提示了自己在压抑需求和感受，从而有所受益。如果你是一号，你可能会注意到，当你因为（自动地）将自然的冲动和感受评判为错误或具有威胁性而过度控制它们的时候，内在的紧张就会产生。

认识到（并怀着慈悲地去接纳）你更深层次的需求、冲动和感受，这也许是重要的第一步，让你看到并扭转自己与（健康且适当的）本能、情感智慧相对抗的境况。

自我问询与反思：收集更多信息来扩展你的自我认知

当一号在自己身上观察到上述这些以及其他相关模式，成长的下一步就是更加深入地理解这些模式。为此，一号可以问自己如下问题：

这些模式是如何形成的？为何会形成？如何帮助我应对？

通过了解他们防御模式的根源，一号就有机会松动掌控其生命的、严苛要求自己的固执性格。这有助于一号去探索，自己在年幼时是如何通过控制和判断，来抵御被批评或惩罚的痛苦的。如果一号开始对年幼的自己感到更多的同理心，明白年幼的自己曾面临着不可能达到的要求，他们可以练习，对如今仍然处于这种防御策略的心理负担之下的自己更加慈悲。

体恤自己年幼时期的困境，观察内在批判者"软硬兼施"的动态，以一种未经包装的方式揭示出一号的生存策略。这些对特定模式如何展开、如何防御性运作的洞察，揭示了这些模式之所以存在的根本原因。担忧、评判和改良是在一个不可预知的世界中试图施加控制的合理方式。出于同样的道理，一号也会把"坏的""丑陋的"或"危险的"情绪毫不留情地推到不为自己所见的地方，取而代之地表达出相反的情绪，让自己为他人所接受，值得拥有他们的支持。

这些模式因为提供了确实的保护而变得根深蒂固，并且依然继续着。一号若想帮助自己，就需要认识到，这种应对策略只会让自我停留在防御外壳形成时的那颗"橡子"中。

这些模式的产生，是为了保护我免受什么样的痛苦情绪？

我们所有人的人格运作都是为了保护我们免受痛苦情绪，包括心理学家卡伦·霍妮所称的"基本焦虑"——基本需求未被满足时所盘踞的情绪压力。一号采取的策略，是通过变得完美无瑕，从而靠自己来提供那个曾经缺失的或有缺陷的支持性结构。这样一来，高尚在一号眼中就等同于"自我价值"和幸福安好，而错误和失败则被视为痛苦的个人缺陷。

如果一号能够接触到这种美德与自我价值之间的联系，就有可能观察到由于必须保持这种持续的控制而产生的潜在怨恨或愤怒。但愤怒又会助长许多一号所认为的“不良行为”，从而直接导致内疚、担忧、痛苦和后悔。许多一号（尤其是自保一号）最好能够开始观察自己有多么害怕充分感受和表达愤怒。在这一方面自我观察，可以有效地探索一号会在何时以何种方式抑制自己体验“坏的”或威胁性的情绪，比如愤怒、恐惧或悲伤。认识到反向形成的机制会“实时”不断地给这些困难情绪盖上盖子，能够为一号带来很多有价值的洞察和领悟，帮助他们对人格防御模式保有意识。

我为什么在这么做？此刻一号的模式在我身上如何运作？

通过自我观察，三种副型多半已经认识到让事情“正确”的驱动力是如何自动运作的了。大多数情况下，他们可以有效地将这种驱动力追溯到失败或受到批评时的痛苦。一号可能会继而发现，他们责怪自己、认为自己（或他人）不完美的习惯，是源于追求高尚美德和负面评判这一恶性循环，而这也正是其许多根深蒂固的习性的深层原因。

当一号放慢速度，更加仔细地研究自己的正确性时，他们很可能会发现，一个强大的、内化了的权威或“超我”在驱使着他们想要道德正直和“使事情正确”。这种内在权威或内在父母的声音都聚焦于一点：通过遵守标准、规则和完美典范，来确保安全和幸福。实际过程中，一号会根据他们的本能焦点不同，而在生活的不同方面表现出这一执念：自保一号会在焦急烦躁和自我惩戒上花费大量的心智和情绪能量，社交一号会努力秉持和践行一个高标准，一对一一号会试图让某样事物或某个人变得更好。而当世界无法符合他们的标准时，他们就有可能陷入焦虑和怨恨的循环。

这种模式的另一面也揭示出了这种追求高尚的驱动力的一个重要作用：如果一号竭尽全力“做了正确的事情”，那内在的批判会让他们从压力中放松下来。很矛盾的，这些使一号产生怨恨和焦虑的超我苛求，也会以这种释放压力的形式创造出强大的驱动力。

这些模式的盲点是什么？我不想让自己看到的是什么？

一号向我们展示了，人们可以把人格中的消极属性推入阴影中，也可以把让自己感到积极的属性推入阴影中。一号倾向于把注意力集中在能够纠正和改进的错误上，结果常常看不到也不承认自己做得好的地方。通过认识到自己有否认、摒弃或贬低自身积极成就和品质的倾向，一号就能够加深对自己的了解。当无法经由接受自己的良善来增加自信和自爱时，他们往往会卡在人格的防御姿态下止步不前。

这些模式的影响或后果是什么？它们是如何困住我的？

慢慢地，随着一号越来越多地在动态中观察自己的人格，他们通常会意识到，自己的评判和控制模式是如何导致了这个努力和失望的无尽轮回。看透这些与特定模式相关联的恶性循环，有助于从它的掌控下解绑。一旦意识到自己所仰赖的习性是如此顽固地加深着自己的不足感和紧张感，一号会特别乐于接纳并能够作出改变。

自我发展：追求更高层级的意识状态

对于所有寻求觉醒的人来说，善用基于型号的相关知识来发展成长的下一步，就是把更多有意识的努力投注到我们所做的一切当中，无论思考、感受、行动都带着更多觉察，更有选择性。当一号观察到自己的核心模式，并审视其形成根源、运作模式和影响后果后，可参考如下建议。

1. 能做些什么来化解三种主要的一号人格模式

用一个理想的标准来衡量每件事，经由“内在批判者”的运作，驱使自己、他人和/或外部环境达到完美

观察“改善悖论”。对一号来说，第一步就是要试着不再对自己那么苛刻。他们不断地努力改进，反而使自己固执己见，而阻碍了真正的成长。他们经常会与此对抗，因为自我纠正是其生存策略的核心，但是对自己有更多的接纳和慈悲对他们的发展至关重要。接下来的步骤包括大体上减少焦虑，更加放松，为乐趣和愉悦腾出更多的时间。

接受“不完美之完美”。这也能使一号从他们的奋斗拼搏和过度补偿中解放出来。对于一号来说，接受自己或社会的不完美是非常困难的，因为他们的性格正是围绕着拒绝“不完美”而形成的。为了让自己努力从内在标准的暴虐中主

动地解脱出来，一号可以不断地提醒自己，不完美是可以的，不完美是在所难免的，这很自然，而且大部分时候，“足够好”真的就足够好了。

*放松内在批判者。*一号可以通过质疑、挑战，甚至拿内在批判开玩笑，来练习放松内在批判者的要求。通过主动对抗内在批判的假设，一号可以学会认同比狭隘的超我权威更广阔的观点，这类观点会支持一号有意识地努力培养对自己、对他人的慈悲心。

自觉遵守社会规章制度，尽一切努力避免犯错误

*懂得“正确”的做事方法有很多。*把事情看成是灰色的，而不仅仅是非黑即白的，这可以有效地让一号更加敞开。这会帮助一号认识到有很多好的做事方法，而且，通常来说并非只有一种完美的方法。有些时候，规则也可能是死板有误的。

*别对自己那么苛刻。*如果其他人可以把一号对自己有多么苛刻如实地反映出来，这对他们会很有益处。遵守规则和“做正确事情”的重压很难承受，会产生内在的紧绷和压力。如果一号能够更客观地看到自己向内施加控制的程度，就会开始找到方法，对自己宽容以待。

*培养对自己更多的慈悲和接纳。*一号真正令人感动的一点是他们有多么的努力。对一号来说，培养更多的对自我的慈悲心是非常重要的，因为这是让自己和他人变得更宽容、少一些强硬的第一步。如果你是一位一号，并且感到很难做到这一点的话，那就先从认可你在一切事务上付出了多少努力开始。没有人比一号更加努力地去做个好人，事实上，正是他们太过想要做个好人，而阻碍了其过上更加平衡、放松、平和的生活。提醒自己，你通常都已经付出十二分的努力了。这样一号才会知道，他们不必非要达到完美才算得上正直和有价值。他们可以放松对潜在错误的关注，选择让事情本然存在，并不受其困扰。

压抑和过度控制情感、需要和冲动

*优先考虑娱乐和玩耍。*除了注意自我批评的时刻和频率之外，一号也需要留出更多的时间来娱乐和玩耍。对于一号的发展来说，最重要的是尽量让自己变得轻松、放松，过得开心而有乐趣。别再那么严肃地对待自己、他人和生活中的大小事情，留出更多的时间进行愉快的活动，这对他们会是有益的。

*融入更多的幽默和放松。*一号通常有很强的幽默感，当他们有所发展时，

这种幽默感会变得更加明显。随着一号逐渐成长，他们通常会变得更有趣，更随和。例如，我相信喜剧演员杰瑞·宋飞（Jerry Seinfeld）就是一位一号。有意识地使用幽默来缓和气氛，对一号来说是一个很好的练习。

承认自己的正向品质，并重视自己的感受。一号倾向于用负面的眼光看待自己或他人，把大部分注意力都聚焦在不正确或不完美的事情上。因此，重要的是主动地做出努力，把重点放在自己或他人做得好的方面，放在自己擅长的方面，看到自己天赋和才能展现出的积极方面。尤其重要的是下功夫与自己的情感有更多接触，更多地承认它们，表达它们。如果你是一位一号，练习经常询问自己："我感受到了什么？"这会帮助你更多意识到可能被压抑的情绪。

2. 一号的内在流动：运用箭头连线绘制成长路径

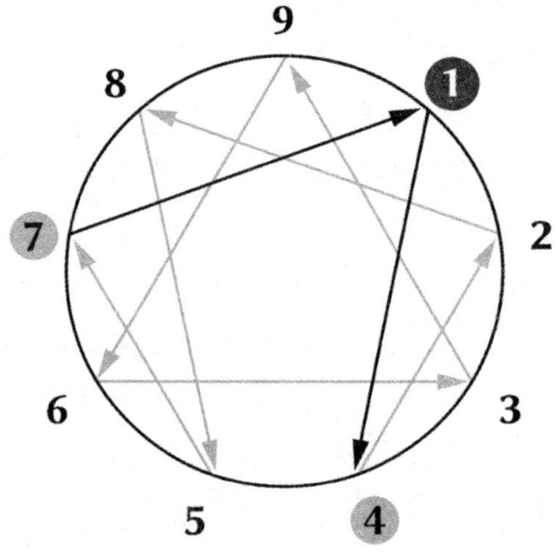

一号去到四号：更有觉知地善用四号"压力成长点"来发展和拓展

一号的内在流动成长路径，要求其直接面对四号位置所代表的挑战：允许更广泛、更深入的感受出现，允许更多的忧郁和渴望，允许更多的创造力和自我表达（而不是只会墨守成规）。不难想象，一号经常发现接触到四号特质时会感到痛苦和不舒服。但是，有意识、有的放矢地去探索情感的深度和表达方式，可以让一号体验到一种释然——终于可以放下那些耗费了相当多能量去克制的东西了。这种转变可能需要与抑郁或忧郁的情感有所接触，但探索这类情感可以在各个方面为一号提供更大的情绪自由。四号压力成长点显示出，一号在发展道路上可以通过减少对情感的过度控制，从而过上更加真实的生活。

当一号有意识地这样修炼，将能够使用四号在健康状态下的工具：艺术表达和真挚情感。四号对审美敏感的特征说明了，艺术可以解放个人，让人表达自己的多种情感。同时，由于艺术本身具有创造性和灵活性，理想的情况是艺术家的表达不受绝对性或先决条件所限制。一开始，可以先让一号选择一种“感觉正确”的媒介，给予自己时间、空间和许可去表达，不做评判地表达，这样的艺术创作就不再是拘泥于有意设计，而更多的是进入当下的“流动”。这种做法简直是为一号量身定做，帮助他们探索情感，练习不带评判地表达。

一号回到七号：更有觉知地善用七号“孩童之心点”和解童年主题，找到支持自己前进的安全感

一号的成长之路，敦促他们重新找回七号特有的顽皮玩乐以及自然自发的冲动。他们在童年时通常会体验到，类似于自由想象、玩耍嬉戏这些不正经的追求是不好的。在一个（通常太早）要求他们更加懂事和学会克制的世界里，一号经常收到的讯息并不鼓励他们更具创造性和自发性的品质，而这些讯息会激励年幼的一号习惯性地抑制这些冲动。

出于这个原因，“回到七号位置”对于过度控制的一号来说，可以是遵守纪律之余慰藉性地休息一下。不过他们有可能会在一号的严肃性、纪律性与七号的轻佻叛逆、顽皮嬉闹之间徘徊不前。如果他们这样做的时候缺乏或者没有带着有意识的自我觉察，一号很可能无法重拾被压抑了的自发性，而仅仅是暂时逃避到不良行为或刺激活动中，接踵而来的将是自责和懊悔。

在有意识的引导下，一号可以通过向七号的移动，发展性地重建责任与放松之间健康的平衡。一号可以专注于孩童之心点的品质，去认识和理解他们在早年时期需要压抑的七号品质。一号可以选择有意识地提醒自己，现在的我可以享受乐趣，放松心情，去选择那些令人愉快的选项。通过这种方式，七号“开放的可能性”视角将会向一号展示出，如何有意识地将注意力从控制和压力中转移出来，这种控制和压力是为了让事情始终顺利进行而施加的。通过学习七号榜样——为玩耍和娱乐留出自由时间是生活的一个关键要素——一号将会发现，曾在童年时期被迫抛下的简单快乐是多么值得拥有。

3. 从陋习到美德的转化：借助愤怒，成就宁静

从陋习到美德的发展路径是九型图的核心贡献之一，它揭示了每种型号为达到更高的意识状态都可以运用的“垂直层面的”成长路径。对于一号来说，他们的陋习（或激情）即是愤怒，其对应面——美德，则是宁静。

一号的功课核心在于，越来越能够意识到不同形式的愤怒激情是如何发挥作用，塑造其注意力焦点和人格模式的。为此需要自我观察，并不断地探究他们在日常生活中呈现出来的愤怒。一号在做这项功课时也需要经常询问自己，愤怒是否在他们的思维、感受和行为中起着某种作用。

随着一号越来越熟悉自己的愤怒体验，并逐渐发展出对其更强的觉察能力，他们便可进而致力于彰显自己的美德——其愤怒激情的“解药”。对于一号而言，宁静这一美德代表了一种通过有意识地展现高层能力所能达到的生命状态。

宁静是这样一种生命状态：你不再执着于某种特定的行事方式——即必须服从遵照某种正确的方式。宁静是一种泰然、放松的感觉，伴随着完整感和整体感，感觉到一切都已如其该有的样子，没有什么需要改变或完善的。随着一号开始超越所有形式的愤怒能量和情绪，他们就可以放松下来，顺流而行。他们会与生命的自然节律相调和，而不必对应该发生什么，如何使生命符合特定标准去强加任何评判。

当身为一号的你呈现出宁静的美德时，意味着你已经审视了自己的愤怒及相关的心理主题，并对它们有了更多觉察，以至于时常能够超越想要评判每件事的强迫性冲动。达到一种宁静的状态，意味着你可以安住于内在的一片平静之地，在那里，你超越了限制性人格的愤怒，对自己内在的善良充满信心。我们所有人都会自然地在这由陋习至美德的纵向维度中上下起伏：当在自己身上下功夫时，我们会提升到更高的功能水平；但由于很难保持清醒的状态，在受到压力的时候又会再次滑落回去。如果你是一号的话，通过致力于将宁静作为目标，诚实地观察愤怒、批评以及评判的需要是如何强化自己的，你就能够有意识地从被愤怒的无意识活动所驱使的状态中走出来，更频繁地体验到宁静的美德，一种更高的存在状态与生命境界，并在其中获得更频繁的生

命体验。

三种一号副型在从陋习到美德道路上的具体功课

自保一号：可以通过放慢下来，留意焦虑和担忧是从何而来，以及这些情绪会在何时、如何以及为何升起，从而由愤怒走向宁静。如果你是一位自保一号，发掘所有关于自己“不好”或不完美的信念，并挑战它们：它们并不是真的！你的不完美是如此的完美，你若知道自己有着多么出色的能力，多么良善的意图，便能够更轻松地休息，也将能够更轻松自然地处理生活中的工作。最重要的是，腾出空间，放下控制一切的需要。意识到对生存的恐惧和担忧与你生命早期的经历有关，而那些已经是过去式了。肯定你本质上的良善，观察你如何在无须批评之处就无关紧要的事情批评自己，而这实际上增加了你的负担。要知道你已经不再处于那种生存似乎受到威胁，惩罚似乎是必然的情况下了，但你的表现可能还没有从中走出来。努力让自己更加放松，腾出更多的空间来享受快乐与愉悦，不要去修理那些无须被修理的，把你对待他人的和善与尊重，同样也用来对待自己。

社交一号：可以通过提醒自己，在这人格受制的世界里，没有终极正确或绝对完美的方式，从而由愤怒走向宁静。了解真正的力量并非来自正确的做法或优越的知识，而是来自“你是如此渴望找到最佳方法并与他人分享”这一背后的事实，让自己放松下来，渐入宁静。你真诚地希望找到最好的方法去做事情，并向别人展示这些通往良善和改进的道路，这是你本身有多么可爱最清晰的证明，你无须通过证明你能够教给他人什么东西，来确认自己的价值。提醒自己，有很多对的或好的方式去了解事物的真相，这有助于你在所作所为中呈现出谦卑和放松，这便是属于你的那片宁静的核心。

一对一一号：可以通过更清晰认识“想要完善他人”背后的深层动机，从而由愤怒走向宁静。你的价值并非因为你帮助他人学习如何改革和提高自己，而是因为你如此深切地珍视创造美好世界的更高目标。去探索你的冲动和感受，直到完全了解自己热忱的来源。在试图把你对正确方式的热爱作为礼物送给别人之前，首先把你的理想主义和能量精力投入到认知自己当中来。你的自我认知和谦卑只会加深和净化你想与周围人所分享的。只有在你对自身激情背后的无意识涌动变得更有意识之后，你的崇高理想和你为实现它而投入的精力，才能够真正地改善世界。

总结

一号原型代表了服务于美德的愤怒能量，以及这样一种模式：试图控制“内在野兽”，来应对这个要求我们达到一定标准才能被爱的世界。一号的成长道路向我们展示了，如何将愤怒转化为能帮助我们实现理想的能量。一号的每一种副型都在以其特定的个性特质教导我们，通过自我观察、自我发展和自我认知，将正义的愤怒转化为宁静的接纳，将拥有无限的可能性。

附录　辨识自己的九型人格类型：区分型号两两之间的差异

在九型人格的九种型号中找到自己正确的核心“主型”可能会是一个棘手的过程。当你第一次接触九型人格时，可能难以找到自己的人格类型。我们都有盲点，因而难以在人格类型的描述中认出自己。我们对自己真正是谁的内在体验，往往与外界对我们的看法或描述不同。自然而然地，我们可能会将自己和不止一种人格类型相联系，这是因为我们确实会有多种型号的体验。不只是我们的主型，我们与“侧翼”型号（位于主型两侧的型号）、箭头线连接的两个型号或者父母的型号都可能有重叠的特征。并且，我们对希望自己成为怎样的人都会抱有某种愿景——希望看到怎样的自己，希望他人看到怎样的自己——这些愿景与我们（当下）实际是怎样的会有所不同。由于所有这些原因，如果不付出努力，我们很难客观地看待自己，并认同于一个特定的型号。有一些人会很快找到他们的型号，另一些人则需要花更多的时间。

这个附录旨在帮助你找到自己型号。通常，如果无法立即确定自己是哪种型号，你可以先将范围缩小到两种或三种型号。下面的资料意在帮助你理解特定的两个型号之间的异同点，这样你就可以更容易地找到自己真正的（核心）型号。

寻找型号的第一步，是在九种型号中找到与你相符合的一种或几种，第二步是（在每一个原型章节中）探索每种型号的三种副型，这会是有用的、具启发性的一步。纳兰霍对副型描述的一大优点在于它提供了更为具体和细致的信息，通过这些信息，你可以找到最合适的方法，利用九型图描述你的特定习性和倾向。

一号和二号

一号和二号会呈现出相似之处是因为他们都有一套期望他人遵守的规则，当人们没有遵守那些规则时，他们会变得不舒服，消极反应。然而，如果更细致地去检查，会发现一号的规则和期望远远多于二号，所涵盖的行为也更加广泛。例如，一号通常有很多规则是针对工作风格、工作成果、应该如何安排事情、人们在各种情况下应该如何表现，以及着装规范（定义各种场合服装合适与否），等等。而二号的规则更多集中在人际关系和人们应该如何对待彼此等方面。虽然一号和二号都会作自我批评和批评他人，但相比二号，大多数一号更习惯于作自我批评，在评判他人时也更加公开化。比如，一号百分之八九十甚至更多的时候触发的是“内在批判者”或内在判官，而二号对自我和他人的批评则不会如此频繁，更多是由诸如被拒绝、感到有负于他人等非常令人苦恼的事件触发。

有些人可能会因为两种型号都本分尽职，想感觉自己（也让他人认为自己）是“好的”和“负责任的”而混淆一号和二号。然而，一号和二号对这些词有着非常不同的诠释。一号认为如果自己把每一件事都做正确，很少犯错误，那么他们就是“好的”，也因此是有价值的，而“负责任”意味着他们会信守承诺，做好工作，按时交付和守时。二号则认为体贴、周到和无私就是“好的”、有价值的，“负责任”意味着他们总是能够在别人需要的时候出现，在生活中也不会令他人失望。

一号和二号在许多方面有着明显的不同。例如，一号说话很确定，愿意提供意见、判断和想法，并使用表明他们正在评估他人和情形的语言，他们会非常频繁地使用诸如“本来”“应该”“对的”“错的”和“恰当的”等词汇。相比之下，二号说话的语调更加柔和，会问别人问题以吸引对方，并把对方拉进谈话中，经常提供建议，以一种让人感到被重视的方式关注别人。虽然一号也可以是非常热情的，但他们很少像二号一样始终保持热情和同理心。

理解一号和二号之间区别的一个有效方法是：不论一号是出色地完成了工作还是犯下了错误，他们看上去都有种内心很坚定的感觉。二号则更容易受其他人眼光的影响，换句话说，二号强烈地倾向于通过别人的眼光来看待自己，而不是通过一种强烈的内在意识来觉察自己如何有价值，事情做得如何好。虽然他们可能不会直接征求他人有关其工作或行为优点的意见，但二号非常注意他人的非言语暗示和人际间行为，并更容易受他人正面和负面反应的影响。

一号和三号

一号和三号有着很高的相似性。两者都高度聚焦于任务，都渴望卓越、被视为非常能干的人。然而，一号卓越的动力来自一种内在的满足感，觉得他们已尽其所能完成了某项特定的任务。而驱动三号的则是一种需求，希望自己在别人眼里是成功的。也就是说，一号是通过他们的成就、按照他们的内在标准评价自己的行为来寻求自尊；三号则是以外在因素为参照点，寻求他人的尊重和赞赏。例如，三号会密切关注重要的人对他们或者他们的薪水、加薪和办公室装修等是如何反应的。

一号和三号都强调任务胜过关系，两种型号的风格都是聚焦于目标，然后相应地组织工作。然而，对于三号来说，目标通常就是他们“待办事项”清单上可以划掉的一个项目，而一号则喜欢在更精细的层次上组织工作，有条理的工作会给他们带来乐趣和满足感。相比之下，三号更注重目标，因为目标的实现正是令其感到有能力和成功的东西，然后他们会竭尽所能，组织最有效的计划来实现每一个目标。三号的计划虽然高产高效，但很少像一号的计划那样有条理和系统性。一号不会将最终目标视为任务过程中最重要的部分，他们可能会因为害怕犯错而拖延，相比之下三号往往要找到通往目标最快、最有效的途径，而不太注意犯错的可能性。

一号和三号最明显的区别体现在他们对质量的定义上。虽然二者都会说他们是质量导向的，但一号对质量的定义是在自己能力范围之内做到最好，尽可能在人力所及的情况下不出现错误或失误。而三号则将质量定义为满足顾客的期望，然后稍微超出其期望，让顾客格外满意。但是，在三号看来（除了自保三号以外），把每一个项目和任务都做得尽善尽美是对时间和资源的浪费，“足够好”就够好了。而从一号的观点看，如果有错误存在，或者他们知道本该做得更好——即使客户不知道或者对此不在意——那质量就没有达标。对一号来说，“足够好”常常是不够好。

一号和四号

一号和四号看起来有点相似，因为他们都会很认真地对待工作任务，都希望尽可能地做好工作。但是，一号更注重完成任务的条理、过程和细节，四号则更注重关系、人和自己的创造性表达。一号和四号都是理想主义的，都重视质量，但一号最注重的是（根据自己的内在标准）让事情尽可能完美，四号则更重视创造性、真实性和美学而非某个具体的完美性想法。另外，虽然一号和四号都是基于他们对什么是理想东西的内在感觉来作判断的，但四号更在意他人对事情的看法。

一号和四号都会作自我批评，但是一号的内在批判者会持续地评论事情如何才能做得更完美，而四号体验到的是一种更强烈的，觉得自己内在有某种根本性缺陷的感觉。一号会注意语法错误和不一致、不太理想的事物，通常除了可能有轻微的恼怒外，很少或没有情绪反应。而四号经常在更广义的层面上注意一个特定场合或自身内在有所缺乏的东西，并且会对他们认为缺乏的或“不够好”的东西有更强烈的情感反应。

一号和四号在很多方面都有所不同。四号关注他人，非常注重情感层面上的互动做得如何，以及他们与周围的人有多少连接感。一号则更倾向于关注关系的结构，或彼此共同的工作任务。

一号倾向于非黑即白地看待事情，认为有一种处理任务的正确方法。而四号则为创意和自我表达留出了很大的空间，因此有可能看到更多着手项目的方法。虽然这两种型号都想要有高水平的表现，并且在行事中坚持完美主义，但一号优先考虑的是遵循规则和条理，并根据自己的标准尽可能地把事情做好，而四号的重点更多的是放在创造性和真实的自我表达，以及按照更为艺术的标准，自己在他人眼里是否是独特的。

就情绪基调而言，一号和四号在他人看来可能显得很不一样。当别人不遵守规则或表现不符合他们的期望时，一号会看起来很保守，有时会对他人感到气恼或恼怒。四号则往往有更丰富和显著的情绪，能够与他人的感情高度共情，对各种情绪和心情有着一种天然的理解，不论是对自己还是他人的感受。有时，四号在与他人交流时可能会表现出戏剧性和抒情，而一号往往更倾向于控制、直截了当、简明和准确。

一号和五号

一号和五号看起来会很像。他们都是矜持、有逻辑性和以任务为中心的，有时会显得严肃和孤僻。一号和五号都重视独立性、自力更生和自给自足，但五号比一号需要更多的私密性。他们都寻求知识，五号是因为他们相信知识就是力量，而一号是为了让自己在做事情时更加有能力、有见识和正确。两种型号都是高智商，知识渊博，擅长客观分析。一号力求客观是因为他们想负责任，相信这是要做的正确事情，它可以防止错误。五号则天生就是客观的，因为他们在分析情况时会深入思考并抽离情感。二者都了解边界并都需要边界，且都是勤奋和务实的。然而，一号更加以规则为基础，相比之下，五号则更重视简单性和对资源的保护。这两种型号在评判自己或他人的工作时都会运用自己的内在标准。

虽然一号和五号有一些共同的特征，可这两种类型也有一些根本的区别。五号也会作自我批评，但一号的自我批评要远多于五号。一号有一个内在批判者，对他们所做和所说的几乎每件事都要加以评论。一号也比五号更倾向于评判他人，当他人不遵守规则或没有按照正确的方法（根据一号的“正确的方法”认知）做事时，他们可能会公开地发火或恼怒。尽管两种类型的人都不喜欢分享情感，并且倾向于抑制自己的情绪，但一号往往比五号有更多的情绪流露，而五号几乎总是保持一种冷静、镇定的矜持，即使在有压力的时候也是如此。一号经常体验到某种形式的愤怒，尽管他们试图抑制情绪，但愤怒经常会以生气、恼怒或沮丧的形式流露出来，特别是当人们没有按他们认为应该的方式表现时。另一方面，五号则更倾向于把他们的想法，特别是情感，留给自己。五号会自动地脱离情感，很难见到他们与他人分享情绪，尤其是在工作环境中。

一号和六号

一号和六号有许多共同的特征。一号和六号都擅长分析性思维，都担心事情出问题。一号倾向于对犯错误感到焦虑，六号的焦虑则较为普遍，更多与生活中可能出错的许多事情相关。为了回应焦虑，一号努力做到完美，避免犯错误，六号则会小题大做，想象最坏的情况。一号和六号都对成功感到不安。这两种类型在完成任务、走向成功的过程中都会给自己制造问题，一号是因为他们认为事情永远不会完美，所以不断地批评自己；六号是因为他们不断地怀疑和质疑自己，认为变得成功会使他们成为众矢之的。这两种类型也都倾向于积极地支持他们所关心的社会事业，一号是因为他们觉得有责任让世界变得更美好；六号则是因为他们认同弱者的事业，对那些以不公正的方式对他人行使权力的当权者很敏感。

一号和六号在细节方面也有所不同。一号根据自己的标准，担心犯错误和做错事，而六号则担心各种危险和外部威胁。一号会做自我批评，也往往会评判他人，六号则是怀疑自己和他人。涉及自我批评和自我怀疑时，一号会尝试——且必然失败地——要达到完美；而六号试图寻找的是确定性，要么找不到，要么在特定的权威来源中找到确定性。

一号和六号之间一个特别鲜明的对比是，一号倾向于服从权威，而六号倾向于怀疑权威，甚至可能反抗权威。一号遵循规则，而大多数六号会质疑规则（这方面的例外是社交六号，他们会跟随外部权威，并且严格遵守权威提出的规则）。这两种类型都会拖延，但他们这样做的原因有所不同：一号害怕犯错误，因此总是希望有更多的时间让自己做得更完美；六号则因为不断的怀疑和质疑而很难向前推进。

就与人的关系而言，一号倾向于信任他人，能够欣赏他人的怀疑，除非对方违反了规则或从事某种不良行为。而六号最初不会信任他人，直到对其做了足够的观察，觉得对方是值得信任的。当一个人赢得六号的信任后，他们会非常忠诚和乐意支持。

一号和七号

一号和七号在很多方面有相似的风格。一号和七号都是以品质为导向的，一号表现在他们注意在工作和其他事情上达到高标准，七号则寻求体验所有事情的最佳状态，特别是在娱乐消遣方面。一号和七号都是理想主义、有远见的人。一号希望事情是完美的，并会为之努力工作，使事情符合内在的理想感。七号则是极为乐观主义和积极的，以此作为否定消极情绪和现实的一种方式，他们对未来的可能性想得很多。一号和七号都有很多能量，一号勤奋地投入到他们所做的每一件事中，七号则全身心地投入到他们感兴趣的诸多活动中。虽然这两种类型都可能是完美主义的，但一号比七号更加一贯地关注完美，于七号而言，如果事情过于繁重，他们会放弃"正确地做事"的努力。二者都是高智商且善于分析的，喜欢解决问题。最后，一号和七号都对批评很敏感，尽管一号比七号更有可能表现出来。

一号和七号之间的一大区别是，对于一号来说，工作必须先于玩耍。而对于七号来说，为玩耍作安排和参加愉快的活动更为重要。这并不是说工作对七号来说不重要，因为七号可以非常投入工作，但是他们会通过把工作变成一种愉快的活动，而不是一种责任，来对待自己的工作职责。虽然一号是理想主义者，但他们似乎对寻找改进事情的方法不太乐观，而七号则是不折不扣的乐观主义者。一号喜欢有条理，能在规定的范围内工作；而七号不喜欢限制，因此会不太适应组织架构的诸多制约因素。例如，等级制度会让七号感到不舒服，他们倾向于将权威平等化，而一号则非常适应在明确界定的权威框架内工作。此外，一号擅长管理项目或任务中的细节，七号则会觉得这类工作很乏味。一号会自然地注意需要纠正的错误，相比七号，他们会显得太专注于消极方面，而七号总是希望专注于事情的积极方面。

在人际关系方面，一号经常会显得挑剔或不灵活，但他们又强烈地致力于自我提高，因此会听取他人的反馈，并致力于改善人际关系。七号会给人际关系带来很多积极的能量和乐趣，但如果有问题需要解决，并要求与他人一起完成，则会感到挑战。

一号和八号

一号和八号在某些方面看起来很相似。两者都是精力充沛、勤奋工作的类型，都喜欢建立控制和秩序。这两种型号都容易生气，但他们体验和表达愤怒的方式有所不同。一号认为表现出愤怒是错误的，所以倾向于抑制愤怒，但由于很难完全平息愤怒，所以往往会通过怨恨、生气、恼怒或被动性攻击行为流露出来。另一方面，八号则更容易感受和表达愤怒，不认为表现出愤怒有什么错。一号通常会在人们违反规则或做出不好的行为时感到愤怒，而令八号愤怒的原因则更为宽广。二者都有“黑白分明”或“非黑即白”的思维方式。

一号和八号都喜欢控制，但维持控制的方式有所不同，一号凭借规则、结构和标准，八号则以更直接的方式行使权力。一号和八号都关注公正和公平，并会努力工作以支持他们所信仰的事业。并且，这两种类型都会过度工作，忽视自己的需求。

一号和八号之间也有一些重要的区别。八号会从大局出发思考，喜欢高层的工作，不喜欢处理细节，而一号则擅长并喜欢细节工作。当从事一项任务时，一号会把很多注意力放在达到完美上，不辞辛劳地让事情尽可能的好，而八号则会满足于“足够好”。八号倾向于根据冲动行事，容易过度，不喜欢压抑。

而一号则倾向于过度控制他们的冲动，不能及时参与到愉悦的活动中去，因为他们是典型的注重正确行为胜于让自己享受的人。八号不认同社会制度，不介意或者喜欢对抗惯例；而一号则是认同社会制度的，几乎总是遵守社会惯例。

从内在角度来看，一号是极度自我批评的，而八号则不会对自己有那么多批评。八号往往行动迅速，比一号更自由地行使自己的权力和意志，对事情不做过度分析，或不接受对自己的意图或行为的批判性想法。如果一号认为自己犯了错误，他们通常会道歉（而且他们重视道歉），而八号不太可能对自己所做的事情感到抱歉。一号通常会观察并服从权威人物，而八号则不喜欢别人告诉他们该做什么，并且会反抗权威——如果他们想要或需要的话。在与他人交流时，一号倾向于有礼有节，会使用诸如“应当”“应该”或“必须”等词汇，而八号可能是直接的、唐突的、恐吓性的，甚至不敬的。

一号和九号

一号和九号有一些共同特征。在工作环境中，他们都重视条理和流程。一号和九号都是很好的调解人，九号是因为他们可以很容易地看到问题的许多方面，并对创造和谐有积极性；一号是因为他们有公正的标准，可以成为客观、有洞察力的裁判员。这两种类型往往很难注意到并声明自己的需要和愿望，并且都可能是完美主义的，尽管一号通常比九号更完美主义。一号和九号都能很好地在现有权力架构内工作并予以尊重，尽管九号在他们觉得被控制了的时候会以微妙的、被动的方式反抗。

一号和九号之间也存在许多差异。一号往往相当固执己见，自认为知道做某件事情的正确方法；九号则很难确定自己的观点，这是他们总是顺应他人不同观点的自然结果。九号通常不会主张自己的立场，而一号常常臆断他们的立场是唯一正确的观点。与此相关，一号倾向于非黑极白地思考，认为只有“一个正确的方法”，而九号则会看到许多灰色地带。虽然这两种类型都想要避免冲突，但九号比一号更想要避免。一号在对某事有强烈的感觉时，可能无法停止争论。一号喜欢按自己的方式做事，九号则更容易适应别人，往往愿意按照别人的计划行事，而不会坚持自己的计划。在完成一项任务时，一号会依靠自己内在的理想标准，花很大的努力把事情做得完美，而九号则更多地顺应他人的想法和要求。一号通常对正确的行事方式有着清晰的愿景，而九号则寻求共识，希望在制订标准时听取他人的意见。一号更能遵守规则，会与不遵守规则的人对抗；九号则更容易相处，不太可能与不遵守规则的人对抗。

二号和三号

二号和三号看起来会很像。他们都会管理自己的形象和表现，以取悦或吸引他人，而且都是精力充沛、颇有能力的实干家。虽然这两种类型都非常重视创造符合他人价值观的形象，但二号注重满足他人的需求，显得友好、可爱、随和；三号则注重实现目标和取得成功，以赢得他人的赞赏和尊重。尽管二号和三号都感到有动力完成很多事情，但二号更注重关系，三号则更注重任务。虽然他们都想得到别人的认可，然而三号是为了获得达到目标时的良好感觉和显得成功带来的满足感，二号则是为了赢得别人的喜爱和被视作不可或缺的。二号和三号为了给人留下深刻印象，在维护形象上花费了大量精力，这使得他们对自己的真实身份感到迷惑，很难拥有清晰的自我意识。与此相关，二者都倾向于回避自己的情感，三号是因为觉得情感会妨碍他们的工作，二号则是因为觉得情感会阻碍他们与他人建立积极的连接。

尽管有着许多共同特点，二号和三号在一些重要方面也有差别。虽然这两种型号都会压抑情感，或对之麻木不仁，但二号压抑情感并不彻底，往往比三号更多地去感受和表达情感。三号很有竞争力，并且认为获胜很重要；二号则不太以竞争为导向，认为与他人结盟比占据优势更重要。尽管二号和三号都经常变得愤怒，但二号往往是在他们不被承认的需求得不到满足时表达愤怒，三号则会在有人阻碍他们达成目标时表达愤怒。

说到工作，三号会把工作放在首位，甚至变成工作狂。二号也会不辞辛劳，但还是会优先考虑关系和快乐。三号非常注重目标和绩效，因此会高度关注效率和实现目标所需的资源。相比之下，二号则会优先考虑其他人需要他们做什么，这样就可以根据其他人或更大群体的目标来调整日程安排。当三号专注于一个目标时，他们可能很难倾听他人的意见；而二号的主要关注点是与他人保持一致，因此他们往往对朋友、同事和重要的其他人非常有同理心，相伴左右，甚至不惜牺牲与自己的连接。三号会像激光一样聚焦在目标上，而二号可能会放弃自己的目标，转而去满足他人的需求或支持他人的努力。最后，二者在最想回避的方面也有所不同：二号致力于——有时是在幕后——实现与他人的积极连接，以免遭拒绝。三号则致力于组织工作和其他指向目标的活动，以避免失败。正因为如此，二号没有三号那么直接和自信，三号则更有动力去赢，并且会把失败重新界定为一种学习经历。

二号和四号

二号和四号有一些共同的特征。这两种类型都有形象意识，会注意他人如何看待他们，但二号希望被视为可爱的、友好的，四号则希望被视为特别的、唯一的。两种类型对别人如何看待自己，对自己做何感受十分敏感，这也造成他们很会做自我批评，例如评判自己不够好，不能赢得别人的爱。二号和四号都很容易感觉到自己的情绪，但是二号有时会抑制情绪，并经常与自己的内在体验脱节，而四号则可能会夸张、过度认同情绪，或以极端的方式沉溺在某些情绪中以回避其他情绪。在人际交往方面，二号和四号都非常重视人际关系，会把与他人建立连接作为优先事项。这两种类型都有很强的共情能力，因此他们通常善于凭借自己理解他人想法和感受的能力来缔结关系。

二号和四号也在许多方面有所不同。当与他人共同从事某个项目时，二号倾向于乐观、向上和乐意支持，四号则常常聚焦于有所缺失的东西。二号希望通过满足他人的需求来提供帮助，所以会忽略自己的需求，因为他们的注意力太集中在他人身上了。四号则有更多接触自己需求和愿望的机会，并会更加优先考虑自己的愿望。二号更多是以他人为中心，这意味着他们注重他人的感受和需求胜过自己的；四号则更为自我参照，优先关注的是自己和自己的内在体验。在与他人互动时，二号非常重视讨人喜欢，因此经常调整自己的表现，以符合他们认为他人所希望自己成为的样子；而四号则注重真实性，因此不会为了取悦他人而改变许多。二号一般讨厌冲突，因为他们害怕冲突会破坏与他人珍贵的连接；四号则在必要时能够参与冲突，认为表达真实的情感和需求比顺从他人和避免愤怒更加重要。总的来说，二号的心情和情绪表现通常是乐观的、高度积极的，而四号则更多地处于忧郁和悲伤中。

二号和五号

虽然二号和五号在某些方面是相反的，但他们确实也有一些共同的特征。当感到脆弱时，二号和五号都会撤离，但是五号比二号更多、更频繁地依赖于这种策略，自保二号又比其他两种副型更经常地撤离。两种类型的人都需要独处的时间，但对于五号来说，这种体验比二号更加普遍。作为成长功课的一部分，二号通常需要培养更多独处的能力，而五号则需要培养更多与他人相处的能力。当二号与他人相处很多，或者在做了一些成长功课，并意识到他们忽视了自己的体验而将大量注意力集中在他人身上之后，最容易感到需要独处时间。二号和五号都很重视独立，但对五号来说，独立更像是一种生活方式；而对二号来说，独立可能是他们抱持的一种价值观，作为一种无意识防御，避免觉得太依赖于别人（例如他们有赖于他人的认可来维持自尊）。

在许多方面，二号和五号是完全不同的。二号相当频繁地感受他们的情感，五号则有脱离情感的习惯。正因为如此，五号看起来非常矜持、冷漠和理性，而二号则往往显得更加情绪化，对事情有更多的情绪反应。与此一致地，相比于二号更加直觉、基于情绪的方式，五号对待事情和讨论的方式则更客观、更理智。二号喜欢与人相处，积极寻求与他人的亲近关系；五号则高度重视自己的私密、个人空间和独处时间，很少是关系导向的。与此相关，二号在很大程度上会把注意力聚焦在他人的感受和需求上，五号则会刻意回避与他人过于亲密，尤其是在情感和情感需求方面。五号认为如果大量地与他人互动，会很容易耗尽精力和资源；二号则会从与他人的接触中感到赋能和被肯定，尤其是与亲密的朋友和重要他人。二号倾向于慷慨地给予他人，甚至会给予太多；而五号则通常更为保留，习惯性地担心他人会太多地占用自己所需要的资源，如时间和精力。另外，二号很难在自己和他人之间建立适当的边界，而五号往往非常注意与他人建立牢固的边界。例如，二号很难对别人说“不”，即使是在他们想拒绝的时候；而五号如果不想满足对方的需求，则会相对容易地说出“不”。同样，二号通常认为自己是一个精力充沛的人，随时可以把大量的时间和精力奉献给别人；而五号则认为自己精力有限，因此要注意为自己的需求保存精力。

二号和六号

二号和六号看起来非常相似。他们都会担心和害怕，但其担心有不同的来源。六号担心的是所有的安全问题，如会不会有坏的事情发生，有没有出现问题等；而二号更担心人们是否会正面地看待他们，有没有被拒绝的可能性，以及对他们重要的特定个体的安全。二号和六号都擅长读懂人心，但目的有所不同。当他们把注意力放在他人身上时，六号会寻找幕后的安排和隐蔽的动机，比如某人是否值得信任，是否存在潜在威胁等；而二号会试图确定他人的情绪和需求，以此与他人连接并建立融洽关系。一般来说，在与人交往时，二号往往懂得如何管理自己的形象，以取悦他人或与他人保持一致，六号则不太考虑自己的形象以及他人会如何看待自己。此外，二号希望被别人看到、重视，而六号则往往宁愿躲起来，因为被人注意会让他们感到脆弱。

二号和六号都担心什么地方会出问题，并努力让事情顺利进行——六号是因为他们善于解决问题，希望在问题产生之前就预见到；二号则是因为他们想要取悦他人，让自己显得有能力和有吸引力。在做决策时，二号和六号都很难做出决定。二号是因为他们常常不知道自己需要什么或想要什么，他们把太多的注意力放在了别人身上，以至于对自己的偏好反而不太熟悉。相比之下，六号难以做决策的原因在于他们不断地怀疑自己，质疑自己可能的选择。他们也担心选错事情，并想象可能导致的负面后果。

二号和六号在一些重要方面也有所不同。六号通常会怀疑或反抗权威人物，二号则倾向于与权威建立良好的关系。二号经常希望权威人物和其他重要人物喜欢他们，所以如果可能的话，他们通常会采取旨在与权威建立积极关系的行动，而非不信任。另外，相比于二号，六号更倾向于将情形灾难化，想象最坏情况。二号通常是乐观的，虽然他们有时会设想人们不喜欢自己，但通常不会考虑最坏的情况。另一个明显的对比在于他们处理冲突的方式。二号大多数情况下会希望尽可能避免冲突；而六号，尤其是反恐惧型六号，有时会挑起冲突，特别是当他们感到需要挑战滥用权力的权威人物时。

二号与自保六号之间存在着特殊的共性。两者都很热情，都会把相当多的精力放在建立友谊上，尽量避免表现出攻击性（但会被动地表现攻击性）。二号出于讨人喜欢和被肯定的愿望，会尽量吸引朋友，因为这会给他们带来幸福感。自保六号的方式稍有不同，他们希望与友善的他人建立一种旨在保证自身安全的联盟关系，以便联合起来共同抵御外部威胁。二号出于讨人喜欢和被视为不可或缺的需求而结交朋友，这样朋友会像他们满足别人一样来满足自己的需求，六号则对避免攻击或其他危险的安全性有着强烈的需求。

二号和七号

二号和七号看起来很像，他们都很积极向上、精力充沛和风趣。二号和七号都倾向于积极乐观，二号是因为他们希望人们喜欢自己（他们知道人们喜欢快乐的人），七号则是因为他们喜欢快乐而不喜欢悲伤，因为感受“负面”情绪会激起他们的威胁感和焦虑感。二号和七号都有享乐主义倾向，两者都喜欢享受美好时光和体验快乐。然而，他们追求快乐的目的是不同的。二号希望与他人有积极的体验，从而建立关系，享受关系，这也是他们放纵（或过度放纵）自己的方式，以此来回应需求被剥夺的深层情感。七号也有寻求快乐的习惯，但是将其作为避免不太正面的情绪的一种防御方式，包括不舒适、痛苦或焦虑等情绪。这两种类型的人都喜欢与他人交往，并会把喜欢的人理想化，二号是因为希望别人肯定他们的可爱，七号则是因为喜欢与有趣的人交往时所带来的刺激。

二号和七号之间也有着显著的差异。二号会把大量的注意力放在他人身上，聚焦于他人的情绪和需求，以与他人保持一致并建立积极连接；七号则更多的是关注自己的需求和愿望，寻求实现自己的愿望，以回避或转移更负面的感受。此外，二号往往会为了适应他人而放弃自己的需求，试图以此巩固与他人的连接；七号则会做自己想做的事，不太会放弃自己需要的东西去取悦他人（但社交七号在这方面是个例外）。在与他人交往方面，二号会积极地管理自我形象，使自己成为自以为他人希望自己成为的样子，以此作为吸引他人的一种方式，而七号则不太关注人际交往中他人会如何看待自己的形象。从根本上讲，二号是以取悦他人为动机，七号则是以取悦自己为动机。

二号倾向于情感导向，时常会去接触自己的情感，七号则倾向于理智导向。在完成一项任务时，七号会很难集中精力，特别是当任务枯燥乏味的时候；而二号更容易集中精力完成任务，尤其是当他们正在做的事情会以某种方式被他人看到或评价的时候。七号喜欢有很多选择，如果没有选择的话会感到受限制；而二号不一定需要或想要有更多选择，因为太多的选择会让二号更难做出决定（因为他们常常不知道自己需要什么）。

社交七号会比其他两种七号副型看起来更像二号，因为社交七号更倾向于对他人有所帮助。除了以他人为导向的共性之外，社交七号也会牺牲自己的需求，以类似于二号的风格，去支持群体的需求。这种留意群体和他人可能需要什么的习惯，会让社交七号看起来很像友好、外向、慷慨的二号。然而，尽管社交七号比其他七号更倾向于给予或牺牲自己的私利，但仍然可以根据他们对自己需求和愿望的见解，以及回避困难情绪的倾向，将社交七号与二号区别开来。

二号和八号

尽管二号和八号非常不同，但他们确实有一些共同点，会让二者看起来相似。尤其是社交二号会看起来像八号，而社交八号（尤其是女性）会看起来像二号。二号和八号都倾向于保护他人，对于二号来说尤其是保护重要的他人，而对于八号来说尤其是保护弱者或更脆弱的他人。二号和八号都可能是易冲动、自我放纵和享乐主义的，二号是因为他们不知道自己需要什么而过度补偿（因此经常会有被剥夺感），八号则是因为他们行动快捷，常常缺乏思考，也不喜欢压抑自己的欲望。这两种类型的人在他们所做的事情上都会过度，比如：吃、工作和给予。八号是因为他们有很大的能量和食欲，不喜欢感到受限制，二号则是因为他们经常不知道自己到底需要什么。另外，二号在牺牲自身利益去关注他人的需求时往往会遗弃自己，而八号则倾向于忘记自己的需求和局限性，比如当他们习惯性地承担得越来越多并不知限制地工作时。二号和八号都喜欢掌控，八号是因为他们看到了大局，想要下命令把事情向前推进，并满足自己的需求；二号则是因为他们希望自己显得很有能力，能以他们认为会给别人留下深刻印象的特定方式做事。

二号和八号之间也有不少差异。二号会把大量注意力集中在他们的形象和人们对他们的看法上，而八号则会表现出一种“不在乎别人对自己怎么看”的态度。大多数八号会相对容易地感受和表达愤怒，并直面冲突，即便他们并不“喜欢”冲突。而二号虽然偶尔与人对峙，参与冲突，大多数情况下会克制自己的愤怒，避免冲突，因为他们担心这可能会疏远他们想要与之保持联系的人。八号的注意力通常集中在权力和控制，谁拥有它以及如何使用它上。二号也会经常意识到这些方面，但他们主要关注的还是人们的需求和感受，而不是他们有多大的权力。虽然八号不一定非得是老板或领导，但他们很容易进入领导的角色，尤其是当该角色缺位的时候。二号虽然可以成为优秀的领导者，但他们通常觉得处于低一级的辅助地位更舒服，比如领导的左右手或王位背后的权力。八号很容易支配和强迫自己的意志，二号则倾向于解读境况，看需要他们做什么，然后改变自己的行为，成为别人需要他们成为的样子，而不会一直坚持自我意志（虽然有时他们会以一种自豪的、带几分“我最了解”的方式这样做）。最后，八号倾向于避免表达脆弱，甚至通常完全否认任何的脆弱感。相比之下二号则更容易表达脆弱，因为他们经常感受到脆弱的情感，例如创伤或悲伤，甚至会无意识地利用自己的脆弱来操纵他人。

二号和九号

二号和九号有着很多共同特征。他们都倾向于关注他人，因此常常忘记或忽视自己的需求和愿望，而让他人的需求和愿望占据主导地位。这两种类型都会过度适应他人，二号会改变自己的行为，以成为他们认为别人所希望他们成为的样子，这样别人就会喜欢自己；而九号则会与他人的安排相融合，以缔造和谐，减少紧张和分离。二者都可以成为优秀的调停者，因为他们很容易领会和理解别人的见解和观点，事实上，他们通常会比看自己更为清晰地看到别人的观点。

在旁观者眼中，二号和九号看起来都很可爱、友好、会关心人。这两种类型的人很少或者说根本没有接触到他们的愤怒，虽然有些二号偶尔会在他们未言明的需求没有得到满足时感到愤怒。由于二号和九号都对愤怒有所不安，他们比较适应与他人保持积极的连接，通常都会回避冲突，尽管有些二号在受他们更为情绪化的天性驱使时常常不那么在乎冲突。二号和九号都会采取被动性的攻击行为，因为他们担心会破坏与他人的重要关系，很难坚持做自己，或以更直接的方式表达愤怒。

虽然二号和九号看起来非常相似，但他们确实也有一些不同的特征。这两种型号都主要把注意力集中在他人而不是自己身上，但二号更倾向于关注情感，易于感受到自己的情绪，而九号则更注重与他人保持一种充满活力的和谐。二号往往比九号更频繁地感应到范围更广、更强烈的情感，九号则倾向于在情绪方面更加坚定和平稳。二号会更主动地接近他人，积极地理解他人的需求和偏好，以便努力在情感上与他人保持一致；而九号则不会那么主动地寻求与他人的连接，也不会那么积极地理解他人的需求。此外，当涉及他们想要与之建立关系的人时，二号会更有选择性，某些人对其的吸引力往往会胜过另一些人。而九号则更加大众化，不会像二号通常做的那样，有目的地追求与特定的人建立连接。相比九号，二号往往有更积极、更高的能量状态和更快的节奏。九号则通常显得更放松，更容易相处。虽然这两种类型都会为了关注他人而遗弃自己，但二号倾向于抑制需求和情感，而九号倾向于"遗忘"或回避注意自己的欲望和计划。九号往往会忽略自己的日程安排，二号则会有明确的日程安排（尤其是在实现人际关系方面），即使他们可能没有注意自己需要的是什么。

三号和四号

三号和四号会因一些共同的特征而看起来很相似。他们都把注意力集中在别人对自己的看法上，三号非常注意在特定的环境中根据外部标准来塑造成功和成就的形象，四号则专注于根据自己的独特感知——对于表达来说什么是重要的——来传达印象。除了注重形象之外，这两种类型都属于心中心三元组，所以从根本上来说，均是以感受和情感连接为导向的。尽管他们都是基于情感的类型，但三号倾向于避免情绪，以便更容易地完成任务和达成目标；四号则倾向于时常感受自己的情绪，甚至老是过分认同自己的情绪。这两种类型都会把人际关系放在优先位置，通常都很重视认可和赏识。最后，三号和四号都会是热情的、有创造性的、勤奋的和具竞争性的。

三号和四号之间也存在着显著的差异。三号倾向于把注意力集中在任务、目标和工作上，四号则更注重情感、自我表达以及与他人的情感连接。当三号专注在任务上时，他们通常会寻找最短、更高效和最快的路径实现目标，而四号则喜欢采用一种非线性、更有创造性、更有机的自我表达方式。三号会为了完成事情而麻木自己的情感，四号则认为应该去感受并真实地表达所有的情感。三号追求目标，以实现社会或群体所定义的成功；而四号寻求的是通过创造性、人际连接和真实表达来显示与爱和情感深度有关的理想，以此来感觉自己是独特和唯一的。

三号会追求在他人眼中成功的样子，高度重视获得成功的物质标志，如漂亮的衣服和豪华的汽车，四号则更加关注和强调自己的内在感受和价值。三号关注具体的目标以及如何实现这些目标，相比之下，四号会把注意力集中在特定情况下有所缺失和需要的东西上。当向他人展示自己时，三号会努力匹配他人所认为的最有吸引力或最令人钦佩的形象，即使这意味着要照本宣科地表现出某些不是他们的样子（也因此看不到自己真正是谁），而四号则重视真实的自我表达。在这个过程中，三号认同成功的形象（和理想化的自我形象），往往会显现出十分的自信和能力；四号则认同一个有缺陷的自我形象，通常会感觉他们在某个方面有缺陷。三号关注竞争、获胜和避免失败，而四号最注重的是真实的连接、自我表达和美学。尽管一对一四号可能会像三号一样具有竞争性，但他们的竞争更多是出于一种情绪意识，想要证明自己是值得的或优越的，而这种意识往往是由愤怒或无意识的嫉妒激发的。

三号和五号

三号和五号有一些相似的特征。这两种类型都重视对情感的控制，并往往会避免注意自己的情感。三号会麻木自己的情感，以防止情绪妨碍他们完成任务、实现目标和维护形象；五号则会习惯性地脱离情感，更注重思考和分析。五号在精神世界里会感到更加舒适和安全，三号则在行动和表演中找到舒适感。

从那些希望与他们建立密切关系的人的观点来看，三号和五号有时会显得不可企及，难以接触。三号显得难以接近是因为他们过分认同自己的形象，所以可能无法与真实的自我连接并活出真实自我；五号则是因为他们倾向于躲避他人，以减少不舒适的、可能是费力的情感纠葛。与此相关的是，三号和五号都很看重独立和自给自足。

三号和五号之间也存在着显著的差异。三号倾向于依赖他人来获得认可和赞赏，五号则以独立性和客观性为自豪，不会根据他人的看法来评价自己。三号非常注重创造一个让他人赞赏的成功形象，作为感觉有价值和值得的一种方式，五号则不会以这种方式注意自己的形象。在工作中，三号会优先指向完成任务和努力达成目标，五号则优先指向观察、思考、分析和发展知识。三号会在工作上花费大量的精力，不惜时间实现自己设定的目标，哪怕是加班加点；而五号则很注重保存精力，避免那些会耗尽精力的任务和关系。五号有一种自己精力有限的意识，因此在涉及时间、精力和心力等资源时，会不断地努力做到节约。另一方面，三号会成为工作狂，经常无限制地工作，甚至可以带着工作去度假。三号在他们生活的不同领域也有高度的竞争性，会投入大量的精力，不惜一切代价去获胜。而对于五号来说，他们似乎时常显得很冷漠或超然，如果五号认为某项事情不值得花费他们的精力和其他资源，便会很容易从中解脱出来。

三号和六号

三号和六号有一些共同的特征。三号和一部分六号，尤其是反恐惧型六号，都是非常勤劳、坚定自信和勇往直前的人。二者都擅长读懂人心，尽管他们这样做的原因有所不同。三号会审视他们的观众，确定其重视的是什么，以塑造一个他人所认为的成功和令人钦佩的形象。六号则是为了回应自己内在的威胁感，通过寻找幕后的安排和隐秘的动机来保护自己。这两种类型都是讨人喜欢和友好的，三号是为了寻求他人的认可，六号则是希望经由了解谁是自己的盟友来获得安全感。两种类型都很务实，聚焦于解决问题，但三号关注的是目标和找到达成最终结果的最有效途径，而六号优先考虑的是预料问题和危险，以便提前做好准备和找到解决办法。

三号和六号在一些细节方面上也有所不同。三号专注于快速高效地朝着目标前进，而六号可能会因为担心做错或需要查找问题而拖延。三号善于让自己匹配成功的形象，往往对自己所做的事情表现出自信，而六号则会在怀疑和质疑中摇摆不定，或因过度分析、想象最坏情况而陷入恐惧或僵住。在日常的工作和生活中，三号的关注点在于尽一切努力取得成功，喜欢因自己的成就而得到认可。而六号通常担心成功，因此可能会有自我破坏的倾向（有时是为了避免引起别人的注意）。与此相关的，三号是行动导向和成功导向的，六号则往往会避免采取可能通向成功的行动，因为他们担心成功会导致曝光，而曝光可能会招来攻击。由于三号非常以目标为导向，他们会保持高速朝着目标努力，而不会长时间停滞来考虑哪里可能出错。而六号几乎总是在思考哪里可能出错，这使得他们成为熟练的“问题杀手”，会自然地想到在完成特定任务的过程中可能遇到的阻碍，从而能够对其有所准备并作出解释。最后，三号通常会与权威合作得很好，只要后者不干预三号朝向目标的进程；而六号则倾向于怀疑或反抗权威人物，并担心后者会以不公平的方式对他们行使权力。

三号和七号

三号和七号是看上去很像的两种型号，有许多共同特征。二者都很精力充沛，工作上也很努力，特别是在他们感兴趣和投身的项目上。他们都是可爱、迷人和有吸引力的。三号会利用这些品质以取得人们的认可、赞赏和合作，七号则会利用魅力作为第一道防线，以驱散消极情绪，并在与他人互动时营造乐观积极的情绪。三号和七号都对实现目标很乐观和自信，三号是因为想在他人面前树立成功和有成就的形象，七号则是因为会习惯性地用积极的眼光看待事物，并相信有无限的可能性和机遇，以此避免困难情绪。与此相关，这两种类型都会避免可能减慢他们速度的消极情绪，三号是因为困难的情绪会有碍他们良好的举止和外观，七号则是因为担心陷入不舒服的感受，比如焦虑或悲伤。

有一些特征可以区分三号和七号。三号擅长集中精力和完成任务，而七号则显得更难以保持注意力并完成任务，因为他们容易分心。三号花大量精力培养自己的形象，管理他人对自己的看法，七号则不太注重通过塑造一个特定的形象来获取他人的认可。此外，三号倾向于以他人为参照，因为他们需要依靠他人的认可和赞赏来肯定自我感；而七号则倾向于自我参照，这意味着相比他人是否认可他们，他们更注重自己的内在体验、需求和欲望。三号把工作放在首位，甚至时常带着工作去度假。相较之下，七号则视快乐、乐趣和娱乐性的体验重于工作。三号通常可以在权力框架和工作场所的限制范围内良好地工作，只要这些框架和限制能够支持他们朝向目标的进程；而七号则不喜欢等级结构，因此会平等化权力，以避免接受任何可能加在他们身上的限制。最后，七号往往注重对未来的规划，而不是关注当前；三号则倾向于专注眼下，以及对于面前立即要完成的任务，今天需要做什么。

三号和八号

三号和八号有一些共同的特征，看起来非常相似。他们都很勤劳，对待工作任务有非常充沛的精力。两者都可能过度工作，三号的驱动力是无论花多少努力和时间也要完成任务，实现目标；八号则希望完成大事，容易忘记自己的身体需求和限制。这两种型号都会在必要的时候感受并表达愤怒，但通常其愤怒的原因是不同的。三号经常会在其他人阻碍他们实现目标时表现出愤怒和不耐烦，而八号则倾向于在更广泛的问题上更频繁地表达愤怒，包括当有人伤害到他们想要保护的人时，有人阻碍他们一般意义上的进步时，有人告诉他们该做什么时，有人不公平或不公正时，以及有人伤害到他们时。三号和八号在推进任务和项目上都很直接和坚决，都以目标或结果为导向。

这两种类型都倾心于领导的职务，三号是因为喜欢对事情的进展有发言权，重视在权力结构内获得高位所带来的提升形象的效果；八号则是希望掌控局面，有权制订议程并推进工作。三号和八号都难以表达脆弱情感。三号会习惯性地回避自己的情感，因为它们会干扰他们做事和朝着目标推进；八号则会否认脆弱的情感，以保持力量感、权力感和控制感。这两种类型的人也都会将表达脆弱情感视为软弱的象征。

三号和八号在一些特定的方面也有不同。三号注重培养成功的形象以获得他人的赞赏，而八号则不太注重自己的形象和人们如何看待自己。在动机方面，三号是为了获得成功，赢得他人的好感而努力完成目标和任务。而八号则是出于对权力和控制的渴望，以及满足他们物质上的需求。在实现目标方面，三号擅长寻找最有效的方法来实现目标，八号则很难明确在特定情况下为了向目标推进需要投入多大的力量。与此相关的是，三号能熟练地确定他们将如何影响他人，而八号则在他们如何影响他人方面是个盲点。

三号可以在现有的组织架构内工作，只要它不妨碍他们朝着目标前进；而八号则会反抗权威，如果有必要的话，他们往往会希望打破规则。八号重视真相，但难以区分自己的真相与客观真相之间的不同，而三号则擅长根据他们想要塑造的、符合特定观众价值观的形象设计他们的“真相”。换言之，对于八号来说，真相是他们所认为的真相，而对于三号来说——他们的执念是“欺骗”或“自我欺骗”——真相则是相对的，可以调整以适应不同的情况。最后，八号通常知道自己是谁，特别是就他们的身份、权力和力量方面的一般意识来说。而三号则对自己的身份感到困惑。三号认为他们就是自己的形象，不知道他们真正的样子——他们的真正自我——与所塑造的形象是不同的。

三号和九号

三号和九号有一些共同的特征。他们都有乐观、向上、讨人喜欢的倾向。这两种型号都很勤劳，也很务实，但是三号会更经常地聚焦于过度努力地工作。三号和九号都依赖于外部的支持以获得身份感和方向感。三号会读懂他人，领会什么是他人视为成功的东西，然后设计自己的形象，使之匹配那个成功的样子，以获得他人的认可和赞赏。由于九号不喜欢冲突，缺乏对自己内在安排的清晰意识，他们会以他人为参照，然后顺从他人的意愿或意志，以此作为自己寻找方向、产生和谐的一种方式。此外，三号和九号常常难以接触到他们的真实自我。三号将大量注意力集中在他们的待办事项清单上，强烈地认同自我的形象，这会让他们很难安住在当下，并在人际交往中对真实、实在的“我是谁”保持觉知。类似地，九号往往也会忘记自己，融入别人想做的事情，作为与他人和谐相处、避免冲突的一种方式。然而有些时候，九号会在事后意识到自己并非真的想要附和那个安排，但他们之前并不知道，因为他们往往难以在当时即刻知道自己真正想要什么。

三号和九号之间也有一些重要的区别。基本来说，三号注重完成任务和实现目标，与之相反，九号则更注重保持舒适与和谐。三号是快节奏的、果断的、积极推进的；九号则行动缓慢，并且有骑墙观望的倾向。三号是非常工作导向的，常常会变成工作狂。虽然有些九号也非常勤劳（尤其是社交九号），但许多九号难以完成事情，因为他们可能会陷入惰性，因犹豫不决而僵住，或因任务不太重要而分心。三号通常会非常专注于自己的目标，直到把它实现。相比之下，九号往往容易偏离自己的优先事项，因为他们的注意力常会从自己的目标被拉到支持他人的目标和计划上。如果有必要的话，三号会参与冲突，特别是为了消除有损前进的障碍，而九号则通常会煞费苦心地避免冲突。九号喜欢保持舒适，他们倾向于避免离开自己的舒适区去完成那些在他们看来会扰乱自己平静的任务，比如在公共场合表达强烈的观点，或者因某人没有正确地做某事而与之对峙。相比之下，三号只要认为有助于推进目标进程，会更容易忍受不舒适。最后，九号非常不喜欢成为关注的焦点，而大多数三号很享受成为公众注意的焦点，甚至可能会主动寻找让别人注意自己的情形。

四号和五号

四号和五号之间有一些明显的相似之处。这两种类型的人都是内向的，倾向于躲避他人。五号出于保存精力和内在资源的需要，以及担心与他人互动会耗尽精力或侵犯他们的私人空间，会习惯性地设定边界，远离人际交往。四号往往也需要周期性地与他人保持距离，以便更深入地参与自己的内在体验。尽管四号比五号更经常地接触自己的情绪，但两者都理智化，会通过专注于思考的方式断开与情感的连接。这两种类型都是自我参照的，这意味着他们关注自己的内在体验，胜过关注他人的感受。同样的，四号和五号也都是内省的，会把大量的注意力放在自己内在所发生的事上。

四号和五号之间也有明显的差异。四号是最情绪化的型号之一，他们大多数时候与自己的情感有深层的联系。而五号则是最不情绪化的型号之一，他们会习惯性地脱离自己的情感。当涉及与他人的关系时，五号倾向于避免深层连接，因为他们觉得限制情感纠葛会让自己更舒服，而四号则通常会寻求与他人的深层情感连接。五号大多不表露自己的情感，重视自给自足；四号则往往会与他人分享自己的情感，重视情感真实的关系。

在评估境况或任务时，五号会传达出一种公正、客观的观点。相比之下，四号的特长在于其情感直觉，他们倾向于从情感或情感的创造性方面看事情。五号喜欢独处和有大量的私人时间，而四号虽然也欣赏独处的时间，但他们对遗弃和失去也很敏感，重视保持强烈的情感连接。五号倾向于有所保留和克制，在关系中对侵扰很敏感，而四号则更富戏剧性、浪漫和激情。另外，五号很容易产生被别人的需求耗尽的感觉，而四号在面对别人的需求时通常会非常敏感，有同理心。最后，五号倾向于最小化他们的需求和欲望，而四号则沉迷于自己所渴望、期待的需求得到满足的那种体验。因此，当四号缺乏所需要的东西时，会感到极其痛苦；而五号则会超然于痛苦之外，专注于囤积、节省和保存，以此来应对他们的所需不足。

四号和六号

四号和六号从外在风格来看非常相似。他们都很有直觉，善于读懂人心：六号是因为要通过观察他人的意图来保护自己免受威胁，四号则是因为他们在情感方面很有直觉和同理心——这些特质对他们建立支持性的关系很有帮助。这两种型号都很善于解决问题，四号是因为他们很自然地看到了在特定情况下所缺少的东西，六号则是因为他们会自动地思考哪里可能出问题，以便对其有所准备。四号和六号都会挑战权威和已有的做事或项目的方法。四号不会墨守成规，因为他们有独到的观点，以深度和真实的情感表达为导向。六号会很叛逆，因为他们从对立的角度来思考问题，对那些有权控制他们的人感到不安全和怀疑。四号和六号都倾向于对自己有负面情绪。四号常常觉得自己有缺陷或在某种程度上错失了什么，六号则倾向于怀疑、质疑和责备自己。二者都会在生活中踌躇不前：四号是因为他们过于自我批评，过分执着于特定的情绪，认为事情是没有希望的；六号则是因为他们过度思考问题和事件，感到“分析性瘫痪”，怀疑自己的能力，害怕成功。

四号和六号也有着明显的区别。四号对他人如何看待自己非常敏感，希望被视为唯一和有原创性的，而六号则不那么注重别人对自己的印象。四号想要脱颖而出，在别人眼中被视为特别的，六号则更认同弱者、“普通人”的原型。四号主要活在情感中，六号则更多地活在头脑中，以理智和分析为主导。六号最经常的情绪体验是恐惧、怀疑和担心，而四号更经常体验到的则是与悲伤和忧郁有关的情绪。六号寻求确定性而往往无法找到，或者会为了确定性而坚持某种特定的、不需要的东西。四号主要关注的是他们没有而他人拥有的东西——通常是一段无法得到的恋情——认为如果他们能够得到的话，就能够最终获得幸福。最后，四号的主要目标是作为真正的自己感受到被爱和被重视，而六号则更注重在世界上感到安全。

四号和七号

四号和七号有一些共同特征，让他们看起来很像。这两种类型都非常理想主义，四号关注与爱和连接相关的理想，七号则侧重于在更广阔的想象领域中展望理想。最明显的是，四号和七号都欣赏并寻找强烈和刺激的体验。四号这样做是因为他们活在自己的情感中，他们欣赏深刻的情感，以及与他人的激情连接所带来的丰富体验，不喜欢平凡的经历。七号追求强烈和刺激是因为他们希望保持高涨的情绪、愉快和积极的体验，以远离不太积极、不太强烈、可能空虚、无聊或不愉快的选择。在此方面，这两种型号都讨厌日常、世俗和普通的东西，觉得这一类体验会带来空虚感，从而产生无聊甚至焦虑。四号和七号都重视创造力和自我表达，四号欣赏美学和艺术是因为他们希望被视为和理解为特别和唯一的；而七号则是因为他们是天生的幻想家，会想象未来的各种可能性，有很多兴趣和想法，欣赏创造性表达所蕴含的刺激和令人兴奋的方面。

在与他人的关系方面，四号和七号都是自我参照的，也就是说，他们都更关注自己的体验，而不是主要关注他人。四号通常是在情感方面关注自身的体验，比如自己的感受和情绪。而七号则多是在思想、未来计划、对于乐趣和快乐感受的渴望方面关注自身的体验，他们会把目光投向外在世界，寻找消遣的机会。四号和七号也都对批评很敏感，四号觉得批评是对原本自认为不够好的自我意识的一个额外打击；七号则感觉批评对于他们充满青春活力、专注积极事物的愿望是一种有伤感情的干扰。

四号和七号在一些细节方面上也有所不同。尽管这两种类型都是理想主义的，但七号倾向于不屈不挠的乐观，而四号则有点悲观，尤其是在他人看来，因为四号往往会注意缺失了什么。另外，四号和七号在情感体验方面也有很大的不同。七号倾向于关注并沉浸在积极情绪中，天生就带有非常乐观、快乐的气质，与此相关，他们会难以与诸如悲伤、不舒服等困难情绪共处。而四号则更能适应各种各样的情绪，能更经常、更安逸地感受失望或忧郁等较阴暗的情绪。同样，七号总将消极的东西重新表达为积极的东西，而四号在被人要求“看看光明的一面”时会感到恼怒。四号倾向于关注有所缺失的，以及他们希望拥有或成为却无法如愿的东西，这导致其更多觉知到境况、主题和关系中消极的一面。

四号能安于各种情绪，这使他们成为那些正经历困难的人很好的支持者，而七号则很难与那些痛苦中的人相处并感同身受。七号面对痛苦时会感到挑战，而在专注于积极的情绪时更加舒服和放松。相反，四号会在痛苦中感到丰富，并将其视为真实、有价值的人类体验的一部分。此外，四号会通过分享真实情感来寻求与他人的深层连接，而七号对于在强烈的情感层面做出承诺和探索关系会感到犹豫，因为他们不喜欢感觉受到限制，因此常常会避免与他人有过深交往。最后，四号重视真实性和深度，而七号则更加看重魅力和积极有趣的外观（四号会觉得这些是肤浅或不真诚的）。

四号和八号

四号和八号看起来很相似。这两种类型的人都愿意卷入冲突，必要时会与人对峙，不过八号往往比四号更经常这样做。四号和八号都能感受和表达强烈的情绪，但八号更多表达的是愤怒，而四号则更容易感受一系列的情绪，尤其比其他型号的人更经常地感到忧郁。二者都会被强烈的情感所吸引，也都会充满激情地去感受事物，但是四号比八号更有可能感受到脆弱的情绪。两种型号都是冲动的，都觉得有理由违反规则——八号是因为他们凌驾于规则之上，四号是因为他们优先考虑的是内在体验和自己的需求与欲望，而非规则。在工作环境中，四号和八号都会努力工作，深入参与其中，四号将工作视为自我表达的机会和协作的艺术，八号则希望产生大的影响，获取并维护权力，指导、保护与他们一起工作的人。

四号和八号之间也存在着显著的差异。四号通常会比八号体验到更广泛的情绪，八号更多地感受到愤怒和不耐烦，四号则更多地体验到忧郁和悲伤。重要的是，八号不喜欢变得脆弱，也不喜欢表达任何脆弱情感，经常否认这种情感的存在。相比之下，四号则经常觉察到脆弱的情绪，甚至会在对自身脆弱性真实而深刻的体验中感受到某种程度的安慰。八号很难认识到自己的物质限制、依赖需要和更柔弱的情感，而四号（除了部分一对一四号可能例外）会更熟悉自己的局限性、依赖感和更柔软和情绪。此外，四号在满足自己的物质和情感需求方面通常会比八号付出更多努力。在人际关系方面，八号往往是通过保护和权力来表达爱，而四号则是通过情感和对连接的渴望来表达爱。

虽然这两种类型的人都会挑战既定的权威，但八号通常比四号更频繁地反抗。一般来说，八号关注的是大局，谋划如何将事情向前推进；四号则更关注有创造性的过程，吸引注意力，以及因自己独特的贡献而被欣赏。当和其他人共事时，四号和八号都会有充沛的精力。八号往往非常武断，甚至会有攻击性和支配性，而四号更倾向于与他人建立情感连接（虽然一对一四号也可能是武断或有攻击性的）。与此相关，八号常会误解自己对他人的影响，而四号则在情感上更具直觉性，对自己会如何影响到周围的人高度敏感。沟通风格上，八号倾向于坦率和直截了当，而四号则更多地通过描述他们对某事的情感体验来表达自己。八号不会太多关注自己的内在过程，而四号是非常内省的。

四号和九号

四号和九号有一些共同的特征。二者看起来很相似，因为他们都非常注重培养人际关系和与他人建立连接。除此之外，这两种类型的人都会因为与所爱的人融合而迷失自我，尽管九号比四号更经常这样做，四号更容易感知到自己独立的需求和愿望。四号和九号理解他人都相对容易，四号是因为他们对他人的情绪和感受有着情感上的直觉和敏感，九号则是因为他们往往看他人的观点比看自己的还要清楚，会与他人结成联盟以产生和谐。这其中的消极面在于，四号和九号都会感到被忽视和对他人不重要。对于四号来说，他们最常体验到的情绪是有关被误解或者“不够好”；而对于九号来说，他们更多的体验有关被忽略和被忽视，通常是因为九号很难采取坚定的立场或表达明确的观点。另一个重要的相似点是，这两种类型都担心没有归属感。四号会觉得自己格格不入，而九号的内心则有着一种深刻的关于自己是否属于这个群体的担忧。

四号和九号也有显著的差异。从根本上说，九号是他人参照，四号是自我参照。这意味着九号会优先关注他人的观点、安排和情感，而四号则优先考虑自己的内在体验，更多关注自己的需求、感受和愿望。四号感受到的情感比九号更深刻、更广泛，九号往往更坚定，情绪稳定。九号的注意力很容易从自己的优先事项上转移到不太重要的其他事项或他人的计划上，而四号则更能意识到并专注于满足自己的需求和愿望。九号以创造人与人之间的和谐为导向，而这对四号来说远没有那么重要，他们甚至会在必要时制造或促成不和，以此推动真实的情感交流。九号大多时候会避免冲突，而四号会在必要时参与冲突，甚至可能造成冲突。

九号一般不会表明自己的偏好，通常是因为他们不知道自己想要什么，但有时也是因为他们认为别人的观点比自己的更重要，或者不想产生冲突。相比之下，四号倾向于认为他们的观点是有价值的，说出他们的想法很重要。四号不会总是适应他人，时常感到必须要表达自己的不同意见或独特见解；而九号则倾向于过度地适应他人，时常认为如果不适应他人，与他人的连接就会被打破。由于这种适应他人的倾向，九号很难说“不”，很难建立边界，维护自己。另一方面，四号则更经常、更容易与他人建立边界，坚持自己的主张。

五号和六号

五号和六号在很多方面都很相似。他们都很矜持、退缩。更偏向恐惧型的六号尤其像五号，因为这两种类型都很内向，通过远离他人来寻求安全感。五号会与他人保持距离，因为他们想避免被耗尽，而六号则出于担心他人可能代表某种危险或威胁而提防他人或退缩。两种类型在建立关系时都会对信任他人有所迟疑，因为他们都担心安全和保护，虽然恐惧型六号对外部威胁的担心和焦虑往往更为敏感，而五号则擅长在恐惧的情况发生之前就避免它们发生。在涉及与他人互动以及需要保护自己边界的时候，五号和六号都很警惕，他们在边界受到挑战时会变得愤怒。五号需要明确的界限，因为想要避免侵扰和其他可能消耗能量的互动，而六号则习惯性地担心受到某种方式的攻击或羞辱。五号和六号都是习惯性地理智化、分析和思维型的人，也就是说他们大量依赖于自己的思维功能来回避情感——他们可能会想到情感，但很难真正地去感受它们。

五号和六号也有一些不同的特征。反恐惧型（一对一）六号看起来和五号很不一样，比起更加内向的五号要更外倾。相较于五号，六号对权威有更明显的主题。六号怀疑甚至公开反抗权威人物，而五号如果喜欢的话，会跟随权威（而如果他们不喜欢的话，则会以一种更悄然、更不引人注意的方式反对既定的权威）。六号在寻求确定性的过程中，会把注意力集中在质疑和怀疑上；而五号则会更加注重积累知识，减少需求，以及节约使用时间和精力等资源。五号重视对情绪的控制，而六号则不会优先考虑控制情绪。

在分析情况时，五号会非常客观，因为他们习惯性地脱离情感。而六号很难区分自己的直觉和投射，把自己感知到的现实与他们担心会发生的事情相混淆。在人际交往中，五号会躲避他人，以避免因需要满足对方情感需求而感受到压力；而六号则不惧怕满足他人的需求，在时间和精力上对信任的人非常慷慨。

五号和七号

五号和七号有一些共同特征。二者都是脑中心型号，大部分时间都“活”在其头脑中（或者思维功能中），但形式有所不同。五号相信知识就是力量，往往会从收集和划分信息的方面来思考，而七号则倾向于从计划和相互关联的理念方面思考。七号有一种非线性的思维方式，能够发现不同事物之间的联系和相似之处，五号则侧重于收集和划分信息，尤其是关于他们有强烈兴趣的事物。此外，七号和五号都有着活跃的想象力，真心喜欢学习新事物和追求智力爱好。这两种型号在社交活动中都避免过于投入，五号是因为担心会被别人的需求耗尽，七号则是因为他们喜欢有很多选择，不喜欢感到受限制。另外，两种类型都是偏智性的，也就是说，他们都会由于思考和分析而脱离情感。

五号和七号之间也有明显的区别。七号大部分时间都活在未来中，幻想和计划着尚未发生的娱乐活动；而五号则不会活在未来中，或像七号那样思考计划和娱乐方面的事情。七号始终保持积极，习惯性、自动地将消极面重新定义为积极的东西，而五号则倾向于更客观、不带感情地分析情况和事件。七号注重有多项选择和无限的机会，五号则关注如何保存精力，以最经济的方式做必须做的事情，因为他们认为自己的资源是有限的，感到有被耗尽的风险。事实上，七号很难做出承诺，因为有人依赖于他们会令其感到拘束、限制和不舒服。而五号因为非常善于保护自己的私人空间和建立边界，更能够做出承诺。七号在社交上常常是非常活跃的，也很善于交际；而五号对于做出社交承诺往往更加谨慎，只向生活中极少数的人做出承诺。

当涉及情感时，七号会积极寻求兴奋和刺激，以避免诸如沮丧、不适、悲伤等情绪；而五号则纯粹就是脱离情感，自动地放下情感而聚焦在思想和理念上。七号会无意识地通过吸引他人和消除他人的敌意，来应对他们的恐惧和焦虑；五号则会通过脱离和退缩的方式，来避免可能会感到侵扰或引起困难情感的互动。

五号和八号

五号和八号之间有一些明显的相似之处。二者在有人挑战他们的边界时都会感到并表达愤怒，但这是五号唯一会公开表达愤怒的情况，而八号往往会在更广泛的主题上更频繁地表达愤怒。五号和八号都很难体验到、更难以表达脆弱情绪。五号会脱离情绪，从可能激发脆弱情绪的情境中撤离；八号则会否认自己的脆弱，并通过关注和设法表达他们的力量和权力来过度补偿。

五号在许多方面不同于八号。在社交层面，八号偏外向，有大量的“高”能量；而五号通常更加内向、孤僻，外表显得更为保守，能量不足。虽然八号和五号都喜欢掌控，但八号会以更公开、更主动、更具攻击性的方式来掌控，而五号往往会更加平静、不明显地控制事情，花费更少的精力。八号在做事时往往会过度，而五号则是极简主义者、保守主义者和节俭主义者。

在分析情况时，八号很难区分客观真相和他们自己版本的真相，而五号则在成为客观分析员方面特别有天赋。八号比较冲动，五号则更细心。例如，八号往往在尚未考虑清楚之前就采取行动，而五号则倾向于在采取行动之前对某一特定行动进行大量思考，也更多地会因为想得太多以至无法采取行动而痛苦。在人际关系中，八号通常会清楚地表明他们的立场。而五号则很难读懂人心，会保留一些关于他们的想法和感受的信息，即使与亲密的人也如此。最后，八号会反抗任何针对他们大量享乐或权力的抑制，而五号则倾向于最小化并抑制自己的需求和欲望，可能会感到被生活和关系耗尽。五号甚至会因时间、空间或情感精力方面的代价似乎太大，而放弃一段可能带来快乐的关系。相比之下，大多数八号则觉得人际关系，特别是身体上的亲密（或这方面的承诺）会给他们带来活力。

五号和九号

五号和九号有一些共同特征，尤其是从外部观察者的角度看来。从能量上讲，五号和九号都显得矜持和孤僻，但是九号不会太躲避他人，因为他们喜欢缔造和谐和联盟，从而遗忘自己，忽略自己的计划和偏好。两者都会是优秀的调解人，因为九号很容易看到所有的观点，五号则善于作客观分析。他们都不喜欢冲突，都会被动性攻击，但九号是由于无法直接感受自己的愤怒，而五号则是因为不想公开表达自己的情绪，或卷入可能需要付出大量精力的情绪状况。这两种类型的人都有各自的方式远离自己的内在体验，五号是通过脱离情感，九号则是通过忘记自己的偏好和观点。在涉及与他人合作时，五号和九号都喜欢有架构和规则性，他们希望人们咨询那些他们所思考的、可能需要时间反思的事情，且都对被他人控制很敏感，感到厌恶。

五号和九号之间也有一些明显的差异。在与他人的关系方面，最根本上来说，九号倾向于与他人融合，因为与人和谐相处会让他们觉得舒适；五号则有远离他人的倾向，因为他们害怕被他人的需求和要求耗尽。九号是他人参照，往往会首先关注他人；而五号是自我参照，更关注自己的内在体验和边界。与此相关，九号会过多地适应他人，五号则过少地适应他人。九号经常不知道自己想要什么，他们倾向于避免表明自己的偏好，但之后会因为跟随了他人、自己的愿望没有被听到而感到愤愤不平。另一方面，五号几乎总是知道自己想要什么，并且精于防止别人干涉自己想要做的事情。九号通常被认为是友好、和蔼可亲与随和的，而五号则往往被认为是冷漠和矜持的。

九号希望以一种和谐的方式与他人亲近，他们往往没有意识到自己对边界的需求，因此也不会与他人建立边界，而五号则会优先建立和维护自己的边界。同样，面对他人的意愿，九号很难予以拒绝并表达自己的偏好，而五号则更容易说“不”。有时候，九号会说“是”，意思是“不”，而五号则想说“不”就说“不”。由于边界感的问题，九号很难与他人分开；而五号则很容易与他人分开，有时这甚至是他们的默认项，因为构成五号自保的主要形式之一就是后撤。对于九号来说，关注他人的计划会妨碍他们了解自己的计划；但对五号来说，关注自己的计划会让他们很难接受他人的计划（或情感），并为之腾出空间。

六号和七号

六号和七号有一些共同的特征。两者都是脑中心型号，因此主要是思维导向的，尽管他们对不同的主题有不同的思维方式。七号专注于规划未来的活动、新的和有趣的想法，以及相互关联和综合信息。六号思考的则是哪里可能出错，以便能够主动作好准备。他们也会逆向思维，质疑从他人那里听到的想法和观点，想努力找到真相或解决问题。六号和七号都是思维敏捷的人，有很好的想象力，虽然六号倾向于想象最坏的情况，而七号则倾向于想象高度积极的情况。这两种类型都是“恐惧型”的，尽管他们都会，或不会主动地意识到自己的恐惧。七号和反恐惧六号看起来尤其相似，因为他们都会在面临危险的情况下迎向威胁，七号凭借魅力和吸引人的外表，反恐惧六号则依仗力量和乐于恐吓。两种类型的人都会过于陷入思考而不付诸行动，六号是因为陷入怀疑，七号则是因为被新的想法和多种选择分散注意力，或不愿对某个特定行动方案做出承诺（或受其限制）。

六号和七号在一些细节方面上也有所不同。七号往往是非常投机主义的，而通常自称现实主义者的六号，在问题、威胁或负面可能性引起他们的注意时，在他人眼中会显得更加悲观。七号有很阳光的世界观，会用积极的说辞重新界定情况；六号则倾向于关注哪里可能出现问题，以便对可能发生的问题做好准备。两者处理恐惧或担忧的风格也不同，七号是凭借魅力和客套面对恐惧的来源，以软实力解除可怕的威胁；六号则倾向于保持警觉和警惕，提前预见威胁的到来，以便做好应对准备。反恐惧六号往往会以强力来面对威胁性的情况，而恐惧型六号则会退缩，社交六号在应对焦虑时会遵从一方权威。

七号的注意力聚焦在积极的可能性和有趣味的事情上，他们希望保持良好的感觉，避免痛苦和不舒服。六号则很难避免感到痛苦和不舒服，因为他们的注意力集中在自我怀疑、质疑想法和看似真实的现实，以及发现潜在危险上。六号想要寻求确定性，但很少（如果有的话）能够找到，或者找到了就紧紧抓住不放。七号爱玩、爱冒险，六号谨慎、有谋略。七号为娱乐而计划，六号则准备应对问题。七号看到有趣活动的无限可能性，无须刻意即可与焦虑和不适保持安全距离；而六号实际上是把寻找问题来解决作为一种感到安全的方式。六号容易与权威发生冲突，会质疑和怀疑权威，也会反抗和挑战权威；七号则把权威平等化，只是简单地否认权力的等级关系，认为自己与上级和下级是处于——而且是友好地处于——同一水平。七号期待成功，有自信的外表；六号预期事情会出错，外表看起来有一种焦虑，甚至是多疑。七号难以做出承诺，因为他们害怕限制，而六号一旦相信了某人或某事，会非常忠心、专注和坚定。

六号和八号

虽然六号和八号大体上在某些方面有点像，但是反恐惧六号和八号看起来非常不同，而恐惧型六号和八号则看起来很像。八号和反恐惧六号看起来都很强硬、吓人，而且这两种类型的人都倾向于“无所畏惧”地面对威胁或困难，正面应对问题。但是，八号真的很少或者根本没有恐惧，而反恐惧六号对威胁的对抗则是为了压制一种持续的、并不总是能在当下意识到的深层恐惧感（它代表了“战斗或逃跑”中“战斗”的部分）。八号和所有六号都有反抗权威的倾向，都会保护他们关心的人。八号倾向于保护弱小和易受伤害的人，六号则倾向于支持被压迫者或其事业。此外，六号和八号都非常勤劳和务实，但八号更倾向于过度工作，希望快速推进重大的事情；六号则更加谨慎、小心，可能会因对正在做的事情过度分析和不停质疑而减慢速度。

八号与六号在某些方面也存在明显差别，八号与恐惧型六号的差别尤为明显。八号较少感受到恐惧和脆弱，因为他们的生活态度是基于对脆弱的否定，以及对自己力量和能力的一种过度补偿式的自信。另一方面，恐惧型六号大多时间会感到担心和脆弱，因此他们焦虑地对威胁和其他危险保持警惕。八号很少怀疑自己，六号则会不断地怀疑自己。六号倾向于过度思考，会因过度分析而僵住，无法采取行动。八号往往行动迅速，不假思索。八号喜欢快速推进事情，如果其他人放慢了进程，他们会变得不耐烦，而六号则往往由于担心出现这样那样不好的结果而拖延或放慢进程。六号很难信任他人，会仔细审查他人，寻找隐秘的安排和背后的动机；而八号通常会信任那些看起来有能力的人，直到他们的信任被打破。八号会直接面对冲突，反恐惧六号则宁愿避免冲突，但如果有必要或者被激发的话会参与冲突。

六号和九号

六号和九号看起来很相似。他们都很忠诚，有爱心，会支持他人。这两种类型也都会拖延。六号是因为担心事情会出错，也害怕成功；九号在难以遵照自己的安排行事时，会推迟工作和其他任务。此外，九号有时会被动地抵制事情向前进展，以表示对他人要求自己所做的事情的抗拒（他们不明说，因为可能导致潜在冲突）。六号会因陷入质疑、过度分析和怀疑而妨碍自己向前进展。此外，恐惧型六号和九号都希望避免冲突，但九号在此方面走得更远。这两种类型的人都比较谦虚，不好出风头。他们也都不喜欢成为聚光灯下的焦点，但原因有所不同。六号是担心，哪怕积极的注意也会让他们容易受到攻击，而九号是因为，成为注意力的焦点会让他们感到不舒服，毕竟他们甚至都不会把自己放在他们注意力的中心。

六号和九号也有一些不同的特征，可以显示出他们之间的差异。九号倾向于与他人融合，容易信任他人；六号则倾向于立场分明和多疑，尤其是在一开始的时候，直到他们收集到足够的信息来确定某人是否值得信任。九号倾向于顺应他人并过度适应他人的偏好，遵从别人的意愿，来避免不舒服和可能的分离。相比之下，六号天生就不信任别人，他们会在同行前怀疑或测试别人。由于九号倾向于顺应他人偏好，他们很容易偏离自己的计划；而六号则往往会保持警惕，关注潜在的威胁。

九号会看到许多不同的观点，并且通常在团体中各方意见不同的时候起到调解作用。相比之下，六号会用逆向思维：他们看到一个方面，然后看到其反面，他们不认为许多观点都同样有道理，而是质疑和反驳任何他人提出的观点。九号不喜欢冲突，通常与自己的愤怒没有连接（这可能导致他们陷入冲突），在这一点上，他们与反恐惧六号有着很大的不同。反恐惧六号在某些情况下会感到愤怒并面对冲突，作为应对潜在威胁的一种方式。六号通常是有一点（或非常）反权威主义的，而九号则希望避免冲突和缔造和谐，他们通常会附和权威并与其合作，至少在外在表现上。

七号和八号

七号和八号也很相像。这两类人都是有远见的思想家，能够看到大局，看到未来的可能性。如果有必要的话，两者都能够面对冲突，尽管有的七号比其他七号更愿意面对冲突。在寻求享乐时，七号和八号都是无拘束、自我放纵和过度的，都喜欢紧张刺激的体验。在人际交往中，七号和八号都不喜欢被别人限制或控制。两种型号都是叛逆的，不过八号会以直截了当的方式，更公开地进行反叛，而七号更喜欢使用基于魅惑的技巧手段。八号认为漂亮的进攻就是最好的防守，而七号会选择通过软实力和保持多种选择来表达对潜在限制的反对，将魅惑作为他们的第一道防线。

七号和八号都会为了达到目的而违反规则，也都会承担大量工作而透支自己。对于七号来说，透支表明了他们难以拒绝令人兴奋的可能性和有趣的活动；而八号的过度工作则反映出他们想做所有事情，并且容易忘记自己的身体需求和脆弱性。八号和七号都会回避或否认更柔和、更脆弱的情绪，八号经常否认自己的脆弱性，七号则会回避痛苦和不适。

七号和八号之间也存在着显著的差异。当有人对八号摆老资格的时候，他们可能会反叛，但也可能与其尊敬的好权威一起工作，有时甚至喜欢成为领袖。与此相反，七号会把权力平等化，与老板和下属称兄道弟，以此来否认可能对他们有所限制的纵向权力结构。在注意力焦点方面，八号关注权力和控制，七号关注计划和玩乐。虽然这两类性格都与愤怒有连接，但八号比七号更有可能表达愤怒。八号比较直接，喜欢用强而有力的方式推进事态发展；而七号则很难专注于工作任务，容易分心，特别是当工作很乏味或是例行公事的情况下。八号喜欢下命令，快速有效地将项目推进到最后；而七号更喜欢创意阶段，而不是实施阶段，可能会难以跟进后续工作。七号用理智化的方式回避感受，转而进入思考，感到难以与困难情绪共处。八号则不经过思考而进入行动。八号也会否认温柔的情感，或者将其投射到他们认为较软弱的人身上，然后想要予以保护。最后，在分析或评估一个境况的时候，七号会将消极因素重新定义为积极因素，而八号不惧怕发现和处理“消极因素”，倾向于从“全有或全无”或“非黑即白”的极端角度看待问题。

七号和九号

七号和九号有一些共同特征，让他们看起来很相似。两者都是友好、乐观的，在与人交往时有亲和力、平易近人，还喜欢扎堆。七号和九号都想要被喜欢，倾向于以讨人欢喜的方式行事。他们也喜欢保持积极的态度，尽可能避免冲突，不过许多七号可以在必要时进行冲突，而大多数九号都不喜欢冲突。在执行任务时，七号和九号都很难清晰地专注在手头的工作，其中七号的散乱通常是因为有更有趣的事情要做、要想，九号往往是因为他人的安排、环境因素和零星小事分散注意力。

七号和九号也在一些方面有所不同。虽然这两种类型都会无意识地回避不舒服的感觉，但七号是通过追求刺激、自我放纵的活动和有趣的事情来避免不适，九号则是忽视自己，忘记自己的意见和愿望，从而避免体验到愤怒和不适。七号是快节奏、精力充沛的类型，而九号会以更加轻松的步伐运作，在制订决策和完成任务的过程中经常体验到惰性和优柔寡断。与他人互动时，七号是自我参照的，他们的注意力主要集中在自己的计划上；而九号则是以他人为参照，优先关注他人，对自己的欲望没有清晰或直接的体验。九号会与他人融合，附和他人的计划；七号很清晰自己的计划，当与他人的安排有任何冲突时，通常会优先考虑自己的计划。七号很容易知道自己想要什么，而九号却很难知道他们想要什么。对于九号来说，知道他们不想要什么比知道他们想要什么更容易。九号通常不会陈述自己的偏好，往往也不知道，然后会因自己被动跟随了他人的安排，推迟了自己的安排而怨恨他人，即便他们是情非得已。七号有自己的计划，不会让别人阻止他们做真正想做的事情。

八号和九号

八号和九号有一些相似的特征。他们都不喜欢被别人控制，但对外界试图控制的反应不同。八号会公开反叛、对抗，并可能会主动地压倒对方。九号在抵抗被控制时则采取一种更为消极的方式，通常表面上似乎同意或附和，但实际上被动地抵制——嘴上说“好”，但实际表现为“不好”。这两种类型都属于自我遗忘三元组，会忘记自己的需要和愿望。八号表现在过度和超量工作上，否认自己身体的脆弱性，承担过多的责任。九号的自我遗忘表现在把注意力集中在别人身上，与自己的情绪和优先事项失去有意识的连接。八号和九号都很容易享受并寻求世俗层面的舒适和快乐。

八号和九号也有一些关键的差异。八号的注意力主要集中在权力和控制上，而九号主要关注的则是缔造和谐，避免冲突。由于不喜欢冲突和人际关系中的紧张，九号通常会无意识地回避内心任何可能导致与他人发生冲突的愤怒感受；而八号则更容易感受到愤怒，并且可能经常感到愤怒，更容易陷入冲突。八号固执己见，会直截了当地表达自己的观点，而九号往往因为非常注重理解他人的观点而不知道自己的立场。对九号来说，持有观点也就意味着有发生冲突的风险，所以他们感到需要避免持有自己的立场、欲望和强烈的情感。

九号很容易看到每个人的观点，能开放地看到问题的诸多层面；而八号看得最清楚的就是自己的观点，并且倾向于从非黑即白的角度来看待问题。认同于多个视角使得九号成为优秀的调解人，能够看到问题的方方面面，擅于建立和谐与共识。相比之下，八号倾向于秉持自己的观点，坚持自己的方式。九号很难划分界限和表达拒绝，八号则很容易表明自己的意愿和拒绝请求。在人际交往中，八号经常被其他人认为是令人生畏的，而大部分人眼中的九号都是可爱、平易近人和友好的。八号往往对他人有很大的影响，而九号则难以产生影响，也不容易在人际交往中受人影响。八号喜欢打破规则，制订自己的规则，经常反叛权威；而九号喜欢结构，更容易与权威人物合作。两种类型的人都会回避某些内在体验：八号否认他们脆弱、温和的情感，九号逃避或遗忘他们的愤怒和偏好。八号会更加开放地向世界表达自己，并以强有力的方式去获得他们需要和想要的东西。

注释

前言：自我觉知与九型人格

1. Jung, Collected Works 8, p. 137, quoted in Hopcke, 1989, p. 13.

2. Tarnas, 1991, pp. 3–4.

3. Myss, 2013,p.xiii.

第一章　九型人格：理解人格多维本质的框架体系

1. Hopcke, 1989, p. 81.

2. Naranjo, 1995.

3. Naranjo (1994), quoted in Maitri, 2005, p. 54.

4. Naranjo, 1994, p. 199.

5. Maitri, 2005, p. 190.

6. 本书关于副型的描述，源于克劳迪奥·纳兰霍对九型人格的 27 种性格类型的描述。我在整本书中都给出了具体的出处，总体而言，这些材料都来自纳兰霍在 1994、1997、2012 年的著作，以及 2004、2008 和 2012 年他在工作坊的讲授。Gonzalo Moran 也对我关于副型的讲述做出了贡献。我非常感谢他慷慨地与我分享他的知识和诠释，他还翻译了纳兰霍 2012 年关于副型的著作的部分内容。

7. Naranjo, workshops, 2004, 2008.

8. 关于有意识地使用九型人格的箭头连线作为成长路径，这一（据我所知的）新颖方法借鉴了这几人的著作：Sandra Maitri (2000, p. 249), A. H. Almaas (as cited in Maitri, 2000, p. 249), and David Burke (as cited in Stevens, 2010, p. 134–135)。

9. Bourgeault, 2003, p. 63.

第二章　作为普世象征的九型图

1. Smith, 1992, p. vii.

2. Huxley, 1944, p. vii.

3. Bourgeault, 2003, pp. 64–65.Bourgeault 将 Maurice Nicoll 作为这个寓言的原始作者予以引用，并指出它是由哲学家 Jacob Needleman 推广开来。Nicoll 是葛吉夫的学生，写了大量关于葛吉夫观点的文章。Needleman 也写了不少关于葛吉夫学说的文章和书籍。葛吉夫是早期阐述九型人格的象征意义的重要人物之一。

4. 1996 和 1997 年我参加九型人格专业培训课程时，海伦・帕尔默也讲授了这种九型人格内三角的理论。

5. Schneider, 1994, p. xx.

6. Schneider, 1994, p. xxiii.

7. Skinner, 2006.

8. Ouspensky, 1949, (In Search of the Miraculous), p. 294.

9. Ouspensky, 1949, (In Search of the Miraculous) p. 280.

10. Lawlor, 1982, p. 21.

11. Schneider, 1994, pp. 3–4.

12. David Burke 在 2010 年的国际九型人格协会年会做报告时讨论了这个观点。

13. Schneider, 1994, p. 42.

14. Schneider, 1994, p. 43.

15. Schneider, 1994, p. 40.

16. 九型人格的这三个“智慧中心”在我们的大脑中也有对应的体现：1. 脑干，或者叫爬行动物大脑；2. 边缘系统，或者叫情感大脑；3. 大脑皮层，高级思维就发生在此处。(见 Killen, 2009; Lewis, Amini, and Lannon, 2000)

17. Stevens, 2010.

18. Stevens, 2010.

19. Stevens 2010; Bertrand Russell, 1945.

20. Blake, 1997, p. 27.

21. Addison, 1998; Smoley & Kinney, 1999.

22. Bennett, 1974, p. 2.

23. Needleman, 1992, p. 360.

24. Webb, 1980, p. 5.

25. Ouspensky, 1949 (ISM), p. 19; (See also Ouspensky, 1950).

26. Ouspensky, 1949 (ISM), p. 226.

27. Ouspensky, 1949 (ISM), p. 226.

28. Arica web site (www.arica.org).

29. Interviews with Oscar Ichazo, p. 91.

30. Arica web site (www.arica.org/articles/effross.cfm).

31. Arica web site (www.arica.org/articles/effross.cfm).

32. 克劳迪奥・纳兰霍在 2003 年国际九型人格协会年会上的主题演讲。

第三章　九号原型：主型、副型和成长道路

1. Goldberg, 2005, p. 17.

2. Goldberg, 2005, p. 18.

3. Homer/Lattimore, 1965, p. 139.
4. Naranjo, 1994, p. 258.
5. Naranjo, 1994, p. 259.
6. Maitri, 2005, p. 34.
7. Naranjo, 1994, p. 246 and Evagrius/Sinkewicz, 2003.
8. Naranjo, 1994, p. 246.
9. Naranjo, 1994, p. 255.
10. Naranjo, 1994, p. 255.
11. Wagner, 2010, p. 497.
12. Wagner 2010, p. 510.
13. Naranjo 1994, p. 256.
14. Naranjo, 1994, p. 256.
15. Inferno, Canto VII, p. 129, Dante/Musa, 1971.
16. Naranjo, 2008 subtype workshop.
17. Naranjo, 1994, p. 260.
18. David Burke, personal communication.

第四章　八号原型：主型、副型和成长道路

1. Horney, 1950.
2. Jung ("The Concept of Libido" CW 5, par. 194), quoted in Goldberg, 2005, p. 32.
3. Kahn, 2002,p. 26.
4. Kahn, 2002, p. 26.
5. Naranjo, 1997, p. 389.
6. Naranjo, 1997, p. 389; Kahn, 2002, p. 26.
7. Naranjo, 1995.
8. Maitri, 2005, p. 53.
9. Naranjo, 1995, p. 164.
10. Homer/Fagles, 1996,9:119–128.
11. Goldberg, 2005, p. 28.
12. Homer/Fagles, 1996, 9:306–312.
13. Naranjo 1994, p. 147–148.
14. Naranjo, 1997, p. 388.
15. Karen Horney (1945) as quoted in Naranjo, 1994, p. 133.
16. McWilliams, 1994, p. 101.
17. Naranjo 1994, p. 127.
18. Naranjo, 1997, p. 389.

19. Maitri 2005, p. 54.

20. Naranjo, 1994, p. 140.

21. 纳兰霍借鉴伊查索的观点，将这些固定的心理假设称为“认知错误”，它们构成并塑造了性格。九形人格作家兼教师 Tom Condon 利用他在 NLP 方面的专业知识，将对特定人格的心理固定称为“催眠”类型。

22. Naranjo, 1994, p. 142.

23. Naranjo 1994, p. 142.

24. Naranjo, 1994, p. 142.

25. Naranjo, 1994, p. 142.

26. Ichazo’s early name for Type Eight was “Ego–Venge:” Lilly & Hart, 1994, p. 223.

27. Naranjo, 1994, p. 141.

28. Naranjo, 1994, p. 145.

29. Palmer, 1988, p. 319.

30. Inferno V:39, p. 125, Dante/Musa, 1971.

31. Inferno V: 30–36, Dante/Musa, 1971.

32. Gonzalo Moran, personal communication.

33. Naranjo, 1990, p. 127; 1997,p. 391.

34. Naranjo, 1997, p. 389.

35. Maitri, 2005, p. 53

36. Maitri, 2005, p. 53.

37. Maitri 2000, p. 259.

38. Maitri, 2005, p. 68–69

39. Maitri, 2005, p. 68.

第五章　七号原型：主型、副型和成长道路

1. Hopcke, 1989, pp. 107–108.

2. Hopcke, 1989, p. 108.

3. Maitri, 2005, p. 172.

4. Homer/Lattimore, 1965, p. 152.

5. Homer/Fagles, 1996, 10:39–47.

6. Naranjo, 1994, p. 170.

7. Naranjo, 1994, p. 171.

8. Naranjo, 1994, p. 171.

9. Naranjo, 1997, p. 349.

10. Naranjo, 1994, p. 161.

11. Naranjo, 1994, p. 167.

12. Maitri, 2005, p. 174.

13. Naranjo, 1994, p. 161.

14. Maitri, 2005, p. 175.

15. Maitri, 2005, p. 176.

16. Wagner, 2010; Tolk, 2004.

17. Maitri, 2005, p. 176.

18. Naranjo, 1994, p. 161.

19. Naranjo, 1994.

20. Naranjo, 1994, p. 162.

21. Naranjo, 1994, p. 162.

22. Naranjo, 1997, p. 353.

23. Naranjo, 1994.

24. Naranjo, 1997, p. 353.

25. Naranjo, 1997, p. 353.

26. Naranjo: 1994, p. 162.

27. Naranjo, 1994, p. 162.

28. Naranjo, 1994, p. 162.

29. Naranjo, 1997, p. 353.

30. Inferno VI:34–38, 46–48, Musa, 1971.

31. Inferno, p. 125, Musa, 1971.

32. Goldberg, 2005.

33. Eliot, 1943, pp. 13–20.

34. Maitri, 2000.

35. Maitri, 2005, p. 185.

36. Maitri, 2005, p. 186.

37. Naranjo, 1994, p. 161.

38. David Burke, personal communication.

第六章　六号原型：主型、副型和成长道路

1. Maitri, 2005, p. 155.

2. Maitri, 2005, p. 153.

3. Erickson, 1959.

4. 纳兰霍在他关于九型人格的著作中强调，当谈到六号时，很难用单一特性予以概括。(1997, p. 297)

5. Naranjo, 1995, p. 151.

6. Naranjo, 1995, p. 151.

7. Homer/Fagles, 1996, p, 234.
8. Goldberg, 2005, pp. 56–57.
9. Naranjo, 1995, p. 144.
10. McWilliams 1994, p. 107.
11. McWilliams: 1994, p. 108.
12. McWilliams, 1994, p. 113.
13. American Psychiatric Glossary, 1994.
14. American Psychiatric Glossary, 1994.
15. Naranjo 1994, p. 231.
16. Naranjo 1994, p. 233.
17. Naranjo, 1994, p. 235.
18. Naranjo, 1994, p. 238.
19. Naranjo, 1994, p. 236–237.
20. Inferno III:52–57, 64–66, Dante/Musa, 1971.
21. Naranjo, 1997, p. 297.
22. Naranjo, 1994, p. 240.
23. Naranjo, 1997, p. 299.
24. Naranjo, 1997, p. 299.
25. Naranjo, 1994.
26. Naranjo, 1997, p. 303.
27. Naranjo, 1994, p. 299.
28. Naranjo, 1995, p. 152.
29. Maitri, 2000, p. 255.
30. Maitri, 2005, p. 167.
31. C. S. Lewis, quoted in Connolly, 1944.
32. David Burke, personal communication.

第七章　五号原型：主型、副型和成长道路

1. Singer, 1972, pp. 187–188.
2. Singer, 1972, p. 188.
3. Singer, 1972, p. 188.
4. Naranjo, 1994, p. 71.
5. Almaas, 1998; Maitri, 2005.
6. Naranjo, 1994, p. 72.
7. Horney, 1950, p. 260.
8. Goldberg, 2005.

9. Goldberg, 2005, p. 68.

10. Homer/Fagles 362–365, 1996, p. 240.

11. Naranjo, 1997.

12. Naranjo, 1994, p. 94.

13. McWilliams, 1994, p. 122.

14. Naranjo, 1997, p. 244.

15. Naranjo, 1994, p. 66.

16. Naranjo, 1995, p. 73.

17. 纳兰霍借鉴伊查索的观点，将这些固定的心理假设称为“认知错误”，它们构成并塑造了性格。

18. Wagner, 2010; Tolk, 2004.

19. Wagner, 2010; Tolk, 2004 20 Naranjo, 1994, p. 86.

21. Naranjo, 1994, p. 86.

22. Naranjo, 1994, p. 85.

23. Naranjo, 1994, p. 84.

24. Naranjo, 1994.

25. Naranjo, 1994, p. 89.

26. Naranjo, 1995, p. 123.

27. Naranjo, 1995, pp. 123–124.

28. Inferno VII:25–31,58–60, Dante/Musa, 1971.

29. Inferno VII:25–31, Dante/Musa, 1971.

30. Inferno VII:73–96, Dante/Musa, 1971.

31. Naranjo, workshops, 2008 and 2012.

32. Naranjo, workshops, 2004,2008, 2012.

33. Naranjo, 1997, p. 244.

34. Naranjo, 1997, p. 245.

35. Naranjo, 1997, p. 253.

36. Maitri, 2005, p. 195.

37. David Burke, personal communication.

第八章　四号原型：主型、副型和成长道路

1. Jung, 1961, p. 398.

2. Homer/Lattimore, 1965, p. 170–171.

3. Goldberg, 2005, p. 80.

4. Goldberg, 2005.

5. Goldberg, 2005, pp. 84–85.

6. Naranjo, 1994, p. 97.

7. Naranjo, 1994, p. 97.

8. Naranjo, 1997, p. 192.

9. McWilliams, 1994, p. 108.

10. Naranjo 1994, pp. 96–97.

11. Naranjo, 1994, pp. 97.

12. 纳兰霍称这些固定的心理假设为“认知错误”或“疯狂想法”，它们构成并塑造了性格。

13. Naranjo, 1997, p. 192.

14. Naranjo, 1997, p. 193.

15. Naranjo, 1990, p. 67.

16. Naranjo, 1994, p. 111.

17. Inferno, XIII: 101–102, Dante/Musa, 1971.

18. Inferno XIII:64–72,76–78, Dante/Musa, 1971.

19. Inferno XIII:70, Dante/Musa, 1971.

20. Naranjo, 1995, p. 126.

21. Maitri, 2005, p. 147.

22. Goldstein and Kornfield, 1987, p. 75.

23. David Burke, personal communication.

第九章　三号原型：主型、副型和成长道路

1. Jung, 1961, p. 397.

2. Hopcke, 1989, p. 86.

3. Naranjo, 1995.

4. Homer/Fagles, 1996, line 348, p. 281.

5. 大卫・丹尼尔斯经常在他的工作坊和培训中如是说。

6. McWilliams, 1994, p. 135.

7. Naranjo, 1994, p. 215.

8. Naranjo, 1994, p. 199.

9. Naranjo, 1994, p. 199.

10. Naranjo, 1997, p. 134.

11. Naranjo, 1997, 136.

12. Naranjo, 1997, 135.

13. Naranjo, 1997, p. 135.

14. Sinkewicz (Evagrius), 2003, p. 64.

15. 纳兰霍称这些固定的心理假设描述为“认知错误”或“疯狂想法”，它们构成并

塑造了性格。

16. Naranjo, workshops, 2004, 2008, 2012.

17. Moran, 2013.

18. Naranjo, 1994, p. 215.

19. Naranjo, 1994.

20. Bourgeault, 2003, p. 60.

21. Almaas, 1998, p. 268.

22. Paradise, Dante/Musa, 1984, p. 297.

23. Almaas, 1998, p. 268.

24. Naranjo, 1997, p. 135.

第十章 二号原型：主型、副型和成长道路

1. Jung, CW 9, Section 422, quoted in Goldberg, 2005, p. 100.

2. Singer, 1972, p. 232.

3. Naranjo, 1997.

4. Homer/Lattimore, 1965, pp. 90–94.

5. Goldberg, 2005.

6. Palmer, 1988.

7. Singer, 1953 p. 83.

8. Naranjo, 1994, p. 176.

9. Maitri, 2005, p. 112.

10. Naranjo, 1997, p. 93, 96.

11. Naranjo, 1997, p. 94.

12. 很多人以为七号是九型人格中最爱享乐的类型，但纳兰霍说："二号几乎和七号一样爱享乐。"(1997, p. 100)

13. Naranjo, 1994, p. 174.

14. Inferno XXXIV: 28–30,34–36, Dante/Musa, 1971.

15. Naranjo, 1997, p. 93.

16. Naranjo, 1997, p. 93.

17. 纳兰霍还指出，斯嘉丽"从不谨小慎微的荣誉感会让她去偷看心仪对象写给妻子的信——她将其视为情敌"。(1997, p. 96) 他还引用了克利奥帕特拉、卡门和伊丽莎白·泰勒作为一对一二号的范例。(1997, pp. 96–98)

18. 海伦·帕尔默在她的九型人格专业训练计划工作坊指导大家冥想时经常会问这个问题，我发现它很有帮助。

19. 海伦·帕尔默曾在她的九型人格专业训练计划工作坊中提出这个建议，我认为这是一个很有益的建议。

第十一章 一号原型：主型、副型和成长道路

1. Goldberg, 2005, p. 113.
2. Goldberg, 2005.
3. Naranjo, 1994.
4. Naranjo, 1994.
5. McWilliams, 1994.
6. Naranjo, 1994, p. 41.
7. Inferno VII: 109–114, Dante/Musa, 1971.
8. Inferno VIII: 37–39, Dante/Musa, 1971.
9. Inferno VIII: 61–63, Dante/Musa, 1971.
10. Goldberg, 2005, p. 113.
11. Goldberg, 2005.
12. Naranjo, 1994.
13. Naranjo, 1994.
14. McWilliams, 1994.
15. Naranjo, 1994, p. 41
16. Inferno VII: 109–114, Dante/Musa, 1971.
17. Inferno VIII: 37–39, Dante/Musa, 1971.
18. Inferno VIII: 61–63, Dante/Musa, 1971.

参考文献

Addison, Howard A. The Enneagram and the Kabbalah: Reading Your Soul. Woodstock, Vermont: Jewish Lights Publishing, 1998.

Almaas, A. H. Facets of Unity: The Enneagram of Holy Ideas. Berkeley, CA: Diamond Books, 1998.

Bartlett, Carolyn. The Enneagram Field Guide: Notes on Using the Enneagram in Counseling, Therapy, and Personal Growth. Portland, Oregon: The Enneagram Consortium, 2003.

Bennett, J. G. The Enneagram. Sherbourne: Coombe Springs Press, 1974.

Blake, A. G. E. The Intelligent Enneagram. Boston: Shambhala Publications, Inc., 1996.

Bourgeault, Cynthia. The Wisdom Way of Knowing: Reclaiming an Ancient Tradition to Awaken the Heart. San Francisco: Jossey–Bass, 2003.

Connolly, Cyril. The Unquiet Grave: A Word Cycle. New York: Curwen Press, 1944.

Dante Alighieri. The Divine Comedy: Volume I, Inferno. Translated by Mark Musa. New York: Penguin Books, 1971.

Dante Alighieri. The Divine Comedy: Volume II, Purgatory. Translated by Mark Musa. New York: Penguin Books, 1981.

Dante Alighieri. The Divine Comedy: Volume 3, Paradise. Translated by Mark Musa. New York: Penguin Books, 1984.

Eliot, T. S. Four Quartets. New York: Harcourt Brace Jovanovich, 1943.

Erickson, Erik. Identity and the Life Cycle. New York: W. W. Norton & Company, 1959.

Evagrius Ponticus. The Praktikos Chapters on Prayer. Translated with an introduction and notes by John Eudes Bamberger. Trappist, Kentucky: Cistercian Publications, 1972.

Goldberg, Michael J. Travels With Odysseus: Uncommon Wisdom from Homer's Odyssey. Tempe, AZ: Circe’s Island Press, 2005.

Goldstein, Joseph and Jack Kornfield. Seeking the Heart of Wisdom: The Path of Insight Meditation. Boston: Shambhala, 1987.

Homer. The Odyssey. Translated by Robert Fagles. New York: Penguin Press, 1996.

Homer. The Odyssey of Homer: Translated and with an Introduction by Richmond Lattimore. Translated by Richmond Lattimore. New York: Harper Perennial, 1965.

Hopcke, Robert H. A Guided Tour of the Collected Works of C. G. Jung. Boston:

Shambhala Publications, Inc., 1989.

Horney, Karen. Neurosis and Human Growth: The Struggle Toward Self-Realization. New York: W. W. Norton & Company, 1950.

Horney, Karen. Our Inner Conflicts: A Constructive Theory of Neurosis. New York: W. W. Norton and Company, 1945.

Huxley, Aldous. The Perennial Philosophy. New York: Harper & Row, 1944.

Interviews with Oscar Ichazo: New York: Arica Institute Press, 1982.

Jung, C. G. The Collected Works of C. G. Jung. Edited by W. McGuire. Vol. 8, The Structure and Dynamics of the Psyche. New York: Bollingen Foundation, 1960.

Jung, C. G. The Collected Works of C. G. Jung. Edited by W. McGuire. Vol. 9, part 1, The Archetypes and the Collective Unconscious. New York: Princeton Univerity Press, 1959.

Jung, C. G. Memories, Dreams, Reflections. Recorded and edited by Aniela Jaffe. New York: Vintage Books, 1961.

Kahn, Michael. Basic Freud: Psychoanalytic Thought for the 21st Century. New York: Basic Books, 2002.

Killen, Jack. "Toward the Neurobiology of the Enneagram," The Enneagram Journal, 2:1 (July 2009): 40–61.

Lao Tzu. Tao Te Ching.Translated and interpreted by David Burke. Salisbury, Australia: Boolarong Press, 2007.

Lawlor, Robert. Sacred Geometry: Philosophy and Practice. London: Thames & Hudson, 1982.

Lewis, Thomas, Fari Amini, and Richard Lannon. A General Theory of Love. New York: Vintage Books, 2000.

Lilly, John C. and Joseph E. Hart. "The Arica Enneagram of the Personality," in Who Am I? Personality Types for Self–Discovery, ed. Robert Frager (New York: Jeremy P. Tarcher, 1994), 221.

Maitri, Sandra. The Enneagram of Passions and Virtues: Finding the Way Home. New York: Jeremy P. Tarcher/Penguin, 2005.

Maitri, Sandra. The Spiritual Dimension of the Enneagram: Nine Faces of the Soul. New York: Jeremy P. Tarcher/Putnam, 2000.

McWilliams, Nancy. Psychoanalytic Diagnosis: Understanding Personality Structure in the Clinical Process. New York: The Guilford Press, 1994.

Moran, Gonzalo, "How the Passion of Vanity Manifests in the Sexual Three," Nine Points Magazine, 2013 (online at ninepointsmagazine.org).

Mouravieff, Boris. Gnosis: Study and Commentaries on the Esoteric Tradition of Eastern Orthodoxy, Book One, Exoteric Cycle. Robertsbridge, East Sussex: Agora Books, 1989.

Myss, Carolyn. Archetypes: Who Are You? Carlsbad, CA: Hay House, 2013.

Naranjo, Claudio. Character and Neurosis: An Integrative View. Nevada City, CA: Gateways/IDHHB Inc., 1994.

Naranjo, Claudio. The Enneagram of Society: Healing the Soul to Heal the World. Nevada City, CA: Gateways Books and Tapes, 1995.

Naranjo, Claudio. Ennea–type Structures: Self–Analysis for the Seeker. Nevada City, CA: Gateways/IDHHB, Inc., 1990.

Naranjo, Claudio. Transformation Through Insight: Enneatypes in Life, Literature, and Clinical Practice. Prescott, AZ: Hohm Press, 1997.

Naranjo, Claudio. 27 Personajes en Busca del Ser: Experiencias de Transforma– cion a La Luz del Eneagrama (2nd ed.). Barcelona: Editorial la Llave, 2012.

Needleman, Jacob. "G. I. Gurdjieff and His School," in Modern Esoteric Spirituality, ed. Antoine Faivre and Jacob Needleman (New York: Crossroad, 1992), 360.

Ouspensky, P. D. In Search of the Miraculous: Fragments of an Unknown Teaching. New York: Harcourt Brace Jovanovich, Inc., 1949.

Ouspensky, P. D. The Psychology of Man's Possible Evolution. New York: Vintage Books, 1950.

Palmer, Helen. The Enneagram: Understanding Yourself and the Others in your Life. San Francisco: Harper San Francisco, 1988.

Russell, Bertrand. The History of Western Philosophy. New York: Simon and Schuster, 1945.

Schneider, Michael S. A Beginner's Guide to Constructing the Universe: The Mathematical Archetypes of Nature, Art, and Science. New York: Harper, 1994.

Shirley, John. Gurdjieff: An Introduction to His Life and Ideas. New York: Jeremy P. Tarcher/Penguin, 2004.

Singer, June. Boundaries of the Soul: The Practice of Jung's Psychology. New York: Doubleday, 1953.

Sinkewicz, Robert E. Evagrius of Pontus: The Greek Ascetic Corpus. Oxford: Oxford University Press, 2003.

Skinner, Stephen. Sacred Geometry: Deciphering the Code. New York: Sterling, 2006.

Smith, Huston. Forgotten Truth: The Common Vision of the World's Religions. New York: Harper One, 1976.

Smoley, Richard, and Jay Kinney. Hidden Wisdom: A Guide to the Western Inner Traditions. New York: Penguin/Arkana, 1999.

Stevens, Katrina. "The Enneagram: Fundamental Hieroglyph of a Universal Language," The Enneagram Journal, 3:1 (July 2010): 119–145.

Tarnas, Richard. The Passion of the Western Mind: Understanding the Ideas that Have Shaped our World View. New York: Ballantine Books, 1991.

Tolk, Lauren. "Integrating The Enneagram and Schema Therapy: Bringing the Soul Into Psychotherapy." Ph.D. diss., Wright Institute, 2004.

Wagner, Jerome. Nine Lenses on the World: The Enneagram Perspective. Evanston, IL: NineLens Press, 2010.

Water fi eld, Robin (translator). The Theology of Arithmetic. (Attributed to Iambli– chus). Grand Rapids, Michigan: Phanes Press, 1988.

Watts, Alan. The Wisdom of Insecurity: A Message for an Age of Anxiety. New York: Vintage Books, 1951.

Webb, James. The Harmonious Circle: The Lives and Work of G. I. Gurdjieff, P. D. Ouspensky, and their Followers. Boston: Shambhala, 1980.